KB092675

바이러스
사냥꾼

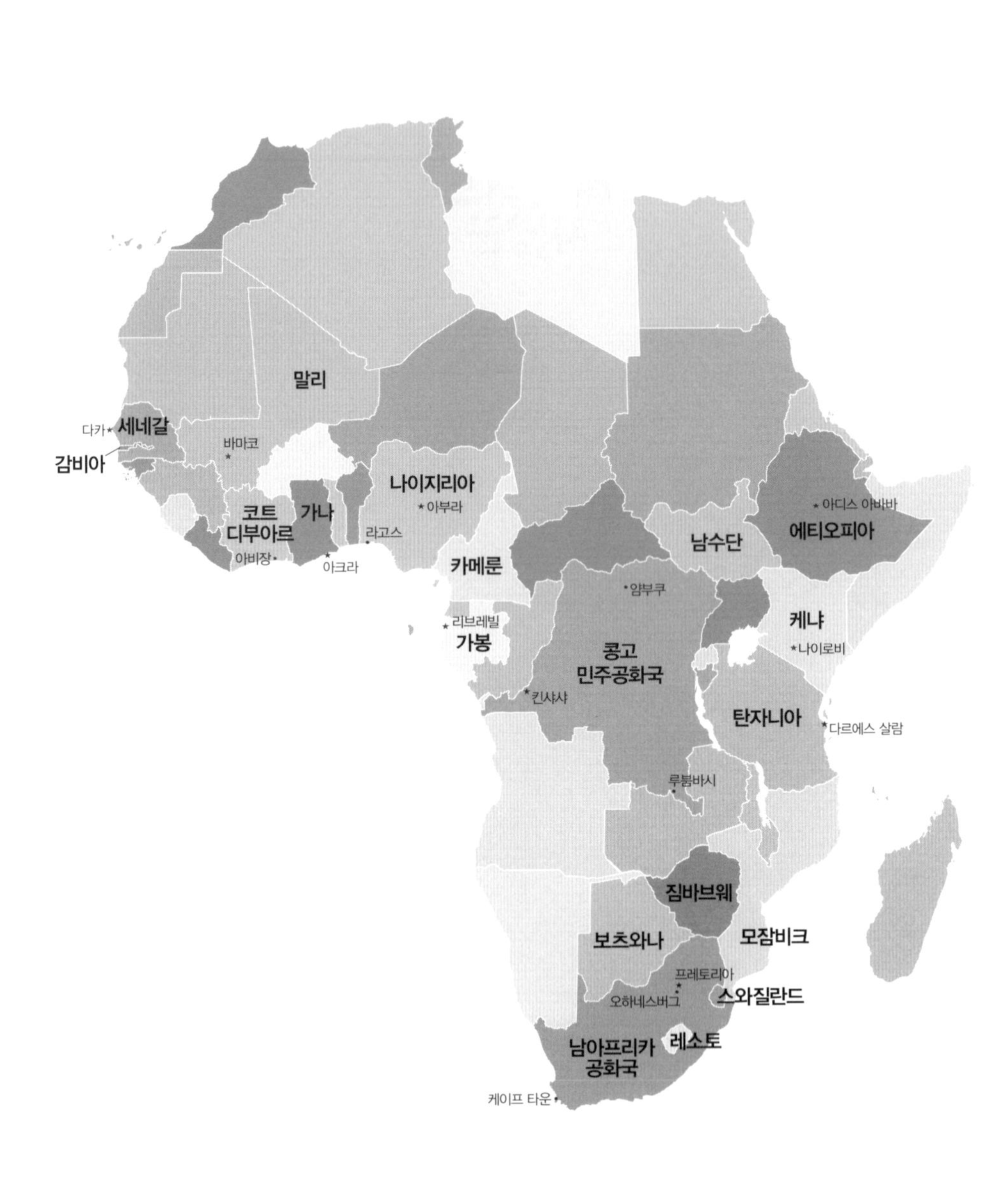

말리
다카
세네갈
바마코
감비아
나이지리아
아부자
코트
디부아르
가나
라고스
아비장
아크라
카메룬
남수단
에티오피아
아디스 아바바
얌부쿠
케냐
리브르빌
가봉
나이로비
콩고
민주공화국
킨샤샤
탄자니아
다르에스 살람
루붐바시
짐바브웨
모잠비크
보츠와나
프레토리아
요하네스버그
스와질란드
레소토
남아프리카
공화국
케이프 타운

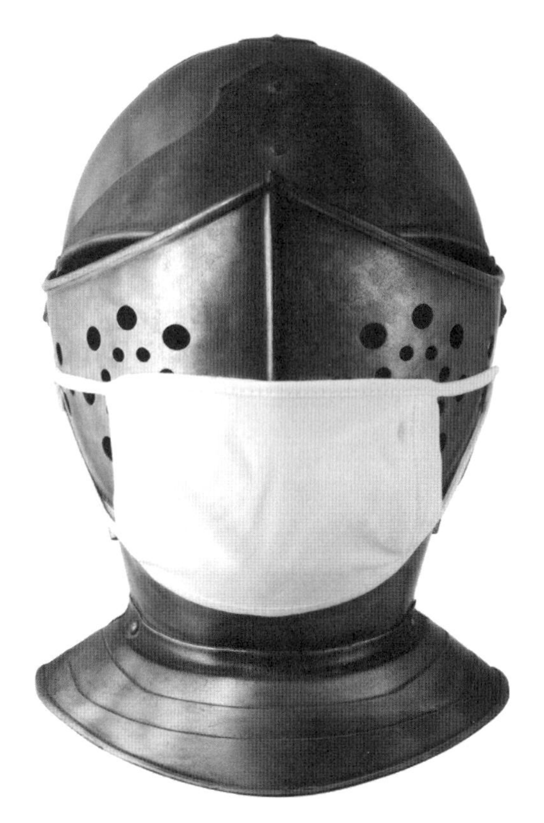

실패할 시간이 없다

No Time to Lose A Life in Pursuit of Deadly Viruses

바이러스 사냥꾼

피터 피오트 지음 | **양태언 · 이지은 · 정준호 · 최 선** 옮김

아마존의나비

바이러스 사냥꾼

발행일 | 2015년 7월 20일 초판 1쇄 발행

지은이 | 피터 피오트
옮긴이 | 양태언, 이지은, 정준호, 최선
펴낸곳 | 아마존의 나비
펴낸이 | 오성준

등록 | 2014년 11월 19일 (제25100-2015-000037호)
주소 | 서울시 서대문구 연희로 77-12, 505호(연희동, 영화빌딩)
전화 | 02-3144-3871, 3872 **팩스** | 02-3144-3870
이메일 | osjun@chaosbook.co.kr

디자인 | 디자인콤마
인쇄처 | 이산문화사
ISBN | 979-11-954108-3-5 03470
정가 | 22,000원

아마존의 나비는 카오스북의 임프린트입니다.

한국어판 서문

이 책은 오늘날을 관통하는 주요한 두 개의 유행병, 에볼라와 에이즈에 대한 개인적인 소회를 담고 있다. 이 책의 한국어판이 발간되는 시점은 유행지역인 중동에서 유입된 메르스 코로나바이러스MERS-CoV 발병으로 한국이 어려움을 겪고 있는 시점이다. 이 사건은 어느 때보다도 빠르게 글로벌해진 세상이 유행병과 새로이 등장한 질병들에 얼마나 취약한지를 다시 한번 보여주고 있다.

이 책은 2008년 12월 31일 내가 유엔에이즈계획UNAIDS를 떠나는 시점에서 끝을 맺는다. 이후 에볼라는 신문의 일면을 장식했고, 나도 많은 말을 보탰다. 홍콩의 유력 일간지는 나를 '에볼라의 아버지'로 부르기도 했다! 에볼라는 서아프리카 지역에 예상치 못한 인도적 위기사태를 초래했고, 특히 기니와 시에라리온의 상황이 심각했다. 이 책에서 내 마지막 소원 중 하나는 내가 모든 일을 시작했던 콩고의 얌부쿠로 돌아가는 것이었다. 2014년 2월, 65세 생일을 기념하여 마침내 소원을 이루었다. 그곳에 머물며 1976년 내 인생을 통째로 바꾸어 놓은 놀라운 사건들이 머릿속을 다시 한 번 스쳐 지나갔다. 다시는 에볼라와 관련된 일을 하리라고는, 더군다나 에볼라가 세 국가에 영향을 미칠 정도로 강력한 유행을 만들어 내리라고는 예상치 못했다. 2015년 중반까지 27,000명 이상이 감염되고 11,000명 이상이 사망했다. 1976년부터 2015년 이전까지 에볼라로 사망한 사람 전체보다 높은 수치였다. 1976년 첫 유행이 발견된 이래로 25번의 에볼라 유행은 아주 한정된 지역과 시간에서만 발생했다. 그리고 최대 수백 명의 목숨을 앗아갔다. 이번의 유행 양상은 사뭇 달랐다. 바이러스가 극단적으로 변이한 것이 아니라 사회적, 보건의료 체계의 맥락이 변화했기 때문이다. 이 세 국가 모두 에볼라를 관리할 수 있으리라는 희망적인 관점으로 바라보고 있지만, 한동안 산발적인 소규모 유행이 계속될 가능성은 있다. 그리고 유행을 완전히 멈추기 위해서는 백신이 필요할지도 모른다.

이 비극은 감염성 질환의 유행이 계속해서 전 세계를 위협하리라는 사실을 분명히 보여준다. 인플루엔자나 HIV 감염처럼 에볼라 바이러스 감염 역시 동물에서 유래했으며, 다른 인수공통감염병이 앞으로도 사람들을 위협할 것이다. 유행병이 일어나면 지역사회에 심각한 부담이 될 뿐 아니라, 수천 킬로미터 떨어진 지역의 유행을 촉발할 수도 있다. 미국과 스페인에 전파된 에볼라도 그렇고, 한국의 메르스 코로나바이러스도 그렇다. 해외에서 유입된 치명적인 질병의 이차감염 사례들은 환자 치료, 후송 절차, 임상적, 혹은 보건 측면의 통제에 막대한 비용을 필요로 한다. 뿐만 아니라 대중에게 공포를 일으키고 보건의료체계를 혼란시킨다. 따라서 서아프리카의 에볼라 유행과 맞서 싸우는 것은 유행 지역 사람들의 고통을 경감시켜주는 측면뿐 아니라 '세계적인 공공의 선'을 지키는 것으로 이해해야 한다. 이는 서아프리카뿐 아니라 세계 전체에 이익이 되는 일이다. 다른 여러 감염성 질환 역시 마찬가지다. 긍정적인 측면을 보자면, 서아프리카의 에볼라 사태는 의료진을 파견한 한국을 포함한 국제적 연대와 지원을 이끌어 냈다. 이런 국제적 지원은 유행을 통제하는 데 결정적인 역할을 했다.

현재의 사태는 유행을 촉발할 수 있는 다양한 위험 요소들이 한데 모였을 때 어떤 일이 나타나는지도 보여준다. 일종의 '퍼펙트 스톰'을 만들어 내며 바이러스의 유행을 촉진하는 것이다. 서아프리카의 에볼라 사태의 경우 이 폭풍은 수십 년간의 잔혹한 내전과 부패한 독재정부로 인한 정부에 대한 낮은 신뢰, 작동하지 않는 보건의료체계, 세계에서 가장 낮은 국민 일인당 의료진 숫자, 질병의 원인에 대한 전통적 믿음, 국내외 단계에서의 늑장 대응이 모여 만들어졌다. 이는 효율적이며 평등하게 작동하는 보건의료체계가 유행을 예방하고 관리하는 데 얼마나 중요한지도 보여주었다.

콩고에서는 에볼라 베테랑인 장 자크 무옘베 교수가 이끄는 콩고 의료진에 의해 에볼라가 조기에 진단되어 통제되었음을 자랑스럽게 생각하고 있다. 무옘베 교수는 1976년 에볼라 유행 당시 가장 처음 얌부쿠를 방문했던 인물이기도 하다. 이 책에 등장하는 또 다른 인물인 아와 콜 섹 교수는 UNAIDS에서 가장 초기에 일했다. 그녀는 이제 세네갈 보건부 장관이며, 기니 유학생을 통해 세네갈로 에볼라가 유입되었을 때 조기에 통제하는 데도 성공했다. 이런 사례들은 과학적 원칙에 근거한 빠르고 단호한 대처로 에볼라가 충분히 통제 가능함을 보여준다.

시에라리온을 방문하는 동안 나는 에볼라가 어떻게 사회 전체를 흔들어 놓는지 볼 수 있었다. 의료진들이 자신의 목숨을 바쳐 헌신하는 모습도 보았다. 500명이 넘는 의사와 간호사들이 사망했다는 사실은 에볼라가 단순히 감염자 숫자를 넘어 어떠한 영향을 미치는지를 말해준다. 그 방문은 에이즈 유행의 초기 상황을 떠올리게 했다. 유행의 근원에 대해 음모론적 루머가 판치며 살아남은 사람들에게 낙인이라는 고통이 더해지던 시기였다.

에볼라가 일면을 장식하던 동안 언론은 HIV 감염에 대해서는 침묵했다. HIV 유행은 4,000만 명이 넘는 사람들을 죽여왔다. 1976년부터 에볼라로 사망한 사람은 15,000명을 넘지 않는다. 하지만 에이즈는 끝나지 않았으며, HIV 유행은 끝이 보이지 않는다. 마이클 시디베가 UNAIDS를 이어받고 마크 디불이 글로벌 펀드의 수장이 된 이래로 치료에 대한 접근성은 향상되어 왔다. 중저소득국가에 거주하는 1,500만 명에 달하는 환자들이 항레트로바이러스 치료에 접근이 가능하리라고 예상한 전문가들은 극히 드물었다. 결과적으로 에이즈로 인한 사망자는 2005년 240만 명과 비교해 2013년 150만 명으로 줄었다. 이는 이견의 여지 없이 공중보건과 국제 개발 분야의 성공 사례 중 하나다. 치료를 받는 중에는 성관계 파트너에게 HIV가 전파될 확률이 줄어든다는 항레트로바이러스 치료에 대한 임상시험은 HIV 검사와 항레트로바이러스 치료에 대한 접근성이 향상되면 HIV도 박멸될 수 있다는 커다란 희망을 가져다 주었다. 혹은 적어도 전파를 매우 낮은 수준으로 통제할 수 있으리라는 희망이 보였다. '예방적 치료'가 실제 사회 단위에서도 적용되는지에 대한 광범위한 인구학적 조사가 진행되고 있다.

우리가 꼭 필요로 하는 HIV 백신 없이는 박멸까지의 길은 멀고 험하다. 현실은 3,500명이 넘는 사람들이 항레트로바이러스 치료를 필요로 하게 될 것이다. 만만치 않은 일이다. 2013년에는 210만명이 HIV에 새로 감염되었다. 아직도 이렇게 많은 사람들이 죽고 감염되는 상황에서 성공이라는 말을 꺼내기는 쉽지 않다. 예를 들어 구 소련 연방에서 HIV 신규 감염자 숫자는 여전히 높다. 우간다는 아프리카 국가 중에는 벌써 25년 전 처음으로 HIV 신규 감염자 숫자를 줄이는 데 성공했다. 하지만 지속적인 HIV 예방과 치료에도 불구하고 1990년대 유행이 정점에 달했던 시점과 비슷한 숫자의 신규 감염이 발생하고 있다. 이는 세계에서 가장 높은 인구 증가율을 기록하고 있기 때문이기도 하지만, 치료 접근성 향상에 따른 에이즈에 대한 안도감, 그리고 근거에 기반한 HIV 감염 예방책이 무너져가고 있기 때문이다. 남아공 콰줄루나탈 지역의 여성 중 30%에서 40% 가량이 30세 이전에 HIV에 감염된다. HIV 예방책이 완전히 실패한 것이다. 지금 내가 살고 있는 런던 역시 매일 5명의 동성애자 남성이 HIV에 새로이 감염된다. 검사 비율이 높고 국립의료체계를 통해 상담 및 치료에 대한 접근이 무료라 하더라도 그렇다. 현재의 HIV 관리 노력에도 불구하고 2030년까지 신규 감염자 숫자가 더 줄어들지는 않을 것이라고 유엔에이즈계획 조차도 예측하고 있다. 2030년까지 에이즈가 주요한 보건 문제가 되지 않도록 하기 위해서는 더 적극적인 노력이 필요하다.

최근의 에이즈 대응책들이 의학의 교만으로 기록될 것인지, 바이러스에 대한 의학의 위대한 승리로 남을 것인지는 역사가 말해줄 것이다. 내 생각에는 양쪽 모두일 것 같다. 하지만 수학적 모델에서 이야기 하듯, 항레트로바이러스 치료에만 집중하는 것으로 HIV 유행을 끝낼 수 있을지는 의문이다. 책에서 이야기 하고 있듯, 치료 접근성은 높이는 것을 최우선 전략을 삼더라도 보다 복합적인 예방책이 필요하다. 일방적인 의료 전략 뿐 아니라 자아도취나 줄어가는 예산은 에이즈 대응의 주요한 적들이다. 우리에게 필요한 것은 먼 미래를 내다보는 전략과 리더십, 사회의 결집, 그리고 기술적 혁신이다.

나는 지금 일에 치여 생각만 하고 가보지는 못한 창밖의 대영박물관 뒤편을 바라보며, 런던위생열대의학원의 사무실에 앉아 특별한 한국어판을 위해 서문을 쓰고 있다. 국제보건과 공중보건을 선도하고 있는 세계적인 학교의 학장이 된다는 것은 대단한 영예다. 그리고 앤트워프의 자매학교를 다니던 시절의 내 뿌리를 되돌아보는 시간을 가지고 있다. 이 역사적인 건물에 들어올 때마다 한국을 포함한 전 세계 각지에서 모인 직원들과 학생들로 가득찬 UN이 떠오른다. 총명하고 헌신적인 학생들과 이야기를 나눌 때마다 내가 떠난 이후에도 국제보건은 올바른 방향으로 나아가리라는 믿음을 얻는다.

이 책은 수많은 사람들에게 빚을 지고 있다. 특히 한국어판으로 나올 수 있도록 도와준, 그리고 번역이라는 어려운 일을 해내준 이 책의 역자들이자 우리 학교의 졸업생인 이지은, 정준호, 최선과 양태언에게 깊은 감사를 전한다.

2015년 6월

피터 피오트

Dear Korean Reader
No time to lose
to stay healthy!
P Piot

이 책 원서의 홈페이지
www.notimetolose-book.com

프롤로그

62살은 자서전을 쓰기에는 조금 이른 나이일지도 모르겠다. 내 삶에서 가장 놀라웠던 두 번의 모험이 일어났던 시점과 글을 쓰기 시작한 시점 사이는 충분히 길었다. 그렇다고 아직 기억이 희미해질 만큼은 아니다. 내 모험의 첫 번째는 에볼라 출혈열을 발견했던 일이었고, 다른 하나는 에이즈와 세계의 대응을 함께한 모험이었다. 나는 세상에 전혀 알려지지 않았던 두 바이러스가 최초로 일으킨 사건을 목격하는 동시에 직접 겪을 수 있었던 명예로운 자리에 있었다. 사실 책 두 권을 쓰기에도 충분한 이야깃거리다. 아프리카에서 일어난 첫 번째 에볼라 출혈열 유행의 수수께끼를 풀어가는 과정은 내 과학적 발견의 첫걸음이었고, 때로는 생명을 담보로 걸어야 했다. 에이즈 유행에서는 건강과 질병이 가진 매우 복잡한 배경을 마주했고, 크고 작은 정치의 현실을 어렵게 배워야만 했다. 그 현실이 바로 오늘날 국제보건이라 불리는 분야다. 나는 어릴 때부터 마을 밖의 세상을 알고 싶었고, 다양한 분야의 과학적 호기심과 맞물려 막 어른이 되었을 때는 상상조차 할 수 없는 길로 나 스스로를 이끌었다. 처음에는 그저 혼란의 도가니일 뿐이었다.

두 유행병 모두 오늘날의 건강문제를 해결하는 데 과학이 가진 가능성과 한계를 적나라하게 보여주었다. 예를 들어 항레트로바이러스제의 발견을 통해 목숨을 구할 수 있었지만, 인간면역결핍바이러스Human Immunodeficiency Virus, HIV가 발견된 지 25년이 흐르도록 백신조차 개발하지 못했다. 물론 HIV나 에볼라 같은 감염성 질환뿐 아니라 비만, 당뇨, 심혈관질환의 거대한 파도에 자리하고 있는 사회적 요인들이나 생활습관의 영향도 잊어서는 안 된다. 의학이 모든 것을 통제했다고 생각한(적어도 세계의 부유한 지역에서는) 지난 세기의 끝자락에 새로운 병원체와 유행병이 출현하리라 누가 예측이나 했겠는가? 에볼라나 HIV 감염은 여전히 존재하고 있으며, 앞으로 다가오는 세대에도 존재할 것이다. 지나치게 낙관적인 시나리오에서 이야기하는 것과 달리 나는 에이즈의 종말이 눈앞에 다가왔다고 생각하지 않는다. 새로운 바이러스의 이야기도 끝나지 않았으며, 더 많은 병원체들이 나타나 우리의 삶을 더 빠르고 더 넓게 괴롭힐 것이라 예측하는 편이 맞다.

벨기에의 초현실주의 화가인 르네 마그리트는 파이프를 그린 작품에 "이것은 파이프가 아니다"라는 제목을 달았다. "이것은 자서전이 아니다." 내 삶의 여정이 아직 끝나지 않았다고 믿고 있기 때문이다. 뿐만 아니라 두 질병의 유행 중 일어났던 정치적 사건들에 대해 이야기하며 수백 개의 참고문헌을 달고 있는 박사 논문도 아니다. 이 책은 발견의 순간들, 사람들, 그리고 발전에 대해 내 자신의 경험과 관점에서 회고하는 내용이며, 모든 것을 완벽하게 설명하려 하는 책은 아니다. 나처럼 개인적인 관점을 섞지 않는 학자들이 이런 책을 쓰는 데는 적합하리라 본다.

나는 때로 아프리카의 심장부에서 유행병을 쫓는 탐정이었고, HIV의 유전적 다양성이나 세균의 항생제 저항성을 연구하는 과학자였고, 예방 및 치료 프로그램을 운영하는 공중보건학자이자 의사이기도 했으며, 80개국에서 활동하는 복잡한 다자간협약기구를 운영하는 유엔 관료이기도 했으며, 항레트로바이러스 가격을 낮추기 위한 정치적 협상을 하는 참을성 많은 외교관이기도 했고, 세계의 권력자들에게 다가가 예상치 못한 곳에서 에이즈에 대한 관심을 촉구시키는 고집 센 운동권이자, 관료주의와 싸우는 싸움꾼인 동시에, 타고난 선동가이기도 했다. 그리고 대부분은 이 모든 역할을 동시에 해야 했고, 다른 수많은 사람들과 함께하기도 했다. 내 기억은 이 모든 모습들을 반영하고 있다.

이 책은 현대의 가장 치명적인 유행병인 동시에 여전히 많은 부분이 수수께끼인 에이즈 유행에 대한 개인적인 연대기이기도 하다. 여기서는 과학과 정치, 그리고 수많은 사람들의 노력에 의해 에이즈의 면면이 어떻게 극적으로 바뀌게 되었는지 이야기 하고 있다. 덕분에 HIV와 함께 살아가고 있거나 그로 인해 목숨을 잃었던 6,000만 명의 사람들을 바라보는 새로운 관점을 얻을 수 있었다. 이 책은 유엔 조직 내부에서 매일같이 일어나는 일상과 역경을 이야기한다. 유엔에이즈계획 대표로 일하면서 서로 매우 다른 세 명의 사무총장 밑에서 일해야 했다. 나는 유엔이 에이즈에 맞서는 것처럼 튼튼한 프로젝트를 기반으로 여러 나라와 집단을 모았을 때 얼마나 효과적이고 강력한 효과를 내는지도 보았다. 동시에 190개 회원국이나 산하조직, 관료들이 행동하기를 원치 않고 그저 사안의 처리에 급급해질 때 유엔은 비효율과 동의어가 되는 것을 보았다.

어쩌면 가장 중요한 것은, 어떻게 에이즈 같은 재앙이 인간이라는 종의 최선과 최악을 함께 반복적으로 드러내 보여주었나 하는 부분이다. 그것은 그 사람이 얼마나 교육을 잘 받았는지, 글조차 읽지 못하는지는 상관이 없었다. 나는 에이즈 환자 치료를 거부하는 의사들과 마주해야 했다. 에이즈 환자를 교회에서 내쫓거나 콘돔 사용을 거부하는 캠페인을 하는 성직자와도 마주했다. 동성애를 혐오하는 정치인이나 공중보건 담당자도 마주했다. 마약이 아닌 마약 사용자와의 전쟁을 선포한 마약단속국도 마주했다. 자기 소관 이외에는 전혀 관심이 없는 유엔조직 관료들도 있었다. 하지만 그보다도 나는 넘치는 열정과 동정심으로 사람들의 생명을 살리고, 정의를 위해 싸우며, 과학적 해답을 찾아 헤매는 사람들을 만났다. 에이즈라는 역경 속에서 알려지지 않은 수많은 영웅들과 함께 일할 수 있는 영광도 얻었다. HIV를 안고 살아가는 사람들, 통찰력 있는 정치인들, 관대한 박애주의자들, 제약업계의 혁신가들, 그들을 품어 안는 성직자들, 그리고 지칠 줄 모르는 동료 과학자들, 활동가들, 의사들, 그리고 세계 곳곳의 프로그램 매니저들은 모두 지난 30년간 내 국제 공동체가 되어주었다. 이런 경험들은 유엔에이즈계획 재직기간 동안 견뎌야 했던 내면이 썩어 들어가는 듯한 수많은 모임들의 보상이 되어 주었다. 이 모임들을 통해 현대의 역병이라 할 수 있는 분기별 성과나 단기 실적 따위에 현혹되어서는 안 되며, 대신 가능한 많은 생명을 구해야 한다는 궁극적인 목표에 집중해야 한다는 사실을 배웠다. 이런 커다란 보상을 얻는 과정에서 계속 나의 일부를 발견해나가고 있다. 때문에 이 회고록은 단지 바이러스에 대해서가 아니라 가장 먼저 사람과 그들의 관습 및 행동에 대해 이야기하려 한다.

차례

한국어판 서문 5

프롤로그 11

PART 1

CHAPTER 1 | 바이러스와 파란 플라스크 19

CHAPTER 2 | 마침내 모험을 39

CHAPTER 3 | 얌부쿠에서의 임무 53

CHAPTER 4 | 에볼라 71

CHAPTER 5 | 가짜 유행과 헬리콥터 91

CHAPTER 6 | 커다란 팀 117

PART 2

CHAPTER 7 | 에볼라에서 섹스까지: 질병의 전파 129

CHAPTER 8 | 미국으로, 그리고 다시 앤트워프로 145

CHAPTER 9 | 나이로비 155

PART 3

CHAPTER 10 | 새로운 유행병이 나타나다 173

CHAPTER 11 | 프로젝트 씨다 189

CHAPTER 12 | 다시 한 번 얌부쿠로 211

CHAPTER 13 | 유행병이 번져가다 237

CHAPTER 14 | 수문장이 바뀌다 259

PART 4

CHAPTER 15 | 국제 관료주의 275

CHAPTER 16 | 물속의 상어 떼 303

CHAPTER 17 | 기본을 바로잡다 329

CHAPTER 18 | 카멜레온의 교훈: 훌륭한 연대를 맺어라 347

CHAPTER 19 | 티핑 포인트 385

CHAPTER 20 | 생명의 가치 417

CHAPTER 21 | 에이즈 군자금 443

CHAPTER 22 | 끝나지 않은 의제 469

에필로그 517

감사의 글 527

역자 후기 531

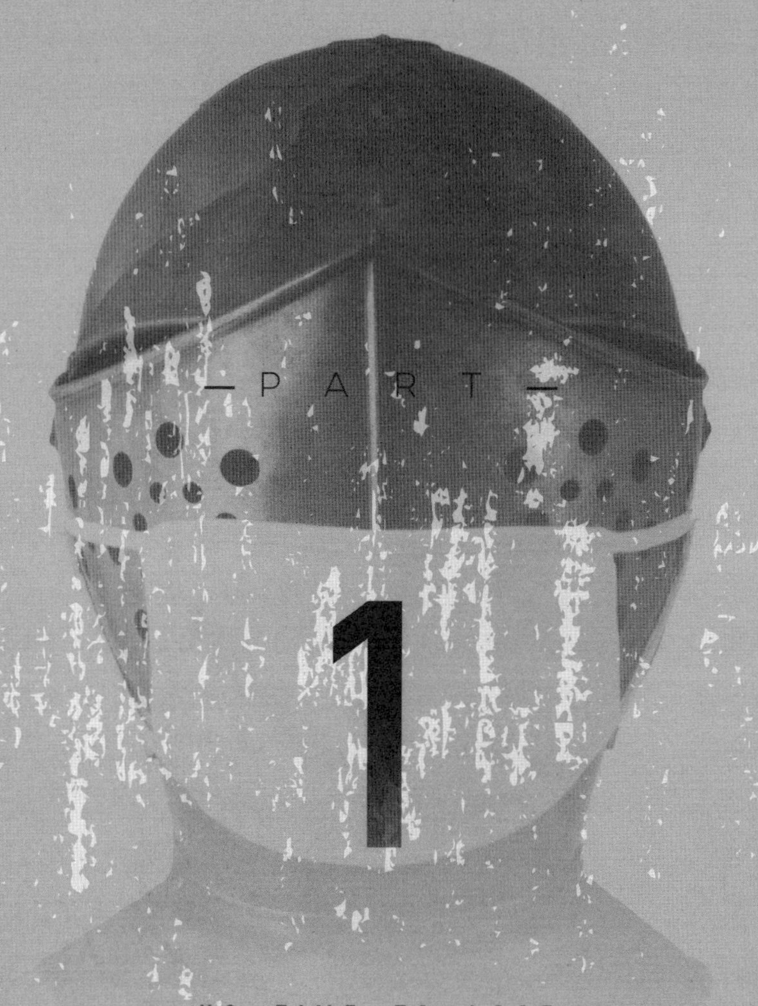

PART 1

NO TIME TO LOSE

CHAPTER

1

바이러스와 파란 플라스크

1976년 9월 마지막 화요일, 우리 미생물학 실험실 책임자는 자이르에서 특별 배송된 소포가 도착한다는 소식을 들었다. 소포는 킨샤사에서 날아오고 있었다. 저 멀리 떨어진 적도지역 콩고강 근처를 떠들썩하게 만들었던 독특한 유행병이 담긴 혈액 검체였다.

벨기에 앤트워프의 실험실에서 애송이 연구자로 2년간 일하면서 이런 사건은 처음이었다. 하지만 분명 내 일의 일부였다. 별난 혈액 검체를 받아 무엇이 들어있는지를 밝혀내는 일은 종종 있었다. 우리 실험실은 온갖 질병을 진단할 수 있다는 인증을 받고 있었다. 황열 같은 곤충매개 바이러스도 다루고 있었는데, 이 유행병은 '출혈열을 동반한 황열'으로 추측하고 있었다.

나는 황열을 다루어본 적이 한 번도 없었다. 적도 자이르에서 검체를 받는 것도 흔치 않은 일이었다. 그리고 지금 배송 중인 검체는 매우 특이한 사건에 관련된 검체였다. 몇몇 벨기에 수녀들이 이 질병으로 사망했는데, 수녀들은 분명 황열 백신을 접종받은 상태였기 때문이다.

이튿날인 9월 29일, 파랗게 반짝이는 싸구려 플라스틱 보온병에 담긴 소포가 도착했다. 수줍음 많고 유쾌한 벨기에 동료인 귀도 반 데 그로엔 그리고 볼리비아 출신 박사후과정생인 르네 델가딜로와 함께 실험실 벤치에서 뚜껑을 열어 보았다. 지금 생각해보면 섬뜩한 순간이었다. 물론 라텍스 장갑은 끼고 있었다. 책임자는 실험실에서 항상 장갑을 쓰도록 했지만, 방호복이나 마스크 같은 다른 장비는 하나도 없었다.

우리는 마주하게 될 위험에 대해 상상조차 하지 못했다. 혈액 검체를 아무런 보호장치 없이 단순한 보온병에 담아 보내는 것은 무척 위험한 행동이었다. 어쩌면 그때는 지금보다 훨씬 단순하고 순수한 세상이었거나, 아니면 훨씬 무모한 세상이었던 듯하다.

보온병 뚜껑을 열자 반쯤 녹은 얼음물이 보였다. 오는 동안 냉동 상태가 제대로 유지되지 않았음이 분명했다. 보온병 자체도 많은 충격을 받은 듯 보였다. 검체병 하나는 멀쩡했지만, 안에 깨진 검체병 조각이 가득했다. 치명적인 검체는 얼음물과 뒤섞여 있었고, 같이 들어있던 손글씨 쪽지는 얼음물에 씻겨 번져 있었다.

검체는 자크 쿠르테일 박사가 보냈는데, 킨샤사의 은갈리에마 클리닉에서 일하는 벨기에 의사였다. 그의 설명에 따르면 보온병에 담겨 있던 것은 두 개의 검체병으로, 각각 5밀리리터의 혈액이 담겨 있었다. 혈액은 자이르에서 후송시키기에는 상태가 너무 악화되어 있던 플랑드르 수녀에서 채취한 것이었다.* 그녀 역시 황열일지도 모르지만, 당시까지

* 한때 벨기에 식민지로 벨기에 콩고로 불렸던 지역은 1971년 자이르로 독립했다. 1997년 콩고 민주 공화국으로 이름을 변경했다.

정확히 확인되지 않고 있던 수수께끼의 유행병을 앓고 있었다.

당시 나는 감염성 질환 연구라는 미로 속에서 길을 찾고 있던 중이었다. 그리고 이런 사건은 내 심장을 두근거리게 만들었다. 어린 시절부터 플랑드르 지방(네덜란드와 프랑스 사이에 위치한 지역)에서 자라나며 언제나 이국적인 땅으로 떠난 여행기를 동경하곤 했다. 나는 『틴틴의 모험』이라는 만화를 좋아했는데, 이 곱슬머리 벨기에 소년과 강아지는 스티븐 스필버그 덕분에 전 세계에서 유명세를 타게 되었다. 칼 메이의 책들도 있었다. 미국 서부에서 벌어지는 화려한 도피를 그리고 있었다. 그리고 쥘 베른의 허세 가득한 과학 소설들도 있었다. 나는 19세기 위대한 모험가들의 전기를 닥치는 대로 읽어댔다. 아프리카를 여행한 헨리 모튼 스탠리와 1860년에 오스트리아를 낙타로 횡단한 로버트 버크, 나일강의 수원을 찾기 위해 아프리카의 대호수로 떠난 리차드 버튼과 존 스펙 같은 사람들의 이야기였다.

나는 어린 시절 외톨이였다. 우리 가족은 1036년에 생긴 케어베르겐이라는 작은 농촌 마을에 살고 있었다. 동네 사람들은 모두 지역의 플랑드르 방언을 쓰고 있었지만, 우리 부모님은 집에서도 표준 네덜란드어를 쓰도록 하셨다. 플랑드르 사람들은 그것을 '문명화된 네덜란드어'라 불렀다. 아버지는 플랑드르 민족주의의 확고한 지지자이셨고, 플랑드르 사람들끼리 다른 방언을 쓰는 것은 오히려 분리를 부추겨 플랑드르 민족이 부흥하는 데 도움이 되지 않을 것이라 믿으셨다. 한데 뭉쳐 1830년 독립 때부터 국가를 주도해온 프랑스어권 벨기에인 만큼 똑똑해질 필요가 있다는 믿음이었다. 하지만 플랑드르 아이들 중 표준 네덜란드어를 쓰는 아이들은 몇 없었다. 표준 네덜란드어는 말 그대로 학교에서만 쓰는 표준말이었다. 물론 학문적으로는 많은 도움이 되었지만, 동시에 나와 다른 가족들은 다른 아이들과 어울리지 못했다는 의미이기도 했다.

혼자 자전거를 타고 케어베르겐에서 5킬로미터 가량 떨어진 트레멜로까지 갈 때가 많았다. 트레멜로에는 ㄴ자로 생겨 초록색 문이 달린 하얀 농장을 작은 박물관으로 개조한 곳이 있었다. 여기는 다미엔 신부가 태어난 곳이었다. 19세기 하와이 제도에서 한센병 환자들을 헌신적으로 치료해 지역에서는 무척 유명한 분이었다. 당시만 하더라도 한센병은 감염성이 높고 치료가 불가능한 질병으로 알려져 있었다. 수천 명의 하와이인들이 한센병이 걸려 있었고, 모로카이의 반도에 옮겨져 격리된 채 비참하고 고통스러운 삶을 살고 있었다. 다미엔 신부는 그들을 돕기로 자원했다. 당시에는 사망선고나 다름없는 일이었다. 다미엔 신부는 자신이 한센병으로 죽기 전까지 수백 점의 자료와 그림들을 남겼다. 나는 밭에 비가 쏟아지는 쌀쌀한 오후면 얼굴, 발, 손이 일그러진 한센병 환자들의 그림들을 홀린 듯 바라보았다. 그들이 소외받고 차별받았던 이야기에 분노했고, 다미엔 신부의 영웅적인 행적을 가슴 깊이 사모했다. 그는 사회적 편견을 용기 있게 이겨내고 자신의 목숨까지 바쳤다. 가톨릭 배경에서 자라오긴 했지만, 선교사가 되고자 하는 꿈은 없었다. 하지만 이렇게 소외된 질병과 부당한 사회를 반복해서 바라보고 먼 나라의 문화를 빠르게 동경하게 되면서 불우한 이들을 돕고 세계를 여행하겠다는 꿈을 키우게 되었다.

궁극적으로 이 때문에 의학을 공부하게 되었다. 처음 내가 대학 전공을 선택했던 과목은 공학이었다. 수학을 좋아하고 실용적인 문제를 푸는 데 관심이 많았기 때문이다. 처음 몇 달 동안은 겐트 대학에서 공학을 공부했다. 그런데 내가 진짜 원하는 것은 보다 큰 사회 정의를 위해 일하고 여행을 떠나는 일이었다. 의학은 과학을 동경하던 내 어린 시절과 긴밀하게 연결되어 있었고, 의학 학위는 세계 어디로나 떠날 수 있는 여권이나 다름없었으며, 질병은 부당한 사회가 최악의 모습으로 나타나는 것이었다. 또한 의사는 어디서나 쓸모가 있었다. 하지만 내가 겐트 의과 대학에서 7년간의 공부를 마치고 감염성 질환을 선택하기로 결정했을 때, 내 지도교수님들이 이구동성으로 하신 말씀은 멍청한 짓이라는 말이었다. 물론 몇몇 감염성 질환들이 남아 있기는 했고, 저 머나먼 땅에서 새로운 감염성 질환이 종종 일어나기도 했다(예를 들어 크림-콩고 출혈열은 1956년에 처음으로 확인되었고, 라사열은 1969년에 처음 등장했다). 하지만 1974년에 감염학은 흥미진진하거나 최첨단 학문으로 여겨지지 않았다. 백신과 항생제의 발전으로 모두 다 정복되기 직전이라 생각했다.

사회의학 지도교수님은 내 어깨를 단단히 잡으며, 똑똑히 들으라며 이렇게 말씀하셨다. "감염학에 미래는 없다." 더 이상의 반론은 받지 않겠다는 듯 단호한 목소리로 이어가셨다. "수수께끼는 다 풀렸어."

하지만 나는 아프리카로 가고 싶었다. 사람들의 생명을 구하고 싶었다. 감염성 질병은 이런 일들을 할 수 있는 열쇠라고 생각했고, 아직도 풀어야 할 수수께끼가 많다고 생각했다. 그래서 교수님의 말씀을 무시했다.

내가 아프리카에 매혹된 정확한 이유는 모르겠다. 부모님은 열심히 살아오신 분들이었다. 아버지는 경제학자로서, 당시 막 성장하고 있던 유럽연합에 벨기에 농산품 공급을 확대시키려 노력하던 공무원이었다. 어머니는 외할아버지와 함께 건설업을 하고 계셨다. 부모님은 성질 급한 농촌 마을 출신이었다. 중세시대 이 지역을 유명하게 만들었던 플랑드르 길드의 은행가나 은세공사, 직공과는 연관이 없었다. 플랑드르 지역은 기억조차 희미한 과거부터 주변 강대국들에게 끊임없이 괴롭힘을 당해왔었다. 우리가 사는 세상은 작고 칙칙한 마을, 그리고 잿빛 하늘 아래 펼쳐진 밭이 전부였다. 어릴 적 일요일이면, 부모님은 할아버지 댁에 우리를 데려가시곤 했다. 내가 8살이 될 때까지 할아버지 댁은 우리 집에서 5킬로미터 밖에 떨어져 있지 않았다. 우리 집안 여성들은 훌륭한 요리사였고, 아버지 쪽은 모두 술을 아주 좋아하셨다.

우리 집안에서 벨기에 콩고에 가본 사람은 아무도 없었다. 벨기에 콩고는 레오폴드 2세의 개인 소유 왕국이었고 독립 이후 자이르가 되었다. 부모님과 조부모님은 식민지 정착민들을 게으르고 하등 쓸모없이 다른 사람들의 노동력이나 등쳐먹는 사람들이라 생각했다. "쉬면 녹슨다"는 것이 증조할아버지가 속해있던 베이흐말의 다운힐 라이더스 자전거팀의 좌우명이었다. 1905년에 만들어진 팀의 낡고 오래된 로고는 지금도 내 서재에 걸려있다.

귀도와 르네는 부서지지 않고 남아 있던 혈액 검체 하나를 보온병에서 건져 올려 실험을 준비했다. 황열 바이러스에 대한 항체를 확인하고, 장티푸스 같은 유행성 열병이나 기타 출혈열성 질병도 살펴봐야했다. 바이러스를 분리하기 위해서 실험실에서 손쉽게 배양이 가능해 널리 쓰이는 베로 세포**Vero cell**에 혈액을 소량 주입했다. 또 혈액 일부는 성체 쥐의 뇌와 갓 태어난 새끼 쥐에 주입해 두었다(이 일은 언제나 꺼림칙했다. 환자의 조직을 쥐의 고환에 주사해야 할 때도 있었는데, 브룰리 궤양을 일으키는 마이코박테리움***Mycobacterium ulcerans***을 분리하기 위해서였다. 주사할 때면 괜히 민망했다).

이 모든 과정을 진행하는 동안 우리가 취한 예방 조치는 평상시 살모넬라나 결핵을 다룰 때와 크게 다르지 않았다. 훨씬 희귀하고 강력한 무엇인가가 우리 삶에 들어왔다는 생각을 한 사람은 아무도 없었다.

며칠 동안 황열, 라사열을 비롯한 여러 후보 병원체에 대한 항체검사는 음성으로 나왔다. 운반 과정에서 온도가 제대로 유지되지 않아 검체에 심각한 손상을 입은 듯 보였다. 우리는 쥐 주변을 신경질적으로 맴돌았고, 평소에는 두 번 하던 세포 배양 확인도 네 번씩 했다. 주말에는 다들 실험실에 들러 검체를 확인했다. 내 생각에 모두들 뭔가 자랄지 모른다는 희망을 가졌던 것 같다.

그리고 마침내 일이 났다. 10월 4일 월요일 아침, 성체 쥐 중 몇 마리가 죽어있는 것을 발견했다. 사흘 뒤에는 새끼 쥐도 모두 죽었다. 우리가 접종시킨 혈액 검체 안에 병원성 바이러스가 있다는 증거였다.

이때쯤 상사인 스테판 패틴 교수가 자이르의 유행에 대한 정보를 조금 더 모아왔다. 얌부쿠라는 마을을 중심으로 일어나고 있었으며, 마을에는 플랑드르 수녀들이 운영하는 선교단이 있었다. 앤트워프 북부를 기반으로 한 예수 성심의 성모의 딸 수녀회였다. 유행병은 9월 5일부터 3주째 미쳐 날뛰고 있었고, 적어도 200명 이상이 사망했다. 지역을 방문한 자이르 의사 두 명이 유행병을 황열로 진단하기는 했지만, 환자들은 심각한 출혈 양상을 나타내고 있었다. 항문, 코, 입을 통한 심한 출혈과 고열, 두통, 구토가 나타났다.

출혈성 증상은 황열에서는 드문 편이었다. 패틴은 사람들을 못살게 굴긴 했지만, 열심히 일하고 자신의 분야에 대해서는 확실히 알고 있는 사람이었다. 비록 전공은 결핵이나 한센병 같은 마이코박테리아 쪽이었지만, 자이르에서 6~7년간 일한 경험이 있어 이국적인 바이러스 질환에 대해서는 훤히 꿰고 있었다. 그가 우리에게 출혈열의 기이하고 치명적인 양상에 대해 말해주던 광경을 기억하고 있다.

나는 갓 졸업한 의사였다. 아직 희귀한 출혈열을 직접 경험한 적은 없었다. 의대에서 수련할 때도 등장한 적이 없었다. 연구소 도서관으로 달려가 가능한 모든 것을 머리에 넣으려 노력했다. 많지는 않았지만 다양한 바이러스들이 있었는데, 모기 매개의 뎅기열부터 남미에서 최근 발견된 쥐 매개 바이러스인 이름조차 낯선 후닌Junin이나 마추포Machupo 같은 바이러스도 있었다. 정의에 따르면 이들은 모두 고열과 출혈을 일으켰고 치사율은 30퍼센트를 웃돌았다.

처음에는 우리가 하는 일에 완전히 들떠 있었다. 나는 완전히 불타올랐다. 만약 우리가 출혈열의 증거들을 쫓고 있는 것이라면, 유행병 조사 중에서도 가장 흥미진진한 쪽에 속했다. 감염성 질환을 추적하는 탐정의 스릴을 사랑했다. 일단 시작하면 문제가 무엇인지를 파악해야 한다. 그리고 그것을 충분히 빠른 시간 내에, 즉 환자가 죽기 전에 파악해 낸다면 거의 예외 없이 문제를 해결할 수 있었다. 의대시절 사회의학 교수님이 말씀하셨다시피 이제 거의 모든 감염성 질환에 대한 해결책들이 이미 발견되어 있었다.

1970년대 초반 학생 시절, 벨기에에서 감염성 질환은 독립된 세부 전공이 아니었다. 임상 미생물학도 함께 공부해야 했는데, 세균이나 바이러스, 곰팡이, 기생충 등 질병을 일으킬 수 있는 모든 미생물들을 배양하고 분석해야 한다는 의미였다. 미생물에 관심이 많았던 나에게는 괜찮았다. 그리고 모든 시간을 환자 개개인을 돌보는 데 쓰고 싶지도 않았다. 병원 인턴 생활을 하며 벨기에 병원 대기실에 앉아있는 환자들의 대부분의 병인 기침과 TV 드라마 때문이라는 결론을 내렸다.

환자들의 병은 대부분은 심리적인 원인으로, 직장이나 인간관계 등에서 오는 문제들이었다. 실제로는 의사를 봐야할 필요도 별로 없었다.

하지만 의학에서도 소외되고 있는 커다란 분야가 있는데, 바로 사람들이 개인적으로나 집단으로서나 애초에 아프지 않도록 만드는 방법이었다. 나는 사람들이 질병에 걸리도록 만드는 영향력을 이해하는 데 관심이 많았다. 미생물은 대체로 직관적이었지만, 사람들의 건강을 취약하게 만드는 복잡한 사회적 영향들도 있었다. 과학자로서의 경력을 개발도상국의 임상과 보건 부분에 연관시키고 싶었다. 개발도상국에는 진짜 의료적 필요가 있고, 진정한 변화를 이끌어낼 수 있는 곳이었다.

임상 미생물학이 과학적 호기심을 자극했다면, 역학은 조사와 발견의 스릴을 약속해 주었다. 그리고 아프리카에서 벨기에가 한 세기 넘게 이어온 피에 물든 식민지배 덕택에 벨기에 의학사에는 양쪽 분야에 풍부한 전통이 남아 있었다. 앤트워프에 위치한 왕립 레오폴드 열대의학원은 식민지 파견 의료인력을 훈련시키거나 이국적인 질병에 대한 연구를 진행하기 위해 1900년대 초반 설립되었다. 대부분은 지배자와 피지배자를 가리지 않고 치명적인 질병인 말라리아나 수면병 같은 기생충 질환들이었다. 1970년대까지도 벨기에 콩고에서 활동하던 교수들이 주도하고 있었고, 대부분 극보수적 정치성향에 인종차별적 우월감을 가진 사람들이었다. 자유로운 세상과 사회적 정의라는 꿈에 자극받아 의대에 온 나 같은 학생들에게는 당황스러운 일이었다. 학장인 얀센 교수와 내 상관은 예외였다.

이 때문에 졸업과 동시에 패틴의 실험실에 박사 취득을 위한 신입 연구원으로 지원하게 되었다. 그는 신참은 부엌데기라는 태도를 가지고 있었다. 당시에는 실험실 안에 플라스틱 제품이 거의 없었다. 플라스틱이 비쌌기 때문이다. 오늘날 제정신 박힌 실험실이라면 카탈로그에서 주문하지만, 당시 모든 세균 및 바이러스 배지는 수작업으로 자체 제작해야 했다. 그래서 처음 3개월 동안은 피펫을 소독하고 젤과 배지를 준비하는 일을 했다. 레스토랑 주방에서 양파부터 썰기 시작하는 주방장 보조나 중세 예술가의 도제로 염료를 가는 일부터 배우는 것과 마찬가지였다. 만약 기본적인 배지가 제대로 준비되지 않는다면 전체 실험이 무용지물이 된다. 때문에 모든 재료와 과정을 이해하는 미생물학의 가장 밑바닥부터 시작해야 했다.

좋았다. 나는 항상 손쓰는 일을 좋아했다. 이질균이나 살모넬라 같은 세균을 현미경이나 생화학적 검사를 통해 분류하는 법을 배우기 시작했다. 처음으로 맡은 진짜 과제는 한센병을 일으키는 나병균*Mycobacterium leprae*을 쥐의 발바닥에서 키우는 일이었다. 여러 연구진이 개발한 한센병을 완전히 치료할 수 있는 다제병합요법의 효과를 측정하는 임상시험의 일부였다. 패틴의 미생물 실험실은 열대의학원에 있었지만, 우리는 대학병원과 함께 일을 하고 있었고 우연찮게 앤트워프 동물원과도 협업을 하고 있었다. 누군가(혹은 동물이) 병에 걸리면 대변이나 소변, 혈액, 침 같은 검체를 보내 우리 쪽에 검사를 의뢰했다. 검체를 배양해 살펴보았는데, 일부분만 집중해서 살피기보다는 이상한 점이나 눈길을 끄는 것이 없는지를 보았다.

이런 일상에 숙달되는 데 거의 일 년이 걸렸다. 우리가 쓰던 방식은 지금 기준에서는 우스울 정도로 구식이었다. 살모넬라의 경우에는 환자의 대변을 받아서 희석시킨 다음 한천이나 배지에 발라 배양기에 넣어두었다. 어떤 세균 콜로니가 가능성이 있어보이는지 골라내려면 눈썰미가 좋아야 했다. 아, 이거라면 될 만하겠군. 콜로니 하나를 골라 다른 배지에 옮기고, 키워서, 충분한 양이 자라나면 생화학 검사들을 진행해 대여섯 가지의 화학적 조합들을 확인해 본다. 이제 살모넬라임을 알아냈다. 하지만 혈청형이 뭘까? 장티푸스를 일으키는 티푸스균일까, 아니면 설사 정도나 일으키는 평범한 종류일까?

패틴의 실험실에서 일하며 익숙한 현미경 밑으로 기묘한 예외 사례들이 무수히 많다는 사실을 깨달았다. 인간, 코끼리, 바다표범, 플라밍고, 새우 등에서 내가 처음으로 분리한 세균들도(예를 들면 특정 혈청형의 살모넬라 같은) 많았다. 세계를 놀라게 할 발견은 아니었지만, 내가 있어야 할 곳에 왔다는 느낌을 다시 한번 확인해주었다. 내게는 미생물학에서 꼭 필요한 약간은 집착에 가까운 세심함과 꼼꼼함이 있었다. 특히 미리 머릿속에 세워둔 선입관에 들어맞지 않는 결과가 나왔을 때 무시해 버리지 않는 성격도 있었다.

일 년쯤 지났을 때 패틴은 바이러스 연구를 할 수 있게 해주었다. PCR과 DNA 탐침이 생기기 이전 시절에 바이러스 검출 방법은 매우 어렵고 정밀한 기술을 필요로 했다. 네덜란드에는 트집쟁이가 되어야 한다는 말이 있는데, 기생충이나 세균을 다룰 때보다 훨씬 세부적인 것들에 집착해야만 했다. 일단 바이러스를 분리해야 했다. 소아마비를 예로 들어보자. 환자의 대변을 받아 희석시킨 다음 배지에 바르는 대신 세포에 주사한다. 베로세포 같은 대부분의 세포주들은 암세포에서 유래했는데, 증식이 쉬웠기 때문이다. 하지만 당시만 해도 그냥 구입해서 쓸 수 있는 것이 아니라, 직접 만들어 써야 했다. 대변 검체를 넣어두고, 하루 두 번씩 현미경으로 세포를 관찰한다. 어떤 바이러스는 세포를 죽인다. 죽은 세포는 유리용기에서 떨어져 나오고, 특징적인 구멍들을 남긴다. 구멍이 보이면 검체를 일부 채취해 다른 세포에 넣어본다. 정말 감염성 바이러스에 의해 일어난 일인지 확인하기 위해서다. 예를 들어 헤르페스 바이러스를 확인하려면 형광염색 처리된 항혈청을 넣어 관찰하거나, 전자현미경 아래서 보아야 한다. 이 방법으로 바이러스를 직접 볼 수 있다.

정교하고 섬세한 손이 필요한 일이었고, 색다르지도 않았던 데다 여행을 다닐 일도 없었다. 하지만 만족스러웠고 어떤 면에서는 스릴까지 느끼고 있었다. 나는 아프리카로 떠나기 전 이런 지식과 기술들로 자신을 무장시키고, 이를 통해 새로운 질병을 발견하고 사람들의 생명을 구할 수 있는 새로운 해결법을 밝혀낼 수 있음을 알고 있었다.

9월 30일, 처음 혈액 검체를 제공해 주었던 플랑드르 수녀는 쿠르테일 박사가 운영하는 킨샤사의 병원에서 숨을 거두었다. 박사는 병리학 검사를 위해 수녀의 간조직 일부를 떼어 우리에게 보내주었다(검체는 지난 번과 마찬가지로 일반 여객기를 타고 벨기에까지 날아왔다). 진단을 더 혼란스럽게 만들었던 것은 현미경 검사에서 '카운슬맨소체Councilman body'가 나타났다는 점이었다. 이 병변은 황열의 전형적인 증상 중 하나로 알려져 있었다. 하지만 패틴은 라사열이나 쥐의 대소변을 통해 바이러스가 전파되는 아프리카 출혈열에서도 같은 증상이 나타난다는 점을 알고 있었다. 패틴은 킨샤사에서 온 검체에서 출혈열이 확인되지는 않았지만, 그렇다고 가능성을 완전히 버릴 수도 없다고 판단했다.

이 단계까지 이르자 패틴은 우리가 검체를 계속 연구하는 것은 완전히 어리석은 일이라고 생각하게 되었다. 당시 우리가 가진 장비로 안전하게 연구를 할 수 없었다. 1974년에 소련 이외에 출혈열 바이러스를 연구할 수 있는 시설은 단 세 곳뿐이었다. 메릴린드주에서 철통같은 보안 속에 탄저병이나 기타 치명적인 질병을 연구하던 포트 디트릭, 역시 나 철저한 보안을 자랑하는 영국 포튼 다운에 있는 육군 실험실, 그리고 흔히들 뜨는 실험실이라 부르던 애틀란타에 위치한 미국 질병관리본부 실험실이 있었다.

어쨌든 계속해서 아마추어들처럼 실험가운을 입고 라텍스 장갑을 낀 채 부지런히 실험실을 오가며 베로 세포주들을 확인했다. 세포들이 용기 내 유리벽에서 점차 떨어져 나오기 시작했다. 독소 때문일 수도 있고 감염 때문일 수도 있었지만, 어느 쪽이건 간에 세포독성이 작용하고 있으며, 바이러스를 분리하는 데 한걸음 다가섰다는 의미였다. 세포들을 추출해서 두 번째 베로 세포주에서 키워보려 했다. 그리고 패틴이 며칠 내로 자이르에서 추가 검체가 도착할 것이라 이야기해주었다.

하지만 두 번째 베로 세포주를 배양하려는 찰나에 패틴이 끼어들었다. 세계보건기구의 바이러스과에서 새로운 유행병과 관련된 모든 검체와 생물학적 제제들을 영국의 포튼 다운으로 보내야 한다는 지시가 내려왔기 때문이다(결과적으로 포튼 다운 역시 가지고 있던 검체 전체를 애틀랜타의 미국 질병관리본부로 보내주었다. 여기가 출혈열성 바이러스를 전문으로 하는 세계 표준 실험실이었기 때문이다).

패틴은 불같이 화를 냈고, 나도 마찬가지였다. 연구는 시작도 하기 전에 끝장나 버린 듯이 보였다. 침울한 분위기 속에 모든 검체들을 밀폐 용기 안에 포장하기 시작했다. 환자의 혈청, 접종한 세포주, 해부한 쥐 뇌와 각종 검체들 일체였다. 하지만 패틴은 일부 검체를 몰래 남겨두라고 했다. 배송을 준비하는 며칠 동안, 우리는 베로 세포주 일부와 죽어가는 새끼 쥐들 몇 마리를 빼두었다. 어쩌면 주변 강대국들에게 이리저리 간섭당하던 과거를 설욕하기 위한 소심한 반항이었는지도 모른다. 검체들은 너무나 귀한 것들이었고, 그냥 보내주기에는 너무나 아까웠다. 정말 새롭고 흥미진진한 것이었다. 너무나 흥미진진해서 영국 놈들은 말할 것도 없고 특히 미국놈들에게 그냥 넘겨줄 수는 없었다.

패틴은 역동적인 인물이었고, 명석한 두뇌를 가지고 있었다. 그에게는 그 세대 사람들이 가지고 있던 식민주의적이고 우쭐거리는 태도가 없었다. 파격적인 안경을 쓰고 현대 미술 작품을 모으는 사람이었다. 굉장히 냉소적이긴 했지만, 그의 독설이 피부색이나 사회적 지위를 겨냥하지는 않았다. 오로지 어리석음에 대해서만 독설을 퍼부었다. 물론 자존심은 엄청나게 강한 사람이었다.

실험실에는 죽은 첫 번째 베로 세포주를 다시 접종시킨 세포를 모아둔 보조 선반이 있었다. 우리는 문제를 일으키는 무언가가 거기에 있다는 것을 알고 있었다. 시험관들을 꺼내 다시 현미경으로 살펴보았다. 패틴은 보통 이런 일들은 하지 않았다. 깐깐한 매니저였지만, 기술이 좋은 사람은 아니었고, 애초에 손재주가 별로 없었다. 하지만 충동적으로 직접 현미경에서 관찰해 보겠다며 귀한 시험관 하나에 손을 뻗었고, 그 순간 그의 손에서 미끄러진 시험관은 바닥에서 산산조각이 나버렸다.

르네의 신발 위로 검체가 쏟아졌다. 튼튼하게 발을 감싼 가죽 신발이었지만 르네는 우는 소리로 "엄마야!"라고 외쳤고, 패틴은 "제기랄" 하고 욕을 했다. 그리고는 아주 짧은 순간이지만 순수한 공포가 밀려들었다. 곧바로 우리는 몸을 움직였다. 바닥을 소독하고 신발을 치웠다. 큰일은 아니었다. 하지만 그 순간에야 비로소 이 바이러스가 얼마나 치명적일 수 있을지, 또 우리가 얼마나 커다란 위험을 무신경하게 감수하고 있었는지를 깨달았다.

10월 12일, 반쯤 비밀에 부쳐졌던 두 번째 세포주를 검사하기 위한 준비를 마쳤다. 귀도는 검체를 채취해 극도로 얇게 가공해 전자현미경으로 관찰할 준비 작업을 했다. 대학병원 실험실에서 전자현미경을 다루고 있던 패틴의 친구인 윔 제이콥에게 검체를 가져갔다. 몇 시간 뒤 그가 사진을 가지고 우리 실험실에 왔다.

"이게 대체 뭐야?" 패틴이 말했다.

그가 사진을 한 번 쳐다보고, 우리를 쳐다보고, 복도를 쳐다보는 동안 긴 침묵이 흘렀다. 패틴의 어깨 너머로 슬쩍 쳐다보았더니 바이러스로는 엄청나게 크고 길며 지렁이처럼 생긴 무언가가 보였다. 황열과는 완전히 달랐다. 패틴의 흥분인지 짜증인지 모를 감정이 점점 고양되었다.

"이거 마버그Marburg처럼 생겼는데!" 그가 소리쳤다.

나는 마버그에 대해 잘 모르고 있었다.

실험실에 있던 다른 사람들은 다들 마버그에 대해 아는 것처럼 보였다. 오늘날이라면 무엇인지 알아보기 위해 인터넷을 찾아보겠지만, 그 당시 내게 필요한 것은 감염병 백과사전이었다. 연구소 도서관에 내려갔고, 정말 바이러스는 마버그를 닮아 있었다.

마버그는 당시 알려진 바이러스 중 14,000나노미터 이상, 즉 0.000014밀리미터 이상의 크기를 가진 유일한 바이러스였다. 엄청난 크기였다(비교하자면 소아마비 바이러스는 50나노미터 정도다). 마버그는 불과 9년 전 독일에서 발견되었는데, 우간다에서 수입한 원숭이에서 몇몇 제약회사 연구원들이 감염되면서 알려졌다. 마버그는 병독성이 굉장히 높았고, 사망에 이르는 시간도 짧았다. 원숭이와의 직접적인 접촉을 통해 감염된 25명 중 7명이 출혈열 증상을 보이며 사망했고, 일차 감염된 사람과 접촉한 사람 중 6명이 추가 감염되었다.

마버그는 분명 아주 무서운 질병이었고, 당시 우리에게는 마버그 바이러스용 항체가 없었기 때문에 우리가 분리한 바이러스가 마버그인지 확신할 수 없는 상황이었다. 어쩌면 비슷한 형태를 지닌 다른 종류의 바이러스일 가능성도 있었다.

패틴에게 자살충동은 없었다. '우리' 바이러스가 무시무시한 마버그와 매우 비슷하다는 점을 확인하자, 추가 연구를 모두 미뤄두고 남은 검체 전부를 곧장 미국 질병관리본부의 안전한 실험실로 보내기로 결정했다.

나는 여전히 흥분에 젖어 있었다. 내 어린 시절 모험의 꿈이 드디어 손 닿는 곳에 들어온 듯 느껴졌다. 나는 연구를 지속해야 하며, 유행병을 확인하기 위해 자이르에 직접 가야한다고 주장했다. 이런 세계적인 발견을 다른 팀에 그냥 넘겨주는 것은 있을 수 없는 일이라 생각했다. 우리가 이 바이러스를 발견했고, 그렇기 때문에 우리가 바이러스의 치명률이나 실제 영향을 현장에서 확인할 필요가 있었다.

패틴도 이런 주장에 특별히 반박할 생각은 없었지만, 자이르 원정처럼 즉흥적이고 대담한 일을 수행할만한 예산이 없었다. 개발원조부에도 가봤지만, 이 예산은 어려운 사람들을 돕기 위한 프로그램을 지원하는 것이지 의학 연구를 지원하기 위한 것이 아니라는 답변만 들었다. 이때 처음으로 모금활동의 현실을 진지하게 마주했다. 진짜 재난이 닥쳤을 때부터 자금을 모으기 시작하는 일이 얼마나 어려운 일인지를 깨달았다. 무엇보다 관료주의와의 첫 번째 대립이었는데, 이후 삶에서 가장 큰 울화를 안겨준 원인이 되었다.

안전기준상에서는 모든 연구가 비싼 장비와 높은 보안등급을 지닌 실험실에서 진행되어야 한다고 요구하고 있었지만, 왜 우리가 지금 유행이 진행되고 있는 현장 역학연구까지 미국인들이나 세계보건기구가 차지하는 것을 보고만 있어야 할까. 벨기에에 있는 작은 연구소가 의학의 역사에 이름을 남길 수 있는 기회가 얼마나 될까? 스물일곱 살짜리가 새로운 바이러스를 발견하는 것도 흔한 일이 아닐 뿐더러, 우리가 배양하는 데 성공한 바이러스는 이런 모든 기회를 가져다줄 것처럼 보였다.

10월 14일 목요일, 답변은 전보로 왔다. 새로운 바이러스가 맞았다. 질병관리본부의 특수 병원체 담당자인 칼 존슨은 킨샤사의 같은 플랑드르 수녀에서 얻은 검체에서 비슷한 바이러스를 분리했다고 전해왔다. 그는 우리가 보내준 정보에서 한걸음 더 나아가, 마버그 항체와 반응하지 않는다는 사실도 확인했다. 즉 마버그와는 분명 다른 바이러스였지만, 얼마나 다른 종류인지는 알 수 없었다.

두 가지를 배웠다. 첫째는 내가 있던 연구소(와 내 모국)의 수완이 그리 좋지 않다는 점이었다. 두 번째는 세계에는 어떤 문제든 단숨에 해결할 수 있는 과학자 네트워크가 존재한다는 점이었다. 그때는 팩스도 없었고, 전화나 전보가 전부였다. 하지만 이 네트워크는 서로 잘 알고 있었고, 대부분은 미국에 적을 두고 있었다. 이때부터 미국에 가고 싶다는 생각을 했다. 우리도 네트워크에 들어가 세계적인 수준이 되는 방법을 배우고 싶었다.

우리의 연구를 자이르로 옮겨가 계속하자는 불가능한 꿈은 완전히 물거품이 되었다고 생각했다. 상세불명의 복통으로 온 환자의 대변 검체에서 살모넬라나 보러 돌아갈 시간이었다. 완전히 의기소침해졌다.

하지만 패틴은 나쁜 사람이 아니었다. 패틴은 내가 얼마나 풀이 죽어 있는지를 눈여겨 보았던 듯하다. 그리고 10월 15일 금요일, 패틴은 당시 부인이었던 그레타 킴제커와 함께 파리로 주말여행을 보내주었다 (우리는 내가 의대생 시절에 만났고, 그녀는 심리학과 학생이었다. 이때에는 결혼한 지 겨우 6개월 되었을 무렵이다). 패틴은 비첨이라는 제약회사가 주최한 컨퍼런스에 초대받았는데, 새로 출시하는 항생제에 대한 내용이었다. 패틴은 이런 행사를 정말 싫어했기 때문에, 끊임없이 들어오는 제약회사의 제안을 관대하게 신참 연구원에게 넘겨줄 수 있었다.

하지만 금요일 오후 니코 호텔의 컨퍼런스장에 들어가자 전광판에 내 이름이 떠 있었고, 지금 당장 브뤼셀로 전화를 달라는 메시지가 나타났다. 이건 또 뭐람?

제일 먼저 아직 실험실에 있던 패틴에게 전화를 걸어 보았다. 개발원조부와 외교부에서 온 전화로 전화통에 불이 날 지경이었다고 했다. 당장 킨샤사로 가라는 것이었다. 미국인들도 유행을 확인하기 위해 갈 예정이었고, 프랑스 대표단은 벌써 파견을 나가 있었다. 심지어 남아공에서 파견 인력들이 모여들고 있었다. 벨기에인 주재원들은 공포에 휩싸여 있었고, 유행병을 피해 아이들을 유럽으로 돌려보내고 있었다.

"벨기에 정부에 뭔가 해보라는 압력이 많은 모양이야." 패틴이 말했다. 설마 그 '뭔가'가 갓 의대를 졸업한 나 한 명을 보내겠다는 의미일까? 하지만 입을 다물고 있었다.

"이제는 정치적 우선순위라고!" 패틴이 말을 이었다. 나는 속으로, 그래 일이 이렇게 진행되는 거구만, 하고 생각했다. 뭔가가 정치적 우선순위가 되지 않는 이상 어떻게 사람들을 생명을 구할 것인가 하는 문제는 별 관심사가 되지 못했다.

"우리 콩고잖아. 알지?" 그가 말했다. 그가 터놓고 진심으로 그렇게 말하는 것인지, 비꼬고 있는 것인지 구분할 수 없었다.

개발원조부에 있는 키비츠에게 전화를 걸었다. 의논할 것도 없었다. 다음날 비행기로 10일짜리 일정을 떠나야 한다는 것이었다. 일요일까지만이라도 미룰 수 있느냐고 물었더니 괜찮다고 했다. 나도 그러면 좋다고 대답했다. 다른 결정은 생각조차 하지 않았으나, 당시 임신 3개월이었던 그레타에게 의견을 물었더니 곧바로 다녀오라고 해주었다.

어찌 보면 바이러스 발견을 위한 여정이었던 동시에 자기 자신을 발견하는 여정이기도 했다. 중세시대의 대여행처럼 나이 스물일곱에 집을 떠나 나 자신을 찾는 과정이었다. 잔재주라고는 없이 조용히 말썽부리지 않고 열심히 일하며 눈에 띄지 않고 살아가는 단조롭고 벽창호 같은 플랑드르의 세상을 떠나, 이제는 거대한 혼돈과 감정의 소용돌이 속으로 나아가야 했다. 조각조각 부서져 내리는 세상으로, 그리고 서서히 모습을 드러내며 새로운 재앙을 불러오는 재난의 한복판으로. 내 꿈이었다. 아프리카의 심장이라 불리는 자이르로, 유행병의 원인인 새로운 바이러스를 탐험하기 위해 떠나고 있었다.

CHAPTER

2

마침내 모험을

그레타와 나는 파리에서의 일정을 황급히 정리하고 앤트워프로 일찍 돌아왔다. 곧장 패틴과 귀도, 그리고 키비츠 박사와 실험실에서 만났다. 키비츠 박사는 브뤼셀의 개발원조부에서 보건 분야를 담당하고 있었다. 우리는 몇 시간 동안 보호용 장갑과 마스크, 기본적인 실험 물자를 닥치는 대로 모았다. 동시에 실험실이나 현장에서 위험한 바이러스를 다룰 때 취하는 여러 방호 절차를 숙달하기 위해 노력했다. 간단히 말해 눈, 입, 코와 손을 보호하고 바늘 찔림 사고를 예방하는 기본적인 절차들이었다. 귀도는 오토바이 고글을 하나 구해다 주었는데, 나중에 아주 유용하게 사용했다.

잠깐 동안 혈액학 실험실에서 혈액 검사 방법을 수련 받았다. 유행 자체가 출혈열, 즉 출혈 증상을 동반한 질병이었고, 이 때문에 온갖 혈액 지표들을 살펴볼 필요가 있었다. 통제 불능의 출혈로 이어질 수 있는 파종성 혈관 내 응고증이나, 헤마토크릿, 혈소판 수 등 여러 가지를 살펴야 했다.

하지만 패틴은 박쥐 잡는 법을 가르쳐 주는 데 가장 관심이 있었다. 어떤 이유에선지 그는 박쥐가 바이러스 보유숙주(바이러스가 일반적으로 숨어 있는 장소나 동물)임이 밝혀질 것이라 믿고 있었다. 솔직히 말하자면 이 여행에서 가장 겁이 나는 부분이었다. 가장 컨디션이 좋을 때도 날아오는 물건을 잡는 데는 정말 소질이 없었고, 날아오는 물건에 발톱과 이빨이 달려있지 않을 때도 그랬다. 패틴이 말하는 동안 고개를 끄덕이고는 있었지만, 그 자리에서 절대 박쥐는 잡지 않겠다고 결심했다(결국 잡지 않았다).

이때 세계보건기구는 남부 수단에서 출혈열 유행이 있다는 소식을 발표했다. 은자라는 '우리의' 자이르 유행이 집중되어 있는 얌부쿠에서 약 720킬로미터 떨어진 곳이었다. 포튼 다운에서의 분석자료는 '신종 바이러스 발견, 마버그와 형태 유사, 항원은 다름'이라고 되어 있었다. 즉 10월 15일까지 세 곳의 서로 다른 실험실(우리, 미국 질병관리본부, 그리고 포튼 다운)이 독립적으로 발견한 바이러스가 같은 신종 바이러스일 가능성이 높으며, 동시에 서로 다른 두 지역에서 치명적인 유행을 일으키고 있다는 의미였다.

세계보건기구에서 온 전보로 수단에도 유행이 퍼지고 있다는 사실을 알았을 때 깜짝 놀랐다. 동떨어진 두 지역에서 급작스레 유행을 퍼뜨릴 수 있다는 점 때문에 이 바이러스는 무언가 불길한 느낌이 들었다. 다음은 어디를 공격할까?

도서관으로 돌아갔다. 패틴은 질병관리본부에서 오는 미국 팀에 칼 존슨이 포함되어 있다고 말해주었는데, 바로 볼리비아에서 마츄포 바이러스를 발견한 사람이었다. 그의 저작 전부를 복사해두었다.

허겁지겁 집으로 돌아가 열흘 치의 충분한 짐을 꾸렸다. 패틴은 정장과 넥타이를 챙겨가라고 우겼는데, 내가 '벨기에 정부를 대표하는' 사람으로서 자이르 정부 공무원들을 만날 수 있다는 이유였다. 당시 그런 쪽에는 아무런 관심이 없었지만, 20년 후에는 유엔에이즈계획의 대표로 수백 번씩 그런 일을 해야 했다. 다행히도 정장 한 벌이 있었는데, 결혼식 때 사둔 옷이었다.

다음으로 여권을 찾아 헤맸다. 쉽지 않은 일이었다. 여권은 이미 만료된 지 오래였다(파리에 갈 때는 여권이 필요 없었는데, 유럽연합 소속이었기 때문이다). 심지어 여권 사진은 스포츠클럽 멤버십 카드를 급하게 만드는 데 쓰느라 오려낸 상태였다. 이런 터무니없고 추레하기까지 한 변명이 아니더라도 여권에는 자이르 비자조차 찍혀있지 않았다. 패틴이 나와 함께 일주일간 킨샤사에 머문다고 알고 있었지만, 당장 나를 비행기에 올라타게 해줄지 의문이었다. 그날 밤 긴장과 흥분으로 잠을 이루지 못했다.

키비츠 박사는 너덜너덜하고 쓸모없는 나의 신분증으로도 비행기를 탈 수 있을 거라고 장담했다. 패틴의 부인인 러네이가 일요일 저녁 우리를 브뤼셀 공항으로 데려다 주는 동안, 패틴은 다양한 박쥐 종류, 박쥐의 장기에서 찾을 수 있는 각종 바이러스들, 그리고 지독한 미국놈들과 프랑스놈들에 맞서 싸워야 한다는 이야기를 쉬지 않고 떠들어댔다. 공항에 도착하자 출국장에 키비츠가 미소를 띤 채 서있었다.

출국수속을 하다가 이민국의 경찰관이 나를 매섭게 째려보며 한쪽으로 비켜서라는 손짓을 보내자, 키비츠가 끼어들어 어떤 슈퍼카드를 꺼내들었고, 나는 마법처럼 이민국을 빠져나가 출국을 할 수 있게 되었다. 지금까지는 괜찮았다. 그런데 여권이 없으면 자이르에는 어떻게 입국하지?

키비츠 박사는 재주가 많은 사람이었다. "일등석에서 폴 르리비에르-다미트를 찾아. 당신이 비행기에 타고 있는 건 알고 있을거야. 킨샤사에 도착하면 그의 지시대로만 하면 괜찮을 거야." 키비츠가 말했다.

마치 소년 영웅인 틴틴이 되어 연재만화의 흥미진진한 사건 속으로 들어온 듯 했다. 가슴이 터지도록 웃고 싶었다. 현실이 아닌 것만 같았다.

비행기에 타서도 잠이 오질 않았다. DC-10기가 새벽 4시경 아테네에 주유를 위해 잠시 착륙했을 때, 다리 펴려고 나간 사람은 네 명뿐이었다. 모두 남자들이었고, 우리는 곧장 공항으로 바로 달려갔다. 서로를 소개하는 과정에서 내가 찾던 폴 르리비에르-다미트를 만날 수 있었다.

르리비에르-다미트는 자이르의 벨기에 개발공사 대표였고, 킨샤사에서 가장 영향력이 큰 외국인 중 한 명이었다. 르리비에르-다미트는 막대한 자금력이 있었기 때문에 벨기에 대사보다도 강력한 힘이 있었다. 내가 누구인지 알아채자마자 두서없이 늘어놓던 유행병 이야기를 가로 막고서는 욕을 퍼붓기 시작했다.

"제기랄! 브뤼셀의 망할 관료놈들이 하는 짓이라고는 항상 똑같지! 흉측한 병이 돌고 있는데 찾은 게 고작 당신이라고? 당신 몇 살이야? 스물일곱? 완전 새파란 애송이구만. 의사라고 할 수나 있나. 아프리카는 가본 적도 없겠지..."

적나라하고 거친 플랑드르식 욕설에 나는 기가 죽고 말았다. 변명의 여지가 없었다. 나는 전문가도 아니었고, 기술도 별 볼 일 없었던 데다, 아프리카의 심장을 수수께끼의 바이러스로 부터 구하는 데는 만화에 나오는 소년보다도 도움될 게 없었다. 하지만 우조(그리스 전통술)를 두어 잔 들이키고 나자 르리비에르-다미트가 루벤에서 빈털터리 유학생활을 하고 있을 때 우리 아버지와 카드 친구였다는 사실이 드러났고, 다음부터는 이야기가 부드럽게 진행되었다.

"킨샤사에 도착하면 내 뒤에 꼭 붙어있어." 그가 말했다. "오른쪽 왼쪽도 보지 말고 뒤도 돌지마. 공항은 아수라장이니까. 경찰은 도둑놈들보다 심하고, 너는 강아지만큼이나 어리숙하니까. 산채로 뜯어먹힐 거야. 착륙하면 가능한 내 가까이만 있어. 질문에 답하지도 말고, 무엇보다 그 망할놈의 여권은 나 말고 누구한테도 주지 마. 우리는 곧장 VIP실로 갈 거고, 내가 무슨 일이 있어도 입국시켜줄 테니까. 알았지?"

나는 말없이 고개만 끄덕였다.

다음날 아침, 기장은 우리를 실은 DC-10기를 킨샤사 은질리 공항에 부드럽게 착륙시켰다. 우리 비행기는 불행한 최후를 맞은 비행기들의 잔해 옆에 멈춰섰다. 창문 너머로 공항테라스에 가족들이나 사업 기회를 기다리는 수백 명의 사람들이 모여있는 모습이 보였다. 비행기 문이 열리자 스팀 사우나 같은 공기가 내 얼굴을 때렸다. 들은 대로 르리비에르-다미트를 찾기 위해 비행기 앞쪽으로 사람들을 밀치며 나아가 비행기 계단을 내려가는 순간부터 그에게 달라붙어 있었다. 마치 어미 원숭이에 등에 업힌 새끼 원숭이처럼.

솔직히 말하자면 그냥 숙취와 당혹감에 휩싸여 있던 게 아니라, 겁도 조금 났었다. 아침 10시쯤이라 날은 너무 밝았고, 활주로 위는 화려한 옷을 입은 여성들과 아바코스(긴 정장이라는 뜻으로, 자이르의 장기 독재자인 모부투 세세 세코가 중국을 방문할 때 입어 필수품이 된 중국풍의 자켓이다)를 입은 남성들로 넘쳐났다. 사람들은 소리치고 손 흔들고 여행객들을 붙잡았다.

숙련된 자연스런 움직임으로 르리비에르-다미트는 패틴과 나를 VIP실로 이끌었다. 안에는 점잖은 공무원이 부드러운 미소를 지으며 우리를 르리비에르-다미트의 외교용 차량까지 안내했다. 신분증을 보자는 저속한 말 따위는 등장하지 않았다.

킨샤사의 길은 믿을 수 없을 정도였다. 사람과 동물들이 무작위로 건너다니고 있었고, 차량들도 사방에서 밀고 들어왔다. 내 눈에는 전혀 통제되지 않은 혼돈처럼 보였다. 우리는 곧장 열대의학기금의 사무실로 갔다. 열대의학기금은 비정부기구로 벨기에가 중앙아프리카 일대에서 지원하는 광범위한 의료 지원 사업을 수행하고 있었다. 우리는 보건부 장관이 주최하는 자이르 출혈열 관리를 위한 국제위원회 모임이 벌써 열리고 있다는 소식을 들었다.

자욱한 시가와 담배 연기 아래 수많은 남성들과 여성 한 명이 책상에 모여 앉아 있는 자리를 찾았다. 우리가 방에 들어서자 모두들 이야기를 멈추고 고개를 돌려 우리를 쳐다보았다. 패틴의 명성은 벌써 자자했고, 좋은 자리를 차지하기 위한 작은 소란이 일었다.

모두들 자기소개를 했다. 자이르 보건부 장관인 은구에테 교수는 날카로운 지성과 두둑한 살집, 그리고 반쯤 씹다만 시가를 입에 달고 있는 60대였다. 그의 입에서 시가가 떨어지는 것을 본 적이 없다. 미국인이자 질병관리본부 특수 병원체 담당인 칼 존슨은 가느다란 수염과 작고 날카로운 눈을 가지고 있었다. 파이프 담배를 피웠다. 그의 오른팔인 조엘 브레만은 크고 우람한 덩치에 사람 좋은 미소를 달고 있었는데, 우스운 프랑스어 엑센트를 쓰곤 했다. 보자마자 그가 마음에 들었다. 패틴은 무뚝뚝하게 악수를 하다 피에르 쉬르라 소개한 프랑스인을 만나자 바싹 긴장했다. 세계보건기구와 프랑스 파스퇴르 연구소를 대표해 온 사람이었다. 은빛 곱슬머리에 깡마른 그는 진짜 파스퇴르 연구원이라 할 만했는데, 베트남에서 마다가스카르까지 희귀한 유행병에 잔뼈가 굵은 사람이었고, 나중에 나에게는 어떤 의미에서 스승이 된 분이었다.

마가레타 아이작슨은 우리 중 유일한 여성이었다. 금속테 안경 뒤로 눈이 반짝거렸고, 짙은 갈색 머리는 우리를 보고 고개를 끄덕일 때도 헬멧처럼 고정되어 있었다. 네덜란드에서 태어났지만 유태인 대학살을 피해 이스라엘로 이민을 가서 젊은 시절을 전투기 조종사로 보냈다. 지금은 남아공 국적으로, 자이르에 있을 이유가 없는 사람이었다. 자이르는 외형상으로는 인종차별정책을 시행하는 국가에서 온 국민들은 입국을 금지시키고 있었다. 하지만 아이작슨은 1974년 요하네스버그 병원에서 마버그에 감염된 호주 배낭여행객 두 명과 치료 과정에서 감염된 간호사를 치료한 경험이 있었다. 남자 여행객은 사망했지만, 다른 여성 두 명은 살아남았다. 그래서 아이작슨은 고립된 요하네스버그에서 세계에서 유일한, 그리고 아주 소량의 마버그 완치 환자 혈청을 가져올 수 있었다.

우리 모두 수수께끼의 바이러스가 마버그가 아닌 것은 알고 있었지만, 이 바이러스가 마버그와 충분히 비슷해서 남아공에서 공수해온 면역혈청으로 현재 유행병에 피해를 입고 있는 환자를 치료할 수 있을지도 모른다는 희망을 품고 있었다. 임상적으로 확인되지는 않았지만, 혈청에 항체가 충분히 많다면 환자의 혈액 내에 있는 바이러스를 무력화시킬 수 있다는 가설도 있었다.

다른 사람들도 와 있었다. 장-자크 무옘베는 호리호리하고 명석한 자이르 미생물학 교수로, 차츰 존경하게 된 사람이다. 제라드 라피에르는 자이르 내 프랑스 의료선교단의 수장이었다. 열대의학기금을 이끄는 장-프랑수아 루폴과 장 버크도 있었다. 앙드레 코트는 킨샤사 의료원에서 온 마르고 안경 낀 의사였는데, 겁을 많이 먹은 듯 보였다. 코트를 제외하면 내가 그중 제일 어린 사람이었다.

칼 존슨은 사람들을 한데 모아 현재 상황을 간단히 요약했다. 그가 모임의 주빈임이 확실히 보였다. 우리는 과학계에 완전히 새로운 바이러스를 마주하고 있음이 분명했다. 잠재적 전파력이 높아, 특히 의료진이나 환자를 돌보는 사람들에게는 극도로 위험해 보였다. 지금까지의 보고는 감염된 사람 중 80퍼센트가 사망했다. 생각할 수 있는 치료법은 하나 뿐이었는데, 감염 후 회복해 높은 항체 농도를 지닌 사람의 혈청을 투여하는 것이었다. 하지만 회복한 사람을 일일이 찾아야 했으며, 혈액 내에 살아있는 바이러스가 없음을 확인해야 했고, 지금 병을 앓고 있는 사람에게 주사 가능한 형태로 가공해야 했다. 이런 검사는 매우 전문적인 도구들을 필요로 했고, 아주 안전한 실험 환경에서 고도로 숙련된 연구자가 수행해야 가능했다. 당장은 마버그 혈청을 시도해보기로 했다. 이야기를 하며 칼은 아이작슨에게 고개를 끄덕였다. 더불어 가장 직접적인 사인은 심한 출혈이었고, 멈추지 않는 출혈은 응고 문제 때문에 일어나는 듯 보였으므로, 일단은 항응고제인 헤파린을 써보기로 했다.

칼이 말을 이었다. 우리가 생각할 수 있는 최악의 시나리오는 킨샤사에서 본격적인 유행이 시작되는 것이었다. 킨샤사는 무질서한 대도시로 열악한 기반시설, 신뢰하기 어려운 행정부, 그리고 변덕스러운 정부 지시를 거부하는 데 익숙한 300만 명의 주민들이 있었다. 불과 2주 전에 얌부쿠의 벨기에 선교단에서 두 명의 수녀와 신부 한 명이 치료를 위해 수도로 이송되었다. 세 명 모두 사망했지만 그 과정에서 적어도 한 명의 간호사가 추가로 감염되었다. 간호사 마잉가 은세카는 중태에 빠져 입원해 있었다. 그녀가 도시 내에서 접촉했던 사람들을 추적해 격리시키려는 노력이 계속되었다. 여기에는(여기서 칼은 잠시 말을 멈추었다) 미국 대사관에 있는 사람도 있었다. 간호사가 미국 학생비자 수속 마무리를 위해 방문한 적이 있었기 때문이다.

킨샤사에서의 유행을 알리는 전조일까? 이 정도로 치명적인 바이러스가 이런 혼란스러운 도시에 들어온다면, 통제는 불가능에 가깝다. 정부 입장에서는 정치적으로도 민감한 문제였는데, 보건부 장관의 불안감을 보았을 때 이미 유행에 대한 소문이 돌아 공포가 스며들기 시작한 게 분명했다. 당시에는 질병의 전파력이 얼마나 되는지 정확히 알지 못했고, 다만 치사율이 높다는 정도만 알려진 상태였다.

모임에 참석한 대부분의 사람들이 프랑스어권 출신이었지만, 칼은 프랑스어를 할 줄 몰랐기 때문에 피에르 쉬르와 내가 순차적으로 통역을 담당했다. 이런 자리에서는 내가 선뜻 통역을 맡곤 했는데, 통역사가 가진 권력 관계는 쓸모가 많았기 때문이다. 또한 통역을 하면서는 한눈을 팔 수 없다는 점이 중요했다. "지난 25년간 일어났던 어떤 보건 문제보다도 심각한 문제가 될 수 있다"는 문장이 나왔을 때는 계속해서 그 말을 곱씹을 수밖에 없었다.

최우선순위는 킨샤사였고, 국제위원회 중 대부분은 여기에 잠시 머물기로 했다. 대신 소수의 선발대가 에쿠아퇴르주로 이동해서 3~4일 동안 상황을 살피고 보급선의 기초를 다지며 제대로 된 조사를 진행할 수 있는 계획을 그려오기로 했다.

칼은 자원자를 모았다. 내가 제일 먼저 손을 들었다. 프랑스인 피에르 쉬르, 구릿빛 피부의 쾌활한 루폴, 젊은 미국인인 조엘 브레만이 자원했다. 앙드레 코트는 뒤에 자이르 대표로 임명되었다.

패틴도 경쾌한 손동작으로 쉬르와 함께 킨샤사의 감염된 간호사를 만나러 가도록 나를 자원시켰다. “우리 젊은 친구도 자네와 함께 갈 걸세.”

열대의학기금에 있는 은갈리에마 클리닉으로 사륜구동차를 타고 달렸다. 난데없이 폭우가 내렸다. 열대의 폭풍우는 겪어본 적이 없었다. 은갈리에마 클리닉은 사실 부자들을 위한 시설이었다. 콩고강 근처 곰베에 위치해 식민지 시절에는 백인 거주 구역이었던 괜찮은 동네에 속했다. 하지만 여기도 도로 곳곳에는 깊은 웅덩이가 파여 있었고, 붉은 흙바닥이 드러나 있었다. 그냥 걸어다니는 길바닥마저도 여기서는 더 강렬하고 생동감 넘쳐보였다.

클리닉 복도에는 공포감이 자욱했다. 내과 과장인 쿠르테일 박사가 우리를 맞아 주었다. 가장 먼저 설명해 준 것은 안전 수칙이었다. 두 벨기에 수녀와 간호사 사냥고 마잉가까지 감염되고 나자 그들이 사용했던 매트리스는 불태워버리고 입원실을 폐쇄한 다음 포름알데히드로 나흘간 훈증소독했다. 시신은 페놀계 소독제에 적신 천으로 완전히 감싸 두꺼운 공업용 비닐 두 장으로 둘러 싼 다음 관에 넣었다.

수녀들과 마잉가를 돌보았던 쿠르테일은 아픈 간호사를 방문할 때도 우리 곁에서 약간 떨어져 있었는데, 마치 클리닉 사람들 모두가 서로에게서 안전거리를 유지하고 있는 듯 보였다. 하지만 마잉가를 이미 방문했었던 피에르는 묘하게 편안해 보였다. 머리를 완전히 뒤덮는 모자, 수술용 앞치마, 글러브, 덧신에 고글까지 거추장스러운 보호복을 입고 있는 상태에서도 피에르는 환자와 관계를 돈독히 할 수 있었던 모양이었다. 마잉가는 매우 아파했고, 분명히 죽고 말 것이라는 절망 속에 빠져 있었다.

마잉가는 10월 15일에 나타난 고열과 심한 두통으로 입원했다. 18일 월요일인 현재, 출혈도 나타나기 시작했다. 검고 끈적이는 흔적들이 코와 귀, 입가에 남아 있었다. 피부에 생긴 병변은 피가 고이고 있음을 의미했다. 심한 설사와 구토도 있었다. 그녀가 피에르에게 매달리자, 피에르는 마가레타 아이작슨이 가져온 혈청에 대해 설명해 주며 그녀를 진정시켰다. 혈청에 들어있는 항체가 그녀의 면역체계를 강화시켜 바이러스를 물리칠 수도 있다는 이야기였다. 슬프게도 그 혈청은 듣지 않았고 며칠 뒤 마잉가는 사망했다.

우리는 혈액을 채취해 여러 검사를 시행하며 혈관 내 응고를 해결할 수 있는 지지요법을 생각해 보았다. 혈관 내 응고가 출혈열에서 사망을 일으키는 원인이라 생각했다. 채취한 혈액을 병원 실험실로 가져가 현미경으로 살펴보았다. 마잉가는 자신이 일하던 병원에 입원할 수 있어 다행이었다. 은갈리에마는 사설 클리닉으로 고위층이 주로 찾았고 기본적인 장비들이 꽤 갖춰져 있었다. 하지만 검사실 사람들 중 누구도 마잉가의 혈액을 다루고 싶어 하지 않았고, 제대로 된 밀폐 시설이 없는 상황에서는 당연한 반응이었다.

그녀의 혈액을 살펴보았는데, 결과는 재앙 수준이었다. 혈소판 수치는 무서울 정도로 낮았다. 상상력 부족한 신참이었던 나에게 이제야 바이러스가 가진 치명적인 힘이 느껴지기 시작했고, 그녀의 혈액을 다룰 때마다 손이 조금씩 떨려왔다. 이 바이러스가 어떻게 전파될지 누가 안단 말인가. 곤충이나 체액일 수도 있고, 먼지일 수도 있었다.

우리는 격리병동인 5병동도 방문했다. 은갈리에마 클리닉은 식민지 양식으로 건설되어 각각의 동이 지붕 덮인 복도로 연결되어 있었다. 잠재적으로 전파 위험이 있는 환자를 효과적으로 격리할 수 있을 뿐만 아니라 그 사이로 충분히 공기가 통하도록 만들어져 있었다. 당시 약 50명의 사람들이 격리상태에 있었다. 얌부쿠 선교단에서 두 벨기에 수녀를 이송해왔거나, 마잉가와 가까이 있었던 사람들이었다. 여기에는 마잉가가 고열이 발생했던 당일 같은 접시에 밥을 나누어 먹었던 14살 소녀도 있었다. 심지어 겉보기에도 출산일이 며칠 남지 않은 임산부도 있었다.

간단히 이들을 살펴보았다. 분명히 겁에 질려 있었고, 약간 우울해 보였지만, 신체는 정상이었다. 이들은 격리병동에 한 달 가까이 머물렀지만, 발병한 사람은 아무도 없었다.

우리는 열대의학기금으로 돌아와 국제위원회 두 번째 모임이 열리기 전에 간단히 샤워를 했다. 다시 사람들이 커다란 회의실에 모여들었고 쉬르와 브레만, 코트, 그리고 내가 갈 세부 일정에 대해 논의하기 시작했다. 척 보기에도 중요해 보이는 백인 한 명이 한쪽 구석에 앉아 있음을 눈치챘다. 단단한 얼굴에 잘 다듬어진 잿빛 콧수염을 가진 남자는 뭔가 받아 적고 있지도 않았다. 애초에 별로 관심이 없어 보였다. 금세 그에 대해 잊어버렸다. 하지만 모임의 끝에 그가 나섰다.

"그러니까 C-130 수송기가 필요하겠군." 그가 강한 미국식 엑센트 섞인 프랑스어로 지시하기 시작했다. "랜드로버와 기름도 필요하겠어..." 그리고는 믿을 수 없을 만큼 많은 장비와 보급품을 나열하기 시작했다.

다른 사람들이 눈치채지 못한 사이 나무상자를 들고 있는 보좌관이 방 안에 들어왔다. 상자 안에는 내가 본 것 중 가장 멋진 장비가 들어있었다. 휴대전화였다. 그때는 영화에서나 보던 물건이었다. 빌 클로스는 수화기를 집어들고 예의 웃긴 엑센트로 말했다. "범바 장군과 이야기 하고 싶네." 범바 장군은 자이르 공군의 사령관이었고, 우리가 향하는 마을과 똑같은 성을 가지고 있었다.

"친구," 클로스가 느릿느릿 말했다. "내일 아침 4시까지 범바에 팀을 투입할 C-130 한 대가 필요한데. 괜찮은가? 고맙네!"

대답할 시간조차 주지 않고 소화기를 내려놓았고, 보좌관은 상자 문을 닫았다. 우리는 그저 입을 떡 벌리고 쳐다볼 뿐이었다.

빌 클로스(여배우 글렌 클로스의 아버지이기도 하다)는 콩고 독립 직전에 선교사로 온 사람이었는데, 본래는 경험 많은 의사였다. 모종의 경로로 모부투 대통령의 주치의가 되어 콩고에서 제일 큰 병원인 킨샤사의 마마 예모 병원(모부투의 어머니 이름을 땄다)의 원장도 맡고 있었다. 하지만 이것만으로는 그가 자이르에서 가진 힘과 영향력을 모두 설명하기는 어려웠다. 그는 미스테리한 사내였고, 자이르에 대한 누구보다도 풍부한 지식과 사회 곳곳에 연결된 연줄들 때문에 호감이 갈 수밖에 없는 사람이었다. 일 년 후 그는 모부투 정권에 환멸을 느끼고 자이르를 떠난다. 우리는 그가 2009년 와이오밍에서 숨을 거둘 때까지 연락을 주고받았다.

모임이 끝나자 갑자기 밤이 되어 있었다. 급작스레 지는 해는 나에게 또 다른 경험이자 놀라움이었다. 점심을 걸러 몹시 배가 고팠고, 몇몇 벨기에 주재원들이 도시의 밤을 구경시켜주겠다며 데리고 나갔다. 이들은 유행병에 대한 여러 이야기를 들려주었다. 조종사들이 범바로는 비행기를 몰고 싶어 하지 않아 하는데, 수수께끼의 병에 걸린 새들이 하늘에서 쏟아져 내리기 때문이라는 이야기. 자이르 사람들이 바이러스는 주술 때문이며 도망갈 수 없는 저주라는 이야기.

종합해보자면, 주재원들은 새내기에게 '검은 아프리카'의 진실에 대해 이야기해주고 싶어 안달이 나있었던 것 같다. 물론 예외도 있었지만, 나는 그들의 이야기가 마음에 들지 않았다. 자이르 사람들을 헐뜯고 비웃는 이야기들이 대부분이었기 때문이다.

하지만 킨샤사의 야경과는 곧바로 사랑에 빠졌다. 우아하면서도 복잡한 룸바 스타일의 음악은 환상적이었다. 춤도 매혹적이었다. 자이르 사람들은 발이 아니라 엉덩이를 최소한의 공간에서 움직였는데, 야릇하고도 도발적인 매력이 뒤섞여 있었다. 벨기에에서는 디스코나 추며 세상물정 모르고 있었다. 하지만 여기는 아름다웠다.

다른 행성 같았다. 동시에 전혀 위협받거나 손상되지 않은 완벽한 자연스러움이 그 장면 안에서 느껴졌다. 낯선 땅에서의 예측할 수 없는 공포심은 사라졌고, 모든 것이 괜찮을 것이라는 기분이 들었다.

CHAPTER

3

얍부쿠에서의 임무

새벽 4시, 짙은 어둠속과 지독한 숙취 속에서 화가 잔뜩 난 군조종사들이 활주로 위를 성큼성큼 걸어다니는 것을 지켜보고 있었다. 유행지역으로 비행해 들어가야 한다는 사실에 불만을 쏟아내고 있는게 분명해 보였다. 비행기에 우리가 짐을 싣는 것도 도와주지 않았다. 지시대로 우리를 범바로 데려다 주기는 하겠지만, 자기들은 절대 머물지 않고 우리만 내려준 뒤 바로 빠져나올 것이라 말했다.

랜드로버를 몰고 비행기에 실은 다음 단단히 고정해 두었다. 기름 약간과 보호장비 및 약품 몇 상자, 그리고 벨기에 선교단을 위한 물품 약간을 실었다. 비행기 양 옆에 놓인 군용 좌석에 앉아 지역의 중심지인 범바로 향하는 거친 비행을 준비했다.

해가 뜨자 조종사들은 긴장을 조금 늦췄다. 우리를 한 명씩 조종실로 불러 우리 밑에 펼쳐진 놀라운 광경을 보여주었다. 거대한 열대우림은 마치 초록빛 바다처럼 보였고 예나 지금이나 점점이 박혀있는 작고 바스라질 듯한 마을들만이 눈에 띄었다. 비행기는 일단 콩고강을 따라 날고 있었다. 콩고강은 너비가 15킬로미터에 달해 반대쪽 강변이 겨우 보일 듯 말 듯한 곳도 있는 거대한 강이었다. 주재원들에게 들은 대로 조종사들은 허공에서 수수께끼의 바이러스에 공격당해 숲으로 죽은 채 떨어져 내리는 새들의 이야기를 해주었다. 그리고 또 다른 루머가 더해졌는데 죽은 사람들이 길 주변에 가득하다는 이야기였다.

우리는 범바에 내렸다. 범바는 약 인구 10,000명의 강변 도시로 지역 행정 및 상업 중심지이기도 했다. 지역 전체는 벨기에의 절반 정도였지만, 대부분이 빽빽한 숲이었고 유니레버사 소유인 커피나 코코아, 쌀, 야자 플렌테이션이 흩어져 있었다. 거의 2주 동안 지역 전체는 계엄령이 내려 격리된 채, 다른 지역과 단절되어 있었다. 이 시기는 커피와 쌀 수확에 중요한 때였고, 이는 지역의 주요(혹은 유일한) 현금 수입원이기도 했다. 주민들에게는 최악의 시점이었고, 동시에 잊혀진 지역의 한구석에서 살아남기 위해 안간힘을 쓰던 지역 상인들에게도 최악이었다.

C-130기가 멈추자마자 나는 마음이 급해져 뒤쪽 출입구로 이동했다. 서서히 열리는 격납고 문을 통해 본 광경은 내 뇌리에서 영영 잊혀지지 않을 것이다. 마을 전체 주민이 모인 듯, 수백 명의 사람들이 타는 듯한 태양이 내리쬐는 황토빛 활주로에 선 채 우리를 노려보며 소리쳤다. "어이! 어이!"

루폴이 랜드로버를 거대한 비행기에서 끌고 나왔을 때, 군중은 환호성을 질렀고 작은 웅성거림이 사람들 사이로 천천히 퍼져나갔다. 사람들은 생필품과 식량 지원을 기대하고 있었기 때문에 소리친 것이었다. 몇 주 만에 처음으로 도착한 비행기였다. 사람들이 우리가 식량을 가지고 온 것이 아님을 깨달았을 때, 절박한 사람들은 비행기를 타려는 희망으로 전진했지만, 헌병들이 강하게 밀쳐냈다.

마지막 상자를 내리자 조종사가 소리쳤다. "행운을 비네!" 엔진에 시동을 걸고 이륙하기 전 그들의 눈에 스쳐지나간 것은 연민과 내가 잘못 본 것이 아니라면, 경멸이었다. 우리도 이제 격리된 사람들의 일원이 되었다. 비행기의 소음이 멀어지자, 자이르에서 자라난 루폴은 린갈라어로 사람들에게 지시를 내리기 시작했다. 타고난 지도자처럼 자연스러운 권위가 있었다.

"범바의 시민들이여, 안녕하십니까. 여러분이 얌부쿠 열병의 심각한 유행 때문에 어려움을 겪고 계신 것을 알고 있습니다. 격리 조치로 힘든 것도 압니다. 저희는 모부투 세세 세코 대통령의 지시를 받아 여러분을 돕기 위해 왔습니다. 유행병을 멈춰 격리조치가 풀리면 수확물도 킨샤사로 보내실 수 있을 겁니다. 그러니 격리 조치에 있어 여러분의 협조를 구하며, 아픈 사람이 있다면 격리시킨 후 책임자에게 알려주시기 바랍니다."

사람들은 동의의 의미로 "예" 혹은 "오예"를 외쳤다.

단호하게 생긴 플랑드르 남성이 나타났다. 짙은 안경과 아프리카식 빳빳한 셔츠를 걸친 남성은 나보다 10살 정도 많아 보였다. 그는 자신을 카를로스 신부라 소개했다. 스쿠트회 소속인 그는 얌부쿠에서 바이러스 때문에 사망한 가톨릭 사제와는 동료였다. 내게 사제란 신부복을 갖춰 입은 나이 많은 사람들이었기 때문에 그의 모습에 깜짝 놀랐다. 카를로스는 형광 초록빛 벽에 작은 십자가와 모부투 대통령 사진이 걸려있는 선교단으로 우리를 데려갔다(조금 후에 알았지만, 밝은 초록빛은 모부투의 '혁명당'을 상징했다). 도착하자 스테이크와 프렌치 프라이

(선교단이 기른 소와 감자였다), 위스키, 맥주 그리고 시가(점심에!)가 우리를 기다리고 있었다.

카를로스 신부는 그의 양떼들에게 헌신적인 사람이었지만, 동시에 매우 현실적인 사람이었다. 유행에 대해 짧게 설명해주었다. 처음 시작된 것은 9월 첫째 주 얌부쿠에서였다. 선교학교의 교장선생님이 휴가 동안 북쪽을 여행한 후 병세가 시작되었다. 그가 죽은 뒤 사람들이 장례식에 참석했고, 며칠 지나지 않아 선교병원은 교장의 아내를 비롯해 환자들로 넘쳐나게 되었다. 환자들은 고열, 두통, 환각을 보였고 대부분 출혈로 사망했다. 얌부쿠 선교교회에서 교장을 돌보았던 사람들도 하나씩 아프기 시작했고, 이어서 친척들, 다른 환자들, 그리고 별 관계가 없어 보이는 십수 명의 사람들도 발병했다. 카를로스 신부는 이들의 이름을 언급하며 자연스럽게 질병에 잠식당한 벨기에 수녀들과 사제들을 강조했다. 산파로 일하던 베아타 수녀, 킨샤사로 옮겨져 사망한 미리암 수녀와 에드문다 수녀, 그리고 어거스트 신부와 로마나 수녀, 저메인 신부가 있었다. 자이르 사람들은 모두 이름 앞에 '누구의 아들'이라는 대략의 계보가 붙어 있어 나는 공책을 꺼내들어야 했다.

얼마나 많은 사람들이 죽었는지 누구도 정확히 알지 못했다. 하지만 발병한 사람은 8일 내에 사망했다. 얌부쿠 선교병원에서 아직 살아남아있던 몇몇 수녀들도 곧 세상을 떠날 것이라 굳게 믿고 있었다. 바이러스로부터 살아남았다고 알려진 사람은 딱 한 명뿐이었다. 현재 범바에도 환자들이 몇몇 있었고, 얌부쿠에서 범바로 여행한 사람들은 격리 조치가 취해졌다.

점심을 먹고 피에르와 나는 범바에서 폭이 26킬로미터에 달하는(벨기에 전체 해안선의 거의 절반이다!) 강가를 걸으며 부레옥잠 꽃향기에 취했다. 범바 주민 전체가 이곳에서 마실 물과 씻을 물을 길어갔다. 식민 정부는 몇몇 집에 수도관을 설치했었으나, 독립 후 15년이 흐르자 모두 망가져버렸다. 개인 발전기 몇 개를 제외하면 전기가 들어오는 곳도 없었다.

우리는 포르투칼 식료품점인 노게라로 되돌아왔다. 선반은 조촐했다. 분말우유 약간, 소금, 성냥, 밀가루, 식용류, 가스 몇 통 정도가 있었다. 하지만 정어리 통조림 몇 개와 작업복도 있었다. 피에르와 나는 필요해질 것이라는 생각에 둘 다 구입했다. 작업복은 내가 챙겨온 옷들보다 유용해 보였고, 견디기 힘든 더위에 좀 더 적합했다.

구청장에게 인사를 할 시간이었다. '시민' 이포야 오롱가는 절대권력자였다. 군대 지휘관이나 지역 경찰청장 정도나 그에 견줄 수 있었다. 오롱가는 자이르에서 태어난 사람이라면 누구나 당원이 되는 유일한 정당인 인민혁명당의 절대적인 대표자이기도 했다. 모부투 대통령이 중국을 방문한 이후 자이르는 마오쩌둥주의에서 따온 선전구호로 철저히 조직되었다. 그러나 이미 부패가 좀먹고 있던 자이르는 세정稅政이 봉건제로 되돌아간 듯 단계마다 징세원이 세금의 일부를 조직의 상부에 상납하고 떼어 먹었다. 그리고 마지막으로 국민 소득의 상당부분이 모부투 대통령 자신의 바닥없는 호주머니로 들어갔다.

조지 오웰의 소설에서 나올 법한 전체주의를 보는 듯 했다. 조직폭력배들 사이에서나 보일 법한 상호작용들과 놀랍도록, 그리고 섬뜩하도록 비슷한 점이 많았다. 모든 사람들은 서로를 시민으로 호칭하도록 강제 당했다. 그 이면에는 깊숙이 스며들어있는 공포감이 있었다. 자이르에서의 모든 인간관계에는 부패와 권력 남용의 냄새를 맡을 수 있었다.

오룽가와의 만남은 별 의미가 없었지만 필요한 일이었다. 내가 앞으로 견뎌내야 할 수많은 텅 빈 의례적인 방문들의 시작을 알리는 모임이었다. 우리는 구청장의 권력에 감탄할 만큼 충분한 시간을 의무적으로 기다려야만 했다. 다행히도 그동안 우리는 범바에서 10킬로미터쯤 떨어진 에본다에 위치한 유니레버 플랜테이션의 의사와 책임자를 만날 수 있었다. 유니레버는 지역에서 가장 많은 사람을 고용하고 있었다. 유행병은 자이르의 유니레버 플랜테이션에 경제적인 재앙이었다. 수확한 물품을 운반할 수도 없었고, 고용인들의 상당수가 도망쳐 버렸다. 선교단과 더불어 유니레버는 자이르 내에서 보급지원을 받을 수 있는 유일한 통로였다. 이들은 출혈열로 사망한 환자의 장례를 어떻게 진행해야 하는지 조언을 얻기 위해 왔다. 지금까지 사망한 사람들을 여럿 보았고, 이번에는 각각 두 살과 다섯 살난 아이들의 목숨이 위험한 상태였다. 다음날 아침 얌부쿠 선교병원으로 가는 길에 곧장 아이들을 봐주기로 했다.

마침내 사무실에 들어가라는 허락을 얻었지만, 차와 커피를 마시는 의식을 치르며 공손한 대화를 나누는 시간을 견뎌야만 했다. 마침내 이런 의식들에 제일 익숙했던 루폴이 짧은 활동기간(그리고 훨씬 더 긴 후발대의 일정) 동안 필요한 지원이나 교통 등에 대해 말을 꺼냈다. 이 모든 일은 짧은 말과 심사숙고한 몸짓을 통해 이루어졌다.

"범바 같은 가난한 동네에서 어떻게 이런 보급을 다 해줍니까? 이런 지원을 해줄만한 예산이 없소! 우리는 모두 힘들어하고 있고, 나조차도 가족들을 보러 킨샤사에 갈 수 없단 말이오." (서류 몇 장을 만지다, 보란 듯 근심 섞인 눈살을 찌푸리고는, 정말 안타깝다는 듯 머리를 흔들었다).

루폴은 얼굴이 아파보일 정도로 불쌍한 웃음을 지었다. "아, 그것도 고려해왔습니다. 여기 가져온 것들이 당신의 생각을 도와드릴 겁니다." 갑자기 중간 크기의 번쩍이는 서류가방이 루폴의 손에서 나타났다.

루폴은 현지화가 가득 들어있는 서류가방을 들고 왔다. 나는 그렇게 많은 돈뭉치는 처음 봤다. 공식적으로 1자이르는 1달러와 같았다. 현실의 환율은 훨씬 낮았다. 하지만 가방을 열어 내용물을 구청장에게 보여주는 장면은 영화에나 나오는 마약거래 같았다. 언제부터 언제까지 그 많은 사람들을 고용하겠다는 확인서도, 구체적인 예상도, 어떤 약속도 없었다. 결국 앞으로 우리가 하는 일에 대해서는 또 따로 비용을 지불해야 한다는 의미였다.

하지만 가방은 분위기를 반전시켰다. 오롱가는 지역 내 식량사정에 대한 깊은 우려를 나타냈다. 벌써 3주 넘게 어떤 배나 트럭도 지역에 들어올 수 없었다. 범바의 군 기지는 며칠째 식량 없이 지내고 있었다.

선교단에 돌아와 죽은 듯이 잠들었다. 앤트워프, 자이르로 오는 비행기와 킨샤사의 바를 지나며 삼 일째 잠을 거른 상태였다.

다음날 아침, 우리는 작은 범바 병원을 방문했다. 얌부쿠를 방문했던 십수 명의 사람들은 격리 중이었고, 출혈열로 의심되는 한두 명의 환자도 있었다. 킨샤사의 은갈리에마 클리닉은 유럽인 기준에서는 약간 지저분했지만, 그래도 괜찮은 수준이었다. 여기는 진정한 열악함이 무엇인지를 보여주고 있었고, 상황은 민망할 정도였다. 열성질환이 의심되는 환자는 분명 병이 있는 것이 틀림없었지만, 증상은 그렇게 놀랍지는 않았다. 고열과 흉통, 복통이 있었지만, 간단한 검사 결과 출혈열로 의심되지는 않았다. 사람들은 매트리스도 없이 철망 그대로인 침대에 누워있었다. 그나마 형편이 나은 사람들이나 천이라도 깔아두었다.

약도 없었다. 바닥과 벽은 정말 지저분했고, 말 그대로 조각조각 떨어지고 있었다. 이 모든 것들이 '정상'이었다. 이런 열악한 상황은 갑작스런 보건 문제와는 별 연관이 없었다. 상황은 항상 이러했기 때문이다.

병원 안팎은 삭발한 여성들로 가득했다. 어떤 이들은 소리 지르거나 울부짖고 있었고, 다른 사람들은 보기만 해도 핼쑥해지는 위생 환경에서 밥을 준비하고 있었다. 환자들은 입에서 피를 흘리며 끔찍하다는 말이 부족하지 않을 정도의 상황에 놓여있었다.

책임자인 은고이 무숄라 박사는 생각보다 어린 남자로, 유럽 의사라면 졸도할 만한 상황에서 외과수술이나 제왕절개를 하는 데 익숙한 사람이었다. 하지만 분명히 출혈열 때문에 공포에 잠식당해 있었다. 그가 돌보던 사람 몇 명이 사망했고, 절망적인 목소리로 멈추지 않는 출혈에 대해 이야기해주었다.

나는 킨샤사에서 추가 검사를 진행하기 위해 은고이의 환자들 전부를 채혈했다. 근처 도시인 리살라(우연히도 벽마다 사진이 걸려 있는 모부투 대통령의 출생지이기도 했다)의 보건담당자인 마삼바 마톤도와 함께 은고이는 얌부쿠 출장에 기반한 짧고 명쾌하게 유행의 개요를 설명해주었다. 다시 기나긴 이름들의 나열이 시작되었다. X가 감염되었고, 그리고 그녀의 남편 Y가, 이어 여동생 Z도 감염되었고, 그녀를 돌보았던 OO마을의 A고모가 발병했다. 나는 이야기를 따라가기가 점차 힘들어졌고, 노트를 꺼내 황급히 받아 적기 시작했다. 추측컨대 얌부쿠 반경 100킬로미터 이내에 있는 최소 44개 마을들이 영향을 받았다. 대부분의 최초 감염자들은 얌부쿠 병원을 방문한 기록이 있었지만, 마삼바의 말로는 추가 감염이 일어난 경우도 많다고 했다. 다시 말해 얌부쿠에 방문한 적이 없는 사람에게서도 나타났다는 의미였다. 출혈열에 감염된 거의 모든 사람들이 일주일 내로 사망했다.

모두가 죽었다는 말에 은고이가 고개를 끄덕였다. 한 명 혹은 두 명이 살아남았다는 소식을 듣기는 했지만, 그가 본 환자 중에 살아남은 사람은 없었다.

우리가 얌부쿠로 떠날 무렵에는 사망자가 백여 명을 넘어섰다. 내 본능적인 회의주의는 자취를 감추었고, 절망감이 빈자리를 차지했다. 카를로스 신부와 은고이 박사의 이야기, 범바 병원의 보고서, 조종사나 범바 주민들의 확연한 공포심, 마을에서 도망치고자 하는 절박한 시도들... 지금 이 병이 보여주는 병독성과 높은 사망률은(빈곤과 자이르의 빈약한 조직력, 킨샤사에 유입될 가능성 등과 조합했을 때) 조엘 브레만이 요약한 대로 "이번 세기 등장한 가장 치명적인 유행병일 가능성이 있다."

랜드로버 두 대(한 대는 카를로스 신부가 빌려주었다)에 나눠 탄 우리는 침묵 속에서, 압도적이고 절대적인 모습으로 훼손되지 않고 빽빽이 서 있는 적도의 정글을 헤쳐 나갔다. 나무들은 족히 10미터는 넘어 보였다. 타잔 영화에나 나올 법한 무성한 덤불과 우락부락한 덩굴식물들 같은 온갖 식물들이 우리를 스쳐지나갔다. 강력하고 무자비한 자연은 경험해본 적이 없었고, 점차 우리가 무섭고 통제할 수 없는 무언가로 들어가고 있다는 느낌이 짙어져갔다.

에본다의 유니레버 플랜테이션에 멈춰섰다. 회사 사람들은 이성을 잃은 상태였다. 우리의 방문에 엄청난 희망을 품고 있었고, 우리가 잠깐만 머무른다는 말에 처음에는 실망했다 점차 분노했다. 여성들은 클리닉 주변에서 최근에 죽은 몇몇 사람들을 애도하며 노래하고 소리쳤다. 플랜테이션에서 공포에 질린 평화봉사단 자원봉사자 세 명을 만났다. 스무 살 남짓의 금발 미국 여성은 공포에 질린 채 히스테릭해져 있었다. 눈물범벅이었다. 내 눈에도 치명적인 유행병, 매일 마주하는 스트레스들, 에본다에서 영어를 가르치는 일 등이 결코 쉽지 않은 상태라는 것이 명확해 보였다. 하지만 어떻게 위로해야 할지 몰랐다. 조엘이 나서 가능한 교통수단이 확보되는 대로 여기서 데리고 나가 집에 보내주겠다고 약속했다.

나는 앤트워프에서 전자현미경으로 본 바이러스의 사진을 가지고 있었다. 어떤 이유에서인지 그것이 생각나길래 꺼내 보여주었다. 대중들에게는 이 행동이 놀라운 플라시보 효과를 가져왔다. 아마 바이러스가 훨씬 현실감 있게, 그리고 덜 초현실적이고 덜 치명적이도록 느껴지게 해주었던 모양이다.

에본다를 지나자 도로는 그저 진흙과 물로 가득한 웅덩이가 되어 더 이상 통과가 불가능해졌다. 열대의 폭우로 구역 도로 전체가 쓸려 내려간 상태였다. 기껏해야 10~25채의 오두막이 있는 작은 마을을 지났다. 마을은 높이 솟은 열대 나무들 발치에 옹기종기 기대어 있었다. 절반 정도의 마을들은 격리 기간 중 사람들의 이동을 통제하기 위한 장애물을 세워두었다. 노인들은 별도의 정부 지시 없이 시행한 일이라 대답하며, 과거 천연두 유행 중에 했던 일이었다고 설명했다. 우리는 마을에서 현재 아픈 사람이 있는지 물었다. 다들 아니라며 고개를 저었다. 대답이 사실인지 확인할 방법은 없었지만, 우리는 만약 아픈 사람이 생긴다면 가능한 모든 격리조치를 취하고 얌부쿠 선교단에 있는 우리에게 연락을 취해달라고 이야기했다.

네 시간쯤 달리자 갑자기 비포장도로가 끝나고 개활지가 나왔다. 수십 채의 오두막, 그리고 페인트와 붉은 기와 지붕의 흔적이 남아 있는 벽돌집 몇 채가 보였다. 얀동기는 지역의 중심지로 약 천여 명의 주민,

식민지 시절의 벽돌집 몇 채, 물건은 거의 없는 가게 몇 개가 들어선 나른한 마을이었다. 신기하게도 얀동기는 플랑드르 문학에서 유일하게 언급되는 벨기에 콩고 지역명이다. 1960년대 식민지 관료였던 제프 제러츠는 얀동기 지역 하급 관리가 등장하는 성인용 탐험 소설을 썼는데, 당황스럽게도 원시적이고 야생적이며 강렬한 에너지가 들끓는 무아지경의 나체 춤판으로 묘사하고 있었다.

마을을 지나자 초록색 커튼이 다시 쳐졌고, 첫 번째 커피 플랜테이션을 지날 때까지 힘든 여정을 이어갔다. 그리고 마치 신기루처럼 강렬한 햇살 아래 붉은 지붕의 얌부쿠 선교단 교회 건물이 모습을 드러냈다. 말끔히 정리된 정원과 야자수들, 그리고 흠잡을 데 없는 잔디밭은 거의 초현실적이었다. 이렇게 깨끗하고, 잘 정돈되어 있고, 이상적이기까지 한 장소가 정말 얌부쿠라는 사실을 믿을 수가 없었고, 더군다나 수수께끼의 살인 바이러스가 자리한 심장부라는 사실도 믿을 수가 없었다.

작은 교회의 오른쪽으로는 신부들이 살고 있는 건물이 있었다. 왼쪽에는 수녀들의 거처와 학교가 있었다. 그리고 뒤쪽으로는 병원이었다. 중간은 손님용이었는데, 앞에는 40~55세 사이인 수녀들 세 명과 흰 수염의 나이든 신부 한 명이 하루 종일 기다린 듯한 모습으로 서 있었다.

우리가 다가가자 원장수녀인 마르셀라 수녀가 외쳤다. "더 이상 가까이 오지 마세요! 경계선 밖에 있지 않으면 우리처럼 죽음을 맞이할 거요!"

수녀는 프랑스어로 이야기하고 있었지만 플랑드르 엑센트를 쓰고 있었으며, 심지어 앤트워프 근처 출신임을 직감적으로 알아들었다(내가 언어학자는 아니지만 플랑드르 방언들은 매우 독특하고, 수녀의 엑센트는 더욱 심한 편에 속했다). 나는 방문자들을 경고하기 위해 거즈로 쳐놓은 경계선을 넘어가 수녀의 손을 붙잡았다. 플랑드르 말로 말했다. "안녕하세요, 저는 앤트워프 열대의학원에서 온 피터 피오트입니다. 저희는 당신들을 도와 유행병을 멈추기 위해 왔습니다. 이제 괜찮아요."

마르셀라, 제노베바, 마리엣, 세 명의 수녀가 주저앉아 내 팔에 매달린 채 서로를 부둥켜 앉고 한꺼번에 주체할 수 없는 울음을 터뜨리는 모습은 우리의 가슴을 움직였다. 동료가 한 명씩 차례로 죽어가는 모습은 무서운 경험이었을 것이다. 이들은 안도감에 쉴새없이 이야기를 꺼냈다. 내 생각에 우리가 그들을 구해주기 위해 왔고, 특히나 나를 믿을 만하다고 생각했던 것 같다. 수녀들과 같은 언어를 나눌 수 있다는 것, 즉 같은 방언과 같은 사고방식, 그리고 태도를 지닐 수 있다는 것이 정말 다행스러웠다.

다들 우리 부모님보다 젊었지만, 일찍 나이를 먹은 듯 했다. 목소리는 증조할머니를 떠올리게 만들었다. 크고 둥근 얼굴을 가진 증조할머니는 저 멀리 동네에서까지 돌프엄마로 유명했다(1902년 돌아가신 증조할아버지의 성함이 아돌프였기에, 아돌프 아이들의 어머니가 되었다). 돌프엄마는 루벤 근처 베이흐말의 농장에서 자라나 학교에 한 번도 다닌 적이 없었다. 그래도 셈이 빠르고 날카로우셨다. 그녀는 빈틈없었고 요리도 잘했다. 베이흐말에서 여인숙을 하셨는데, 점차 사업이 불어나 댄스홀, 여관, 레스토랑, 마을 상점, 길 아래 있던 레미 공장 남자들의 사교 클럽까지 되었다. 녹말을 만들던 레미 공장은 고조할아버지가 기계공으로 일하시던 곳이기도 했다. 나중에 동네 사람들은 누군가 태어나거나 결혼할 때, 혹은 누군가의 죽음을 애도할 때면 돌프엄마네에 모여 파티를 하곤 했다. 그녀의 일곱 아이들과 더 많은 후손들은(우리 어머니와 아버지를 포함해) 맥주를 나르고 테이블을 치우는 일을 했고, 돼지와 닭을 돌보고 뒤뜰의 채소를 키우며 자라났다.

마르셀라 수녀는 작지만 단호한 성격의 여성으로 모든 책임을 맡고 있는 듯 보였다. 그녀는 증조할머니를 약간 닮아 있었고, 넓은 광대뼈와 손재주가 좋은 점도 비슷했다. 하지만 날카로운 감시의 눈초리나 넘치는 에너지의 느낌은 없었다. 어쩌면 몇 주간 계속된 공포의 격리가 그녀의 정기를 빨아들여 버린 게 당연할지도 몰랐다. 어쨌든 나는 젊지만 용감한 구원자로서 비춰졌고, 이곳을 제자리로 되돌려 놓을 사람으로 생각하는 게 분명해 보였다. 물론 내가 이 중 가장 어리고 경험이나 기량도 부족했지만, 언어와 공통된 전통이라는 유대감으로 맺어져 있었다.

이후 수녀들은 유행병이 나타났을 때는 질병의 전파를 통제하기 위한 방역 경계선에 대해 읽어보았다고 이야기해주었다. 이들은 이를 문자 그대로 받아들여 피난하고 있던 손님방 주변에 실제 줄을 걸어 두었다. 이들은 링갈라어로 쓰여진 경고문을 주변 야자수에 못 박아 두었는데, 경고문에는 "누구든 이 경계선을 넘는 자는 죽음을 맞을 것이다"라고 쓰여 있었다. 또한 방문자들은 초인종을 울린 후 나무 밑에 쪽지만 남겨 놓으라고 지시했다. 이런 상황은 무서운 동시에 슬펐고, 그들이 견뎌야 했던 공포감에 대해 기나긴 이야기들이 이어졌다.

마리엣 수녀가 저녁을 준비하는 동안, 마르셀라 수녀는 출혈열로 사망한 환자들 전부를 기록해둔 공책을 보여주었다. 여기에는 그녀가 생각하기에 여행 경력처럼 질병과 연관되어 있다고 생각하는 모든 정보가 담겨 있었다. 17명의 병원 직원 중 9명이, 선교단에 살고 있는 60명의 사람 중 39명이 사망했다. 여기에는 수녀 4명과 신부 2명이 포함되어 있었다. 그녀는 특히 동료 수녀들이 겪어야 했던 증상들과 고통스러운 죽음을 설명하며 몇 번이나 눈물을 보였다. 똑같이 앤트워프 북동부 출신인 수녀들의 작은 공동체는, 자이르의 적도 우림에 놓인 작은 플랑드르에 6년간 지내며 자연스레 깊은 유대감을 형성해왔다.

"우리는 죽을 준비를 하고 있었어요." 그녀가 짧게 말했다. "며칠 동안 기도만 하며 지냈죠." 그녀가 간단하고 사실적으로 표현하고 있기는 했지만, 이 간단한 말이 숨막힐 듯한 절망과 스러져가는 수녀들을 옥죄어 오는 보이지 않는 질병에 대한 공포심을 상기시킴을 알았다.

마르셀라 수녀는 계속해서 잘 정리된 기록들을 읽어 내려갔고, 나는 이 소중한 정보들을 노트에 재빨리 옮겨 담았다. 그녀는 사망자가 발생한 마을들을 기록해 두었다. 마르셀라 수녀는 원숭이 날고기를 먹는 것과 질병에 연관이 있는 것이 아닌가 의심하기도 했다. 마을 사람들은 종종 숲 속에서 먹을 것을 잡아 오기도 했고, 선교단에서 '최초 감염자'로 알려진 교장은 여행을 다녀오며 원숭이나 영양을 자주 사오곤 했다. 또 선교단 병원에서 태어난 신생아들의 사망률이 높다는 사실을 기록하며, 키우고 있는 돼지의 사산이 잦아졌다는 점도 지적했다. 또한 석 달 전에는 얀동기에서 염소떼에 전염병이 돌았다고 이야기 했다.

모두 의미 있는 지적이었다(나중에 돼지 꼬리의 혈관에서 채혈을 하기도 했는데, 새로운 경험이었다). 다 정확히 맞아 떨어지지는 않았지만, 마르셀라 수녀의 다른 예측은 정확히 맞아 들었다. "장례식에서 뭔가 벌어지고 있는 게 틀림없어요." 그녀가 말했다. "장례식이 있은 지 일주일 뒤면 추도객들 중 신규 환자가 발생하는 것을 여러 번 목격했어요."

그녀는 간절히 해답을 구하고 있었지만, 우리도 답해줄 수 있는 것이 없었다. 우리의 가장 첫 번째 임무는 질문하는 것이었다. 분위기를 바꾸기 위해 이 신종 바이러스의 전자현미경 사진을 보여주었다. 나중에 마을에 방문할 때마다 이 방법을 써먹었다. 수녀들도 지역사회를 무너뜨리고 수많은 고통을 불러일으킨 지렁이 같이 생긴 범인을 보며 놀라워했다.

조엘은 가져온 보급품을 넘겨주었다. 석유 같은 필수품도 있었고, 네덜란드산 치즈, 맥주, 서신들과 플랑드르 신문 같은 위문품도 있었다. 우리에게 그럴 권한은 없었지만, 유행이 끝날 때까지 절대 그들을 버리지 않겠다고 약속해 주었다. 왔다갔다 해야 할 수는 있지만, 그냥 놓아둘 수는 없었다.

피에르는 차량 한 대당 한 팀, 총 세 팀으로 나누어 활동하자고 제안했다. 각각의 팀은 가능한 많은 마을을 방문해서 기초적인 역학조사를 진행하고, 현재 발병 중인 출혈열 환자가 있는지 확인하고, 제공할 수 있는 기본적인 치료를 제공할 수 있도록 했다. 그리고 환자들이 격리 상태에 있도록 하고, 추가 전파를 막기 위해 전통적인 장례 절차는 생략하도록 권고하게 했다.

우리는 병원에 잠깐 들렀다. 붉은 철제 지붕으로 덮인 작은 병동 몇 개가 복도로 이어져 있는 모습은 은갈리에마 클리닉과 비슷해 보였다. 병원은 텅텅 비어 있었다. 열병에 옮을지 모른다는 생각에 대부분의 환자들은 도망쳤고, 간호수녀들 몇몇이 사망하고 나자 결국 완전히 폐쇄하기로 결정했다. 병실은 깨끗했고 핏자국은 거의 보이지 않았지만, 의료시설로서는 매우 조악한 수준이었고 수술실은 상상할 수 있는 가장 단순한 형태였다. 수술실에는 비닐로 씌운 매트리스가 놓인 높은 침대가 전부였다. 마취 장비는 보이지 않았다. 어떻게 마취 없이 수술을 한다는 말이지?

우리가 가져간 디젤유로 수녀들이 발전기를 켜주었고, 캄캄한 열대우림의 밤 속에서 약간의 빛을 얻었다. 저녁으로는 카르보나드 플랑드르드가 나왔다. 전통 플랑드르 겨울 스튜와 함께 맥주를 곁들여 찌는 듯한 열대의 열기 속에 식사를 했다. 이 광경이 내게는 조금 우스워 보였으나, 동시에 수녀들이 얼마나 사람들을 마법처럼 편안하게 만들어줄 수 있는지를 볼 수 있었다. 우리는 맥주와 와인을 가져갔고, 무뚝뚝한 레옹 신부는 루폴이 가져간 조니워커 위스키를 반 병이나 비웠다. 수녀들은 듀보네 포트 와인을 홀짝거리며 아껴 마셨다. 정확히 한 달 전인 9월 20일, 베아타 수녀가 사망한 이후 처음으로 긴장을 풀고 있는 모습이었다. 이들은 끝없이 가족, 수도회, 그리고 플랑드르 이야기를 늘어놓았다.

바이러스가 어떻게 전파되는지는 전혀 알지 못했고, 바이러스가 매트리스나 침대보 같은 곳에서도 살아남을 수 있는지도 몰랐지만, 일단 여자 기숙학교 교실 바닥에서 자기로 했다. 혹시 몰라 포름알데히드로 훈증한 뒤 표백제로 바닥을 닦았다. 완전히 지쳐 있었지만, 어김없이 잠은 오지 않았다. 너무 많은 감상과 질문들이 머리를 스쳐갔다. 우리는 여전히 유행이 진행 중인지, 그렇다면 얼마나 빨리 진행되고 있는지 모르고 있었다. 하지만 심장부 가까이에 다가가고 있었고, 머지않아 마주하게 될 것이었다. 자이르식 장례식에 대체 무슨 일이 벌어지고 있는지도 궁금했다. 또 플랑드르 여성들이 지구 반대편의 머나먼 정글에서 기존의 삶과 완전히 동떨어진 채 기본적인 기반시설이나 통신도 끊어진 삶을 보내게 만들었는지도 궁금했다. 의사 한 명 없이 병상이 백여 개에 달하는 병원을 어떻게 운영한단 말인가? 이 마을들에서 사람들은 어떻게 살아남았을까? 내가 어떻게 하면 도움이 될 수 있을까?

밤은 동물들의 울음소리로 가득했다. 어둠이 짙게 깔린 밖으로 나갔다. 도시의 불빛에 방해 받지 않은 별빛은 손에 잡힐 듯 머리 가까이에서 반짝거렸다. 그리고 불길할 정도로 선명한 북소리를 들었다. 어쩌면 고대의 방식으로 우리의 도착이 알려지고 있는지도 몰랐다.

CHAPTER

4

에볼라

획기적인 발견이 있을 때면 느껴지는 흥분이 있다. 엉덩이가 들썩이는 약간의 취기 같기도 하다. 내 가족들이 가본 어떤 장소에서도 수천 마일은 떨어져 있을 마을의 단촐한 여학생 기숙사 바닥에 나는 누워 있었다. 그리고 지금 이 순간이 내 인생을 결정할 순간임을 — 과학적으로나, 지리적으로나, 혹은 어떠한 감정적, 신체적 부분에 있어서나 — 깨달았다. 지금까지 전혀 알려지지 않았던 새로운 바이러스를 낯선 대륙에서 마주하고 있었다. 심지어 곤충들마저도 괴물 같이 낯설어 보였다. 바퀴벌레들은 내 손가락만큼이나 길고 굵었다. 하지만 두렵거나 걱정되지는 않았다. 나는 활기가 넘쳤다.

다음날인 10월 21일 목요일 아침, 수녀님이 정체불명의 열병에서 살아남은 두 사람에게로 우리를 소개해 주었다. 한 명은 돌아가신 최초 감염자 교장선생님의 부인이었다. '음부주(혹은 전-소피)'는 굽은 어깨에 작은 체구를 가진 여성이었다(모부투 대통령은 크리스천식 이름을 금지해 자이르 사람 모두가 아프리카식 이름을 가지도록 했다. 예전 이름을 그대로 쓰는 사람들은 '전'(ex)을 붙여 이름을 숨겼다). 그녀는 머리를 밀었지만 잘 이겨내고 있는 듯 보였다(범바에서 이 지역 사람들이 애도의 의미로 머리를 삭발한다는 것을 배웠다). 그녀도 병을 앓았지만 고열, 두통, 피로, 구토, 설사만 보고했을 뿐 출혈이나 다른 내출혈의 징후는 보이지 않았다. 병원에 있던 남자 간호사, 수카토도 비슷한 증상을 겪었다고 이야기했다. 그는 매우 말라있었지만, 질병 때문인지를 확인하기는 어려웠다.

건강을 회복하고 있는 사람을 둘이나 일찌감치 찾을 수 있어 크게 안도했다. 만약 진짜 정체불명의 바이러스에 감염되었음을 확인할 수 있다면, 그리고 혈액을 제공하도록 설득할 수 있다면 두 환자가 질병의 피해자들을 치료할 수 있는 유일한 희망인 소중한 혈장을 제공해 줄 수 있을 것이다. 문제는 혈장교환기가 아직도 킨샤사에 있다는 점이었다. 또 혈장을 사용하기 전에 살아있는 바이러스가 없는지 검사를 해야 했고, 검사를 시행하려면 고도록 숙련된 연구자가 애틀랜타에 있는 미국 질병관리본부 바이러스 실험실 같이 고도로 안전한 환경에서 특수한 설비를 이용해야만 했다. 잠재적으로 치명적인 물질을 킨샤사에서 애틀랜타까지 옮기는 일은 쉽지 않다. 얌부쿠, 심지어 범바에서는 더더욱 불가능한 일이었다. 다시 말해, 우리는 두 사람을 설득해 킨샤사까지 우리와 동행하도록 해야 했다. 우리가 이 주제를 꺼내자마자, 8명 중 2명의 아이와 남편을 바이러스에 잃은 소피는 단박에 제안을 거절했다. 도울 생각은 있지만 피를 제공할 생각은 없다고 했다.

오후의 열기가 달아오르고 폭풍우가 몰아쳐 길이 험해지기 전에 출발해야 했다. 얀동기에서 시작해 갈 수 있는 길은 4개가 있었다(벨기에 수준에서 보면 엄밀히 '길'이 아니었지만). 그리고 차도 4대가 있었다. 하나는 킨샤사에서 비행기로 실어온 것, 하나는 카를로스 신부가 범바에서 우리에게 준 것, 두 대는 얌부쿠 미션에 소속된 것이었다. 나눠 출발할 수 있다는 의미였다. 목적은 단순했다. 일단 유행이 아직 지속되고 있는지를 확인하고, 지속되고 있다면 얼마나 심각한지, 그리고 지리적으로 얼마나 널리 퍼져있는지를 알아야 했다. 이를 확인할 유일한 방법은 직접 나가서 증거들을 찾는 것뿐이었다. 또한 잠재적인 위험요소를 대략 파악하고, 가능하면 전파경로도 알고 싶었다. 또한 가능하면 많은 환자들에게서 혈액을 채취할 필요가 있었는데, 그때까지 우리가 가진 바이러스 시료는 단 하나뿐이라 재확인할 필요가 있었기 때문이다.

나는 오래된 랜드로버에 몸을 싣고 피에르 시로, 마르셀라 수녀와 동행했다. 서쪽으로 향했다. 물론 통신장비라고는 하나도 없었지만 우리에게는 다른 팀이 부르면 달려가야 할 '구원투수' 역할도 있었다. 감염 위험을 최소화하기 위해 증상이 있는 환자에게서 혈액을 채취하는 일은 피에르와 나만 시행하기로 했다.

우리가 덜컹거리며 잘 다져진 길을 달려 나가자 숲은 살아있는 생물처럼 소리를 내며 깨어났다. 몇몇 지점에서 거대한 나무줄기나 길을 가로지른 대나무로 만들어진 장벽들을 마주했다. 지역 전체는 격리되어 있어야 했다. 마르셀라 수녀에 따르면 사람들은 의료진이나 군부의 지시를 따라 장벽을 만든 것이 아니라 1979년 소아마비가 박멸되기 전 지역을 초토화시켰던 때의 전승 지식과 오래된 기억들을 토대로 행동에 나선 것이라 했다. 이 장벽들은 어린이들이나 노인들이 지키고 있었다. 노인들은 마리화나 같은 냄새를 풍기는 파이프를 피우고 있다가 마르셀라 수녀를 보자 우리를 조용히 통과시켜 주었다.

마을은 진흙벽과 바나나 잎으로 만들어진 집들이 오밀조밀 모여 있었다. 집 앞에는 비막이 아래 작은 모닥불이 하루 종일 피워져 있었다. 마을 사람들이 재빨리 우리를 둘러쌌다. 우리가 만났던 모든 사람들, 우리가 방문한 모든 마을들에서 치명적인 유행의 소문이 돌았음을 알 수 있었다. 거의 모든 마을에서 적어도 한 명 이상의 사망자가 발생했다. 우리는 감염사례에 대한 정보와 그들을 어떻게 간호했는지를 최대한 자세히 받아 적었다. 거의 예외 없이 사망자는 살았던 집 바로 뒤에 묻혔다는 사실도 알아냈다. 더불어 바리케이드를 제외한 어떠한 예방이나 검역조치도 없었다는 사실도 확인했다. 사람들은 아무런 제약 없이 다른 마을에 있는 사람들을 돌보러 돌아다녔다고 말했다.

어쨌든 처음 방문했던 몇몇 마을들에는 현재 감염된 사람은 없었다. 처음에는 의심을 품었지만, 그들이 죽어가는 환자를 감춰야 할 이유는 없을 것이라 생각했다.

그렇게 대여섯 마을을 지난 뒤, 우리는 두 명의 환자가 누워 있는 헛간을 방문했다. 남편과 아내였다. 아픈지 며칠 됐다고 했다. 작은 헛간 앞에 서서 보호 장비를 착용하기 시작했다. 장갑과 가운, 오토바이 고글과 수술용 마스크를 썼다. 얼굴 전체를 가리는 호흡기도 착용해 공기로 전파되는 바이러스에서도 안전했지만, 오후의 열기 속에서는 숨이 턱 막혀왔다. 아프리카 마을의 집에 들어가 보는 것은 처음이었다. 우주복을 입고 있는 우리를 보고 거주자들도 우리만큼이나 충격을 받았으리라.

아픈 부부는 나뭇가지들로 만든 바닥을 덮은 야자잎 깔개 위에 누워 있었다. 입과 코, 귀 옆에 붙은 피딱지에 파리들이 끊임없이 달라붙었다. 두 명 모두 가슴에 짙은 병변이 있었고, 눈은 짙게 충혈되어 있었다. 움직일 힘도 없어 보였다. 남편이 불규칙적으로 고통스레 피를 토하기 시작했다. 나중에는 에이즈 환자들을 통해 익숙해졌지만, 당시로서는 처음 보는 눈빛을 담고 있었다. 공허한 눈빛, 혹자는 '생기 없는 눈'이라 부르는, 죽은 영혼을 보는 느낌이었다.

간단한 손짓을 통해 피에르는 침대 곁으로 다가갔다. 부인에게 신뢰를 주기 위해 고개를 가볍게 끄덕인 후 팔에 주사바늘을 찔러 넣었다. 나는 그저 바라만 보았다. 어떻게 해야 도움이 될 수 있는지도 알지 못했고, 이들에게 제공할 수 있는 치료법도 없었다. 광범위 항생제인 테트라사이클린이나 강력한 지사제인 로페라마이드도 가지고 있었지만 이것들은 아무런 도움도 되지 않았다.

피에르가 부인의 팔에서 채혈을 하는 도중 남편은 거칠게 숨을 내쉬다 갑자기 숨을 거두었다.

나는 죽은 사람들을 많이 보아왔다. 의대에서 죽은 사람들을 해부해보기도 했다. 때때로 인턴으로 일하던 병동에서 환자들이 사망하기도 했고, 벨기에의 겐트 응급실에서는 참혹한 죽음을 지켜보기도 했다. 그래서 죽음에 익숙해져 있었다고 생각했다. 하지만 대부분은 조용한 죽음이었다. 물론 불행한 일이기는 했지만, 잘 정돈되고 예측가능한 상황이었다. 누군가 내 눈 앞에서 죽어가는 모습을 날 것 그대로 보는 것은 처음이었다.

피에르와 나는 얼어붙었다. 다른 마을 사람들이 어떻게 반응할까? 악몽에서나 튀어나올 법한 옷차림의 우리가 남자를 죽였다고 생각하지는 않을까? 나는 피에르를 쳐다보았다. 그 역시 공포에 빠져있었고, 같은 생각이 머리를 스쳐갔다. 피에르가 채혈을 하는 동안 남자가 사망했다면 우리 역시 무사하지 못했을 것이다. 우리는 어떤 일이 일어났는지 설명하고 가능한 빨리 그곳을 빠져나왔다. 그리고 시체는 빨리 매장해야 하며, 장례식이나 씻기는 과정 없이 꼭 장갑을 끼고 해야 한다고(우리는 장갑 몇 켤레를 마을에 놔두고 왔다) 설명해 주었다.

그날 아침, 우리는 8명의 환자를 만났지만 처음 만난 부부처럼 죽음에 가까이 다가가 있는 사람들은 없었다. 모두들 생기 없이 충혈된 눈을 하고 있었고, 심한 복통, 그리고 여러 곳에서 출혈을 보이고 있었다. 그리고 약화된 질병을 앓았던 것으로 보이는 사람들을 여럿 만났다. 얼굴의 부종, 심한 두통, 고열, 흉통 및 복통은 있었지만 출혈은 없었다. 우리는 항체 검사를 위해 피를 뽑아도 괜찮겠느냐 물었다. 어려운 일이었다. 그들은 이 병에 주술적인 무엇인가 작용하고 있다고 생각하고 있어서, 마르셀라 수녀가 나서 그들을 설득해야 했다.

비록 마르셀라 수녀 앞에서 이야기하기는 꺼려했지만, 대부분의 회복된 사람들은 '은강가 키시', 즉 약초사나 주술사가 개입해 나아진 것이라 믿고 있었다. 피에르와 나는 이 점에 주목했다. 나중에 더 논의하겠지만, 사람들에게 정보를 물어볼 때 통역사가 종교적 편견이나 의학적 지식에만 빠져있을 경우 그들의 대답을 무시하는 경우가 많아 어려움을 겪게 될 수 있었다.

우리는 충격에 빠진 채 장대비가 내려 거칠어진 길을 따라 미션으로 돌아왔다. 늦은 점심이 우리를 기다리고 있었다. 정확한 메뉴는 기억나지 않지만, 수녀들은 대부분 아프리카 음식을 먹었다. 푸푸 포리지와 지역 쌀, 숲에서 잡은 염소나 닭고기들이었다. 원숭이로 만든 카르보나드를 먹은 적도 있었다. 플랑드르식 요리의 진수로 신선한 원숭이 고기를 썼다. 밥을 다 먹고 나서야 그 고기가 베르베트 원숭이***Cercopithecus aethiops***라는 사실을 들을 수 있었다. 돌이켜보면 우리는 원숭이가 잠재적인 숙주라고 생각했기 때문에 그리 신중한 선택은 아니었다. 대접해 주신 분들께 무례하게 굴 수는 없었기 때문에 고기가 아주 잘 익어 살아 있는 바이러스는 없으리라 자기합리화를 하며 밥을 먹었다.

첫 번째 날, 늦은 오후가 되었을 무렵 마르셀라 수녀는 얌부쿠를 바깥세상과 이어주는 유일한 통로인 오래되어 지직거리는 햄 무선기로 리살라에 있는 미션에 주의사항을 전해주고 있었다. 리살라에 있는 동료는 킨샤사의 칼에서 온 전갈을 전해주었다. 은갈리에마 클리닉에서 만난 젊은 간호사인 마잉가가 죽었다는 소식이었다. 다른 말로 마가레타 아이작슨이 남아공에서 가져온 마버그 혈청은 이번 유행에서 아무런 효과가 없었다는 의미였다.

그날 저녁, 현 상황의 무게가 우리를 짓눌러 오며, 진정한 동지애가 싹트기 시작했다. CDC에서 온 조엘 브레만은 우리의 지도자였는데 현장 역학 연구에 많은 경험이 있었고, 천연두와의 전쟁에서 잔뼈가 굵었으며, 유머가 넘치는 사람이었다. 피에르 역시 나에게 많은 자극을 주었다. 50세에 골초인 그는 나보다 훨씬 많은 경험을 한 사람이었고, 그럼에도 언제나 냉소적이거나 부정적인 태도 없이 누구에게나 부드럽고 예의바르게 대하는 사람이었다. 마삼바는 지역 공중보건 책임자였는데 범바에서 우리와 함께 일하기 시작했다. 훌륭한 조직력을 지니고 있었고, 공포라고는 느끼지 않는 듯 했다. 자이르에서 목장을 하는 부모님 밑에서 자랐고 링갈라와 키콩고어를 할 줄 알며 위기상황에서도 믿을 수 있는 사람이었다.

그날 저녁 침침한 숙소에 둘러 앉아 있자니 벨기에인, 미국인, 프랑스인, 자이르인이 술집에 함께 걸어들어 오는, 어떤 농담에 나오는 상황이 연상되었다.

다음 이틀간 우리는 매일 아침 마을들을 돌았다. 가능한 경우 채혈을 하고, 모을 수 있는 한 세세한 부분과 정보들을 있는 최대한 수집했다. 입 주변에 피딱지가 붙어 있거나 부어오른 잇몸에서 피를 흘리는 환자들을 보았다. 귀와 코, 항문과 질에서 피가 나기도 했는데, 이런 사람들은 심하게 기력이 빠져 있었고 힘이 없었다.

모든 마을에서 마을 대표나 장로들과 모임을 가졌다. 대충 증류한 아락 – 바나나술, 피에르는 거절할만한 용기(혹은 상식)가 있었다 – 을 플라스틱잔에 돌려마시는 일련의 의식을 거친 후, 우리는 새로운 질병에 대한 경험을 이야기 해달라고 했다. 또한 얼마나 많은 감염과 사망이 있었는지, 언제 그랬는지, 또한 현재 아픈 사람이 있는지도 물었다. 우리는 모든 마을 사람들에게 하루 일상에 대해 캐물었다. 동물과 특별히 접촉한 적이 있는지, 새로 개간한 숲이 있는지, 먹고 마시는 것에 대해, 여행에 대해, 그리고 상인들과의 접촉 여부에 대해서도 물었다.

빠르게 전파된 바이러스에 온 가족이 몰살당한 이야기도 들었다. 한번은 얍부쿠에 있던 여성이 출산 하루 뒤 사망하고, 곧이어 신생아도 사망했다. 그녀의 13살 난 딸이 아이를 돌보기 위해 얍부쿠에 왔다 병에 걸려 마을로 돌아왔고, 하루 뒤 사망했다. 그리고 삼촌의 부인, 부인을 돌본 사람, 그리고 삼촌, 그리고 또 그를 돌보았던 다른 여자 친척이 목숨을 잃었다. 사람과 사람 사이에서 높은 전염력은 공포스러울 정도였다.

미션의 조건은 잘 알고 있었다. 우리는 3~4일만 있으면서 유행을 통제하기 위한 체계를 갖추고 후속 연구를 지속하기 위해 들어오는 본대를 위해 파견된 선발대 같은 존재였다. 우리의 임무는 무슨 일이 일어나고 있는지를 기록하고, 역학의 기본적인 형태를 그리며, 증상이 나타난 환자에서 검체를 채취하고, 회복한 사람에게서 혈청을 채취해 추가 피해자를 치료할 수 있도록 하는 것이었다.

우리는 그런 일을 하고 있었다. 검체를 모으고, 데이터를 수집하고, 본대가 올 때 필요한 기본적인 보급 물자들의 목록을 만들었다. 하지만 인간적으로 이것만으로는 충분치 않았다. 우리는 바이러스가 사람들을 감염시키고 죽이는 것을 막아야만 했다.

수수께끼 열병의 역학적 특성이 점차 모습을 드러내기 시작했다. 전통적인 역학 그래프는 상당히 단순하다. 시간 대비 얼마나 많은 사람들이 새로 감염되었는지를 점찍는 방식이다. 단순한 유행에서는 점진적으로 감염자가 늘어난다. 속도가 점차 빨라지다 그래프 중반에서 정점을 찍게 된다. 바이러스가 만만한 사람들(약하거나 접근이 쉬운)을 모조리 감염시키고 나면 신규 감염은 점차 줄어들고 유행은 소리 없이 사라진다.

우리 모두 현실에서는 여러 가지 예외가 있음을 알고 있었다. 예상치 못한 예외들이나 갑작스런 증가와 감소, 이차, 삼차 감염으로 유행이 증폭되는 현상들이 있다. 매일 밤 데이터를 그래프에 그려 넣고, 인터뷰를 통해 얻은 정보들을 종합해보자, 아직 사람들이 (참혹하게) 죽어가고 있기는 하지만 적어도 신규 감염의 정점은 지나간 듯 보였다.

우리는 크게 안도했다. 하지만 또 다른 결론에 다다르게 되었다. 이 부분은 훨씬 받아들이기 어려웠다. 이 수수께끼 유행에서 두 가지 부분이 모든 희생자들을 엮어주고 있었다. 하나는 장례식이었다. 죽은 사람들의 대부분은 아픈 사람이나 그들과 가깝게 지내던 이들의 장례식에 참석했었다. 다른 요인은 얌부쿠 미션 병원과 관련이 있었다. 초기 희생자들 거의 모두가 증상이 시작되기 며칠 전 병원 외래에 다녀간 적이 있었다.

우리는 어느 날 저녁 전파경로에 거의 확신을 가지게 되었다. 조엘과 내가 지역, 나이, 성별에 따라 그래프를 그리고 있을 때였다(조엘과 함께 일하며 많이 배울 수 있었는데 마치 훌륭한 역학 속성 과정을 듣는 기분이었다). 이 시점에서는 에어로졸을 통한 전파는 일어나기 어려운 듯 보였다. 하지만 18~25세 사이에서 남자보다 여자의 사망률이 두 배 가까이 높았다. 우리는 병원, 그리고 장례식에 뭔가 있다는 것은 깨달았지만, 이 부분이 결정적인 단서가 되었다. 그 나이대의 남성과 여성에 어떤 차이가 있는 걸까?

남자들만 한데 모아놓으니 답을 찾는 데 약간의 시간이 걸렸다. 여자들은 임신을 한다. 그리고 사망한 여성의 거의 대부분은 그 나이대에 임신 경험이 있었고, 얌부쿠 산전 클리닉을 방문했었다.

마삼바와 루폴은 어떤 일이 벌어지고 있는지 알아챘다. 비타민 주사였다. 대체로 별 의미는 없었지만, 아프리카 마을 주민들은 필수적인 것이라 생각했다. 그들에게 주사와 주사제는 서양 의학의 상징이었다. 따라서 지역에는 서양의학을 표현하는 두 개의 단어가 있었다. 입으로 먹는 모든 것은 아스피린이었고, 약효는 매우 약했다. 주사는 다와라 불렸고, 제대로 된 약, 즉 강력하고 효과가 좋은 것이었다.

우리는 얌부쿠 병원에 다시 한 번 방문했다.

상황을 아는 상태에서 병원을 방문하니 빈 병실과 휑한 철제 병상이 더 흉물스러워 보였다. 행복에 겨워 병원에 찾아온 엄마들을 치명적인 질병과 함께 되돌려 보낸 죽음의 사자들. 창고에 도착하자 항생제와 다른 약들이 여러 번 쓸 수 있도록 통에 담겨 있는 모습이 보였다. 고무마개는 주사바늘로 수없이 찔려 있었다. 어떤 병은 고무마개가 떨어져 반창고로 막아 놓은 것도 있었다. 옆에는 대여섯 개의 유리 주사기가 놓여 있었다.

우리는 예의바르게 수녀들에게 물었다. 제노베바 수녀는 자연스레 모든 환자에게 몇 없는 유리 주사기를 돌려쓴다고 말해 주었다. 매일 아침 다른 산부인과 장비들과 마찬가지로 잠깐(그리고 대충) 주사기를 삶았다고 했다. 그리고 하루 종일 쓰고 다시 또 썼다. 단지 증류수로 헹궈냈을 뿐이었다.

수녀들은 모든 임산부들에게 비타민 B와 글루콘산칼슘을 주사했다. 글루콘산 칼슘은 글루콘산과 칼슘염이었다. 임신 중에는 의학적으로 사용되어야할 이유가 전혀 없는 것이었지만, 잠깐 기력을 회복시켜주는 효과가 있었고, 이런 짧은 '한 방'이 환자들 사이에서는 인기가 좋았다.

다른 말로 간호사들은 조직적으로 산전 클리닉에 방문하는 모든 여성들, 뿐만 아니라 방문한 모든 환자들에게 무의미한 물질을 주사해 넣고 있었다. 이 과정에서 소독되지 않은 주사기를 사용하며 질병을 자유롭게 전파할 수 있었다. 따라서 자신도 모르게 수많은 사람들을 죽이고 있었던 셈이다. 유행을 막아온 유일한 장벽은 지역 주민들의 본능적인 지식뿐이었던 것으로 보였다. 주민들은 병원에서 병에 걸려온 사람들을 계속해서 보아오며 피했던 것이다. 이들은 일부이기는 하지만 여행을 막기 위해 바리케이드를 만들기도 했고, 일종의 격리를 시행해온 셈이 되었다.

수녀들은 헌신적인 사람들이었다. 그들은 용감했다. 그들은 정말 열악한 환경에서 그들이 할 수 있는 모든 일을 했다. 그들의 의도는 선했다. 우리는 그들의 식탁과 삶을 공유했으며, 그 시간은 나흘보다 훨씬 길게 느껴졌다. 매일 저녁이면 포도주 약간을 홀짝이며 그들의 어린 시절 마을에 대해 이야기해주기도 했다. 매일 저녁 이야기가 흘러가면 항상 같은 주제로 되돌아 왔다 — 유행. 누가 처음 아프기 시작했고, 언제부터 아팠으며 어떻게 아팠는지. 환자와 동료들이 겪어야 했던 감염의 공포와 참혹한 죽음들. 그들은 가능한 상황을 자세히 설명하고 싶어 했는데, 내 생각에 그 과정이 상황을 조금 더 다루기 쉽게 그리고 덜 공포스럽게 만들어주는 역할을 했던 것 같다. 이런 이야기 속에서 그들은 마치 영웅처럼, 혹은 순교자처럼 그려지곤 했다.

이제는 그들 자신이 악당이 된 셈이었다. 수녀들에게 그들이 행해온 일들 때문에, 그리고 부족한 수련 때문에 바이러스가 확산되어 왔을 가능성이 있다는 이야기를 어떻게 전해야 할지 생각하는 것 자체가 매우 힘들었다. 지금 생각해보면 우리가 너무 예의바르게 이야기했다는 생각이 든다. 우리가 초기 결론을 수녀들에게 이야기해주었을 때 그들이 제대로 받아들였었을지 의문이 든다.

보온병에는 실험실에 가져가 자세한 분석을 시행할 혈액 검체들이 가득 들어있었다. 열심히 설득한 끝에 두 생존자, 소피와 수카토는 우리와 함께 킨샤사로 향해 추가 검사를 받기로 했다. 그들의 혈액 안에 바이러스 항체가 있다는 전제하에 혈장교환술도 하기로 했다. 이제 범바로 돌아가 킨샤사로 돌아갈 파일럿과 다시 만날 시간이었다.

피에르와 나는 우리 '모두'가 돌아갈 필요는 없다고 강변했다. 우리가 계속 머무르는 것이 도움이 될 것이라 생각했고, 플라시보 효과일지라도 — 수녀들(과 어느 정도는 마을 주민들까지도)이 유행 속에 홀로 남아 있다는 부담을 줄여주는 토템으로서 — 말이다. 얌부쿠 근처에는 여전히 발병사례들이 있었고, 다시 유행이 폭발적으로 확산될 가능성도 배제할 수 없었다. 하지만 고집 센 피에르가 칼 존슨에게 무전을 했음에도 불구하고 우리는 돌아오라는 명령을 받았다.

범바에 도착했을 때는 비행기가 없었다. 하루가 지났을 때 비행기 엔진 소리가 들려와 비행장으로 달려 나갔지만, 비행기는 착륙하는 대신 머리 위를 한 바퀴 돌아 사라졌다. 그렇게 하루하루가 지나갔다. 비행기에 연료가 부족하다는 소식을 들었다. 그리고는 공휴일이었다. 또한 며칠간 날씨가 별로 좋지 않았다. 그러는 와중에 혈액 검체를 보관하는 데 필요한 드라이아이스를 만들 이산화탄소가 떨어져가기 시작했다. 우리가 머물던 범바에 있는 미션에서 에본다까지 운전을 해서 유니레버 플랜테이션의 관리자에게 병원체로 가득 찬 폭탄을 그쪽 냉장고에 잠시 맡아달라고 부탁했다. 제발 그쪽 발전기가 꺼지지 않기를 바라며.

아프리카에서는 기다림을 배운다. 처음에는 짜증이 솟구치지만, 며칠이 지나면 사라진다. 다른 대부분의 것들이 그렇듯. 베란다나 나무 밑에 앉아 이야기를 나누고 고요 속에 꾸벅 졸면서 비행기가 올 때가 되면 소리가 들릴 것임을 배우게 된다. 소중한 삶의 교훈이었다.

회복한 환자인 수카토와 많은 시간을 보냈다. 그는 약간의 프랑스어를 할 줄 알아 소피와의 통역도 해주었다. 소피는 벌써 아이들을 잃었고, 다른 아이들은 얌부쿠에 두고 왔다. 둘 다 범바에 와본 적이 없었다. 특히 소피는 독실한 크리스천이었다. 둘 모두 범바라는 허접한 동네는 거대 도시가 가져다주는 유혹과 타락의 상징으로 여겼다. 동네 사람들이 둘을 원시적인 숲사람들로 여기는 비웃음에 자존심이 상했다. 피에르와 나는 노구에라에서 가져온 옷을 전해주며 가능한 편하게 지낼 수 있도록 노력했다. 나는 그들이 진짜 혼란스러운 킨샤사 대도심에 갔을 때 어떤 반응을 보일지 약간 걱정되었다.

카를로스 신부와도 시간을 보냈다. 정말 흥미로운 사람이었다(그는 지금도 범바에 살고 있는데, 이제는 무려 이메일로 소식을 주고받고 있다!). 30대 초반이었는데—나보다 약간 나이가 많았다—맥주를 마시고 예수 샌들을 신었으며 화려한 반팔 셔츠를 입고 다녀 완전히 다른 세대처럼 보였다. 서부 플랑드르에 있는 집안에서 유산을 물려 받아(내가 알기로 그의 아버지는 은행가였다) 범바에서 쓰고 있었다. 프로젝트에 돈을 지원하고, 사람들을 도와주었다. 살고 있는 환경에 완전히 적응해 완벽한 링갈라로 예배를 드리고, 존경받아 마땅한 훌륭한 외교력과 협상력을 보여주었다. 그는 지역 유지와 동급의 권위를 인정받고 있었다.

카를로스, 얌부쿠에서 온 수녀와 이야기를 나누며 오히려 벨기에에 있을 때보다 내가 가진 벨기에의 문화적 특성에 대해 더 잘 이해할 수 있게 되었다. 그들이 말하는 방언, 쏟아지는 폭염 속에서도 찾아 먹는 전통 겨울 음식들은 모두 1950년대의 향기를 짙게 풍기고 있었다. 매일 일이 끝나면 그들은 함께 먹고, 기도했으며, 함께 둘러 앉아 플랑드르 전통주인 엘릭시르 당베르를 마셨다. 그리고 옛날 플랑드르 마을의 추억을 꺼내며 이야기를 나누었다. 모국은 그들의 어린 시절과 부모 시대 사이의 시간 속에 얼어붙어 있었다. 일종의 환상임을 알고 있었지만 내가 온 곳에서도 마찬가지였다. 이것이 우리들이 세상을 바라보고 생각하는 방식이었다.

그리고 나 역시 내 부족을 떠나왔다는 것을 깨달았다. 나와 수녀 사이의 공통점은 이 일군의 무리, 즉 무작위의 과학자들이 한데 모여 우리가 이해하지 못하는 바이러스와 맞서 싸우고 있는 것만큼도 되지 않는 것이었다.

나흘만에 비행기가 우리를 태우러 왔을 때, 조종사는 회복한 두 환자와 바이러스 검체를 싣는 것을 거절했다. 비행기는 범바의 장군이 근처에 짓고 있는 빌라에 필요한 수많은 건축 자재들을 실어 왔다. 그리고 격리 조치를 어긴 채 지역 토산품을 잔뜩 싣고 떠날 참이었다. 다행히도 루폴이 풀지 못하는 수송 문제는 없는 듯 했다. 비행기가 마침내 떠올랐고, 장대비를 헤치며 나무숲 위를 목숨 걸고 날아갔다.

킨샤사에 도착해 소피와 수카토를 은갈리마 클리닉에 데려갔다. 격리된 사람들 중 증상이 나타난 사람은 없었다. 하지만 이것이 의미하는 것은 어떤 혈액 검체에서도 항체를 발견하지 못했다는 의미였다. 소피와 수카토가 제공할 혈액은, 우리가 가져온 검체들처럼 매우 중요했다.

은갈리마의 의료진들 사이에는 여전히 공포심이 팽배했다. 당시만 해도 전 세계에 몇 안 되는 음압 격리병실이 요하네스버그에서 도착해 우울함을 더해주었다. 일종의 밀봉된 텐트처럼 생긴 이 시설은 음압을 통해 바이러스가 밖으로 빠져나가는 것을 막아주었다. 혹시 국제 의료진 중 아픈 사람이 생기는 상황을 대비해 은갈리마의 한 방에 음침하게 세워졌다. 만약 우리 중 하나가 바이러스에 감염되면 여기에 치료기간 내내, 혹은 남은 삶의 며칠간을 가둬진 채 지내야 했다. 아주 복잡한 기기들은 경험 많고 훈련된 사람을 필요로 했으며, 계획대로 움직여 줄지는 의문이었다.

기계를 바라보며 어린 시절의 기억에 강렬하게 남아 있는 그림이 떠올랐다. 철로 만든 폐였다. 1958년, 내가 9살이었을 때 벨기에는 세계 박람회를 열었다. 국립 벨기에 농업 및 원예 홍보 담당 부서에서 일하시던 아버지는 박람회 전시 일부를 맡았고, 4월에서 10월까지 일요일 오후마다 나를 박람회에 데려가 주셨다. 어린 시절 가장 흥미진진한 경험이었다. 내 동생들은 돌아다니기 너무 어렸지만, 나는 1평방마일에 걸쳐 전시된 미래지향적인 전시관들을 자유로이 둘러볼 수 있었다.

마치 젯슨스의 만화에 나올 것 같은 화려한 장식의 케이블카도 있었다. 아토미움이라는 번쩍이는 기념물은 분자의 화학 반응을 보여주고 있었다. 전시장 외팔보에 높이 매달린 전시물은 유리와 강철로 만들어져 있었다. 전시회장은 매일 새벽 4시까지 열려 있었고, 로켓에 올라타면 환상적인 기기들로 가득 찬 미래 도시로 단숨에 나를 데려다 주었다. 은하수를 지나 화성을 한 바퀴 둘러보고 지구에 돌아올 수 있었다. 로봇이 초콜릿을 나누어 주었다. 콜라를 만들어 병에 담아주는 기계, 수레까지 들어있는 갱도와 정유소의 모형도 있었다. 수많은 피부색과 놀라운 눈을 가진 사람들이 많이 있었다. 플라스틱을 위한 전시관, 폭발물, 화학, 사진, 유리, 그리고 상상할 수 있는 모든 국가들과 국제 조직들의 전시관이 있었다.

하지만 나를 끊임없이 유혹한 전시물이 두 개 있었다. 첫째는 험상궂은 레닌 동상 앞에 매달려 있던 작은 은색 구체, 인류 최초의 인공위성인 스푸트닉을 전시한 러시아 전시관이었다. 당시는 우주 전쟁에 러시아가 참가한지 일 년 정도 밖에 지나지 않은 시점이었다. 그리고 거기에 발견을 기다리는 새로운 세상, 우주를 대표하는 물건이 있었다.

그리고 바로 옆, 미국 전시관에는 '철로 만든 폐'가 있었다. 흉물스러운 밀폐 유리 통으로 대신 숨을 쉬어주는 기계였다. 내 생각에 그 흉측한 원통은 삶에 엄청난 영향을 주었다. 당시에는 누구나 소아마비를 두려워했다. 경구용 백신이 등록된 것은 1962년이었다. 바이러스에 감염되면, 마비가 올 수도 있고 철로 만든 폐가 도와주지 않고는 숨조차 쉴 수 없을지도 모른다. 그것이 유일한 생존 방법이었다. 일생 동안 갇혀 살아야 한다는 악몽 같은 상상은 내가 아픈 사람을 돕도록 이끌어 주었던 것 같다. 이 문제에 대해 오래 고심해 보았다. 다른 좋은 대안이 있지 않을까? 음압 격리 병실에서 돌아서며 불편한 기분이 들었다.

이제 우리가 마주한 바이러스가 마버그의 변종이 아니며 새로운(그리고 더 전염력이 높은) 출혈열이 발생했음이 확실해지자, 더 많은 국제 의료진들이 합류했다. 내 친구인 귀도 반 데 그로엔은 은갈리마 클리닉에 현장 바이러스 실험실을 차려도 좋을 만큼의 장비를 들고 도착했다. 며칠간 그는 플라스틱 격리실에서 일했다. 플라스틱 텐트 아래 만들어진 작은 실험실로 미리 장착된 플라스틱 장갑을 통해 내부를 조작할 수 있었다. 또한 소형 전기 펌프로 내부 음압을 유지했다. 씩 웃으며 내 보스인 스테판 페틴이 끄적여 보내준 메모를 전해 주었다. 페틴은 병원일과 수업 때문에 벨기에로 돌아갔다. 메모에서 가능한 많은 수의 박쥐를 잡으라고 이야기하며, 미국과 프랑스 팀원들이 놓아둔 덫을 조심하라고 일러주었다.

새로 온 이들 중에는 조 맥코믹이 있었다. 폴 맥카트니의 광팬이자 안경 낀 젊은 질병관리본부 직원으로, 시에라리온에서 진행하던 라사열 연구를 그만두고 지금 우리의 수수께끼 유행이 계속 진행 중이던 북동부 자이르의 이시로에서 남부 수단까지 여행할 계획이었다.

우리는 국제 위원회에 일차 결론이 담긴 완성된 보고서를 전달했고 예상 역학 그래프도 동봉했다. 유행이 정점에 달했을 가능성도 높았지만, 얌부쿠 근처에만 십수 명의 사람들이 생사의 기로에 서있었다. 또한 격리가 제대로 유지되지 않을 가능성이 높은 상황에서 감염의 거대한 파도가 다시 덮쳐올 수도 있었다. 더불어 얌부쿠의 역학적 예측에 있어서는 우리가 옳았더라도, 킨샤사나 다른 대도시에 몇몇 감염건이 발생하는 순간 유행은 얼마든지 폭발할 수 있었다. 게다가 얌부쿠의 보급 상황은 극히 열악했다. 뭐든 비행기나 헬리콥터를 통해 전달해야 했다.

칼은 라디오와 실험 장비를 주문했고, 얌부쿠나 주요 마을에서 조금 떨어진 곳에 특별 의료 시설을 설치할 계획을 준비했다. 환자들이 가족에서 떨어져 있을 수 있도록 하기 위해서였다. 철저한 보안의 입원 병동이 있어야 했고, 안전이 확실히 보장되는 원심분리기와 다른 혈액 분석 장비가 달린 현장 연구실이 필요했다. 의심 환자를 분리할 별도의 격리병동도 필요했다. 혈청을 제공하고 아픈 사람을 진단할 수 있는 외래도 있어야 했다. 자연스레 위독한 상황에 있는 환자를 이송할 필요도 있었으니, 매일 헬리콥터를 띄워야 했다.

내가 보기에 이런 치료 시설을 설치하려면 빨라도 몇 주는 필요했다. 그 와중에 우리는 내가 아주 싫어하는 회의에 삶을 낭비하고 있었다(그때만 해도 회의가 내 삶이 될 거라고는 생각하지 못 했다). 끝이 없어 보이는 회의마다 피에르와 나는 얌부쿠로 빨리 돌아가야 한다고 주장했다. 수녀들에게 돌아갈 것이라 약속했고, 범바의 사람들에게도 마찬가지였다. 유일한 통신 수단은 슈 수도회의 킨샤사 본부에 있는 라디오 기사가 리살라 미션에 우리 메시지를 드문드문 전해주는 정도뿐이었다. 직접 연락은 전혀 없었지만 항상 메시지는 우리에게 돌아오라고 애원하는 것으로 끝났다.

이런 상황이 며칠간 이어졌다. 이 기간 동안 우리는 한 사무실에 묵었다. 경쟁심 높은 사람들이 한데 엉켜있기 좋은 환경은 아니었다(마가레타 아이작슨만 별도의 방을 배정 받았다). 늦은 어느 날 밤, 칼이 가져온 켄터기 버번을 마시며 — 손잡이 달린 반 갤런짜리 통이었다 — 새 바이러스에 어떤 이름을 지어 주어야 할지 논의하기 시작했다. 피에르는 얌부쿠 바이러스를 주장했는데, 단순하다는 장점이 있었다. 그때는 대부분 이 이름으로 부르고 있었다. 하지만 조엘은 치명적인 바이러스를 특정 지명으로 부르는 것이 매우 심각한 낙인을 줄 수 있다고 경고했다. 1969년 나이지리아의 작은 마을에서 따와 붙여진 라사 바이러스 때문에 지역 주민들은 골치를 앓았다. 칼 존슨은 그가 발견한 바이러스에 강 이름 붙이는 것을 좋아했다. 강 이름을 붙이면 특정 지역을 지명하는 것보다 덜하다고 생각했기 때문이다. 볼리비아에서 1959년 마츄포 바이러스를 발견했을 때도 똑같이 했다. 그날 밤 자이르에서도 같은 생각을 가지고 있음이 자명했다.

하지만 우리는 웅장한 콩고강의 이름을 따 붙일 수는 없었다. 게다가 크림-콩고 바이러스는 벌써 있었다. 얌부쿠 근처에 다른 강은 없을까? 우리는 성당 복도에 걸려 있던 별로 크지 않은 자이르 지도를 향해 달려갔다. 그 축적에서 얌부쿠와 가장 가까운 강은 에볼라였다. 링갈라어(자이르의 공용어)로 '검은 강'이었다. 이름은 충분히 어두워 보였다.

사실 출혈열과 에볼라 강 사이에는 아무런 연관이 없다. 심지어 에볼라 강은 얌부쿠에서 가장 가까운 강도 아니다. 하지만 기진맥진한 상태에서 그것이 우리가 바이러스를 부르기로 한 이름이었다—에볼라.

CHAPTER

5

가짜 유행과 헬리콥터

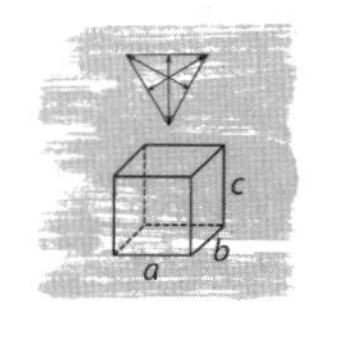

유행에 있어 삶과 죽음에 밀접한 연관이 있는 간단한 공식 하나가 있다(따라서 인간의 삶과 죽음과도 밀접한 연관이 있는). 후일 역학에 빠진지 30년이 흘러 런던 임페리얼 칼리지에 갔을 때, 당시 교수로 있던 로버트 메이와 로이 엔더슨의 고전적인 연구를 통해 깊이 배우게 된 공식은 이렇게 구성되어 있다.

β, 병독성(바이러스가 얼마나 잘 옮겨지는지를 말하는데, 감염된 개체와 취약한 개체가 접촉했을 때 전파될 확률을 뜻한다).

c, 평균 접촉자 수(감염된 개체 하나가 하루 동안 접촉하는 숫자의 평균),

D, 기간(감염력이 유지되는 기간)이 있다.

이 세 가지 요소를 조합하면 숫자 하나가 나오는데, 이를 기초감염재생산수, $\mathbf{R}_O$라고 한다. 이 숫자는 감염병이 얼마나 빨리 전파될 지와 자체적으로 소멸할 것인지 아니면 오랜 시간에 걸쳐 대유행으로 성장할 것인지를 알려준다.

$$R_O = \boldsymbol{\beta}\, c\, D$$

만약 R_O이 1보다 작다면, 유행은 자연히 사그러든다. 만약 R_O이 1이라면 유행병은 풍토병이 된다. 만약 R_O이 1보다 크다면 대규모 유행이 나타난다. 문제는 에볼라가 어느 쪽에 속하는가였다.

우리가 처음 방문했던 21개 마을에서 에볼라로 인한 사망자 148명을 발견했다. 그리고 항체가 있는 12명의 사람도 발견했다. 즉 생존자가 있었다는 의미다. 이는 사망률이 어마어마한 수치인 92.5퍼센트에 달했음을 시사했다. 다른 바이러스성 질환에서도 그렇듯, 전체 주민을 대상으로 한 혈액검사가 없었기에 무증상 감염이 일어난 사람들이 많을 가능성도 배제할 수는 없었다. 그리고 특정 가족에게서 에볼라의 감염력이 굉장히 높다는 사실도 발견했다. 아직 정확히 어떻게, 그리고 얼마나 높은지는 확인하지 못했다. 하지만 잠복기는 굉장히 짧았고, 사람들은 빠르게 사망했다. 최초 접촉으로부터 14일 이내에 일어났으므로 감염력이 유지되는 시간이 그리 길지는 않을 것이었다.

따라서 $\boldsymbol{\beta}$, 병독성은 우리에게 불리했지만, **D**는 빠른 사망 시점 때문에 역설적으로 역학적 장점이 되었다. 사람들이 감염된 상태로 오래 살아있지 못하고 빠르게 사망했기 때문이다. 물론 환자의 생존 확률을 높이기 위한 노력을 하는 동안, 환자와 접촉하는 빈도인 **c**를 낮출 필요도 있었다.

그런 측면에서 에볼라가 사방으로 뻗어나가 서로가 밀접하게 연결되어 있는 킨샤사 같은 대도시에서 나타나지 않은 것은 우리에게 천만다행이었다. 이런 지역에서 접촉을 통제한다는 것은 불가능에 가까운 일이었다. 에볼라가 아직까지 얌부쿠 지역처럼 외진 곳에 머물러 있었고 지역 어르신들이 자체적으로 격리조치를 취해 두었기 때문에 질병이 제풀에 꺾여 사라지리라는 희망을 가져볼 수 있었다.

그동안 칼의 명령 때문에 꼼짝없이 킨샤사에 묶여 있었다. 나는 이 도시가 좋았다. 브뤼셀보다 훨씬 거대했고 넘쳐나는 에너지와 넉넉한 인심, 그리고 즐거움이 있었다. 일터에 별다른 저녁 일정이 없을 때면 (대부분 그랬지만) 귀도와 나는 밖에 나가 흰색 민물고기인 '캡틴'과 커다란 코사코사 새우에 아프리카에서 제일 매운 필리필리를 곁들여 먹었다. 식사 후에는 택시를 타고 마통게에 있는 바에 가서 광란의 대도시에 울려 퍼지는 콩고식 카덴차에 몸을 맡긴 채 분위기에 흠뻑 젖곤 했다. 우리는 동네 양조장에서 나온 프리무스와 스콜 맥주를 마셨고, 자이르 사람들 혹은 외국인들과 지역과 국제 정치에 대한 이야기를 나누었다. 커다란 거울이 달린 댄스홀에서 엉덩이를 흔들며 춤추는 법도 배웠는데, 덜컥거리며 춤추는 불쌍한 외국인을 안쓰럽게 여긴 여성분들 덕분이었다.

하지만 자이르에 춤을 배우러 온 것은 아니었다.

나는 킨샤사에 위치한 세 개의 주요 병원에서 많은 시간을 보냈다. 모부투 어머니의 이름을 딴 마마 예모 병원(뒤에 많은 독재자들이 어머니를 지나치게 공경하는 듯하다는 이야기를 썼다), 은갈리에마 클리닉과 언덕에 위치한 대학병원이었다. 이름과 달리 대학병원은 세 곳 중 가장 열악한 시설과 장비를 가지고 있었다. 하지만 의사들의 실력은 뛰어났다. 지난 한 주 동안 나는 피에르 쉬르를 제외한 킨샤사의 누구보다도 많은 출혈열 환자를 본 사람이 되어 있었고, 나름 이 분야의 세계적 '권위자'로 통할 만한 수준이 되었다! 또한 중앙아프리카의 의학에 대한 지식을 더 많이 습득할 수 있었다. 또 능력 좋은 자이르 동료들에게 많은 것을 배웠는데, 이들은 명석했지만 가족과 친척을 먹여 살리고 자녀들을 제대로 된 학교에 보내기 위해 여러 직장을 동시에 다니거나 번외의 장사를 해야만 했다.

은갈리마 클리닉 실험실의 책임자와 친구가 되었는데, 앤트워프에 있는 우리 실험실에서 훈련을 받은 젊은 플랑드르 검사자인 프리다 베햇이었다. 그녀는 내가 아프리카에서 만난 사람 중 가장 열정적이고 실천적인 사람이었다. 활동 지원이나 정치적 조언에 있어서도 여러 번 도움을 받았다(그녀는 이후 아프리카 및 기타 지역의 에이즈 연구에 있어서 주도적인 역할을 맡았고 지금은 노스캐롤라이나 대학의 교수로 있다). 당시 그녀의 남편은 수의사였는데, 중요한 두 곳에 나를 소개시켜 주었다. 프랄리마(하이네켄) 양조장과 은셀레에 있는 대통령 농장이었다. 양조장은 차가운 맥주를 얻을 수 있는 곳이었을 뿐 아니라 검체를 수송할 때 꼭 필요한 드라이아이스의 원료가 되는 이산화탄소를 얻을 수 있는 중요한 원천이었다. 그리고 농장은 더 귀한 필수품인 액체 질소를 얻을 수 있었다. 농장에서는 소를 인공수정시키기 위한 정자를 보관하기 위해 액체 질소를 가지고 있었고, 여기는 영하 170도에서 바이러스를 보관해두기 안성맞춤이었다. 나는 나중에 모부투의 닭과 돼지를 감염시키는 미생물학 연구를 도와주기도 했다.

그동안 열대의학기금 사무실에서 마가레타 아이작슨은 나를 미치기 일보직전까지 몰고 갔다. 그녀는 바이러스 감염의 초기 증상을 확인한다며, 하루 세 번씩 우리 체온을 재어 보고하라고 닦달했다. 그녀의 조치는 합당했지만, 그때까지 나는 아직까지 어린아이 기질이 남아 있어 이해할 수 없을 정도로 짜증이 났었다.

칼과 피에르 사이에도 치열한 논쟁과 긴장이 일어났다. 피에르와 나는 얌부쿠로 당장 돌아가고 싶어 했다. 칼은 킨샤사를 보호하는 것이 훨씬 중요하고, 미국에서 오고 있는 장비들을 기다리는 것이 좋겠다고 주장했다. 실망감이 나를 휘감았다.

이즈음 내가 설사와 고열로 쓰러졌다. 어지럼증과 함께 압착기로 머리를 짜내는 듯한 두통이 몰려왔다. 실제 에볼라 환자를 본 몇 안 되는 팀원으로서, 이것이 병의 초기 증상이라는 것을 나는 지나치게 잘 알고 있었다. 어떤 질병의 초기 증상이라도 무조건 보고하라는 명확한 지침을 전달 받았었다. 하지만 그랬다가는 마가레타 아이작슨의 감시 아래 플라스틱으로 둘러쳐진 격리 병실에 넣어지리라는 사실을 너무 잘 알고 있었다. 그리고 상태가 약간이라도 안정되면 남아공으로 보내져 몇 주간 격리 상태로 지내야 할 게 뻔했다.

그래서는 안 되는 일이지만, 아무에게도 이야기하지 않기로 했다. 나 자신을 격리하기 위해 최선을 다했다. 내가 감당해야 할 위험성 뿐 아니라 동료들을 위험에 빠트릴 수 있다는 생각에 나 자신을 설득하기가 무서웠다. 48시간이 지나기 전에 고열은 가셨고(아마 일종의 장내 감염이었던 듯하다), 나의 도도함도 가시기 시작했다. 얌부쿠의 주민들과 수녀들이 지난 두 달 넘게 매일 밤, 열병과 죽음을 마주하며 견뎌야 했던 공포를 이해할 수 있었다.

킨샤사에서 400킬로미터 떨어진 키크위트의 감옥에서 출혈열이 발생했다는 소식이 도착했다. 세 명이 사망했고, 세 명이 더 발병한 상태였다. 자이르에서 잔뼈가 굵은 루폴과 함께 가겠다고 자원했다. 자이르 항공의 작은 포커기를 타고 여행했던 기억은 절대 잊지 못할 경험이었다. 우리 둘이 유일한 승객이었는데, 조종사는 비행기 균형을 맞추기 위해 양쪽에 나눠 앉으라고 지시했다. 창밖으로 열대우림을 바라보고 있는데 난데없이 비행기가 양쪽으로 심하게 흔들리더니 내 눈앞에서 말 그대로 엔진 하나가 조각조각 부서져 떨어져 나갔다. 그 순간 끝장이라고 생각했지만 놀랍게도 조종사는 우리를 무사히 내려주었다.

키크위트 역시 슬프도록 황폐한 마을이었다. 삭아 내리고 있는 식민지 시대 건물 몇 개와 범바의 집들보다 크게 깨끗하거나 낫지 않은 판자집들이 있었다. 범바와 마찬가지로 전기는 없었고, 약간의 위생시설은 독립 이후 무너져 내렸다.

병원은 놀랍게도 내가 자이르에서 보았던 것 중 가장 깨끗하게 관리되어 있었다. 벨기에 개발기구에서 온 폴 얀제거스와 동료들이 운영하고 있었는데, 보급도 괜찮았고 능력 좋고 활동적인 직원들도 있었다(슬프게도 벨기에는 이후 지원을 중단한다. 지역 내 기관들을 벨기에가 직접 운영하면 안 된다는 정책을 중요시하게 된 변화가 있었기 때문이다. 그리고 모부투 정권은 국민들을 위한 지역 내 서비스 투자에는 관심이 없었다. 당연한 수순으로 기반 시설과 제도가 무너져 가면서 나타난 극적인 결과물 중 하나는 병원 내 감염의 유행이었다. 예를 들어 1995년 키크위트를 덮친 에볼라 유행은 200명이 넘는 사람들을 희생시켰다).

채 한 시간이 지나기도 전에 다 무너져가는 감옥에는 에볼라 발병이 없다는 결론을 내렸다. 사실 수감자들은 심한 간 괴사를 동반한 급성 간염을 앓고 있었는데, 현재 국내에 돌고 있는 수수께끼의 질병에 대한 소문과 겹쳐지며 공포를 낳은 것이다. 지역 보건당국은 벌써 간 생검을 시행한 상태였지만 결과(와 검체)는 난장판인 교통망 때문에 킨샤사에 도달하지 않았다(당시 자이르 내 포장도로는 960킬로미터 정도가 전부라고 했다. 자이르는 미국의 절반 크기에 달한다. 그리고 지금은 포장도로가 더

짧아졌을지도 모른다).

우리는 키크위트 병원에서 빌린 차를 타고 킨샤사로 돌아와 하루이틀 더 머물렀다. 마침내 칼은 피에르와 나에게 얌부쿠로 돌아가도 좋다는 허가를 내주었다. 우리는 11월 첫째 주에 식량을 가득 싣고 떠났다. 미 육군에서 보내준 전투식량과 통조림들이었는데 격리조치로 인한 피해를 조금이라도 줄여보기 위함이었다(물론 구조적인 굶주림의 문제를 통조림 햄 몇 개 나눠주는 것으로 해결할 수는 없고, 범바나 얌부쿠에 기근이 닥친 정도도 아니었다. 하지만 킨샤사에 식량이 도착해 있었고, 일단 가져가 보기로 했다).

돌이켜보면 너무 아마추어스러웠다. 그 죄를 갚기 위해 나는 인도주의적 지원에 전문가가 되었지만, 당시 이런 개인의 온정에 기반한 해법은 모든 규정을 어기는 일이었다. 사실 사람들을 고용하고 팀을 조직하기 위해 가져간 현금이 통조림보다 훨씬 효과적이었다.

나는 뒤에 실험실과 함께 올 훨씬 큰 국제 지원단의 도착을 준비하는 보급지원을 맡았다. 속으로는 덜덜 떨고 있었다. 바이러스에 대해서는 조금 안다고 했지만, 장기간의 정글 원정을 조직하는 방법에 대해서는 아무런 준비나 능력도 없었다. 기껏해 봐야 10년간의 보이스카우트 훈련이나, 고등학교 여름방학 때 터키와 모로코행 여행사에서 일해 본 경력 정도였다.

킨샤사를 떠나기 전에 그레타에게 전화를 걸었다. 전화 한통도 쉽지 않았다. 열대의학기금 사무실처럼 힘이 있는 곳도 국제전화가 가능한 통신선이 없었고, 지역 전화선은 끊긴지 몇 년째였다. 하지만 열대의학기금 행정부에서 장거리 통화를 예약할 수 있는 전화국에 일하는 사람을 알고 있었다. 제대로 된 사람만 만난다면(그리고 전화를 수호하는 별들이 그 때에 맞춰 한 데 정렬할 수 있다면) 예약된 시간에 열대의학기금 내 전화가 마술처럼 살아나곤 했다. 교환원를 통해 전화가 연결된 후 몇 분쯤 지나면 전화가 끊어졌다. 그리고는 이 놀라운 서비스를 가능하게 해준 전화국 사람이 사무실로 나타나 호주머니에 팁을 챙겨갔다.

그레타는 걱정이 많았다. 벨기에에서도 에볼라가 뉴스거리가 되어 있었고, 자이르에서 온 여행객은 누구나 검진을 받아야 했다. 그녀는 내가 얌부쿠로 돌아가며, 자이르에 10일보다 훨씬 오래 체류할지 모른다는 사실에 우려를 표했다. 둘로 나눠진 기분이었다. 그녀가 걱정한다는 사실에 미안한 감정도 들었고, 뱃속의 아이가 별탈 없이 지내고 있다는 소식에 안도하기도 했지만, 동시에 벨기에에서의 내 삶은 이제 아주 먼 이야기처럼 느껴졌다.

다시 한번 범바로 가는 대통령의 C-130에 몸을 실었다. 이번에도 조종사는 우리가 짐을 내리는 동안 시동을 끄지 않았다. 우리가 짐을 내리자마자 비행기는 날아올랐다. 붉은 비포장 활주로를 달려 올라가는 비행기를 바라보면 언제, 어떻게, 아니 영영 이 광경을 다시 볼 수 있을까 싶은 생각이 들었다. 우리는 비행기가 언제 돌아올지 정하지 않았다. 그리고 격리 중인 범바를 벗어날 수 있는 다른 길은 없었다. 공허한 마음을 안고 카를로스 신부의 선교단으로 향했다.

은고이 무술라 박사의 도움으로 마을 주변에 감시 네트워크를 수행할 팀을 고용하고 훈련시킬 수 있었다. 이들은 에볼라 환자를 찾아다니고, 증상을 보이는 환자가 있으면 범바의 병원이나 에본다의 유니레버 플랜테이션 안에 있는 클리닉으로 후송할 임무를 맡았다(애틀란타 미국 질병관리본부 내 페트리샤 웹의 실험실에서는 항체검사법을 개발하기 위해 불철주야 노력하고 있었다. 이후 귀도가 킨샤사와 얌부쿠에 검사법을 전달해 주었다).

의료인력도 필요했다. 은고이는 지역 내 간호사나 의료인력들이 몇 달 동안 임금을 받지 못했다고 이야기해주었다. 이들은 정부에서 고용한 사람들이었고 임금은 킨샤사에서 왔다. 범바의 의사와 간호사들은 거대한 피라미드의 바닥에 위치한 사람들이었고, 돈이 흘러내리는 과정에서 매 단계(권역 혹은 지역 단위에서)를 거칠 때마다 부패에 의해 임금이 조금씩 새어 나갔다. 그렇게 새어 나가는 돈들이 너무 많고 뻔뻔해져서 결국에는 아무것도 남지 않았다.

은고이는 당분간 정상적인 월급을 지불하겠다고 약속하는 게 어떻겠냐 조언했다. 우리 입장에서는 별로 큰 지출이 아니었지만, 그들 입장에서는 선물이었다. 예측할 수 있는 진짜 수입이 생기고, 일한만큼 정상적인 임금을 받는다는 자체가 말이다.

이동형 감시네트워크에 고용한 사람들은 전부 남자였다. 당시만 하더라도 특별히 여성을 채용해야 한다는 생각이 들지 않았었다. 머리로는 알고 있었지만, 당시에는 인지하지 못했던 것이다. 실제로 우리가 마을에 갔을 때는 남자들만 만났고, 일부는 전통적으로 여성들이 밭일이나 힘든 일들을 도맡아 하고 있었기 때문이기도 했다. 혹여나 우리가 여성, 혹은 특정 여성과 이야기 하고 싶다고 물으면 남자들은 "왜? 내가 당신이 궁금해 하는 건 다 답해줄 수 있소"라고 대답했다.

우리는 첫 번째 방문에 봐둔 에본다 플랜테이션을 보급 지원 거점으로 삼았다. 여기에는 킨샤사의 유니레버 사무실과 직통 라디오 통신망이 있었다. 덕분에 칼 존슨과 다른 사람들은 유니레버 본사로 가서 우리와 직접 이야기할 수 있었다. 큰일은 아니었지만, 리살라에 수녀들이 마련한 누더기 통신망에서는 장족의 발전이었다.

다음으로 매일 같이 억수 같은 비가 몰아치는 얌부쿠 선교단에 들렀다. 대부분의 플랑드르 수도회 선교사들이 이용하고 있는 킨샤사의 조달청에서 받아온 우편물 등을 비롯해 수녀들을 위해 많은 물품들을 챙겨갔다(나는 누구도 예상 못한 작은 물품을 준비해갔다. 플랑드르-링갈라어 사전과 문법책이었다. 매일 한 시간씩 공부했고 아주 기본적인 대화는 가능할 정도로 빠르게 습득해갔다).

며칠 뒤 퓨마 헬리콥터(역시 모부투 대통령의 개인 소유였다)가 도착했다. 헬기에는 두 명의 조종사와 기계공이 있었다. 기계공은 키반기스트 소속이었다. 키반기스트는 1951년 벨기에 식민지 감옥에서 사망한 자이르인 선지자인 시몬 키방가가 설립한 기독교 교회였다. 이 때문에 그는 음주나 흡연, 혹은 낮잠을 자는 일이 없었다. 나머지 두 조종사는 이 세 가지 일 말고 다른 일은 거의 하지 않았다. 모부투 대통령을 수행해 나라 곳곳을 다니는 안락하고 느슨한 일에 익숙해진 탓에, 우리와 함께 일하는 것에 대해 마음에 들어하지 않았다. 샴페인이나 재밋거리, 뒷돈을 만질 일도 없었다. 조종사들은 거의 6주 동안 커다란 퓨마 헬기를 끌고 이쪽 바에서 저쪽 바로 날아다니며 여자들을 유혹하는데 시간을 보냈다. 내 플랑드르식 사고방식에서는 매우 유감스러운 일이었는데, 이들이 쓰는 돈이 내가 주는 일당에서 나가고 있으며 연료까지 사줘야 했기 때문이다.

우리는 사륜구동으로도 도달할 수 없는 지역을 감시하기 위해 헬리콥터가 필요했다. 특히 우기는 더 심했다. 많은 마을들이 이제 육로로는 도저히 갈 수 없었고, 강의 건널만한 여울들은 너무 불어나서 접근이 불가능했다. 우방기 강을 따라 북쪽으로 가보기로 했다. 지도상으로는 100킬로미터 정도 밖에 되지 않는 여행이었지만, 육로로는 엄청난 인력을 투입해도 하루 이상이 걸릴 수 있는 길이었다.

우리는 얌부쿠 지역 모든 마을을 두 번째로 방문했다. 서쪽으로는 야홈보, 야파마, 얌본조, 야옹고, 얀돈디, 예캉가, 야리타쿠, 야미사코, 야리콤비, 야운두, 얀구마가 있었다. 동쪽으로는 야리콘디, 야모레카, 야몬즈와, 야리세렝게, 야소쿠, 야모틸리가 있었다. 진흙길을 따라 늘어서 있는 작은 구슬처럼 마을들이 깊은 숲 속에 점점이 늘어서 있었다.

마을에 도착해 천막이나 큰 나무 밑에 자리를 잡으면, 순식간에 사람들에 둘러싸였다. 반짝이는 눈망울과 불뚝 튀어나온 배의 아이들과 봉긋한 가슴의 어린 소녀들, 가슴이 무릎까지 늘어진 40대 여성들, 마리화나를 피우는 노인들이었다(우리는 사람들이 밭으로 일을 나가기 전 아침 일찍 도착하도록 노력했다).

나중에 나는 안전하게 숲 속에 숨겨진 증류기들을 방문해 보았다. 많은 마을들이 간단한 증류기를 갖추고 있었다. 바나나는 속이 빈 나무 둥치에서 발효된 후 지역 특산의 나뭇잎이나 껍질을 넣어 향을 더한다. 나무껍질로 감싼 법랑그릇에 이 혼합물을 끓여낸다. 증기는 빈 대나무 가지를 이용해 잡아 식혔고, 자전거 바퀴로 세심하게 만든 기구를 통해 정제된 액체를 다시 내렸다. 콩고식 밀주였다. 내가 제일 좋아하던 것은 증류액을 작은 페리에 병에 모아둔 것이었다(페리에 병이 어떻게 여기까지 왔는지는 신만이 알 일이다).

공용으로 몇 번이나 다시 쓰고 있는지 모를 컵에 담아주는 밀주를 예를 갖추기 위해 조금씩 받아먹곤 했다. 모두들 돌려쓰는 마리화나 담뱃대도 가끔씩 피워 보았다. 하지만 야자유에 튀긴 흰개미나 애벌레, 말린 원숭이 고기는 먹을 엄두가 나지 않았다. 야생동물고기(원숭이나 다

람쥐 같은)는 가장 흔한 단백질원이었고, 마을 사람들은 고기를 훈제한 뒤 검게 변하거나 반쯤 썩을 때까지 걸어 두었는데 냄새가 너무 역해 나는 목에 걸려 넘길 수가 없었다.

피에르와 나는 각 가정을 돌며 질문을 했고, 출혈열과 조금의 연관성이라도 있는 사람들을 추려냈다. 자세한 내용은 노트에 빠르게 적어나갔다. 딱 한 마을에서만 병원이나 장례식과 관계없이 여성들과 아이들이 집단으로 에볼라에 걸려 사망한 사실을 확인했다. 두 번째 방문한 당시까지 이 집단발병은 수수께끼로 남아 있었다. 나는 살아남은 여성을 만날 수 있었고, 이마에 새겨진 상처가 눈에 들어왔다. 나는 상처가 최근 것인지, 그리고 무슨 의미인지 물었다. 그녀는 "두통이 있다니까 전통 의술사가 와서 이렇게 했어요"라고 말했다.

실제 일어난 일은 한 젊은 여성이 얌부쿠의 산전 클리닉에 갔던 데서 시작되었다. 그녀가 에볼라 증상의 특징인 심한 두통과 함께 돌아왔을 때, 전통 의술사는 상처를 내는 치료법을 시도했고, 그 과정에서 칼을 이용해 피부에 살짝 상처를 냈다. 그리고 만전을 기하기 위해 같은 칼을 이용해 마을의 다른 여성들에게 똑같은 상처를 내었던 것이다.

나중에 이 전통 의술사를 직접 만날 수 있었다. 그는 친절한 사람이었고, 마을의 오두막들과는 사뭇 다른 방에서 우리를 맞이했다. 방에는 눈에 띄는 가면이나 우상은 없었지만, 여러 액체들이 담긴 호리병들이 단단히 다져진 바닥 위에 놓여 있었다. 우리는 에볼라에 걸린 사람을 어떻게 치료하는지, 그리고 자신을 어떻게 보호하고 있는지 물었다. 그는 친절하게 보여주었다. 가정용 표백제였다. 범바에 있는 노게라의 상점에서 구입한 표백제를 마을 사람들에게는 전통의술로 소개했지만, 실제로는 찜질약이나 물약, 그리고 상처를 소독하고 사람들을 치료하던 것들이 대부분 표백제였다.

우아한 방법은 아니지만 어느 정도 상식적인 부분도 있었다. 이 전통의술사가 다른 전통적인 마술을 이용하는지는 우리에게 말해주지 않았지만, 표백제를 이용해서 여러 생명을 구했을지도 모른다. 불행히도 칼을 소독할 생각은 하지 못했지만 말이다.

얌부쿠의 마지막 에볼라 환자는 11월 5일에 사망했다. 유행병이 시작된 지 두 달이 지난 시점이었다. 피에르는 11월 9일 얌부쿠를 떠나 파리로 돌아갔다. 유행에 영웅이 필요한 시기는 지났다. 유행이 끝을 맞이하고 있는 것이 분명했다. 하지만 예상치 못한 순간에 다시 돌아올 수 있었다. 내 임무는 신규 환자 발생을 예의주시하는 것이었다. 위험 요소를 그냥 놔둘 수는 없었다.

국제연구진은 여전히 혈장교환술에 필요한 발전기와 실험장비를 가져올 계획이었다. 우리는 정확히 어떻게 에볼라가 전파되는지를 확인하는 역학조사를 담당하고 있었다. 혈액이 연관이 있다는 것은 알았지만, 수직감염이나 성매개 전파는 어떤가? 자연에 존재하는 바이러스의 보유숙주도 알아야 했다. 박쥐, 벌, 쥐, 혹은 말린 원숭이일 수도 있었다. 마지막으로 칼은 혈청 조사도 계획하고 있었다. 우리가 심하게 앓고 있는 사람이나 사망한 사람을 확인하기는 했지만, 실제로는 에볼라가 인구의 절반을 감염시켰고, 발병한 사람은 극소수에 불과할 가능성도 있었다.

피에르가 떠나자 수녀들과 레옹 신부 사이에 나만 덩그러니 남겨졌다. 대부분은 업무나 플랑드르 이야기를 했다. 수많은 트라우마에도 불구하고, 그들은 예전의 고된 일상을 되찾아 가는 듯했다. 외상 후 스트레스는 없었다(나중에야 찾아왔다). 우리가 비슷한 가족적 배경을 지니고 있더라도 삶 자체가 너무 멀리 떨어져 있었던지라 개인적인 이야기를 나누기는 쉽지 않았다. 마흔다섯쯤 된 유쾌한 제노베바 수녀 정도만 이야기거리가 끊이지 않았다. 한 번은 그녀가 "신이 우리를 지켜줄 거에요" 같은 말을 꺼냈는데, 예의바름을 잃어버린 나는 "정말 그걸 믿으세요?"라고 대답하고 말았다. 그녀도 약간의 의심을 내비쳤는데, 어떤 면에서 인간적인 그녀를 보여준 순간이라 아직도 소중히 간직하고 있는 기억이다. 한편으로는 비극적이기도 했는데, 훗날 테레사 수녀도 편지에서 이런 의심을 보여주곤 했기 때문이다.

수녀들 중 제노베바 수녀를 제일 좋아했다면, 내가 제일 좋아한 마을은 야모틸리 모케(작은 야모틸리)라는 마을이었다. 링갈라어로 야모틸리 마을에서 떨어져 나온 사람들이란 의미였다. 별로 특출난 점은 없었지만, 사람들이 훨씬 관대했고, 필요한 것들(식량, 보급품, 현금 등)에 대해 덜 각박하게 굴었다. 또 얌부쿠에서도 가까웠다. 거의 매일 저녁이면 그 마을에 갔고, 선물로 줄 맥주나 정어리 통조림, 옷가지들을 가져갔다. 의학적 문제가 있는 사람들은 나를 찾았고, 아스피린이나 항말라리아제를 주었다. 주사는 없었지만 가진 것의 전부였다(내 추측으로 고열이 있는 사람의 대부분은 말라리아였으며, 기생충이 없는 사람이 없었을 것이다. 파견 후반에 검사를 해보았는데, 혈액과 대변에서 사상충이나 아메바 등 온갖 기생충들이 나타났다).

어떤 이유에서인지 편안한 기분이었다. 질병을 찾아 나서 세상을 구하는 거물 백인 의사 행세를 하지 않아도 된다는 기분이 들었다. 대부분은 노인들과 앉아 있었다. 노인들은 담배를 피우며 자기들끼리 이야기를 나누었다. 이야기는 링갈라도 아니고 부족어인 부자로 이루어졌는데, 그래서인지 그들에게 받아들여졌다는 생각이 들었다. 이름을 잊어버린 노인도 있었는데(실제로는 45세쯤일지도 모르지만, 이빨이 하나도 없었다), 대부분의 자이르 사람들처럼 나보다도 벨기에 축구에 대해 잘 알고 있었다. 트랜지스터 라디오의 마법 덕분이었다. 당시 벨기에 국가대표팀의 골키퍼는 크리스티앙 피오트이었다. 나와 성이 같았기 때문에 노인들이 농담을 하며 묘한 공감대가 형성되었다. 하지만 우리의 친교활동 대부분은 침묵으로 이루어졌다.

여성들은 절대 참여하지 않았다. 항상 쓸고 식사를 준비하고 주식인 카사바 뿌리를 갈거나 다지고 있었다. 야모틸리 남자들과 앉아 있는 것은 따지고 보면 얌부쿠 선교단에 있는 내 부족을 대신하는 셈이었다.

얌부쿠에 처음 도착했을 때 가졌던 질문들에 대한 답을 구하고 있었다. 이 사람들은 서기 2000년보다는 중세시대에 가까운 삶을 살고 있었다. 어떻게 살아남았을까? 무섭지 않았을까? 내가 보기에 이들은 대자연의 힘에게나(동물, 바이러스, 기후) 군인들에게나 매우 취약해 보였다. 사람들은 이 지역에 걸쳐있는 반군들의 광기 어린 잔혹함에 대해 이야기해주곤 했다. 때는 독립 당시 루뭄바의 연설에서 16년 밖에 흐르지 않은 시점이었지만 여러 번의 전쟁과 그보다 많은 살육, 약탈, 강간이 벌어졌다. 평화기간 동안에도 모부투의 병사들은 얼마 남지 않은 세간살이를 훔쳐갔고 여자와 소녀들을 강간했다. 지금도 마을 사람들이 얼마나 취약한지 생각하면 마음이 아프다. 그들의 이야기와 자이르에서 겪었던 많은 일들은 내가 정상적으로 기능하는 국가와 법이 사람들을 등쳐먹기 위해서가 아니라 국민들을 보호하기 위해 작동하는 세상에 살고 있음을 감사히 여기게 되었다.

더불어 그저 사람들과 어울리며 밀주를 마시고 축구에 대해 이야기하는 과정을 통해 문화에 대해 어느 정도 감이 잡히기 시작했다. 덕분에 훗날 질적연구라 불리는 방법에 강한 믿음을 가지게 되었다. 물론 양적연구를 위해서는 역학 설문지를 표준화할 필요가 있지만, 때로는 훨씬 덜 체계적인 감에 의존해야 할 때가 있다. 이 방법을 통해 예상치 못한 더 깊은 곳에 가 닿을수도 있다.

예를 들어 이 방법을 통해 장례식에서 무슨 일이 일어났는지 추측할 수 있었다. 많은 문화권과 마찬가지로 부자에서 장례식은 중요한 의례였다. 며칠에 걸쳐 진행되었고 한해 수입과 맞먹는 돈이 쓰이기도 했다. 장기간 집중적인 접촉을 하게 된다는 이유 말고도 장례식을 치명적으로 만든 요인은 바로 시신을 수습하는 과정에 있었다. 시신은 정성스레 씻겨졌는데, 이 과정에 여러 명의 가족들이 참여했고, 작업도 맨손으로 했다. 시신이 피나 대변, 토사물로 덮여 있는 경우가 많았기 때문에 에볼라 바이러스에 대한 노출도 엄청났다. 특히 전통에 따라 입, 눈, 코, 질, 항문까지 씻기도록 되어 있어 더욱 그랬다.

사람들은 일반적으로 이런 과정에 대해 이야기하지 않는다. 간접적으로나 알 수 있을 뿐이다. 시신을 씻기는 과정에 대해 이야기하며 이렇게 묻는다. “물론 항문도 씻기는 거죠?” 누군가는 “그렇죠”라고 대답하고, 누군가는 “아뇨”라고 답한다. 그리고 한동안은 무엇을 믿어야 좋을지 모른다. 한 여성은 시신을 핥기도 한다고 말했다. 하지만 다른 누구도 그에 대해 긍정하지 않았다. 여성은 거의 갓 태어났던 아주 어린 아이의 시신에 대해 이야기했다. 그렇다면 일반적인 경우가 아니라 특별한 사례였을 수 있다. 다음으로는 시신을 천으로 감싸고, 그 사람이 살던 오두막 문 바로 앞에 매장했다(집 바로 앞에 여러 봉분이 있는 광경도 보았는데, 바로 가족묘였다).

수녀들도 정보제공을 해주었지만, 종교가 크리스천이라고 대답하는 사람이라고 해도 숨겨둔 다른 종교가 있기 마련이었다.

나는 이 지역에 흠뻑 빠져들었다. 지역 사람들에 대한 뿌리 깊은 존경심이 생겨났다. 나는 성장하고 있었고, 내 물음에 내가 답하게 되었다. 벨기에가 그립지는 않았지만, 특히 밤에 십자가가 벽에 걸린 검소한 내 방으로 돌아오면 임신한 아내가 걱정되었다. 하지만 내가 뭘 할 수 있단 말인가?

어쩌면 내 자신을 과소평가해왔음을 알아가는 과정이었다. 나는 자신감 넘치는 소년은 아니었다. 그건 당시 플랑드르 교육방식이 아니었다(다행히도 내 아이들은 사뭇 다르다). 겸손함과 침묵을 배웠고, 남들보다 뛰어나다 생각하지 않으며 열심히 일하는 법을 배웠다. 물론 장점도 있었다. 잰체하지 않도록 해주며, 권력에 타락하는 것을 막아준다. 하지만 동시에 큰 것을 바라지 못하게 만든다.

이제 나는 국제위원회의 '시행 책임자'였다. C-130이 식량과 장비를 가득 싣고 오면 내가 분배를 조직해야 했다. 사람들을 고용하고 임금을 지불하고 도지사와(퓨마를 개인적으로 사용하고 싶어 안달이 나있던) 협상하며, 돈이 엉뚱한 곳으로 새지 않도록 하며, 검체를 수집하고, 킨샤사에서 25명이 도착해 클리닉과 실험실을 운영할 수 있도록 체계를 세워야 했다.

두 번째 헬기가 도착했다. 프랑스 대통령인 지스카트 데스탱이 모부투에게 선물한 알루엣 헬기였다. 그 대가로 무엇을 받았는지는 알고 싶지도 않다. 이런 일들이 삶의 소소한 즐거움이 되어갔다. 나는 헬기를 요청한 적도, 필요한 적도 없었지만 빌 클로스가 그냥 보내주었다.

그리고 이제는 이런 일들이 정상으로 받아들여지기 시작했다. 헬리콥터가 필요해? 두 대 줄게! 인도적 지원 분야에 있는 사람들이 종종 이렇다. 성인의 정신 상태라 보기는 어렵지만, 약간은 독불장군 같으면서도 어떤 면에서는 양심적인 사람들이다.

사실 퓨마와 알루엣 모두 관리하기가 너무나 어려웠다. 조종사들은 끊임없이 돈을 요구했고, 동네마다 문제를 일으켰다. 오두막의 지붕을 날려버리거나 너무 가난해 당장 현금이 필요한 여성들을 매번 바꿔가며 잠자리를 했다. 일부 조종사들의 성욕은 채워지지 않는 듯 보였고, 마을 남자들은 이를 달가워하지 않았다. 아이들도 헬기에 관심을 보여 철사로 장난감 헬리콥터를 만들곤 했다. 아직도 내 사무실에는 이 장난감이 있다.

하루는 조종사가 알루엣으로 범바에서 얌부쿠로 날아와, 칼이 범바로 되돌아와 미국 대사, 그리고 미국 국제개발처의 킨샤사 대표를 만나보았으면 한다고 전해주었다. 둘 모두 킨샤사에서 날아와 유행병에 대한 설명을 듣기를 원했다.

그리고 조종사가 사라졌다. 조종사들은 항상 일거리가 있었는데, 마을에서 물건을 사다 범바에 파는 일을 했다. 범바는 격리 때문에 물자가 항상 부족했기 때문이다.

얌부쿠 선교단의 베란다에 앉아 괜히 역정을 내보았다. 이 거물들이 유행병에 대해 알기를 원한다면, 실제 유행병이 있는 얌부쿠로 직접 와보기는 해야 할 것 아닌가. 조종사가 돌아와서 맥주를 달라고 했다. 벌써 그들의 입에서 맥주 냄새가 나고 있었다.

하늘은 어두워지고 있었고, 매일 오후 그렇듯 폭풍이 몰려오고 있었다. 나는 비행을 좋아하지 않는다. 솔직히 말하면 내가 명령해야 하는 이 헬리콥터 안에서, 나는 약간 겁을 먹었다. 퓨마 조종사들은 이런 날씨에 비행하지 않는다고 알고 있었다. 그렇다면 대체 왜 크기도 훨씬 작은 알루엣에서 벌써 술에 취한 조종사와 함께 날아야 한단 말인가?

내 자신에게 "될 대로 되라지, 안 할 거야"라고 말했다.

조종사들에게 나 없이 범바로 돌아가라고 말하자, 마당을 쓸던 중년 남성이 내게 말했다. "보스"(제발 이 명칭으로 나를 부르지 말아달라고 사람들에 부탁하는 것도 오래전에 그만두었다), 그가 간청했다. "가족들이 범바에 있습니다. 헬리콥터도 한 번도 타본 적이 없어요. 제가 가도 될까요?"

"물론이죠." 내가 말했다. "재미있게 다녀오세요." 그리고 그들이 떠났다. 곧 하늘에서는 장대비가 쏟아졌고 헬리콥터 안에서 정신없이 흔들리고 있지 않아도 된다는 사실에 안도했다. 그리고 업무로 돌아갔다.

다음날 아침 나는 알루엣이 가져온 군용 라디오를 틀었다. 킨샤사와 매일 통신을 하기 위해서였다. 칼이 목소리를 높였다.

"이 망할 자식, 대체 어디 있는 거야? 그리고 망할 헬리콥터는 어디 갔어? 대사님이 몇 시간이나 기다리셨다고! 그리고 국제개발처 사람도! 우리 돈이 다 거기서 나오고 있는데!"

"헬리콥터는 어젯밤 떠났고, 다음번에 당신네 대사가 오면 얌부쿠로 직접 오시라 하쇼." 내가 말했다. 둘 다 무척 화가 나있었다. 하지만 그 순간 둘 다 헬리콥터와 사람들이 사라졌다는 사실을 깨달았고, 침묵이 흘렀다. 폭풍 한가운데서 추락했을지 모른다는 불길한 느낌이 들었다.

내 주변에는 너무도 많은 죽음이 맴돌았고, 이들은 아픈 사람을 돌보거나, 비타민 주사가 필요했거나, 친척의 매장을 도왔던 사람들이었다. 이런 일들이 내게 영향을 주지 않는 척 하고 있었지만, 이번에는 내가 무너질지도 모르는 한계선에 너무 가까이 왔다는 생각이 들었다. 환자들과 접촉하거나 자이르의 널뛰는 변수들을 마주하는 것은 이미 계산된 위험에 속했다. 하지만 분명 실존하는 위험이었고, 아무리 자신감이 넘치는 척 꾸며왔더라도 자신 깊숙이에서는 얼마나 위험한 일인지를 알고 있었다. 이제 나는 두 번의 죽음(킨샤사에서의 무시무시한 고열과 알루엣 추락)을 가까스로 비껴났다. 말 그대로 나머지 세상이나 일반적인 지원체계에서 단절되어 있었다. 알고는 있었지만 억누르고 있었던 취약점들이 물밀 듯이 밀려 들어왔다. 내 자리였던 곳에서 스러져간 젊은 청소부를 떠올리자 망연자실해졌다.

라디오 송수신을 끊고 방으로 되돌아와 철제 침대에 누웠다. 그레타가 보고 싶었다. 우리의 첫째 아이는 아버지 없이 태어날지도 몰랐다. 자기연민에 빠져있다가 자신을 다잡았다. 감상적인 태도는 아무에게도 도움이 되지 않는다. 나는 오랜 플랑드르 전통의 대응법을 도입했다. 모든 것을 억누르고 일을 했다. 일단 모든 것들을 저 깊이 묻어두고, 일단은 임무를 완수하는 게 우선이었다. 하지만 동시에 내가 처음 인식한 권위에 저항하는 태도와 빠른 위험성 평가가 말 그대로 내 목숨을 구했음을 깨달았다. 내 직감을 믿으라는 귀한 수업이었다.

이틀 뒤, 범바에서 온 퓨마 헬기는 내게 돌아와 도지사를 만나라는 명령을 전달했다. 조종사들은 극히 불친절했다. 당연하게도 이들은 추락한 알루엣 조종사들의 동료였다. 이들이 조종하는 헬기를 타고 범바로 돌아가는 길에 나는 정말 겁이 났다. 퓨마는 전투용 헬기였기에 사격하면서 날 수 있도록 비행 중에도 문이 열렸고, 좌석과 바깥 사이에는 얇은 그물망만이 있었다.

오롱가는 나를 협박했다. 줄이자면 내가 이미 추락할 것을 알고 있었고, 어쩌면 추락하도록 만들었다고 몰아세웠다. 때문에 내가 같이 비행하지 않았다는 것이었다. 자이르와 자이르 사람들 사이에서 우연이란 일어날 수가 없었다. 사고나 질병에 생겼다면 누군가 마술을 걸거나 물약을 먹여 그렇게 만든 것이다. 그는 사냥꾼이 숲에서 추락한 헬기를 찾았고, 내가 원인이므로 직접 가서 시신을 수습해야 한다고 말했다. 또한 사망한 젊은이와 조종사들의 가족에게 보상비도 지급해야 한다고 했다.

카를로스 신부를 만나러 갔다. "진짜로 문제가 생겼어요." 다음날 이른 아침까지 관 세 개가 필요했고, 벌써 때는 늦은 오후였다. 우리는 노게라에서 판자와 소독약 약간, 살충제가 가득 든 훈증 스프레이를 샀다. 이 열기에 사흘이 지났다면 시신의 상태가 좋을 리 없었다(나는 얌부쿠에서 미리 마스크도 사두었다. 단순히 수술용 종이 마스크가 아니라 방독면 같은 종류였다).

물건들을 선교단으로 싣고 오면서 길 주변에서 일하고 있는 수감자들을 보았다. 순간 좋은 생각이 떠올랐다. 나는 교도소장에게 24시간 동안 6명의 수감자를 쓸 수 있게 해달라고 요청했다. 뇌물을 주지는 않았다. 자이르에서는 한 번도 뇌물을 써본 적이 없다. 하지만 그는 내 요청을 들어주었다(물론 일이 완전히 끝났을 때는 수감자들에게 약간의 돈을 주었다. 교도소장은 이를 알아채고 갈취했을 것이다). 그날 밤 선교단 마당에서 판자를 두들겨 관을 만들었다. 모두 함께 모여 웃통을 벗고 저녁의 열기를 받으며 육체노동을 하는 것은 해방에 가까웠다.

다음날 아침 퓨마 조종사들이 나와 여섯 명의 수감자들을 태운 채 숲 깊숙이 위치한 유니레버 플랜테이션으로 날아갔다. 수많은 사람들이 모여 있었다. 어떻게 이렇게 많은 사람들이 이렇게 외진 곳에 모여들 수 있는지 모르겠지만, 아마도 헬기 엔진의 소음이 이곳에 모여들게 한 것이 아닐까 추측했다. 조종사들은 맥주를 향해 한달음에 뛰어갔다. 이들은 동료의 시신을 수습할 생각조차 하지 않고 있었다. 사냥꾼과 여섯 명의 수감자, 그리고 나는 숲으로 걸어 들어갔다. 수감자들은 덩굴과 막대기로 만든 들것에 관을 실어 들고 갔다. 사냥꾼은 맨 앞에서 마체테로 풀들을 쳐냈다. 나는 청멜빵바지를 입고 생각만 해도 오싹해지는 중앙아프리카 열대우림의 뱀이나 거미, 커다란 지네, 기타 곤충들에서 나를 보호해줄 양말을 한껏 끌어 올린 채 뒤에서 비틀거리며 따라갔다.

이곳은 완전한 처녀림이었고, 내가 얌부쿠 주변에서 본 어떤 숲보다도 빽빽했다. 이미 질식할 정도로 더운 적도의 날씨에 더해 분노와 적의로 땀이 비 오듯 쏟아졌다. 나는 적어도 백 명에 달하는 마을 주민들이 우리 뒤를 따르고 있음을 알았다. 보거나 들을 수는 없지만 느껴졌다. 자이르의 열대우림 안은 컴컴했지만, 그들이 거기 있음을 알 수 있었다.

내가 밤새 관을 두드려 만들었다는 사실을 제외하고라도 처녀림을 한 시간 넘게 행군하는 일은 매우 힘든 경험이었지만, 갑자기 절대 혼동할 수 없는 어떤 냄새를 맡았다. 나는 마스크를 썼고, 부서진 헬기를 보자마자 수감자들은 관을 내던지고 도망쳤다. 내 생각에 그리 멀리 도망가지는 않았겠지만, 대체 나는 이제 뭘 해야 한단 말인가? 사냥꾼은 그저 호기심어린 눈길로 나를 보고 있었다. 우리는 말도 통하지 않았다.

옆으로 누운 헬리콥터로 다가갔다. 불타거나 폭발하지는 않았다. 조종사와 부조종사는 여전히 조종석에 있었다. 밀어보았지만 완전히 부풀어 올라 꺼낼 수는 없었다. B급 영화에 나오는 한 장면 같았다. 킨샤사에서 가져간 일회용 카메라로 이 장면을 촬영했다. 잠시 자신에게 생각할 시간을 준 다음, 시신을 훈증하고 살충제를 뿌리기 시작했다. 열기에 질식할 것 같아 마스크를 벗으려 해봤지만, 그 순간 시신의 냄새로 기절할 뻔 했다.

다른 사람은 아무도 없었다. 무슨 수를 쓰지 않으면 일이 끝나지 않을 터였다. 그리고 여기서 내게 나쁜 일이라도 생긴다면 누구도 알 길이 없었다. 이런 상황에서 자기 연민을 할 수도 있고, 훌쩍거리며 울거나 공포에 와들와들 떨 수도 있지만, 변하는 것은 없었다. 그저 혼자다.

조종사의 한쪽 다리는 비정상적인 각도로 문 밖에 튀어나와 있었다. 그가 새로 산 부드러운 이탈리아제 신발을 신고 있다는 게 눈에 띄었다. 별로 유쾌하지 않은 상상이 떠올랐다. 내가 소리쳤다. "이 사람을 꺼내는 데 가장 먼저 도와주는 사람에게 이 신발을 드리죠!" 처음에는 프랑스어로, 그리고 가능한 능력을 끌어 모아 링갈라로도 말했다. 근처에서 지켜보던 젊은이 몇 명이 모습을 드러냈다. 그리고 우리와 함께 범바의 집으로 되돌아가는 것이 아니면 달리 갈 곳이 없던 수감자들도 바닥에서 일어났다. 여기는 이들의 땅이 아니었다. 기억하고 싶지 않은 몇몇 소름끼치는 장면이 지나간 다음 마침내 시신을 꺼내 관에 넣을 수 있었다. 관에는 방수포가 대어져 있었다. 시신은 심하게 부풀어 올라 마치 짐이 넘친 여행가방을 쌀 때처럼 뚜껑을 눌러 내려야 했다. 흉측한 광경이었다.

관을 덩굴로 감은 다음 길을 되짚어 갔다. 철벽의 열대우림을 두 시간 넘게 행군하고, 시신의 무게와 악취에 눌린 수감자들이 비틀거렸다. 우리가 사고현장을 떠나자, 숨어있던 마을사람들이 나타나 헬리콥터 부품을 해체하기 시작했다(몇 년이 지난 뒤에도 집에는 알루엣의 부품들이 장식되어 있었다).

퓨마에 관을 싣고 조종사들과 미지근한 맥주를 마셨다. 아무 말도 오가지 않았다. 맥주 받침만 노려보았고, 받침에는 모부투의 완전히 부패한 인민혁명당의 위선적인 슬로건이 그려져 있었다. "여러분께 봉사하기 위해: 예. 자신에게 봉사하기 위해: 아니오" 나는 기념품으로 품 안에 받침을 챙겨 넣었다. 맥주값을 내고 조종사에게 일이 끝났다고 말했다. 얌부쿠에 내려달라고 했다. 하지만 조종사들은 추가 질책을 위해 범바로 나를 다시 데려오라는 명령을 받았다.

동시에 내가 실수했다는 것을 깨달았다. 스트레스 때문에 소독제를 희석하는 것을 잊어버렸던 것이다. 순수 데톨(클로로자일레놀을 기반으로 한 강력한 소독제)을 시신 위에 그대로 쏟아 부은 것이다. 헬기 문이 열려 있던 것이 다행이었지만, 착륙할 때 즈음에는 모두들 눈이 빨갛게 충혈되어 있었다. 그리고 도지사를 만나러 가지도 않았다. 나는 곧장 선교단으로 가 카를로스를 만나 이렇게 말했다. "취해야겠는데요." 이런 기분은 인생에 처음이었다. 그리고 그런 충동이 들었던 것도 처음이자 마지막이었다.

아마 만화 속에 살고 있는 것이 아니라는 사실을 깨달으며 일어났던 것 같다. 나는 틴틴이 아니었다. 그리고 만화를 그리고 있는 사람도 없고, 내가 그리고 있다는 사실도 깨달았다. 저 멀리 홀로인 상황에 자신을 몰아넣었다는 사실을 깨달았다. 또 언제든 공중에서 나를 떨어뜨릴 수 있으며 나를 도울 아무 이유도 없는 완전히 이방인에게 기댈 수밖에 없다는 것도 깨달았다. 아프리카 표현에 따르면 나는 사실 아직도 어린애였다. 한 번도 삶이 끝없이 이어지지 않으며, 나 역시 언젠가는 죽는다는 사실을 제대로 이해해본 적이 없기 때문이었다.

카를로스가 직업으로서 신부의 역할에 충실해지는 장면도 볼 수 있었다. 내 기억이 맞다면, 그는 "내 아들"로 부르며 삶의 씁쓸함과 죽음 이후에 대해 이야기했던 것이 생각난다.

"카를로스, 이런 건 필요 없어요."라고 말하고는 범바의 번화가로 나가 작은 술집에 들어갔다. 맥주 몇 병을 더 먹자 링갈라어를 할 줄 아는 백인이 들어섰다. 옅은 갈색 머리에 덩치가 좋은 시몬 반 뉴벤호프라는 플랑드르 젊은이는 방을 살피며 끊임없이 움직이는 눈동자를 가진 사람이었다. 그는 수단 국경에서 막 범바에 도착한 참이었다. 킨샤사에서 만난 미국인, 조 맥코믹은 혈액 검체를 가지고 곧장 자이르의 수도로 향했다. 하지만 남부 수단에서 발생한 에볼라 유행을 확인하기 위해 여정을 함께한 시몬은 육로로 계속 이동해 나와 만나기 위해 달려왔다.

시몬은 서른네 살쯤 된 의사였고, 이시로에 위치한 벨기에 개발협력처에서 일하고 있었다. 자이르에서 산 지 몇 년이 지나 부족어 몇 개도 할 줄 알았다. 그는 진정 인생을 즐기며 살 줄 아는 사람으로 자이르 바에서 어떻게 행동해야 하는지도 알았다. 나는 맥주값이나 현금을 뜯어보려는 남녀에 둘러싸이기 직전이었다. 그는 우연이라고 믿기 힘들 정도로 완벽한 순간에 등장해 주었다.

감정과 취기가 끓어올랐다. 물론 에볼라에 대해 이야기를 나누었다. 수단의 유행에 대해서도 설명해 주었다. 우리는 바에 있는 모든 사람들에게 술을 돌렸다. 과장된 표현과 신나는 사건들이 필요한 그런 기분이었다. 그리고 그 깊숙한 형제애의 순간, 우리는 일생의 친구가 되었다.

CHAPTER

6

커다란 팀

11월 끝 무렵에 얌부쿠에 본진이 도착하자 모든 것이 바뀌었다. 그 전까지는 내가 총책임자였기 때문이다. 에본다 플랜테이션에서 온 트럭이 발전기, −170도를 유지하기 위한 액체질소, 실험 장비, 통신 장비, 심지어 촬영 장비 등을 내려놓았다. 킨샤사 대학에서 온 두 명의 젊은 의사, 미아투딜라와 음부이, 그리고 애틀란타 질병관리본부의 역학자인 마이크 화이트도 있었다. 또 에볼라 생존자에게서 고도면역 혈장을 얻기 위한 혈장교환술을 준비할 혈액학자, 그리고 지역 곤충들 중 에볼라 보유숙주나 매개체가 있는지 확인하기 위한 곤충학자인 두 명의 프랑스인도 왔다(하지만 곤충 매개체 이론은 벌써 가능성이 희박해 보였다. 에볼라의 주요 감염 경로는 이미 명확해 보였다). 마지막으로 킨샤사 영국 대사관에서 일하다 행정업무를 지원하기 위해 온 젊은 영국 여자도 있었다. 심지어 얌부쿠 병원에 전기를 다시 연결하고 발전기에 추가 전력공급선을 설치하기 위해 온 자이르인 전기기사 두 명도 있었다.

사람들이 늘어나면서 끼니부터 화장실까지 모든 것들이 선교단에 상당한 부담으로 다가왔다. 관리 업무가 늘어나고 수많은 인간군상을 마주하게 되면서 나는 내 안으로 자꾸 후퇴해 들어갔다. 이들은 정교하게 설계된 질문지를 이용해 처음부터 역학 조사를 다시 하고 싶어 했다. 칼과 조엘이 주장한 대로 에볼라에 대한 가능한 많은 정보를 가능한 빨리 모으는 것이 중요했다. 물론 무서운 바이러스였지만 가능한 사람들의 기억에 유행이 선명하게 남아있을 때 일을 진행하는 것이 중요했다. 몇 달 지나면 사람들은 기억하지 못한다.

그래서 피에르와 내가 이미 했던 일을 다시 했다. 하지만 이번에는 훨씬 철저하게 했다. 환자와 건강한 사람들을 비교해 체계적인 환자대조군연구를 회귀적으로 진행해 어떤 요인들이 작용했는지 확인할 수 있었기 때문이다. 간단히 말해 우리는 사례에 대한 정보를 모으고, 질병에 걸리지 않은 두세 명의 사람과 비교하여 다른 점들을 모두 잡아내려 했다.

더불어 얀동기와 얌부투 인근의 모든 마을과 집들을 지도로 그렸다. 그리고 수천 명의 사람들을 무작위로 선별하여 에볼라 항체 검사를 했다. 이 연구는 지역 내 에볼라 감염의 규모를 확인하고, 감염에 노출되었지만 아무런 증상도 나타내지 않았거나 생존했는지를 확인하기 위해서였다(오래전에 감염되었던 사람 몇몇을 찾기는 했지만, 연구 결과는 에볼라 감염에서 생존하는 사람(이나 감염 후 증상을 나타내지 않는 사람)은 극히 적다는 것이었다). 나는 무려 10년이나 흐른 1986년에 이르러서야 정밀하고 잘 조직된 무작위 인구 조사의 중요성을 깨달았다. 기록들이 잘 남아 있었고, 질병관리본부에서 검체 보관을 훌륭하게 해주었기 때문에, 이 혈액 검체들을 바탕으로 HIV의 역사 이전을 연구할 수 있었다.

조엘 브레만은 내 스승이었다. 앤트워프에서 이론 공부를 마치고 난 뒤, 나는 현장에서 역학을 배울 수 있었다. 조엘은 탄탄한 환자대조군 연구의 미학을 가르쳐 주었고, 명확한 사례 정의와 대조군을 세심하게 고르지 않으면 연구의 가치를 망쳐버릴 수 있다는 사실을 머릿속 깊숙이 새겨주었다. 아프리카 보건에 경험이 많고 걸어 다니는 백과사전이었던 조엘은 수도승 같은 참을성과 순수한 마음, 날카롭고 재치 있는 유대인 농담을 프랑스어나 영어로 자유자재로 구사할 수 있는 능력을 지녔다.

우리는 계속해서 헛된 루머나 막다른 골목에 다다랐다. 어느 일요일 조엘, 마이크 화이트, 귀도, 그리고 나는 통나무배를 통해서만 갈 수 있는 강 상류 마을을 방문했다. 통나무배는 두 명이 들어가는 카누로 한 명이 노를 젓는 매우 불안정한 배였다. 우리는 무슨 기생충이나 악어가 살고 있을지도 모를 강의 수면 불과 몇 센티미터 위에 앉아 있었다. 다른 카누에는 박자를 맞춰주는 고수가 타고 있었다.

종종 노잡이들은 멈춰 서서 한 명이 나무를 타고 올라가 잘 익은 야자수를 따오곤 했다(야자수 중에는 고무나무처럼 줄기를 자를 수 있는 종이 있다. 수액은 속이 빈 조롱박에 담긴 채 열기 속에 익어갔고, 저마다 도수가 다른 곤충과 밀주의 잡탕을 만들어 냈다). 맛은 고약했지만 노잡이들은 신나 했다. 강둑에는 온갖 종류의 원숭이와 새들이 있었고, 마을 역시 내셔널 지오그래픽에 나올듯한 모습이었다. 우리가 도착했을 때 마을사람 전체가 나와 북을 두드리고 노래하고 춤추며 맞아주었다. 남자들은 아래만 가리고 있었고, 여성들도 가슴을 드러낸 채였다.

특별히 아픈 사람이 없다는 사실이 금세 드러났고 에볼라에 대한 루머도 별 것 없었다. 우리는 성대한 식사를 위해 돈을 지불했고, 모두가 호탕하게 웃을 수 있었다. 그리고 얌부쿠를 향해 갈지자를 그리며 열심히 노 저어 내려왔다(귀도의 배가 뒤집어졌는데, 그를 제외한 모두가 즐거워했다). 내 기억 중 유일하게 느슨한 날이었다.

귀도는 매우 정교한 이동형 실험실을 설치했다. 형광현미경, 무균 작업대, 전자 혈액 검사 장비, 냉장 원심분리기 등이 완비되어 있었다. 즉 이제 사람들의 항체를 검사하는 것 뿐 아니라, 가축이나 설치류에서 에볼라 항체를 검사할 능력이 생겼다는 의미였다. 내가 돼지나 염소를 다루는 데 익숙했기 때문에 채혈은 내 몫이 되었다. 반쯤은 야생인 깡마른 돼지를 잡고 꼬리에서 작은 조각을 잘라내는 일은 모든 어린이들이 웃음보를 터뜨리는 광경이 되었다.

우리는 단결된 집단이 되었다. 귀도는 곧 도착한 영상 장비를 만져보기 시작했고, 그가 찍은 재미난 영상으로 연구진과 주민들을 즐겁게 해주었다. "얌부쿠 방송에서 보내드린 YBC 뉴스였습니다." 주민들 중 텔레비전을 본 사람은 아무도 없었다. 때문에 우리에게는 단순한 재미거리였지만, 그들에게는 매우 강력하고 놀라운 것이었다.

가벼운 이야기들처럼 들리지만 상황은 아주 심각했다. 본진이 킨샤사를 떠나기 전 영국 포튼 다운의 실험실에서 조프 플랫이 쥐에게 우리가 보내준 혈액을 주사하려다 바늘에 찔려 에볼라 증상을 보이고 있다는 소식이 전해졌다. 그는 중환자실에 격리되었고, 가족이나 접촉한 사람들도 격리 조치되었다. 질병에서 회복한 얌부쿠 간호사, 수카토에서 추출한 혈청이 영국으로 급히 배송되었다. 얌부쿠에 본대가 도착했을 무렵, 플랫은 여전히 중한 상태였다(그는 어느날 갑자기 회복했다).

에볼라 바이러스가 플랫의 혈액 뿐 아니라 정액에서도 나타났기 때문에, 특히 에볼라에서 회복한 사람을 중심으로 지역 남성들의 정액도 수집하기로 했다. 나도 킨샤사 팀이 도착하기 전에 진행해 보려 했던 일이었지만, 이야기를 전달하기에 민감한 부분이 있었다. 수녀들에게 통역해달라고 할 수 있는 것도 아니었고, 플랑드르-링갈라 사전에는 자위라는 단어가 없었다. 몇 번의 대화에서 내 팔을 열심히 흔드는 모습을 보여 바보가 된 뒤, 지역 문화에는 자위라는 것이 없다는 결론에 이르렀다. 내 몸짓을 알아듣는 사람이 아무도 없어 보였다.

그래서 나는 조엘과 칼에게 킨샤사에서 콘돔을 잔뜩 가져다 달라고 했다. 말을 꺼냈을 때 라디오 저편에서 긴 침묵이 흐른 후 커다란 웃음이 터져 나왔다. 내가 얼마나 대단한 정력가라 생각하기에 콘돔을 잔뜩 가져다 달라고 했을까? 하지만 내 생각은 콘돔을 이용해 정액을 모으는 것이었다. 그리고 이쪽이 훨씬 이야기하기 편했다. 나는 막대기를 이용해 성기에 콘돔을 씌우는 방법을 시연했다. 남자들은 여자친구나 부인을 찾으러 흩어졌고, 얼마 뒤 트로피를 들고 나타났다. 따뜻한 것이 가득 들어있는 콘돔들이었다. 만약 아프리카의 과학자가 벨기에에 와서 똑같은 일을 해달라고 요청했다면 요구를 들어주었을까 하는 궁금증이 생겼다. 분명 얌부쿠 사람들에게 나는 내게 그들이 그랬던 것처럼 낯선 이였다.

우리의 동지애가 깊어지면서, 미국의 과학과 관리, 기업가적 정신에 깊은 감명을 받았다. 나는 많은 유럽 사람들이 당시 가지고 있던 원초적인 반미국정서를 떨쳐버렸다. 그리고 유럽은 미국에 대해 불평하는 것을 그만두고 배울 점은 배우며 함께 손잡아야 한다고 되뇌었다. 또 미국의 과학을 직접 경험하기 위해 미국에 가고 싶다고 마음먹었다. 나는 여생을 아프리카의 보건에 바칠 결심을 하고 있었다. 극심한 빈곤이

좀먹는 상황과 사람들이 노출돼 질병에 견딜 수 없는 고통을 받는 모습은 내 인생에 큰 흔적을 남겼다. 하지만 이 일을 가능하게 하려면 더 많은 수련과 지식, 기술이 필요했다.

12월 초, 델 콘(귀중한 보급 지원을 위해 킨샤사에서 함께 와준 평화봉사단 단원)에게 고열과 발진이 나타났다. 델은 킨샤사에서 이틀간 심한 설사를 앓았던 나보다 운이 나빴다. 플라스틱 격리실에 넣어진 채 마가레타 아이작슨과 요하네스버그로 날아갔다. 다행히도 출혈열은 아니었다. 그의 병명이 정확히 무엇이었는지는 모르겠지만, 마가레타의 감시 아래 플라스틱 텐트에 들어가 극도의 외로움와 공포를 느꼈을 것이다.

델이 떠난 지 시간이 조금 흐른 뒤, 스테판 패틴이 난데없이 우리를 방문했다. 이제 그와 동등한 관계를 맺을 수 있을 만큼 자신감이 넘쳤다.

12월 22일, 유행 지역에서 드디어 빠져나올 수 있었다. 후임으로는 두 달간 유행 이후 감시를 실시할 질병관리본부의 젊은 미국인 의사, 데이비드 헤이만이 왔다. 그에게 넘겨줄 시간이었다. 거의 크리스마스가 가까웠지만, 데이비드는 평소의 휴가를 즐기는 것도 포기할 준비를 했고, 별로 티가 나지 않는 유행 후 감시 업무를 맡을 준비도 되어 있었다. 이 업무는 기초 역학 조사를 지속하며 수녀들을 안정시키고 병원 업무를 지원하며 유행이 다시 일어나지 않도록 예방하는 일이었다. 그는 오는 길에 안경을 잃어버렸는데, 어느 방향으로도 수천 킬로미터 내에 안경사가 없었다. 나는 온 마음을 다해 행운을 빌어주었다(다른 초기 에볼라 연구진에게도 같은 마음이었다. 이후 몇 년이 흐르고 행보가 계속해서 겹치며 우정은 더욱 돈독해졌다. 최근 그가 제네바 세계보건기구의 사무차장보가 되었을 때도 그랬고, 지금은 런던 위생열대의학대학원에서 함께 일하고 있다).

우리를 데려가줄 비행기가 도착했을 때, 버팔로기 조종사도 도착했다. 범바 장군이 킨샤사에서 쓸 등나무 가구를 실어오라고 명령했기 때문이다. 몇몇 사람들이 뇌물을 주며 비행기에 태워달라고 하는 통에 실험 장비나 검체를 실을 자리가 없었다(격리조치는 끝났지만 마을을 오가는 배는 아직 없었다). 나는 욕하고 따져보았지만 결국 웃음거리가 된 채 속아 넘어갔다.

어쨌든 결국에는 우리가 비행기에 타야 한다는 사실을 인정해주었고, 랜드로버와 상자, 액체 질소통을 실을 수 있게 해주었다. 하지만 폭풍이 또 몰려오고 있었다. 이륙하자마자 과적에 균형도 맞지 않았던 탓에 동체가 요동치며 나무를 스쳤다. 나는 비행기가 바람을 비집고 올라가며 이륙하는 것을 느꼈다. 좌석벨트가 없었기 때문에 우리는 이리저리 날아다녔고, 몇몇은 무거운 상자가 떨어져 맞기도 했다. 적잖은 피와 고성이 오갔고, 속으로 이것으로 끝이라 생각했다.

하지만 이상하게도 나 자신에 대한 생각은 들지 않았다. 추가 분석이 필요한 소중한 혈청 검체들을 담고 있는 액체질소통과 상자들을 바라보았다. 젠장, 이렇게나 했는데 헛것이 되다니.

그 순간 비행기가 날아올라 폭풍을 벗어났고, 킨샤사로 돌아왔다.

크리스마스에 딱 맞춰 집에 돌아올 수 있었다. 처음의 열흘 계획과 달리 두 달이나 집을 비운 시간은 사람을 많이 바꿔놓았다. 가정에 적응하고 일상으로 되돌아 오는 데는 시간이 걸렸다. 말도 안 되게 많은 선택지를 늘어놓는 슈퍼마켓도 그랬다. 그리고 벨기에는 사실 꽤 잘 작동하고 있는 사회였다(사람들이 우리에게 정부는 필요 없다고 외치는 것을 들으면, 제대로 기능하는 정부나 법의 보호가 없는 곳에서 살아가고 일을 한다는 것이 어떤 것인지를 되새겨주곤 한다).

살아있다는 데 감사했다. 그리고 좋은 일이나 나쁜 일이나 삶에서는 언제든 일어날 수 있다는 사실도 배웠다. 하지만 무엇보다 내 안에는 모르던 내가 숨어 있었다. 에볼라는 이를 극적으로 드러내 보여주었다. 1960~70년대의 주류 의학계 의견과는 달리 세상은 인간과 동물을 괴롭히는 새로운 감염성 질환에 끝없이 시달릴 것이다. 첫 번째로 알려진 에볼라 출혈열은, 유행병을 막기 위한 긴밀한 국제 협력의 첫 번째 사례이기도 했다. 협력은 현장의 문제를 해결하기 위한 열정을 지닌 다양한 집단의 과학자들이 주도해 집단으로 활동하기로 한 비공식적인 임시조치였다(예를 들어 우리가 발견한 내용을 개인이 아니라 국제위원회의 이름으로 발표하기로 했다. 그래서 연구자들이 갈등을 겪곤 하는 원저자 문제를 비켜갔다). 에볼라는 세계 미디어의 주목을 받지 않은 마지막 주요 질병 유행이기도 했다. 1976년에는 CNN이나 인터넷 기반의 소셜미디어도 없었다. 우리가 가짜 유행을 조사한지 19년이 흐른 1995년, 키크위트에 에볼라가 덮쳤을 때 로리 가렛이 유려하게 보도한 것처럼, 현장에는 역학자나 의사만큼이나 많은 저널리스트들이 있었다. 키크위크에서 일하는 사람들에게는 은총이자 저주이기도 했지만, 우리가 새로운 병원체에게 끊임없이 위협을 받고 있다는 사실을 세계에 일깨워 주었다. 이후로 약 20건의 에볼라 감염이 있었다. 대부분은 아프리카의 병원을 중심으로 발생했고, 높은 사망률을 보였다. 일반적으로 병원의 기본 위생이 제대로 지켜지지 않을 때 병원 내 감염이 일어났다. 그리고 에볼라는 빈곤하고 소외된 보건 체계의 질병이었다. 얌부쿠의 영웅적이고 선한 의도로 가득한 수녀들이 좋은 일을 하는 것으로는 충분치 않고 기술적 역량과 합리적인 증거 없이는 오히려 위험할 수 있다는 점도 극적으로 보여주었다. 건강, 경제, 사회 발전은 분명 서로 연관되어 있다.

마지막으로 35년 뒤, 점점 당시 내 상사가 맞았다는 생각이 든다. 과일박쥐가 에볼라 바이러스가 인간이나 유인원을 감염시키는 유행의 중간마다 숨어 있는 보유숙주일 가능성이 높다. 2008년 돌아가신 패턴의 말을 내가 잘 새겨듣기만 했더라도.

PART 2

NO TIME TO LOSE

CHAPTER

7

에볼라에서 섹스까지: 질병의 전파

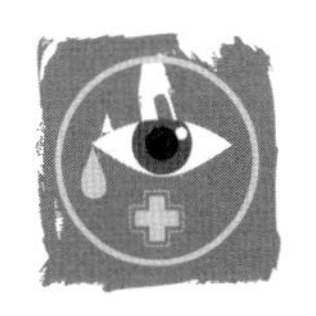

유럽으로 돌아왔을 때 귀도와 나는 성심의 성모의 딸 수녀회의 예배에 참석해 수녀들에게 근황을 이야기해 주기로 했다. 그리븐위젤은 앤트워프 북쪽의 작은 마을이었다. 거대한 수녀원은 놀라운 장소인 동시에 딱딱하고 엄격한 분위기였다. 다른 시대에 온 기분이 들었다. 우리는 1월의 눈이 금방이라도 쏟아질 듯한 어둑한 오후에 수녀원에 도착했다. 우리가 커다란 벨을 울리자 수녀회의 거대한 문이 천천히 열렸다. 수녀는 엄청나게 추운 복도들로 우리를 안내해 대기실에 데려다 주었다. 마침내 수녀원장과 한데 모인 수녀들 앞에서 이야기를 할 수 있게 되었다.

순간 촛불들이 켜져 있을 것으로 생각했다. 다시 한번 중앙아프리카의 작은 마을로 이 수녀들을 이끌었던 역사의 궤적을 생각하며 놀라움을 금치 못했다. 네 명의 수녀가 어떻게 죽었는지를 이야기할 때는 바늘이 떨어지는 소리도 들을 수 있을 정도였고, 우리가 답할 수 없는 수

많은 질문들이 던져졌다. 병원을 재단장하는 데 필요한 자금을 모으는 방법에 대해 논의했고, 얌부쿠로 갈 의사를 모집하는 데도 큰 관심을 보였다. 발표가 끝나고 나서도 수녀회가 유행에서 가지는 밀접한 책임이 분명히 전달되었는지 헷갈렸다. 그들은 계속해서 감사의 인사를 전했고, 우리를 위해 기도하며 얌부쿠를 위해 기금을 모으겠다고 말했다.

솔직히 결국 제대로 임무를 수행하지 못했다는 기분이 들었다. 귀도는 그들의 죄책감을 강조해서는 안 된다고 강변했다. 그는 수녀들의 용기와 호의, 헌신을 보았고 그들을 그런 면에서 사랑했다. 하지만 나는 중요한 교훈을 얻을 수 있다고 생각했다. 호의만으로는 부족하다. 당신은 유능해야 하고, 당신이 무엇을 하고 있는지 정확히 알고 있어야 한다. 그렇지 않다면 도움보다는 해가 될 가능성이 높다. 공정하게 말하자면, 수녀들은 자금도 매우 부족했고, 수련도 심하게 부족했다. 또 얌부쿠 병원에 있는 의사들에게 임금도 전혀 지불하지 못했던 것이 사실이다. 그래서 정부 기금을 통해 선교단 내 의사들에게 임금을 지불할 수 있도록 돕겠다고 약속했었다. 하지만 아프리카의 얼마나 많은 선교병원들이 얌부쿠처럼 장비 없이 열악하게 운영되고 있을지에 생각이 미쳤다. 의사 한 명이 대체 뭘 얼마나 바꿀 수 있는지도.

자이르로의 여행 경험 전체를 냉정하게 다시 바라보게 되었다. 어쩌면 전후 우울증의 일종일지도 몰랐다. 전체 임무 동안 우리가 얼마나 무책임했는지를 생각해보았다. '극히 위험'한 유행 지역으로 떠나면서 보험 하나 없었고, 기관에서도 직원들에게 보험을 들어주지 않았다. 후송 계획도 없었다. 미국인들은 후송 계획이 있었기 때문에 우리는 그저 그들이 도와줄지 모른다는 확률에 기대고 있었다. 이 때문에 나는 위험할 정도로 겁이 나고 화가 나있었다.

또 패틴이 의도치 않게 내 공을 빼앗으려 해 화났다. 나는 직접 에볼라를 본, 채 열 명도 안 되는 의사 중 하나였다. 바이러스를 분리하는 데도 참여했다. 어느 날 오후 그의 사무실에 들어섰을 때 책상 위에 올려져 있는 논문 초고를 보았다. 논문은 바이러스의 발견에 대해 보고하는 내용이었다. 귀도나 내 이름은 빠져 있었다.

1970년대까지 유럽에서 흔히 과학이 작동하는 방식이었다. 젊은이들이 일을 하고 윗사람이 공을 가로챈다. 패틴은 특별히 이상한 일을 하는 게 아니었지만, 나를 진짜로 화나게 했다. 논문을 쥐고 패틴을 찾아 나섰다. 그리고 침착하게 그에게 말했다. "나는 이 논문의 저자이고, 귀도도 저자에 이름을 올릴 겁니다!" 패틴이 해명하려 했다. 잠깐 멍해 있다가 초고일 뿐이었다고 웅얼거렸다. 결국 내가 보는 앞에서 우리 이름을 바로 적어 넣었다.

마치 작은 승리처럼 느껴졌다. 실험실 업무는 일상적이었다. 하지만 편안함과 호의, 안정감에도 불구하고 내 삶은 에볼라가 보여준 극적인 장면들과 비교하며 못 박혀 있었다. 런던 열대의학대학원에서 1977년 1월 세계보건기구가 국제위원회를 소집했을 때 다른 동료들도 그렇게 느끼고 있었다. 모임에서는 수단과 자이르팀 사이에 거의 경멸에 가까운 긴장감과 논쟁이 오가고 있었다. 주제를 생각해보면 지나치게 감정적이었다. 이 모임은 내가 처음으로 참석한 공식 국제회의였고, 발표자들이 연단에서 공식적으로 모두에게 감사하다고 입에 발린 말을 하기는 했지만 분명한 긴장감이 있었다. 각 팀은 서로 조악한 통계를 비판하고 있었다. 수단에서는 에볼라 감염자의 50퍼센트 정도만이 사망했지만, 자이르에서는 훨씬 높은 80퍼센트에 달했다. 나중에야 두 가지 종류의 바이러스가 있다는 것이 밝혀졌다. 믿을 수 없었지만, 지금까지 전혀 알려지지 않았던 바이러스에 의해 반경 800킬로미터 내에서 두 개의 전혀 관계없는 유행이 동시에 발생했던 것이다. 여기서 또 하나의 교훈이 있다. 전혀 일어날 법 하지 않아 터무니없어 보이는 일도 일어날 수 있다.

런던대학원은 대영박물관 근처에 자리하고 있었다. 벽에는 저명한 열대의학의 거장들의 이름을 두르고, 거의 도시 한 구역을 차지하고 있었다. 대영제국의 힘을 과시하고 있는 느낌이었다. 그때까지만 해도 내가 이렇게 위엄 있는 학교의 학장이 될 것이라고는 꿈도 꾸지 못했다. 말을 꺼내기에는 자신감이 너무 없었기 때문에 동료들이 세계보건기구의 여러 권고사항에 동의하는 것을 듣고만 있었다. 주요 안건은 새로운 출혈열의 발생에 대해 빠른 시간 내에 확인할 수 있는 구조를 개발하고 빠르게 대응할 수 있어야 한다는 것이었다. 추정 환자가 발생하면 세계보건기구에 의무적으로 보고하고, 재난 혹은 유행병 기금을 만들며, 초기 파견팀에 참여할 수 있는 경력자들의 명단을 계속해서 업데이트 한다는 내용이었다. 우리는 파견을 조직할 수 있는 사람을 훈련시켜야 하며, 감시와 역학 조사, 실험실 지원, 보급, 통신 및 대중 정보전달을 담당할 자세한 시행계획이 필요하며, 감별진단을 위해 필요한 시료들은 무엇이며 어디에 보내야 할지를 정하고, 가져가야 할 보급품의 자세한 목록이 필요하다고 제안했다. 결과적으로 아무 것도 적용되지 않았다.

몇 주가 지나 2월이 되었을 무렵, 패틴은 전화 한 통을 받았다. 얌부쿠에서 에볼라 유행이 다시 나타났을지 모르며 이미 빠르게 전파되고 있다는 내용이었다. 어쩌면 벨기에까지 퍼졌을지도 몰랐다. 며칠전 얌부쿠 병원에 있던 환자(작은 가게를 운영하던 농부였다)가 에볼라 증상을 보이며 사망했다. 수녀가 에볼라 증상임을 확인해주었다. 수녀들은 공포에 빠졌다. 몇 주간의 격리기간을 견디며 수많은 죽음들을 기다리는 대신 한달음에 킨샤사로 달려가 벨기에로 돌아오는 비행기에 몸을 실었다. 그들은 수녀원에 머물며 공포에 빠져 있었다.

패틴과 내가 그리븐위젤로 갔다. 수녀들이 울음을 터뜨렸다. 그들은 비행기에 몸을 싣는 순간 자신들의 책무를 저버린 셈이 되었다는 사실을 알고 있었다. 그리고 동시에 다른 사람들을 위험에 빠트릴지도 몰랐다(이들은 외상 후 스트레스 증후군을 겪고 있는 듯 보였다. 그들이 겪어야 했던 일을 생각해보면 놀랍지도 않았다).

패틴이 나를 바라보았다. 패틴은 내가 얌부쿠로 돌아가기를 원했다. '우리'가 미국인들 없이 일을 진행해야 한다고 말했다. '우리'가 거기 들어가 에볼라의 자연숙주를 찾아낼 차례였다.

나는 장 루폴, 그리고 키노스 클리닉에서 인턴으로 있던 웨얄로와 함께 지역으로 날아갔다. 웨얄로는 용감하고 훌륭한 동료였다. 우리는 모부투 대통령의 모친의 출생지인 그바도리트에 내렸다. 모부투는 여기서 세 개의 성(말 그대로 베르사이유를 재현하는)을 세우는 일을 진행했다. 여기서 그와 아내(놀랍게도 이름이 마리-앙투와네트였다)는 그들이 즐기던 빈티지 핑크 샴페인을 홀짝였다.

위에서 내려다보면 인공 호수와 이탈리아 대리석으로 정교하게 만들어진 곡선 난간들은 그저 터무니없어 보였다. 자원을 훔쳐 모부투가 만든 과대망상의 상징인 디즈니랜드는 그가 국민들의 고통에 얼마나 관심이 없었는지를 보여주었다. 인터콘티넨탈 제트기가 들어찬 공항은 거대했지만 텅 비어 있었다. 공항에서 나오면 유럽 튤립으로 장식된 사차선 고속도로가 모부투 정권의 고위 관료들을 위해 건설 중인 마을들로 이어졌다. 관료들은 건국대통령의 가까이에 있기 위해 안간힘을 쓰고 있었다. 제국주의도 이 혐오스러운 정권과 크게 다르지 않았으리라.

얌부쿠로 차를 몰았다. 지역 전체가 공포에 빠져 있었다. 선교병원은 텅 비어 있었지만, 에볼라에서 살아남은 간호사인 수카토만 자리를 지키고 있었다. 우리는 2월 7일부터 20일까지 2주간 머물며 정확히 어떤 일이 벌어졌는지를 확인하고자 했다. 우리가 방문한 지역 모두가 질병이 유행하고 있는 것이 아니라 루머가 유행하고 있는 듯 했다. 수녀들은 주사에 소독된 바늘을 사용하고 있었지만, 우리는 가능한 모든 주사바늘 접촉 사례를 추적했다. 감염된 사람은 아무도 없었다. 모든 마을들에서 사람들은 한결같이 "여기 죽은 사람은 없소"라고 말했다. 그들은 여기에 대해서만큼은 확실했다. "그런데 어느어느 마을에서는 열병이 났다고 들었소." 그래서 어느어느 마을에 가보면 아무 일도 없었다.

아무 일도 일어나지 않은 것을 추적하는 것은 어떤 일을 추적하는 것보다 훨씬 힘들었다. 우리는 어떤 일이 벌어지지 않았음을 증명해야 했다. 우리는 격리조치로 인한 경제적 타격을 피하기 위해 병을 숨기고 있는 게 아닐까 의심하기도 했지만, 그러기 위해서는 너무나 많은 노력이 필요하리라는 데 동의했다. 다른 증거들도 있었다. 나는 삭발한 여성들도 보지 못했고, 이는 죽은 사람이 없다는 의미라는 것도 알았다. 그저 의사 몇 명을 속이기 위해 사람들이 관습을 저버리는 정도까지 가지는 않았으리라. 동시에 진료를 하고 응급 수술 몇 건을 진행했다. 병원에는 여전히 의사가 없었다.

마지막에는 웨얄도와 내가 지역 전체를 격리할 것인지 정해야 했다. 그럴 필요가 없다는 데 동의했다. 직장 출혈로 사망한 남성이 한 명 있었다. 아마 직장암일 가능성이 높았다. 하지만 불과 몇 달 지나지 않은 치명적인 유행병의 기억이 동네를 공포와 긴장감으로 끓어 넘치게 만들었고, 이런 사건 하나가 무의미한 공포를 새로이 불러일으키는 데는 충분한 불씨가 되었다.

당시에는 괜찮은 도시였던 앤트워프로 되돌아왔고, 돌아온 지 몇 주 뒤 4월에 아들 브람이 태어났다. 이미 충분히 예측하고 있던 사건이 세상을 보는 관점을 얼마나 바꿔 놓을 수 있는지에 내 자신이 더 놀랐다. 그전까지는 완전히 독립적으로 살고 있었다. 이제 누군가 내게 의지하고 있었고, 제멋대로 무사태평하던 태도는 버려야 했다. 책임감을 느꼈고, 나의, 그리고 우리의 미래가 걱정도 되었다. 얌부쿠에서의 긴긴 밤 동안 조엘 브레만과 미래의 계획에 대해 이야기하곤 했다. 나는 미국에서 수련을 더 하고 싶었다. 얌부쿠에서 미국의 의과학이 얼마나 멀리 가있는지 뼈저리게 느꼈다. 특히 여러 분야가 힘을 합쳐 문제를 해결하는 모습에 깊이 감명받았고, 연구 진행의 단계마다 매우 비판적인 태도로 진행하는 것도 좋았다. 벨기에에는 학문적으로 경지에 도달하고 싶다면 BTA 학위가 필요하다는 농담이 있었다. BTA는 '미국에 다녀왔다Been to America'의 줄임말이었다.

조엘은 미국 질병관리본부의 유명한 현장 역학 조사 프로그램인 역학조사전문과정에 넣어주겠다고 이야기했다. 당시 이 프로그램에는 외국인이 거의 없었다. 하지만 돈까지 대줄 수는 없다는 사실을 알고 있었다. 자금은 직접 구해야 했다. 패틴은 임상 미생물학 전문의 과정을 빨리 끝내라고 재촉하고 있었다. 그래서 여기저기 장학금 신청을 넣는 동안 연구소에서 계속 일하게 되었다.

그런데 그 해 봄에 새로운 모험이 모습을 드러냈다. 앤트워프 대학의 역학교수인 앙드레 메휴스가 내게 연락해 왔다. 그는 스와질란드의 세계보건기구 임무에 같이 갈 사람이 필요했는데, 실험실을 알고 있는 있는 사람이어야 했다. 겐트에 의대생으로 있을 때부터 메휴스를 알고 있었다. 그가 있던 사회의학교실에서 인턴으로 일하고 있었기 때문이다. 느긋하고 호감 가는 사람으로 연줄이 많았다. 그리고 수완 좋게도 세계보건기구를 설득해 5주간 남부 아프리카로의 임무에 필요한 재정을 지원받아 스와질란드에서 성매개질환을 퇴치하는 일을 하게 되었다.

이런 터무니없는 주장을 들었을 때는 사례가 들렸다. 앙드레는 이런 일이 일상적이라고 했다. 세계보건기구는 현실성 없지만 듣기 좋은 말들을 만들어냈고, 자금을 얻으려면 이들을 완수하겠다는 약속을 해야 했다. 하지만 누군가 약속한 불가능한 결과물을 완수했는지 확인하는 사람은 아무도 없었다. 그리고 조금이라도 일한 흔적이 있고 투자한 결과물이 있다면 모두가 행복했다(하지만 오늘날 이 부분에 대한 세계보건기구의 태도는 많이 바뀌었다).

6월의 스와질란드는 추웠다. 남반구는 겨울이었다. 자이르와는 많이 다른 나라였다. 자이르처럼(사방이 야생과 녹음으로 넘쳐나는) 활기 넘치는 분위기나 사람들의 움직임, 옷차림, 말투에서 드러나는 총천연색 인간군상은 없었다. 자이르는 심각한 빈곤에 허덕였지만, 사람들은 화려하고 우아했으며 현란한 머리모양, 그리고 말할 때면 활기찬 몸짓이 있었다. 스와질란드 사람들 역시 빈곤했지만 대부분 칙칙한 스웨터를 입고 있었다.

사람들은 훨씬 완고했는데, 내가 보기에는 인종차별정책의 그림자가 가져온 슬픔에 기반한 듯 했다. 사람들, 특히 남자들은 어딘가 부서

진 듯 보였다. 심지어 60세가 넘은 남성도 아랫사람 대하듯 불리곤 했다. 이상하고 비참한데다 추했다. 하지만 시간이 흐르자 이곳 사람들도 중앙아프리카 사람들 만큼이나 따뜻한 사람들임을 깨달았다. 방식이 다를 뿐이었다. 스와질란드는 절대왕정제 국가였다. 남아공 경찰들은 어디에나 있고, 모든 것을 감시한다고 알려져 있었기 때문에 아프리카 민족회의 활동가들도 이 나라를 기반으로 활동하기가 어려웠다. 하지만 호텔에서 내가 만난 대부분의 백인들은 딱 두 가지 때문에 여기에 와있는 듯 했다. 성매매와 도박이었다.

당시 나는 성매개질환에 대해 아는 것이 거의 없었다. 하지만 앙드레와 내가 클리닉에 방문해 다양한 성매개질환의 현황과 치료 가이드라인의 점검(대부분은 효과가 없었다)을 통해 스와질랜드의 성매개질환 문제가 엄청나다는 분명한 결론에 이르렀다. 얌부쿠나 킨샤사의 마마예모 병원에서 병원 기록을 살펴보았을 때 자이르에도 성매개질환 문제가 있다는 것을 알아차렸다. 연성하감이나 난관염, 요도염, 임질 등은 벨기에서 보던 것보다 훨씬 자주 등장했다. 하지만 스와질랜드에서는 문제가 상상을 초월했다.

물론 임상검사도 진행했다. 그리고 우리가 마주한 성매개질환의 합병증과 병발 사례들은 혼을 빼놓을 정도였다. 어떤 클리닉이든지 생식기 질환의 박물관이나 성매개질환의 전시실 같았다. 환자들은 누구나 심하게 가난했다. 치마를 입고 있는 남성이 들어오면 성기에서 바닥으로 뭔가 흘러내리는 모습을 볼 수 있었다. 치마를 걷어 올려 거대한 연성하감을 보며 내가 물었다. "마지막으로 성관계를 하신 게 언제입니까?" 그러면 그는 "오늘 아침에요"라고 답했다.

깜짝 놀랐다. 나라면 너무 아파서 바지를 입을 수도 없을 것 같았기 때문이었다. 의사로서도 정말 당황했는데, 이런 상황이라면 질병이 빠르게 널리 퍼져나갈 것이었다. 마지막으로 솔직히 인간적으로 충격 받았다. 많은 경우 성관계 파트너는 훨씬 어린 여성인 경우가 많았고, 남성들은 이 질환이 굉장히 감염성이 높다는 사실을 모르지는 않았을 터였다. 그런데도 성관계를 가졌다는 것은 끔찍한 일이었다. 그래서 이 부분에 있어서는 비판적일 수밖에 없었고, 특히 스와질랜드 왕에 대해 그러했다. 당시 그는 79세였지만, 거의 매년 새로운 처녀와 결혼하고 있었다.

스와질랜드에 도착했을 때부터 성매매가 성행하고 있었다. 호텔에 도착한 첫날, 접수처에서 남자가 방열쇠를 건내 주었고, 방에 들어가자 여성이 기다리고 있었다. 다시 내려가 "내 방을 주셔야죠. 방에 여자 한 분이 앉아계시는데요"라고 말했다.

접수처 직원은 약간 어리둥절한 눈으로 쳐다보다 말했다. "오? 소년을 원하시나 보죠?"

그것이 추측 가능한 유일한 대안이었던 모양이다. 처음에는 이런 상황들이 이 호텔에서만 벌어지는 일이라고 생각했다. 아직 도시에 만연한 성매매의 규모에 대해 정확히 모르고 있었다.

앙드레와 나는 스와질랜드에서 성매개질환을 몰아낼 수 있다는 희망은 버린 지 오래였다. 하지만 분명 우리가 도울 수 있는 것이 있었다. 몇 달 뒤 우리는 스와질란드 간호사들을 훈련시키는 수업을 개설했고, 이후 나 혼자 돌아와 사업을 관리했다. 동시에 실험실 검사 없이 성매개질환을 확인할 수 있는 간단한 방법들과 치료 알고리즘이라 부를 만한 것들을 개발했다. 말하자면 간단한 플로우차트였다. 질문과 선택지가 있는 흐름도였다. 성기에 빨간 발진이 돋아 있다? 빨갛게 상처가 드러나 있다? 상처에서 고름이 나온다? 그렇다면 항생제 XYZ를 이용하시오. 나는 이 플로우차트를 그냥 편지 봉투 뒤에 끄적여 두었는데, 나중에 매우 유용하게 쓰였다. 세계보건기구에서 몇 년 뒤 배포해 오늘날까지 전 세계에서 쓰이고 있다. 아프리카의 클리닉 벽면에 붙어 있는 이런 그림들을 지금도 볼 수 있다.

앤트워프로 되돌아왔을 때 주 벨기에 자이르 대사, 켄고 와 동고에게서 온 편지를 받았다. "대통령과 건국자들은 당신에게 레오파드 훈장을 수여한다"고 알렸다. 모부투에게서 어떤 훈장도 받고 싶지 않았지만, 공손히 거절할 만한 방법이 생각나지 않았다. 그래서 대사관에 전화를 걸어 날짜를 잡았다. 방문일에 밝은 초록색 리본에 달린 별 모양의 훈장을 받았는데, 위에는 평화, 노동, 정의라는 표어가 새겨져 있었다. 그렇겠지. 정의.

대사는 곧 모부투가 직접 서명한 특별 서한을 받게 될 것이라 설명해 주었다(그나저나 모부투의 서명은 그냥 펜으로 찍 그은 선에 불과했다. 곡선이나 글자도 아닌 그냥 선이었다. 막대한 권력을 가진 사람은 그런 식으로 사인하는가보다 생각했다).

당시 벨기에 운전면허증을 닮은 밝은 초록색의 엽서에는 자이르에서 절대적인 면책권과 특권을 보장해준다는 내용이 적혀 있었다. 어떠한 위험에서도 안전과 보호를 보장받을 수 있다고 했다.

나는 서한을 받지 않기로 결심했다. 모부투 정권에서 어떤 특혜도 받고 싶지 않았다. 자이르는 벌써 두 번이나 사유화 되었고(처음에는 벨기에의 레오폴드 2세가, 그리고 이제는 모부투가) 그 부패에 어떤 역할도 하고 싶지 않았다.

몇 달 뒤 나는 모부투를 직접 만났다. 프랑스 인도주의 활동가인 베르나르 쿠시네의 말을 빌리자면 '표범 가죽 모자를 걸친 은행 금고'였다. 모부투는 해석에 따라 '다른 닭들의 깃털을 모조리 뽑아 놓는 장닭'이나 '절대적인 힘의 전사로 그의 가는 정복지마다 불길만을 남겨놓는'이라는 의미의 이름으로 개명한 상태였다. 모부투는 벨기에에 국빈 방문 중이었고, 나라를 구해준 데 감사하기 위해 우리를 만나러 앤트워프에 들렀다. 그는 유명한 표범가죽 모자를 걸치고 있었고, 독수리 머리 모양으로 깎아 놓은 마법의 지팡이를 들고 있었다. 나는 그의 피 묻은 손과 악수했다. 그는 매력적인 사람이었는데, 내가 유엔에이즈계획 대표로 있으면서 만난 수많은 독재자들도 그랬다.

이즈음 나는 박사 연구 주제로 성매개질환을 선택했다. 어떤 면에서는 논리적인 선택이었다. 에볼라 같은 출혈열? 너무 위험했고 우리 실험실에서 진행하기에는 예산이 너무 많이 들었다. 설사병? 물론 유용한 연구일 테지만 브뤼셀에서 활발하게 현장 연구를 하고 있는 연구진이 있었다. 말라리아? 너무 복잡한 문제였다. 내가 면역학을 완전히 이해할 수 있을지도 의문이었다. 하지만 스와질랜드에서 보았던 것 같은 성매개질환은 내가 진짜 사람들을 도울 수 있는 분야였다. 헤르페스를 제외하면 완치할 수 있는 질병이었고, 의사에게도 매우 만족스러운 일이었다.

만약 당신이 정신과나 노인의학 전문의라면, 만성적이고 복잡한 문제들을 마주하게 된다. 좌절스러울 때도 있다. 감염성 질환, 그리고 성매개질환은 명망 있는 분야는 아니었다. 사실 의학계의 사다리에서는 바닥에 위치한 분야였다. 하지만 여기에 끌렸다. 해결책이 있는 문제들이었기 때문이다. 의사로서 나의 영향력은 강력하고 신속하게 작용할 수 있었다. 또한 모자보건에도 필수적이며 이 분야에 도움이 필요한 많은 여성에게 꼭 필요한 일이었다. (다른 많은 분야들도 그렇지만) 너무 오랫동안 명백히 무시되고 있던 분야였다. 또한 클라미디아가 생식기 감염의 원인 중 하나로 막 밝혀진 참이었다. 클라미디아는 세포 내 세균은 진단하기가 어려웠지만 생식능력에 치명적인 영향을 미쳤다. 미생물학 관점에서의 클라미디아에 큰 매력을 느꼈다. 성매개질환을 선택한 것이 경력에 있어 그렇게 현명한 짓은 아니었지만, 과학적 호기심과 인류의 필요의 측면에서 보면 충분히 합리적인 선택이었다.

성매개질환에 새로이 관심을 가지게 되면서 패틴의 실험실과 별개로 많은 환자들을 보게 되었다. 일하던 클리닉은 실험실이 있던 열대의학원의 화려하고 고풍스러운 건물에 같이 있었다. 그리고 (아무도 사용하지 않는) 정식 명칭은 '식민지 주재원과 선원들을 위한 클리닉'이었다. 클리닉은 성매개질환 치료로 유명했는데, 앤트워프에서 성매개질환은 열대병의 일종으로 여겼기 때문이다. 커다란 항구가 있어 선원들이 많았고, 외국에서 성병에 걸려오는 경우가 많았다. 연구를 위해 일주일에 두 번씩 오후에 진료를 보기로 했다.

일은 재미있었다. 성매개질환만을 다루는 것이 아니었다. 백신 접종 상담이나 한센병과 말라리아 등의 질병도 보았다. 나중에 나에게 환자가 몰리기 시작했는데, 다른 의사들에게서 살짝씩 느끼는 못마땅해 하는 태도가 내게는 없다는 소문이 퍼졌기 때문이다. 또 1970년대 후반부터 앤트워프에서는 성매개질환이 증가하기 시작했다. 특히 이제 막 공개적으로 나오고 있던 동성애자 집단에서 두드러졌다. 그리고 누군가는 위험한 생활방식이라 생각할 만한 삶을 살고 있었다.

많은 의사들이 성매개질환을 다루는 것을 민망한 일이라 생각한다는 사실을 알고 있었다. 지저분하고 하층의 업무로 여겼다. 하지만 나는 그렇게 느끼지 않았다. 성매개질환을 다룰 때는 입이 무거워야 한다(환자와의 어떤 관계든 그렇지만). 신뢰할 수 있고 전문적이며 비판적이지 않은 접근이 필요했다. 이것들이 진짜 필요한 태도였다.

이상적으로는 개발도상국에서 내 경력과 삶을 보내고 싶었다. 아직도 길을 찾고 있었다. 하지만 이제 내가 하는 일은 말 그대로 허리하학적인 일이 되었다. 앤트워프 클리닉에서 환자들의 검체를 채취하고 실험실에서 확인하려 노력했다. 그 과정에서 새로운 페니실린 저항성 임균을 분리할 수 있었다. 코트디부아르에서 잠시 휴가를 보내며 성관계를 맺었던 선원의 요도 내 고름에서 채취한 검체였다. 당시까지 임균의 페니실린 저항성은 세균 유전체에 돌연변이가 생긴 탓이라 생각했다. 즉 저항성이 쌓여가면서 더 많은 페니실린을 써야 하지만, 적정량을 투여하면 세균을 물리칠 수 있다는 의미였다. 새로운 저항성은 페니실린 용량을 올려도 소용이 없었다. 세균 균주가 말 그대로 페니실린을 파괴할 수 있는 효소를 생산했기 때문이다. 더 심각한 문제는 이 효소를 만드는 유전정보가 플라스미드(세균 유전체 밖에 위치한 DNA)를 통해 전달되었다는 점이었다. 플라스미드는 다른 종의 세균으로 옮겨질 수도 있었고, 심각한 보건문제를 유발할 수 있었다.

이런 종류의 임균이 처음 발견된 것은 필리핀에 주둔 중인 미국 군인과 해병들이었다. 가나의 남성에서도 분리되었다. 내가 발견한 균주는 아프리카에서는 두 번째였다. 발견 내용을 1977년 발표했다. 《란셋》지에 보낸 짧은 투고에 불과했지만, 벨기에의 젊은 연구자에게는 큰 의미가 있었다. 이듬해 시애틀에 위치한 워싱턴 대학의 스탠리 팔카우의 실험실에서 일하며 플라스미드의 특성과 저항성 기전을 밝혀냈다.

이 모든 일들이 임질에 대한 흥미를 자극했다. 가능한 많은 것들을 익히려 했다. 하지만 의학 문헌들을 보면 암흑시대를 보는 듯 했다. 클라미디아도 마찬가지였다. 심도 깊은 연구가 필요하다고 외쳐대는 광대한 분야가 있었는데, 당시까지 성매개질환에 과학적 연구 방식을 적용하고 있는 사람은 워싱턴 대학의 킹 홈즈 박사라는 사람뿐인 듯 보였다. 그는 베트남의 해군을 대상으로 연구를 진행하며 임질에 걸릴 위험성을 예측했다. 그는 저항성 균주를 연구하며 새로운 원인들을 찾아냈다. 그리고 클라미디아와 골반염도 연구하기 시작했다.

이 사례들은 얌부쿠 선교병원에서 자주 보아왔기 때문에 내 관심을 끌었다. 홈즈는 골반염에 대한 매우 기초적인 조사를 진행하고 있었다. 원인이 무엇이며, 어떤 미생물이 연관되어있는지 등이었다. 상식적으로 생각했을 때 주변 환경에서 유입된 세균이 일으킬 것 같았다. 간단히 말해 화장실에 앉았다 무언가에 걸린다는 시나리오였다. 하지만 홈즈와 연구팀은 거의 항상 성매개질환과 연계되어 있음을 증명했다. 사회적으로 쉽게 받아들일 수 있는 설명은 아니었지만, 올바른 치료법을 가르쳐줄 수 있게 되었다.

로테르담에서 열린 컨퍼런스를 통해 킹 홈즈를 처음으로 만날 수 있었다. 나는 국제 성매개질환 연구 학회의 첫 회 모임을 같이 조직하게 되었다. 학회는 젊은 '이단아'들이 성매개질환의 과학연구를 바꾸어보자는 취지에서 만들어졌다. 내 기억에 발표는 비임균요도염의 원인들에 대한 내용이었다. 클라미디아나 헤르페스, 혹은 유레아플라즈마 ***Ureaplasma urealyticum*** 등의 이야기였다. 그리고 킹이 열정적이고 카리스마 넘치며 심지어 재미있기까지 한 강연자라는 사실을 깨달았다. 전화번호부도 재미있게 읽을 수 있을 것 같은 사람이었다. 발표가 끝나고 나서 그와 이야기를 나누기 위해 다가갔다.

내가 무엇을 기대했는지는 모르겠지만, 킹 홈즈가 내가 무슨 일을 하는지 물어보고 대답까지 들을 시간을 내주리라 생각지는 못했었다. 미국 학계에는 전혀 다른 분위기가 있고, 개방적이고 수평적인 관계가 형성되어 있다는 사실을 잘 몰랐다. 킹은 훌륭한 학자였고 감염학에 대해서는 전문성을 뛰어 넘는 광대한 호기심이 있었다. 무엇보다 젊은 연구자들의 최선을 이끌어 낼 수 있는 최고의 스승이었다. 우리의 짧은 만남 이후, 킹도 내 스승이 되었다.

몇 달 뒤, 1978년 초에 각각 나토와 벨기에 과학재단으로부터 미국에 갈 수 있는 장학금을 받았다. 내 계획은 일단 조엘과 의논한 대로 질병관리본부의 역학조사전문과정에 들어가는 것이었다. 당시 이 프로그램은 전 세계에서 유일한 것으로 1950년대 역학자 부대를 양성하고 유행병을 조사하기 위해 만들어졌다. 또한 알려진, 혹은 알려지지 않은 유행병의 원인을 어떻게 조사하고 접근할 수 있을지에 대한 체계적인 구조를 갖추고 있었다.

킹 홈즈에게도 편지를 써 장학금을 받았으며, 질병관리본부 프로그램에 참가해 몇 달간 특수 병원체 실험실에서 일할 계획이라 전해주었다. 나는 홈즈에게 이후 시애틀에 있는 그의 실험실에 들어갈 수 있겠느냐 물었다. 홈즈는 언제든지 오라고 답해주었다. 일이 착착 진행되고 있다는 기분이 들었다. 딱히 정해진 것은 없었지만, 나는 이제 성인이었고, 잘 처신하고 있었다.

CHAPTER

8

미국으로, 그리고 다시 앤트워프로

1978년 6월, 애틀랜타에 도착했다. 얌부쿠 팀의 수장이었고 미국 질병관리본부의 특수병원체 팀을 이끌고 있는 칼 존슨이 오래된 폭스바겐 스테이션 왜건을 끌고 공항으로 마중을 나왔다. 미국 질병관리본부의 역학자이자 천연두 전문가인 스텐 포스터의 집에 데려다 놓았다. 몇 주 후 애틀랜타 동부의 작은 마을 스넬빌의 칼의 집으로 가기 전까지 그곳에 머물렀다.

미국이 처음이었던 나는 자이르에서 느꼈던 것에 비할 정도의 문화 충격을 겪었다. 어쩌면 미국은 유럽과 비슷할 것이라 생각했기에 충격이 더했을지 모른다. 스넬빌의 가정들은 늘 에어컨을 최저온도로 가동했다. 문과 창문이 활짝 열려 있을 때도 예외는 아니었다. 어디를 가더라도 신용카드가 필요했다. 때는 바야흐로 1978년이었고 고국 벨기에에서는 신용카드를 찾아보기 힘든 시절이었기에 나는 신용카드를 써 본 적이 없었다. 어딜 가나 총이 보였고, 중형차들이 굴러다녔다. 선입견이 차곡차곡 쌓여갔다. 조지아 주의 사람들은 만난 지 얼마 지나지도 않아 곧바로 "피터!"라며 친근하게 이름을 불렀다. 애틀랜타에는 흑인들이 많이 살고 있었지만, 아프리카에서 만났던 흑인 친구들과는 좀 다른 느낌이었다. 한편, 미국 질병관리본부 내에는 백인들만 가득했고, 흑인 친구들은 찾아보려야 찾아볼 수가 없었다.

미국 질병관리본부에서 수업 과제로 애틀랜타 주민들의 피임 행태에 대한 설문조사를 했다. 하버드 출신의 수의사인 한 흑인 미국인과 짝을 이루었는데, 약간 긴장한 듯 보였다. 나는 그에게 탐험가 파트너가 있으니 안심해도 좋다는 사실을 알려 주기 위해 "괜찮습니다. 난 자이르에도 다녀왔어요"라고 말해 주었다. 불에 타 허물어진 건물들이 꼭 베이루트를 떠오르게 하던 동네 사이를 운전해 돌아다니며 가가호호 방문했다. 나의 영어 발음을 거의 알아듣지 못하던 사람들에게 질문을 던졌고, 돌아오는 대답을 알아듣지 못하기는 나도 마찬가지였다. 주로 낮에 설문을 했기에 현관문에서 우리를 맞이하는 사람들의 대다수가 홀로 사는 여성들이었다. 보통 매우 친절히 맞아 주었다. 아, 벨트에 콜트 자동 권총을 달고 우리를 맞이한 남자도 한 명 있긴 했던 것 같다. 이제 설문 결과는 잘 기억나지 않지만, 그때 미국 질병관리본부에서 매우 흥미로운 인물들을 여럿 만났다. 가장 인상적인 인물은 마흔 두 살의 빌 포지로 천연두 퇴치의 아버지라 불리던 이였다. 그는 수업을 듣고 있는 외국인이라면 꼭 한 번씩 개인적으로 만나겠다는 자신만의 목표를 가지고 있는 듯 했고, 내 아프리카에서의 경험들에 대해 심도 깊은 질문을 했다. 그런 모습이 참 마음에 들었다. 여러모로 인상 깊었는데, 일단은 키가 참 컸고, 60년대에 나이지리아에서 비아프라Biafra 사람들이 독립을 위해 싸우기 시작하던 시점에 동부 나이지리아에서 의료선교사로 일을 한 경험도 있었다. 당시 천연두 예방접종을 책임지고 있었고, 백신이 부족해 모든 사람에게 접종을 실행할 수 없는 상황에서 세 살배기 천연두 환자를 발견한 그는 아이로부터의 가능한 전염 경로와 패턴을 파악해 아이의 가족이 주로 방문하는 시장 주변 마을들과 사람들에게 예방접종을 실행했다. 그의 감시와 퇴치 방안은 유행병의 기세를 꺾었고, 결론적으로 천연두와의 전쟁에 새로운 전술을 제시했다(이로부터 30년 후, 우리는 빌 앤 멜린다 게이츠 재단의 선임 연구원으로 다시 만나게 되는데, 그때도 그는 나에게 다방면에서 동기를 부여했다).

이후의 계획은 칼과 함께 높은 보안 체계를 가진 특수병원체 연구실에서 잠시 일하는 것이었다. 개별 공기 공급기가 달려있는 보호장구를 입고, 아주 엄격하며 체계적인 지시에 따라 일했다. 규율들은 감당하기 어려울 정도로 엄격하고 까다로웠다. 행여나 준비물을 잊어버리고 실험실에 들어섰다 하면 거대하고 복잡한 보호장구를 도로 탈의한 후 샤워까지 하고 나갔다가, 다시 들어올 때도 같은 절차를 마치 종교 의식 같이 거쳐야만 실험실로 복귀할 수 있었다. 정말 귀찮은 일이었다.

미국 질병관리본부에서의 일정을 예정보다 이른 두 달 만에 마무리하고 킹 홈즈와의 연구를 위해 시애틀로 떠났다. 이즈음 나의 과학적 관심사는 출혈열에서 성매개질환으로 옮겨가고 있었고, 그레타가 브람을 데리고 애틀랜타로 와서 합류했다. 새로운 세계를 탐험하자며 도요타 스테이션 왜건을 덜컥 사 버렸던 우리는 모든 살림살이를 싣고 시애틀로 가기 위해 대륙 횡단을 나섰다. 가는 길에 캠핑장에도 머물며 주어진 기회를 충분히 누렸다.

길 위에서 내내 이토록 많은 교회가 있다는 데 놀랐다. 생각해 보면 자그마한 유럽 마을에 불과한 앤트워프에도 가톨릭교회가 참 많긴 했다. 또 끝없이 펼쳐진 옥수수와 밀밭을 보며 이전까지는 별 관심을 기울이지 않았던 미국 농업의 위엄에 대해 새삼 생각했다. 미 대륙의 자연이 주는 영감과 감동은 상상 이상이었다. 가는 길 내내 만나는 사람들 모두 참 친절했지만, 어느 정도는 서로를 경계했다. 낯선 억양의 영어를 구사하는 우리는 누가 봐도 이방인이었다. 또 나는 여전히 총을 잔뜩 싣고 달리는 픽업트럭을 볼 때마다 경기를 일으켰다.

돌을 지난 지 3개월이 되었던 브람은 하의 실종 상태로 캠프사이트를 누볐다. 아이도 좋아했고, 땀띠 증상이 가라앉는 효과까지 있어 우리는 좋은 방법이라 생각했다. 하지만 주변 사람들에게는 이런 아이의 헐벗음이 불편했던 모양이다. 예의바른 사람들은 "아드님이 바지를 잃어버리셨네요"라고 이야기를 해 주었고, 덜 예의바른 이들은 "왜 애가 벌거벗고 돌아다니도록 내버려 두는 거요"라는 잔소리를 하기도 했다.

마침내 도착한 시애틀은 아름다웠다. 올림픽 산들이 봉우리에 눈 모자를 쓰고 있었고, 해변은 투명하고 파란 협강들로 수놓아져 있었다. 나는 킹 홈즈에게 전화를 넣었다. 그 사이 나에 대해 까맣게 잊어버린 눈치였다. "아, 그럼 우리 집으로 와서 점심이나 같이 합시다"라고 말했다. 그리고는 부엌에 같이 앉아 땅콩 잼 샌드위치 하나를 같이 먹은 게 다였다. 이런 캐주얼한 초대가 나에게는 신기할 따름이었다. 식사를 마치자 "그래서, 뭘 하고 싶습니까?"라고 물었다. 이 대목에서 나는 한 번 더 놀랐다. 유럽에서 교수들은 보통 "이것을 하세요"라고 말을 해 주기 때문이다.

나는 차에 페니실린 내성 임균을 싣고 왔으며, 플라스미드 매개 분자유전학적 내성획득기전에 대해 연구하고 싶고, 성매개질환에 대해서도 배우고 싶고, 질염에 대해서도 연구하고 싶다고 말했다. 내가 본 여성 환자들 중에 만성 질염(현재는 세균성 질염이라 불리고 있으며, 분비물이 많이 발생해 매우 불편한 질병이다) 환자가 많았고, 매우 흔한 질병임에도 발병 원인이나 치료법이 확실히 밝혀지지 않고 있었다.

킹 교수는 "아, 그러면 내일 시작하십시다"라고 말했다. 그렇게 시작했다. 정말 간단명료했다.

나는 시애틀과 사랑에 빠졌다. 태고의 자연과 붙임성 좋은 사람들이 마음에 들었다. 음식과 커피가 대체로 맛이 없다는 것이 유일한 흠이었다. 때는 마이크로소프트와 아마존닷컴이 들어서기 이전이라, 파이크 플레이스 시장에 도시 유일의 스타벅스 매장이 있었다. 집에서 사마미시 호수까지 무려 13마일을 차를 끌고 가야 독일 제과점에서 구미에 맞는 빵을 살 수 있었다. 벨기에 사람에게 맛있는 빵이란 공기와 같은 것이거늘! 시간이 지나 오늘날의 시애틀은 맛있는 음식뿐 아니라 삶의 풍요를 위한 모든 필요를 채워 주는 세련된 도시다.

킹 홈즈 교수와의 협업도 즐거웠다. 미국 연구실에는 학문적 자유와 자긍심이 넘쳐서 젊은 과학자들이 얼마든지 자신의 아이디어를 펼치고 발전시켜 나갈 수 있는 분위기가 있었다. 벨기에와 정말 다른 환경에서 나는 기지개를 펴기 시작했다. 킹 교수는 스탠리 팔카우 박사를 소개해 주었다. 그는 워싱턴대학 미생물학부 학장이었다. 이야기 끝에 나는 팔카우 박사의 미생물 연구실과 임상 진료, 그리고 홈즈 교수와 함께하는 성매개질환 역학 연구를 병행하기로 했다. 스탠리 박사로부터는 최신 미생물학에 대해 많이 배웠다. 예를 들자면 플라스미드나 웨스턴 블롯 검사, 분자생물학적 복제 등에 대한 최신 분석 테크닉 같은 것들이었다(또 영어로 욕하는 법에 대해 가르쳐 주기로 했다). 스탠리 박사는 뛰어난 과학자였고, 발병기전이 주된 관심사였으며, 세균이 어떻게 질병을 야기하는지를 단계별로 설명하는 데도 관심이 많았다. 나에게 늘 강조했던 것은, 스스로 세균이 되어 세균의 입장에서 생각해 보라는 것이었다. 내가 만약 세균이라면 어떻게 장내 상피세포를 뚫고 들어갈까? 혹은 왜 동물에서 사람으로 옮겨 다닐까? 등의 질문들이었다. 그는 훌륭한 멘토였다. 현재 스탠리는 스탠포드의 석좌교수로 있는데, 기회가 돼서 만날 때마다 우리는 와인에 대해 격렬한 토론을 한다.

홈즈 박사와 팔카우 교수는 각자 다른 학부의 학장이었지만 좋은 협업관계를 맺고 있었다. 과학자들 사이에서 이런 협업이 쉽지 않은데, 자신의 전문분야에 대해서는 방어적으로 나올 수밖에 없기 때문이다. 홈즈 박사는 모든 분야 사람들과 함께 일할 줄 아는 사람이었다. 심리학자, 약학자, 미생물학자, 의사가 모두 그의 파트너였다. 그는 팀을 조직하는 데 특출한 감각이 있었는데, 흔치 않은 데다 매우 중요한 재능이었다. 홈즈 박사는 잦은 출장에도 다양한 배경의 사람들로 구성된 팀을 잘 관리하고 지도할 줄 알았다. 팀원들은 기회가 될 때마다 충분한 관심과 지도편달을 받았다. 홈즈는 재능이 많은 팀원들을 꾸려가고 있었고, 모두 성매개질환에 대해 연구하는 사람들이었다. 많은 이들이 지금 시애틀을 비롯해 전 세계에서 중요한 역할들을 하고 있다. 시애틀을 떠날 때 킹은 계속해서 나의 멘토가 되어 주기로 약속했고, 이 약속은 30여 년간 지켜지고 있다. 좋은 와인에 대해 애착이 깊다는 면에서 홈즈 박사와도 통하는 바가 많아 우리가 세계 각지에서 함께 저녁 식사를 할 때 마신 와인 라벨들을 모아 지금도 간직하고 있다.

나는 질염에 대한 연구를 이어갔고, 질에서 발견된 세균 중 염증을 일으킨다고 추정되는 종에 초점을 맞추고 있었다. 더불어 다양한 세균을 연구해 보는 기회를 얻었다(이 연구는 끝내지 못했으나, 지금은 가드넬라 배지날리스Gardnerella vaginalis라는 세균이 다른 세균들과의 상호작용을 통해 염증을 일으킨다는 것이 밝혀져 있다). 후에 앤트워프에서 최적의 질염 치료법에 대해 연구했는데, 당시 가장 많이 쓰이던 치료약인 설폰아마이드 연고는 전혀 치료에 도움이 되지 않고 플라시보와도 별다른 차이가 없음을 밝혀냈다. 메트로니다졸이라는 기생충 혹은 혐기균에 쓰는 약제가 오히려 더 효과적인 것으로 밝혀졌다. 한참 성매개질환에 대한 과학적 기반이 마련되던 때였다. 큰 규모의 연구는 아니었지만 매우 실질적인 연구였기에 흥미로웠다. 미국 과학 분야 특유의 자유롭고 기업가적인 마인드가 마음에 들었다. 연구비로 개인이나 기업의 돈이 많이 쓰이고 있었다. 유럽에서는 영국의 웰컴 트러스트 외에는 찾아볼 수 없는 일이었다. 가장 좋았던 것은 열린 사고방식이었다. 좋은 아이디어와 실력만 가지고 있다면 언제든지 기회를 잡을 수 있었다.

시애틀에 있는 동안의 두 번의 중요한 만남이 이후 몇 년의 방향을 정했다. 톰 퀸은 회음부 클라미디아 감염을 공부하기 위해 홈즈 박사의 팀에 막 합류한 상태였다. 톰은 재기발랄한 감염병 전문가였는데, 아이디어 뱅크인 데다가 십리 밖에서도 "아! 톰이구나." 할 수 있는 특이한 목소리를 가지고 있었다(5년 후 우리는 자이르에서 에이즈 연구를 같이 하게 된다). 또 다른 인물은 밥 브랜험이었는데, 수줍음을 많이 타는 속 깊은 곱슬머리의 캐나다 출신 감염내과의사이자 면역학자였다. 그는 성기 클라미디아 감염에 대한 백신을 만들고 있었다. 우리는 홈즈 박사의 팀에 유일한 외국인이면서 아프리카에 관심이 많다는 공통점으로 제법 친한 친구가 되었다. 밥은 자기가 캐나다의 마니토바 대학에 다니던 시절 위니펙의 미국 인디안 원주민들 내에 돌았던 연성하감 유행에 대해 이야기 해 주었다. 열대병일 가능성이 큰 이 성매개질환을 목도한 경험이 있었던 나는 캐나다 평원의 감염병 창궐에 대한 이야기가 바로 궁금해졌다. 캐나다에 있는 밥의 멘토, 알렌 로날드 박사는 마니토바대학 감염학 학과장이었는데 나를 위니펙으로 초대해 연성하감의 원인으로 알려진 헤모필루스 듀크레이*Haemophilus ducreyi*에 대해 이야기를 나누고자 했다. 연성하감에 대해서는 지난 몇십 년간 과학과 임상 분야에서 아무런 연구도 이루어지지 않은 상황이었다. 1979년 5월 공항에 도착하자, 맙소사, 눈이 오고 있었다(이곳은 살기 힘든 곳일 거라 생각했다)! 우리는 연성하감이 심각한 문제가 되고 있는 케냐에서 함께 일해 보기로 했다.

시애틀에서는 일과 개인적인 삶이 모두 만족스러웠다. 그러나 가장 기본적이라고 볼 수 있는 보편적 의료혜택 등 사회 안전망의 부재나 가난을 단순하게 개인의 책임으로 돌리는 사고방식 등이 불편하게 느껴지기도 했다. 다른 한편으로는 유럽보다 성 불평등이나 특히 여성의 사회적인 불평등에 대해 훨씬 더 많은 문제제기가 이루어지고 있음을 보았다. 어찌 되었든 시애틀 사람들은 열린 사고방식을 지닌 사람들이었다. 참 흥미롭고 다양한 사람들 사이에 살고 있었다.

나는 그 무렵 미국 사회의 팬이 되어 가고 있었다. 벨기에나 유럽에서는 혁신적인 기업가 정신의 숨통이 막혀 과학분야뿐 아니라 사회 전체가 화석화되고 있었다. 나의 유전자형은 분명 아직 플랑드르인이었다. 그렇지만 그 유전인자가 행동으로 발현되는 방식인 표현형은 분명 변하고 있었다.

그레타는 미국에서 일을 할 수 있는 법적 자격이 없었는데, 미국에서의 체류기간이 길어지자 이게 문제가 되었다. 장학기금이 거의 바닥나서 시애틀에서 계속 머무를 것인지에 대한 고민을 자주 하게 되었다. 그러다 결론을 냈다. 유럽 출신 과학자들이 모두 미국에 와서 눌러 앉는다면 유럽에는 큰 문제가 될 것이므로, 미국에서 충전한 에너지와 지식을 가지고 벨기에로 돌아가 변화를 일으키겠다는 결심을 했다.

귀국 후 1979년 9월, 앤트워프에서의 우선순위는 질염의 원인에 대한 박사학위 논문을 탈고 하는 것이었다(결국 1980년 봄에 마쳤다). 이에 대한 임상 자료가 필요했고, 식민지 지역에 살다가 귀국한 주민들이나 선원들이 주로 치료받는 병원에서 성매개질환 환자들을 대상으로 연구를 하고자 했다. 연구를 조금 하다 보니 단지 연구를 위해서 뿐만 아니라 성매개질환 환자들의 효과적인 치료를 위해서라도 별도의 병원을 세우는 것이 좋겠다는 확신이 들었다. 성매개질환 환자들을 뎅기열과 주혈흡충증 환자들 사이에 섞어 두기보다는, 생활습관을 고려해 전문적인 프로토콜을 확립하고 성매개질환 환자 고유의 문제들에 집중하는 것이 더 나은 방안으로 여겨졌다. 이런 병원이 생기면 이것은 벨기에 첫 성매개질환 전문병원이 되는 것이었다. 병원 설립과 함께 시애틀처럼 성매개질환이 만연한 지역 내 역학 조사와 인식개선 활동도 함께할 필요가 있었다.

1979년 말에 열대의학연구소의 소장실로 걸어 들어가 야심찬 아이디어를 쏟아 냈다. 소장은 보수적인 사람이었는데, 내 아이디어가 그의 간담을 서늘하게 했던 모양이었다. 소장은 '불미스러운 고객들'의 '더러운 병'에 필요 이상의 관심이 쏠리는 것을 원치 않았다. 마지막엔 결국 성매개질환 진료의 분리를 허가했지만, 건물 저 뒤편 축사 바로 옆의 방에서 진료를 보도록 했다. 원래 쥐들을 키우던 방이었다. 연구소 뒷문을 사용해야 했고, 나와 간호사 한 명 단 둘이 일했으며, 허락된 진료시간은 오후 5시부터 7시까지, 단 두 시간뿐이었다.

이런 것들은 나에게 중요하지 않았다. 나머지 시간에는 서열 네 번째의 말단 연구원으로 연구소에서 일을 했다. 주어진 시간 동안 이 자그마한 의원에서 일하며, 남성 동성애자들 사이에서 성매개질환이 특히 만연한 것을 발견했다. 또한 클라미디아 발병률의 증가도 발견했는데, 거의 동성애자들 사이에서였다.

나는 라디오, 신문, TV 할 것 없이 가능한 통로를 통해 이야기를 시작했다. 이 문제를 해결할 수 있는 유일한 방법은 위험성과 예방법에 대해 이야기하는 것이라는 생각이었다. 동성애나 성행위와 관련된 약물에 대해 나의 환자들에게 이야기하는 데 거리낌이 없었던 것처럼, TV에서 성행위에 대한 이야기를 함에 있어서도 특별한 수치심이나 거리낌이 없었다.

1979년 연말 저녁에 열대의학연구소의 한 병리학자로부터 전화를 받았다. 사체 부검을 도와달라는 연락이었다. 한 그리스인 환자가 급성 뇌수막염으로 사망했는데, 자이르 동부의 탕가니카 호수에서 수십 년간 어부로 살았고, 연구소에 도착했을 때는 이미 위중한 상태였다고 했다. 체중도 심하게 줄어 있었고, 원인을 알 수 없는 고열에 시달렸다고 했다.

개복한 사체는 상태가 엉망이었다. 비전형적인 마이코박테리아 감염의 흔적들이 가득해 환자의 면역 체계가 완전 무너졌었음을 알 수 있었다. 충격에 빠진 우리는 혈액과 조직 검체를 영하 70도에 냉동 보관해 두었다. 당시만 해도 새로운 증후군이 남긴 흔적이라고까지는 생각지 못했다. 하지만 난생 처음 보는 무언가임은 분명했다.

CHAPTER

9

나이로비

1980년 봄에 나는 〈세균성 질염과 가드넬라 배지날리스의 원인과 역학〉이라는 논문의 집필을 끝내고, 더 재미난 일을 준비하고 있었다. 시애틀에 머무는 동안 만나게 된 알렌 로날드라는 캐나다 출신 의사와 함께 만들어 낸 연구 프로젝트를 위해 곧 아프리카로 떠날 예정이었다.

알렌은 호감 가는 사람이었고, 특히 아프리카 이야기를 많이 나누었다. 그는 케냐의 나이로비대학과 연락이 닿아 있었는데, 케냐에서는 성기 궤양성 질환 특히 연성하감이 유행하고 있었다. 알렌은 케냐에서 연성하감에 대한 연구를 함께 시작하고 싶어 했다. 나는 관련 경험이 약간 있었고, 그는 네트워크가 있었다. 나이로비에는 전화나 전기와 같은 전반적인 기반시설이 잘 갖추어져 있는 편이었고, 협력할 좋은 대학이 있어 연구 프로젝트를 진행하기엔 안성맞춤인 곳이었다. 1980년 봄, 우리는 프로젝트 기획을 위해 나이로비로 출장을 떠나기로 했다.

나는 미국에서 배운 것에 자극을 받아 앤트워프로 돌아오자마자 비영리기관인 '감염병 연구 재단Foundation for Infectious Disease Research'과 협력을 시작했다. 나이로비에서의 새로운 프로젝트에 기금을 마련하기 위해서였다. 종종 실무자 훈련 워크숍이나 성매개질환에 대한 강의를 할 때 재단에 지원금 신청을 넣었다. 지원금은 보통 $300부터 $3,000 사이였고, 이렇게 모인 금액을 합쳐도 사실 많지는 않았다. 이쯤 되자, 은행을 털지 않고서야 나이로비 프로젝트의 기금을 어떻게 마련할지 대책이 서지 않았다.

그러던 중, 한 감염병 관련 컨퍼런스에서 연성하감의 강력한 차세대 치료약 후보로 나타난 항생제에 대해 알게 되었다. 당시 사용되던 에리쓰로마이신보다 효과가 좋은 대체 약제가 될 것 같았다. 이 약은 셰링이라는 제약회사에서 생산하고 있었다. 미래에 연성하감 치료가 제약회사들에게 큰 시장이 되지 않을 것 같긴 했지만 그래도 임상시험 기금을 지원해 달라고 설득해 볼 만은 하다고 생각했다. 그렇다면 임상시험 장소는 어디가 될 것인가? 스와질란드에 있을 때 현실감각과 실력이 모두 뛰어난 영국의 미생물학자 론 베이야드와 일한 적이 있었다. 그는 남아공에 살고 있었고, 남아공의 금광 지역들이 연성하감으로 골머리를 앓고 있다고 하며 도움을 요청한 적이 있었다. 그가 이야기한 요하네스버그 근방의 카르톤빌은 전 세계에서 가장 큰 금광촌이 있던 지역이었다. 그는 지역에 병원과 연구실 등이 이미 확립되어 있어 이곳이 이상적인 연구환경이라는 것을 강조했다. 아파르트헤이트 상태에 있던 남아공에서 일하는 것에 대해 썩 내키지 않았지만, 베이야드는 가난하고 도움이 필요한 이들을 외면하는 것은 그 어떤 도덕적인 기준도 핑계가 될 수 없다고 강하게 주장했었다.

나는 베이야드와 연구실에서 함께 일하던 에디 반 다이크와 함께 카르톤빌에 위치한 레슬리 윌리엄스 메모리얼 병원에 방문했다. 아프리카에서 본 병원 중에는 형편이 나은 편에 속했다. 금광 회사는 건강한 직원들이 높은 생산성을 내주기를 원하면서도 연성하감 창궐의 문제에 대해서는 어찌할 바를 모르고 있었다. 지하 1마일 이상에 위치한 금광의 환경은 위험한 데다 엄청나게 덥고 습했다. 상처가 아물 수 있는 환경이 아니어서 지독한 궤양이 광부들을 끊임없이 괴롭히고 있었다.

광부들의 출신지역은 스와질랜드, 보츠와나, 레소토, 모잠비크, 말라위, 잠비아, 짐바브웨 등 정말 다양했고, 고국의 대부분의 노동자들보다 높은 임금을 받고 일을 하고 있었다. 탄광에 내려가 어떤 환경인지 좀 보고 싶었지만, 허가를 받지 못했다. 대신 광부들이 머물던 호텔과 주점에는 가 보았는데, 붉은 모래 길가로 간단한 가리개로 문을 만들어 놓은 양철지붕 통나무집들이 즐비하게 서 있었다. 대다수가 성매매가 이루어지던 곳이었다. 월급날이 되면 이 앞으로 긴 줄이 늘어섰다.

노동자들은 교대로 조를 짜서 일을 했는데, 일주일에 장장 6일을 꼬박 근무했다. 금광 일은 그들에게도 싫고 두려운 일이었지만, 고국에서 자신만을 바라보는 가족들 때문에라도 돈을 벌어야 했다. 이들의 꿈은 아이들을 교육시키고 작은 노점을 열어 개인 사업을 시작할 정도의 돈을 가지고 금의환향하는 것이었다. 안타깝게도 고국으로 돌아가는 길에 가져가는 것은 노동재해로 인한 장애나 너무나도 지독한 질병들이었다. 지역의 결핵 유병률은 전 세계 최고를 육박했다. 이들은 노동착취의 피해자인 동시에 고향 마을에서는 가난에서 벗어날 수 있는 희망의 끈과 같은 존재들이었다. 광부들, 또한 그들의 곁에서 일하는 성노동자들의 노동환경에 대해 깊은 분노를 느꼈다. 그들이 외로움과 향수에 젖어 부르던 노래들에 마음이 울컥했던 것이 한두 번이 아니었다. 오늘날까지도 금을 보면 옛날 만났던 이 사람들의 희생과 절절한 이야기들이 떠올라 그냥 지나칠 수가 없다.

아파르트헤이트 아래서 노동자들은 11개월간이나 고국으로 돌아갈 수 없었다. 어떤 이들은 남아공 내에서 누군가와 교제를 하며 성관계를 맺었으나, 대다수의 경우 성매매 외에는 성적 욕망을 표출할 다른 방법이 없었다. 이렇게 한정된 여성들(성노동자)과 다수의 성관계 파트너(광부들)가 성관계를 하는 행동양상은 성매개질환을 일으키는 원인균들에게는 최적의 환경을 만들어주었다. 엄청난 파급력의 유행병이 돌기 딱 좋은 환경으로, 당시 연성하감의 경우가 그랬다(이런 고약한 환경 때문에 10년 후 이 남아공 광부 공동체는 최악의 에이즈 유행을 맞게 된다. 2001년 카르톤빌의 성노동자들 중 무려 78%가 HIV 양성반응을 보이며 당시 전 세계에서 가장 높은 HIV 발병률이 집계되었다). 이처럼 성매개질환에 의한 문제들이 매우 심각했음에도 불구하고 당시의 아파르트헤이트 정부는 성매개질환 예방 프로그램에 전혀 관심이 없었고, 콘돔 배포 같은 활동도 전혀 하지 않았다.

5주가 지나기도 전에 새로운 항생제가 기존에 쓰이던 에리쓰로마이신에 비해 훨씬 더 훌륭한 치료효과를 나타낸다는 것을 증명하기에 충분한 임상 시험 결과를 얻을 수 있었다(그럼에도 불구하고 이 항생제는 결국 시중에 판매되지는 않았다). 또, 이 연구가 예상보다 훨씬 빨리 끝나는 바람에 비용을 절감해 우리의 나이로비 연구 프로젝트를 시작하기에 충분한 정도의 기금을 만들 수 있었다. 그간 캐나다에 있던 알렌도 기금을 마련해 1980년 말에 우리는 드디어 나이로비에서 상봉했다.

나이로비는 역동적인 도시였다. 크고 작은 회사들이 가득했고, 외국인 사업가들과 여행객들을 충분히 수용할 만한 제반 시설이 잘 갖춰져 있었다. 대체로 주민들은 자이르에서 봤던 사람들보다 형편이 나아 보였다. 그러나 케냐의 엘리트와 외국인 주재원들이 사는 고급 빌라 지역들과 극명한 대조를 이루는 거대한 슬럼가의 모습은 충격적이었다. 특히 키베라와 마타리 계곡 판자촌은 남아공을 제외하고는 아프리카 대륙에서 가장 큰 슬럼가였다. 쓰레기와 하수 위에 끝없이 늘어선 물결 모양의 양철지붕 가옥들 아래 사람들이 복작거리며 살고 있었다. 당시 키베라의 모습은 자이르에서 본 그 어떤 환경보다도 훨씬 더 열악했다.

우리는 허버트 은산제라는 케냐타 국립병원 의학미생물학과의 학장과 긴밀히 일했다. 그는 르완다에서 우간다를 거쳐 케냐까지 피난 온 기구한 사연이 있었고, 잘생기고 세련되고 매력적인 데다가 똑똑하기까지 한 사람이었다. 케냐타 국립병원 의과대학의 작은 사무실에 짐을 풀고 일을 시작했다. 통계 분석에 사용하는 투박한 코모도 컴퓨터도 우리 사무실 한 구석을 차지했다. 전화선은 연결되어 있지 않았다. 팀원 수도 몇 안 되는 작은 팀이었고, 곧 모두가 작은 팀 안에 잘 녹아들었다. 하지만 얼마 지나지 않아 우리 팀은 더 이상 작은 팀이 아니었다. 몇 년 후 워싱턴대의 킹 홈즈의 팀, 겐트대의 마를린 티멀만의 팀과 함께 하게 되면서 아프리카에서 진행되는 연구 협력 중에서는 가장 많은 성과를 내며 장기간 지속된 프로젝트 중 하나로 꼽히며, 혁신적인 대규모 연구 실적을 여럿 남겼다.

알렌은 우리가 나이로비의 성매개질환 전문 의원들과 함께 일할 수 있도록 다리를 놓아 주었다. 흔히 '카지노 클리닉'으로 알려진, 리버 로드의 '카지노 극장' 옆에 있는 의원이었다. 이 지역은 역동적이긴 하지만 매우 거친 우범지역이었고, 케냐에서 가장 사랑받는 작가 중 하나로 꼽히는 메자 므왕기가 『리버 로드를 거닐며Going Down River Road』라는 작품에서 그리던 곳이었다. 즐비한 바 안에는 여성 종업원들과 성노동자들이 고객들을 맞는 작은 방들이 있었다. 가난한 고객들이 대부분이었다. 방들은 위생 상태도 좋지 않고 우울한 분위기가 물씬 풍겼다. 뭄바이, 방콕, 카트만두 등지에서도 비슷한 방들을 많이 봤는데, 사실 지금까지도 나는 사람들이 그런 환경에서 성관계를 할 수 있는지가 잘 이해가지 않는다. 나라면 사랑의 감정에 대한 고민이나 병에 걸릴 것만 같은 불안감은 둘째 치더라도 그곳의 냄새 때문에라도 전혀 하고 싶지 않을 것 같은데 말이다.

킨샤사와는 또 달리 바에는 음악조차도 흐르지 않았다. 사람들은 그저 열심히 술을 마셨고, 만취 상태 즈음에 여성들과 함께 위층 방으로 올라갔다. 다음 날 아침이 되면 남자 여자 할 것 없이 '카지노 클리닉'이라 불리는 곳에 줄을 늘어섰다. 매일 아침 7시에 의원 문이 열리기까지 수백 명의 사람들이 줄지어 진료를 기다렸다.

카지노 클리닉에서의 진료는 특히 여성들에게 더 곤욕스러운 일이었다. 다 코스타 선생은 케냐에서 태어난 인도 출신 의사로 가톨릭 신자였는데, 여성 환자들에게는 여과 없이 악담을 퍼붓는 인물이었다. "이 창녀야! 이 품행이 단정치 못한 여자야!"라며 병에 걸려도 싸다는 듯한 언행을 서슴지 않았다. 그는 사실 꽤나 실력 있는 의사였다. 나이로비에는 유일하고, 당시에 아프리카 대륙 전체에서도 가장 규모가 큰 이 성매개질환 전문 병원의 하나뿐인 의사가 실력 있는 사람이라는 것은 매우 다행인 일이었다. 그러나 의사의 공감능력 소양을 기준으로 평가하자면 그는 최악이었다. 한 번은 여성 환자가 다시는 아이를 갖지 못할 거라는 그의 말을 듣고 서럽게 울던 모습을 본 적이 있다. 불임은 임질이나 클라미디아 감염으로 인한 주된 합병증인데, 사실 이렇게 찾아오는 불임 여성들 중 대다수는 성매매 여성이 아니라 성을 매수하는 남성들의 부인이나 애인들이었다. 나는 그가 아무도 하려 들지 않는 이런 매력없고 스트레스 지수 높은 일을 하고 있다는 사실 자체로 그를 높이 샀지만, 한편은 이렇게도 자기 환자들을 끔찍이 싫어하면서 이 일을 왜 하고 있나 생각하기도 했다.

성매매를 하고 있는 여성들이 다 어디서 온 건지 궁금해졌다. 대다수가 케냐 출신인 듯 보였지만, 품와니 디스트릭트 같은 옆 동네에는 탄자니아 빅토리아 호수 인근 아카게라 지방의 무하야 마을들 같은 곳에서 온 젊은 여성들도 다수 살고 있었다. 사연은 카르톤빌의 광부들과 비슷한 면이 있었다. 보통 한두 해 정도 나이로비에 머물며 돈을 바짝 벌어서는 고향으로 돌아가 결혼을 하고 작게나마 장사도 했다. 마을 사람들은 그녀들이 무슨 일을 해서 돈을 벌어 오는지 잘 알고 있었지만, 모두 모르는 척 눈을 감고, 그렇게 과거들은 덮어졌다.

본격적으로 일을 착수하기 위해 한 달 정도 나이로비에 머물렀다. 겐트 의대 출신의 리베 프란센을 정규직 직원으로 뽑았다. 그는 모잠비크 독립 후 역사적인 첫 모잠비크 정부와 일한 경험이 있었는데, 죽도록 어려웠었다고 했다. 이후 유럽연합 에이즈 대책위원회의 책임자로 일했으며, 지금은 유럽위원회 커뮤니케이션 본부의 수장으로 일하고 있다. 알렌은 캐나다 출신 연구원 프랑크 플러머라는 친구를 보내주었는데, 그는 우리 프로젝트를 일구어 낸 일등 공신의 역할을 해 주었고, 알렌은 그의 멘토로서 곁에서 그를 늘 이끌어 주었다. 캐나다 평원의 테디 베어 같던 프랑크는 무한 긍정의 사나이였으며 내가 만난 이들 중 최고로 기발하고도 훌륭한 아이디어를 쏟아내는 진정한 개척가였다. 팀 안의 케냐 출신 동료들도 기꺼이 지원해 주었다. 현재 프랑크는 미국 질병관리본부 격인 캐나다 기관을 이끌고 있다. 리베 프란슨이 1984년에 벨기에로 돌아가자 국경없는 의사회로 부룬디에 파견되어 일한 경험이 있는 마리 라가가 리베의 자리를 잘 채워 주었다. 마리는 언제나 평정심을 잃지 않는 인물이었고, 사람들과의 소통에 특별한 능력이 있었다. 그녀는 후에 아프리카의 HIV 예방에 있어서 큰 역할을 해낸 대표적인 인물로 인정받는다. 엘리자베스 은구기도 빼 놓을 수 없는데, 에너지가 넘치는 케냐 출신 간호사이자 지역기반 보건학 교수로, 우리가 의학을 넘어 현지의 공중보건까지도 고려할 수 있도록 시야를 넓혀 주었다. 엘리자베스는 여성 커뮤니티와 성노동자들과 함께 일하는 법을 배우도록, 그래서 의학적이고 역학적인 문제 이상을 바라보도록 우리를 독려했다. 나아가 성매매 문제의 뿌리 깊은 원인을 직면해 여성들이 스스로 선택하지 않은 일들로 인해 괴로운 삶을 살지 않도록 돕는 방법들을 제시했다(프로젝트는 점차 이런 일을 더 많이 하게 되었다). 이렇듯 여러 사람들의 다양한 역할들을 토대로 나이로비 대학, 마니토바 대학, 워싱턴대학, 훗날 겐트대학, 그리고 열대의학연구소의 오랜 연대가 형성되었고, 이 협력관계는 30여 년이 지난 오늘까지도 공고하게 유지되고 있다.

시작 단계부터 무엇보다 우리 연구의 결과가 케냐 사람들에게 실질적인 도움이 되어야 한다고 결심했었다. 과학이 정책이 되고, 또 그 정책이 실현되기까지는 사실 수많은 단계를 거쳐야 하기 때문에 이루어내기 쉬운 일은 아니었다(나중에 유엔에이즈계획의 사무총장으로 일하며 숱한 시행착오 끝에 배운 것이 바로 이것이다). 이 일을 위한 우리의 접선 대상은 케냐 보건부였는데, 다행히 케냐 당국은 지난 몇 년간의 과정을 함께하며 점점 우리 일에 대해 호의적이고 헌신적인 자세를 보이고 있었다. 당시 유럽연합이 개발도상국의 보건 관련 연구를 지원하는 프로그램을 시작했고, 나는 제안서를 작성해 제출했다. 1982년 말, 허버트 은산제와 나는 어마어마한 규모의 보조금이 곧 우리에게 주어질 거란 소식을 들었다. 15만 에큐로, 오늘날 환율로는 약 20만 달러 정도 되는 금액이었다. 아프리카의 연성하감과 항생제 내성 임질을 치료할 효과적인 방법을 찾는 연구였다. 당시 코트디부아르에서 건너와 앤트워프에서 발견된 페니실린 내성 임균은 이미 아프리카 대륙 전역으로 퍼져 나가고 있었고, 전파 속도는 유럽이나 북미의 이성애자 커뮤니티에서보다 훨씬 빨랐다.

이즈음 나는 돈이 생길 때마다 일 년에 적어도 서너 번은 나이로비로 출장을 갔다. 슬슬 다른 질병으로까지 연구 범위를 확대해갔다. 우리는 아프리카에서 클라미디아 연구를 실시한 첫 번째 연구팀이었다. 연구 결과 나이로비의 클라미디아 감염률은 뉴욕이나 브뤼셀에 비해서는 덜했다(이유를 추측해 보았는데, 트라코마 등 아프리카에서 자주 찾아볼 수 있는 질병들은 클라미디아 종류로 인해 발생하고, 때문에 어린 시절 안질환을 앓았던 사람들은 성인이 되어 성매개질환에 대한 내성이 생기는 게 아닌가 싶었다. 이 가정은 후에 나이로비 두 개 지역에서 실시한 연구 결과, 사실이 아닌 것으로 밝혀졌다).

우리는 임신 중 일어날 수 있는 성매개질환에 집중했고, 감염이 임신 가능성 자체에 끼치는 영향과 산모의 감염이 신생아에게 미치는 영향에 대해 중점을 두고 연구했다. 기존의 의학 문헌들은 임질로 인해 아프리카의 여성들이 불임이 되고 있다고 말하고 있었다. 사실상 1960년대 이후로 이런 합병증에 대해 진일보한 의학과 미생물학 기술을 사용해 제대로 진행된 연구는 전무했다. 우리가 카지노 클리닉에서 만나는 여성 환자들의 수와 그들이 앓고 있는 합병증의 종류들로 미루어 볼 때 성매개질환이 임신에 미치는 영향은 사람들의 예상보다 훨씬 심각하리라 추측했다.

동아프리카에서 제일 큰 규모를 자랑하던 품와니 산부인과병원에도 가 보았다. 아기 공장이라 불러도 무리가 없는 곳이었다. 매년 2만 5천 명의 신생아들이 태어나는 곳이었지만 분만 환경이 너무 더럽고 열악해 이런 환경에서 누군가가 삶을 시작한다는 것이 믿기지 않을 정도였다.

내 아이들이 태어났던 병원(내 딸 금발머리 사라가 그사이 1980년에 태어났다)과 비교했을 때, 케냐의 산모들이 출산하는 이 곤욕스러운 환경과의 간극이 너무 커 참을 수가 없었다. 품와니 병원은 근무하는 의사들에게 약간의 수당만을 지급하고 있어 대부분 병원 근무를 소홀히 했다. 의사들이 밖에서 사적으로 진료를 하며 돈을 버는 동안 그 큰 병원은 간호사와 조산사들 손에 맡겨져 있었다. 간호사들은 강인한 여성들로 투철한 사명감을 가지고 일했다. 케냐 정부의 보건당국은 이런 상황에 대해 이야기를 꺼낼 때마다 예산을 핑계 대며 어떤 조치도 취하지 않았다. 물론 그들의 이야기도 일리는 있었다. 국가의 보건 예산 중 상당 부분이 케냐타 국립병원 운영에 쓰였고, 케냐타 병원은 바로 우리가 사무실을 두고 있던 의과대학 병원이었다. 그렇지만 조금 더 신경 써서 관리하고 보건인력들에게 조금의 인센티브를 부여한다면 품와니 병원의 사정은 훨씬 나아질 수 있었다.

케냐타대학의 교수들은 명철하고 헌신적이었고, 높은 의학 교육 수준을 유지했다. 그렇지만 학교 밖 현실은 의료 서비스 체계의 붕괴를 여실히 보여주고 있었다. 주기적으로 여성들이 하혈을 하다 사망했고, 예방 가능한 원인으로 인한 신생아 사망률은 용납할 수 없을 정도로 높았다. 품와니 병원에서 본 열악한 환경들 때문에 주요 분만 후 감염들을 손쉽게 예방할 방안들을 연구하는 데 주력했다.

1900년도 정도부터 유럽에서는 질산은 안약을 모든 신생아에게 점안해 엄마로부터의 임균 감염을 막아 시력 손실을 예방하는 방법이 널리 쓰였다. 이는 유럽의 공중보건 성공 사례로 널리 평가받고 있었다. 나이로비의 병원들에서는 이 방법을 쓰지 않고 있었는데, 질산은의 휘발성 때문에 화학성 결막염이 유발되었기 때문이다. 약을 써도 문제, 안 써도 문제였다.

마리 라가와 그녀의 동료들, 프라티바 다타와 워런 나마아라는 질산은보다 안전한 테트라사이클린 연고를 사용해 임균 감염과 클라미디아 감염을 예방할 수 있는 새로운 방법을 찾기 위해 연구를 시행했다. 동시에 이미 감염된 영아들을 치료하는 방법에 대해서도 연구를 시작했다. 연구 결과, 장기간 입원치료가 필요한 페니실린 치료법 대신에, 세팔로스포린으로 단가는 비싸더라도 주사 한 번으로 간단하게 투약할 수 있는 세프트리악손이 치료약으로 떠올랐다. 슬럼가의 아기들을 진료하는 것은 큰 도전 과제였다. 주소라는 개념 자체가 없었기 때문에 지도를 그리는 것이 매우 중요했고, "7번 화장실로 가서 왼쪽으로 세 번째 길에 들어서면 우측 첫 번째의 빨간 지붕 집에 살아요" 같은 방식으로 집을 찾아갔다. 우리가 이때 쓰던 방법은 지금의 국제 신생아 결막염 예방 및 치료 가이드의 기초가 되었다.

어쩌면 과학이라는 방대한 세계 안에서 나의 사명은 이것이 아닐까 생각을 했다. 임신 중 성매개질환과 그로 인한 신생아에게 나타나는 악

영향 사이의 관계를 밝히고, 문제들이 일어나기 전에 미리 해결하는 방법을 찾는 것. 내 심장을 뛰게 하는 일이었다. 과학이라는 검증된 확실한 사실을 가난한 국가의 복잡한 문제를 푸는 데 적용하는 것, 질병을 예방하고 치료할 수 있는 더 나은 방법들을 연구하는 것. 그래서 결국은 다른 임상의들의 길을 닦아 주는 일 말이다.

프로젝트를 시작할 때 우리에겐 확고한 사업계획도, 분명한 목표도, 1년 이상 연구를 버텨낼 만한 돈도 없었다. 그저 젊었고, 긍정적이었고, 케냐가 당면한 만만치 않은 문제들을 푸는 데 헌신할 준비가 되어 있을 뿐이었다. 총무, 재무, 특허, 경영 등의 수많은 도전과제들이 있었지만, 그런 도전들을 마주해 풀어낸 경험도 없었다.

현재 아프리카에는 이런 프로젝트들이 여럿 있지만 우리가 시작하던 시기에는 성매개질환과 여성 건강에 중점을 둔 연구가 전무했다. 당시에 진행되고 있던 연구들은 주로 옛 식민 강대국들이 참여하고 있었고, 우리는 그 가운데 어떻게든 아프리카 현지 파트너들이 가진 역량과 인프라를 향상하는 방법으로 일하도록 노력했다. 특히 나이로비에 있는 동안 훈련시킨 아프리카, 미국, 그리고 유럽 출신 동료들에 대해 지금도 무척 자랑스럽게 생각한다. 그들은 각자의 자리에서 임상의로서, 역학자로서, 그리고 연구자로서 제몫을 다하고 있다.

나이로비 프로젝트를 위해 뽑았던 연구원들은 대부분 여성이었다. 아프리카에서는 남성들이 연구계를 꽉 잡고 있었기에 흔한 일은 아니었다. 그렇지만 이를 통해 우리가 돕고자 하는 아프리카의 여성들에게 프로젝트 연구원들이 쏟는 관심의 차원 자체가 달라질 것이라 생각했다. 여성 환자와 이야기를 나눌 때나 동료와 함께 환자에 대한 이야기를 하면 분노가 치밀 때가 많았다. 우리가 본 감염병들에 걸린 여성들은 고통에 시달릴 뿐 아니라 삶에 돌이킬 수 없는 상흔을 입었다. 여성의 불임은 세계 어디서나 비극적인 일이지만, 아프리카에서는 삶을 송두리째 망가뜨릴 수 있는 재앙이었다. 한 여성의 결혼 생활과 자존감, 그리고 사회적인 평판 등 전반에 영향을 미쳤다. 나는 공론화되지 않아 존재하지 않는 것으로 치부되는 잔인한 선입견, 바로 아프리카 여성에게는 불임 정도의 문제는 일도 아니라고 생각하는 선입견을 어떻게든 바로잡고 싶었다.

나는 벨기에에서의 삶이 여러모로 마음에 들었다. 나라가 바람직한 방향으로 변해가고 있다고 느꼈다. 더 국제적인 도시가 되고 있다는 느낌이었는데, 브뤼셀에 유럽 커뮤니티와 나토NATO 본부나 기업들이 속속 생겨나고, 경제가 부흥기에 접어들며 생명공학과 반도체 기술이 급격한 발전을 이룩하고 있었던 덕이었다. 동네 카페들에서 훌륭한 먹거리, 예술, 사교 문화를 모두 누릴 수 있다는 점도 만족스러웠다. 그러다 1980년 초가 되자 나라 안에 이상한 분위기가 감지되기 시작했다. 여러 인물들과 정당에 대한 뇌물수수 스캔들이 돌았고, 극우파 비밀집단들의 활동이 활발해졌다. 살인청부업자 패거리들이 전국을 누비며 슈퍼마켓이나 상점들에 총을 쏘아 댔다. 의회에서 이런 범죄들을 수사하긴 했지만, 별다른 성과가 없었다. 플랜더스 민족주의와 외국인혐오주의가 뒤섞인 블람스 블록 극단주의자들이 등장하기 시작했고, 플랜더스의 독립을 주장했다.

나는 그 무렵, 매주 한 번씩 저녁시간에 앤트워프 중앙역 주변 초라한 집에서 열리는 무료 청소년 클리닉에서 자원봉사를 하고 있었다. 주로 피임약을 처방해 주는 일을 했다. 그곳의 의사들은 미혼 여성들에게 피임약을 처방해 주지 않았고, 낙태 또한 간곡히 원한다 한들 완고히 해주지 않았다. 의사로서 진료하기 가장 어려운 환자들로 꼽히는 마약 사용자들도 많이 만났는데, 그들을 대할 때면 늘 감정이 북받쳤다. 나는 의대생 시절 마약 과다복용으로 친구 하나를 떠나보냈는데 과에서 제일 뛰어난 아이 중 하나였다. 내가 에볼라 발생으로 자이르에 가 있던 때였기에 친구가 마약에 중독되어 죽기까지 나는 전혀 알지도, 무언가를 해 주지도 못했다.

아프리카로 떠날 때마다 내가 더 쓸모 있는 사람이 되는 기분이었다. 뭐든 해낼 수 있을 것만 같았다. 지구상에서 가장 인구밀도가 높은 곳 중 하나인 벨기에에 살다가 아프리카에 가면 너른 공간 자체가 주는 여유로움을 만끽할 수 있는 것도 좋았다. 또한 아프리카 문화를 접하는 것도 즐거웠다. 사람들은 가난했지만, 가난 속에서도 창의력과 에너지가 넘쳤다. 벨기에 사람들은 불평이 많았다. 날씨도 불만, 여기 저기 쑤시는 것도 불만, 이곳저곳이 아프다며 불만, 병원과 학교 환경도 불만. 너무 많은 에너지가 불평하는 데 쏟아 버려지고 있다고 느꼈다. 벨기에는 전 세계에서 가장 좋은 교육 의료 환경을 갖춘 곳임에도 불구하고 말이다. 나이로비 프로그램의 규모가 점차 커지면서 모험의 범위를 중부와 서부 아프리카 쪽으로 넓혀가기 시작했다. 구소련에서 낮은 수준의 기본적인 의학 교육 연수를 받은 의사들을 대상으로 벨기에 열대의학연구소가 의학교육을 실시하고 있던 부룬디에도 가 보았고, 부룬디와 세네갈의 한센병 환자를 대상으로 한 패틴의 연구 프로젝트를 모니터링하기 위해 방문할 기회도 있었다.

한센병 치료에 있어서 뭔가 획기적인 것이 개발되고 있었는데, 그때까지는 한 종류의 한센병(희균나병)은 치료 기간이 길긴 했지만 비교적 쉽게 치료가 가능했다. 반면, 한센병 병원체가 온 몸에 퍼지는 다른 종류의 한센병(다균나병)은 전반적인 면역체계를 망가뜨리는 탓에 딱히 치료법이랄 것이 없었다. 패틴의 연구팀은 여러 약을 같이 사용하면 두 번째 종류의 한센병도 치료 가능하다는 것을 증명하는 데 중요한 역할을 했다. 전 세계에서 한센병이 거의 사라지게 된 바탕이 되었다고 볼 수 있다. 이 일을 하며 나는 어린 시절 우리 동네의 성자로 여겨지고 하와이에서 한센병 환자들을 돌보고 싶어 했던 데미안 신부님에 대한 기억을 많이 떠올렸다. 이렇게 학계, 연구, 임상의학, 국제개발의 매력적인 세계들을 만나며 길을 찾아가는 동안 나는 다양한 경험을 쌓으며 인생의 다음 장을 위해 준비되어지고 있었다.

PART 3

NO TIME TO LOSE

CHAPTER

10

새로운 유행병이 나타나다

나는 그 사이 앤트워프의 특정인들 사이에서 '꼭 찾아가 봐야 할 의사'로 꽤나 유명세를 떨치고 있었다. 주 고객층들은 아프리카에서 창피한 병에 걸려 돌아온 이들이나 비밀리에 진료를 받고자 하는 동성애자들이었다. 아랫도리의 어려움으로 인해 의사를 찾는 이들은 남녀 할 것 없이 정신적인 어려움도 함께 호소했다. 보통은 관계의 문제들이었다. 앤트워프의 병원에서 내가 진료했던 많은 환자들은 그나마 당사자들이 우려하는 만큼 상태가 나쁘지는 않았다. 동성애자 남성들은 정말이지 기이한 여러 가지 질병을 가지고 있었는데, 당시 동성애자들 사이에서는 매독과 B형 간염이 돌고 있었다. 만약 이것이 유행병이라면 뭔가 조치가 취해져야 했다. 그러려면 먼저 자료를 수집하는 과정이 필요했다. 나이로비에서처럼 몇몇 학생들을 데리고 나가 그라운드 제로에서 설문을 실시했다. 앤트워프의 동성애자 바에서였다.

많은 동성애자들을 만났다. 나는 동성애자인 친구들과 환자들로부터 앤트워프의 동성애자들은 유럽의 다른 나라의 동성애자들과 비슷하게 성적인 홍미가 특별히 충만하다는 것을 알게 되었다. 그러나 그 말이 무엇을 의미하는지에 대해서 알 준비가 되어있지는 않았던 것 같다. 우리가 가 본 첫 번째 동성애자 바에서 한 남자가 엉덩이가 다 드러난 가죽바지를 입고 있었는데, 당최 성별을 구분할 수 없는 모습에 경악했던 기억이 난다.

벨기에의 1980년대는 드디어 동성애자 남성들이 자신의 정체성을 드러내 밝힐 수 있게 된 때였다(지금은 벨기에에서 동성결혼이 합법화되고 사회적으로도 용인 돼 남자들이 "남편이랑 어디 다녀왔어"라고 말하는 것을 쉽게 들을 수 있지만, 당시는 지금과는 매우 다른 시대였다). 동성애자로 사는 일은 많은 차별 탓에 쉽지 않았다. 일례로 동성애자라는 사실을 공개한 후에는 학교선생님으로 일할 수 없었다. 그렇지만 앤트워프는 암스테르담 같은 '관용의 피난처'와 지리적으로 가까워 브뤼셀보다 펑키한 도시였고, 벨기에의 다른 지역들보다는 동성애에 대해 조금 더 관대한 편이었다. 역동적인 패션과 예술의 집결지였고 또한 항구도시로 다른 세계에 대해 열려 있었기에 내가 본 여러 섹슈얼한 행동들이 가능했을지 모른다.

우리는 몇몇 바에서 채혈을 해서 여러 성매개질환들의 감염률을 알아보고자 했다. 7%는 매독에, 34%는 B형 간염에 감염되어 있었는데, 이는 벨기에 다른 인구 집단에 비해 훨씬 높은 감염률이었다. 우리는 B형 간염 예방 접종을 실시했고, 동성애자 커뮤니티에서 전단지를 나눠주고 피드백을 듣는 시간도 가졌다. 자연히 더 많은 동성애자 환자들이 병원을 찾았다. 우리의 진짜 의도였다. 사람들을 끌어내 치료받을 수 있도록 하는 것. 그들은 최신식 치료와 상담을 받았다. 진료를 할 때면 본능적으로 환자들의 손을 잡아 주거나 어깨를 치며 격려를 해 주거나 하는 환자들과의 접촉을 중요시했다. 유대감을 형성하기 위해서였다. 오래 전 패틴과 함께 한센병 환자를 진료할 때 처음 중요성을 느끼고 생겨난 버릇이었다. 환자는 벨기에 출신 사제였는데, 진료 중 움츠러들며 "날 만지지 말아요"라고 했다. 자신을 만지면 병에 옮을 거라 굳게 믿고 있었고, 내가 그렇게는 절대 전염되지 않는다고 말해주자 서럽게 울었다. 환자와 접촉하는 것에 대해서는 한 번도 겁이 난 적이 없었던 것 같다. 물론 그렇다고 맨손으로 피가 흥건한 곳을 만지거나 환자의 입 속을 진료하지는 않겠으나, 피부를 만지는 거야 뭐 어떤가. 비누로 씻으면 그만일 것을.

에볼라 출현 후 5년의 시간이 흘렀고 나는 여전히 만성 질환들보다는 갑작스러운 유행의 발생에 매력을 느끼고 있었다. 원인 모를 병이 출현했다는 소식이 들리면 아드레날린이 온몸에 솟구쳤다. 그래서 미국뿐 아니라 다른 나라의 유행병에 관한 소식들이 실리던 미국 질병관리본부 주간소식지의 매 페이지를 정독해 내려가는 것을 취미이자 소일거리로 삼았다. 1981년 6월 5일 소식지에는 로스엔젤레스에 사는 다섯 명의 백인 동성애자 남성의 폐포자충***Pneumocystis carinii*** 폐렴 감염에 대한 사례가 실렸는데, 이 질병은 극심한 면역 결핍 상태에서만 감염되기 때문에 제2차 세계대전 시절 유럽의 고아원에서나 찾아볼 수 있었던 질병이었다. 다섯 명 환자 모두 거대세포 바이러스로 인한 매우 공격적인 감염에 시달리고 있었다. 보고서가 나온 지 얼마 지나지 않아 미국 다른 지역에서도 폐포자충 폐렴 환자들이 속출했다. 몇몇 남성 환자들은 악성 카포시 육종도 앓고 있었다. 이는 흔치 않은 피부병으로, 주로 중앙아프리카 지역에서 찾아볼 수 있는 병이었다. 주로 나이가 많은 지중해 지역 출신이나 유대인 백인 남성이 앓았다.

뭔가 이전에 없던 질병의 양상들이었고, 동성애자 남성들에게 많이 나타나는 것 또한 특이해서 평소보다 더 관심이 갔다. 영감들이 떠올랐다. 결국은 틀린 생각으로 판명되더라도, 새롭고 흥분되는 일이었고, 나의 지적 호기심을 자극하기에 충분했다. '미스터리, 동성애자 남성, 원인을 알 수 없는 증상들'이라는 힌트들이 주어져 있었다. 당시에는 당장 아프리카를 떠올리거나 1978년 부검했던 그리스 출신 어부를 떠올리지는 못했다. 여기저기서 이름도 없는 증후군이 일어나고 있는 시점에 앤트워프의 동성애자 집단에서도 같은 일들이 일어나고 있는지 궁금해졌다. 1981년 10월에 연례 항균제-화학요법종합학술회의와 회원으로 있던 미국감염학회 컨퍼런스에 참석하기 위해 시카고로 향했다. 여기서도 새로운 '동성애자 증후군'(증후군이란 한 가지 이상의 질병의 증상이 한꺼번에 나타나는 경우를 일컫는다)에 대한 약간의 논의가 있었다. 주요한 특징으로 카포시 육종과 폐포자충 폐렴이 나타난다는 이야기들이 많았는데, 이때도 앤트워프에서 나타나기 시작하던 아프리카 출신 환자들과 연관 짓지를 못했다. 시카고에서 돌아온 후 열대의학연구원에서 임상의로 일하던 헨리 탤먼이라는 친구와 맥주를 한잔하며 이 이야기를 했다.

헨리는 브뤼셀에서 온 프랑스어권 출신이었다. 나보다 조금 나이가 많았고, 아프리카에서 다양한 임상 경험이 있었으며, 일이 곧 삶인 사람이었다. 임상의학에 인생을 걸었는데, 가히 감탄할 만한 경지였다. 자연히 그와의 화제는 임상의학뿐이었지만 다행히도 그는 유머감각이 풍부했다. 세심하고, 신실하며, 환자들에 대한 열정도 투철했다(그는 1999년 르완다에서 너무도 일찍 세상을 떠났다. 대학살 이후 키갈리의 대학병원 재건을 도와주던 중이었다). 종종 그는 환자의 증례에 대해 내게 상의를 해 오곤 했다. 환자의 검체와 병력을 살펴보고, 함께 고민했다. 이번엔 그가 나를 도와 줄 차례였다.

헨리와 나는 병원의 환자기록들을 뒤지며 혹시 우리가 놓친 새로운 증후군이 있는지 확인했다.

그 과정에서 그리스 출신 어부의 사례가 재조명됐다. 밝힐 수 없던 사인, 범상치 않은 감염이 퍼져있던 사체, 면역체계 붕괴의 명확한 흔적.

비슷한 양상의 환자들이 하나둘 진료를 받으러 왔다. 거의 모두가 아프리카와 연관되어 있었다. 만성적인 설사, 현격한 체중저하, 특이하고 공격적인 감염의 양상, 미스터리하고 심각한 면역체계 붕괴 양상을 보였다. 예를 들자면 크립토코커스 뇌수막염, 중추신경계 톡소포자충증, 심한 대상포진 같은 것들이었다. 우리 팀은 말라리아, 수면병, 겸상적혈구성빈혈 등 온갖 열대성 합병증들에는 통달해 있었다. 그렇기에 이 증상들이 흔한 열대병이 아니라는 것을 잘 알고 있었다. 1982년 말에는 스무 명 남짓의 환자들을 진료하고 있었는데, 사례 하나하나가 의학 저널에 출판할 만한 논문의 소재였다. 조금씩 비슷한 환자들이 세계보건기구에 보고되던 시절이었던 것을 고려하면, 꽤 많은 수의 환자를 직접 진료하고 있었다.

퍼즐이 조금씩 맞춰져 가고 있었다. 하지만 우리가 보기 시작한 것은 동성애자 남성들 사이, 그리고 1982년부터는 혈우병 환자들이나 아이티의 이성애자들 사이에서 나타나던 폐포자충 폐렴과 카포시 육종과는 또 다른 다양한 기회감염들이었다. 환자 중에 동성과의 성적 접촉이 있었다고 말하는 이가 없었다. 여성들도 많아, 환자의 절반 가까운 수였다.

아프리카 출신 여성들도 있었는데, 주로 엄청난 부자나 고위급 정부 및 군 간부 부인들이었다. 중앙아프리카 지역에서도 대부분 자이르 출신들이었으며, 간혹 르완다나 부룬디 출신도 있었다. 그녀들은 절박했고, 뼈만 남은 데에다가 근심에 가득 차 있었으며, 어디서 많이 본 듯한 특유의 텅 빈 눈빛을 지녔었다. 나는 한참 후에야 예전에 에볼라 환자들에게서 보았던 눈빛이었음을 떠올렸다. 환자들의 상태는 걷잡을 수 없이 악화되었다. 이들을 어떻게 치료해야 할지 갈피도 잡지 못했다.

환자들이 점점 많아졌다. 헨리와 나는 서로 새로운 환자가 도착할 때마다 연락을 주고받기 시작했다. 또 한 명의 부유한 아프리카인, 정확히는 중앙아프리카 출신 환자가 도착했다. 그는 종종 벨기에에 머물던 바 있었고, 거의 죽기 직전의 상태였으며, 고국에서보다 나은 치료를 받을 수 있다는 희망에 우리를 찾아 왔던 차였다. 헨리와 나는 이 증후군이 동성애와 반드시 연관이 있다는 확신을 가지고 그와의 대화 속에서 거듭 이런 저런 역학적인 그림을 그리기 위해 노력했다. 아프리카 문화에서는 동성애가 금기시 되고 있었기에 쉽지 않은 작업이었고, 그저 관련된 질문을 하는 것 자체가 치욕으로 받아들여질 수 있었다.

1982년에 50세 즈음의 자이르인 군 간부가 치료를 받으러 왔다. 병을 앓기 전엔 풍채가 좋았었다는데, 우리를 찾아왔을 즈음에는 간신히 옷이 걸려 있다는 인상을 받을 만큼 말라 있었다. 그의 거만하고 공격적이며 대접 받는 것을 당연한 권리라 생각하는 듯한 태도와 강인함은 나도 익숙히 봐 오던 진정한 자이르 '보스 맨' 특유의 태도였다. 단번에 그와의 대화가 쉽지 않을 것임을 직감했다. 얌부쿠에서 제법 많은 시간을 헬리콥터 조종사들과 함께 보냈던 나는 자이르 출신의 군인들로부터 성에 대한 속 이야기를 꺼내는 방법을 꽤 잘 알고 있었다. 하지만 동성애에 대한 이야기는 난감했다.

"장군님 같은 남자라면 대단한 '스포츠맨'이시겠군요"라며 먼저 운을 띄워야 했다. 성을 스포츠에 빗대어 말한 것으로, 피차 익숙한 뉘앙스였다.

자신의 정력과 '정복의 역사'에 대한 자부심이 대단했던 이 지휘관은 당연히 그렇다며 우쭐댔다. 그는 전혀 부끄러워하는 기색 없이 "나는 타고난 진짜 사나이지. 진정한 남자는 여자가 많이 필요해. 아주 많이"라고 말했다.

"역시 진정한 남자시군요!"라고 한껏 그를 치켜 세워 준 후 중요한 질문을 꺼냈다. "그러면 혹시, 그만한 정력가이신데, 여성들과 그 정도로 활발하셨다니까 혹시나 해서요. 가끔 남자들과도 관계를 가지시나요?"

"무슨 소리! 그런 일은 절대 없었소. 있을 수 없는 일이오. 불결하오! 당신 미쳤소?" 한치의 망설임 없고 진정성 있는 그의 묵직한 음성이 쩌렁쩌렁 울렸다.

아프리카 출신 남성 환자들과는 한동안 이런 대화들을 계속 이어 나갔다. 여성 성관계 파트너가 많은 것에 대해서 매우 솔직하고 직설적으로 인정하는 경우도 있었고, 행여나 백인 특유의 편견으로 아프리카인은 짐승 같다고 판단해 버릴까 조심스럽게 고백하는 경우들도 있었다. (나는 유럽 사람들 중에도 파트너를 여럿 두는 사람들을 많이 봐서 그런 편견을 가진 적이 한 번도 없는데, 환자들은 몰랐다). 한 명과만 관계를 가졌다고 말하는 환자들이나, 수많은 여성들과 관계를 하며 살아왔다 말하는 남성 환자들이나, 한 가지 사실에 대해서는 단호했다. 남성과 성관계를 가진 적은 없다는 것이었다. 정확히 확인할 방도는 없었지만, 포진 같은 직장 감염이 있는지 검진을 해 보며 정말 항문성교를 한 적이 없는지에 대해 유추해 보았다. 그런데 정말 그런 흔적이 전혀 없었다.

그들의 말을 그대로 다 믿을 수는 없는 일이긴 했다. 윌리라는 친구가 있었는데 동성애자였고, 1980년대 서아프리카 코트디부아르의 수도인 아비장의 경영 컨설팅 회사에서 근무했다. 현지 남성들과 많은 성관계를 가졌고, 매번 앤트워프에 올 때마다 새로운 종류의 생식기 감염병과 함께 돌아왔다. 성 매매를 하냐는 질문에 그렇지 않다며 그의 아프리카 성관계 파트너들은 경제적인 이유가 아닌 온전히 개인의 선택으로 관계를 하는 이들이라고 주장했다. 그로 인해 나는 어떤 아프리카의 도시들, 적어도 서아프리카에는, 음성적으로 활동하는 동성애자들이 많다는 것을 알고 있었다. 하지만 내 환자들은 이런 일들과 전혀 어떤 연관성도 가지고 있지 않았다. 참 알 수 없는 일이었다.

그 와중에 나단 클루멕이라는 당시 브뤼셀의 성피에르 병원에 근무하던 의사도 미스터리한 증후군에 걸린 중앙아프리카 출신 환자들을 진료하고 있었다. 나단은 샌프란시스코에서 머문 경험이 있던 젊고 야망 있는 의사였다. 스무 명 남짓의 환자들이 브뤼셀과 앤트워프에서 치료를 받고 있었다. 5월경, 뤽 몽타니에가 이끌던 프랑스 연구자들이 이 증후군과 관련이 있는 레트로바이러스를 분리해 냈다고 발표했다. 이 시점까지 미국에서는 6백여 명의 환자가 집계되었는데, 주로 남성 동성애자, 아이티 출신, 주사약물 사용자, 수혈 환자, 그리고 혈우병 환자였다. 마지막 세 카테고리의 환자들로 인해 주사나 혈액을 주고받으며 감염될 가능성이 어느 정도 분명해졌다. 동성애자 환자들의 감염은 성 관련 경로로의 가능성을 말해 주었다. 아이티 출신들의 감염은 아직

풀리지 않은 수수께끼였다. '동성애자와 연관성이 있는 면역성 장애'나 동성애자homosexual, 헤로인 사용자heroine users, 혈우병 환자hemophiliacs, 아이티인Haitians의 첫 글자에서 따 온 '4H 병' 같은 몇 차례의 안타깝고 부정확한 작명들을 거쳐, 1982년 7월의 회의에서 마침내 후천성 면역결핍증Acquired Immunodeficiency Syndrome, 줄여서 에이즈AIDS라는 공식적인 명칭이 탄생했다.

앤트워프 환자 중에는 주사약물 사용자나 아이티인이 없었다. 혈우병 환자도 없었다. 혈우병 환자들에서 치명적인 출혈을 방지하는 벨기에산 혈액제제인 '팩터8'은 국내의 혈액제제만을 사용했다. 여타의 국가들보다는 더 까다로운 기준을 지키고 있었기 때문에 아직 증후군으로부터는 안전했다. 그렇지만 벨기에도 에이즈에 걸린 것으로 추정되는 환자들이 있었다. 헨리와 나는 나단 클루맥 선생을 비롯해 몇몇 에이즈 환자로 추정되는 환자들을 진료하고 있는 의사들이 함께 만나 여러 조언을 주고받을 수 있는 비공식적인 모임을 만들었다.

루뱅 가톨릭대에서 바이러스학을 가르치는 잰 데마이터 교수는 공식적인 에이즈위원회를 만들었다. 이후 정말 벨기에 답게도, 나라 전역에 세 개의 위원회가 창립되었다. 플란더스어권을 위한 위원회 하나, 프랑스어권을 위한 위원회 하나, 그리고 그 둘의 연합 격인 '벨기에'를 위한 위원회가 하나였다(나는 플란더스어권을 위한 협회와 벨기에 협회 두 군데에 참석했다). 환자 진료를 위한 지원금은 연방정부에서 나오고, 예방 캠페인 같은 사업을 위한 비용은 각 지방에서 나오는 복잡한 구조 때문이라는 논리였다.

대다수의 환자들이 중앙아프리카에서 오고 있었기 때문에 직접 현장에 가서 상황을 보는 것이 시급하다고 느꼈다. 벨기에까지 치료를 받으러 오는 환자가 백 명이라면, 항공 요금이 없거나 비자를 받지 못하는 환자들은 수천 명이 있을 거라는 생각이었다. 당시 아무도 자이르에 가서까지 조사를 해 볼 생각은 하지 않았다. 물론 중앙아프리카 지역에도 의사들은 있었다. 그러나 잠비아와 우간다에서 공격적인 카포시 육종 발생의 증가를 보고하는 몇몇 의사들을 빼고는, 특히 우리가 진료하고 있는 환자들 대부분의 거주하던 자이르, 르완다, 부룬디 같은 나라들에서는 어떤 보고도 없던 상황이었다.

문제는 돈이었다. 벨기에의 누구도 이 병을 위해 연구비를 댈 생각이 없었다. 유럽위원회의 지원금은 분명한 목적성을 띠고 있었다. 마음대로 그 돈으로 자이르에 가서 에이즈 연구를 진행할 수는 없었다.

1983년 8월, 나는 국제 성매개질환 연구학회에 참석하기 위해 시애틀에 가 있었다. 미국 질병관리본부에서 에이즈 대책위원회를 이끌고 있던 제임스 쿠란 박사와 이야기를 나눌 기회를 얻었다. 나는 긴급히 아프리카로 가서 무슨 일이 벌어지고 있는지 조사해 봐야 한다며 연구비 지원을 요청했다. 그는 매우 훌륭한 과학자이고 좋은 사람이기 때문에 개인적으로 좋아했지만, 당시에는 미국 내의 이슈들을 해결하느라 정신이 없는 상태였다. 특히나 에이즈로 인해 레이건 정권이 겪고 있던 지속적인 정치적인 문제들 때문에 급한 불들을 끄기에 바빴다. 때문에 내 제안에 대한 조치를 취해 주지 못했다(그러나 후일 내가 이끄는 아프리카 에이즈 대응 연구의 가장 든든한 후원자가 된다).

그리고 9월 비엔나에서 열린 국제감염학회에 참석했다. 벨기에 내 40명의 에이즈 확진 환자를 발견한 즈음이었고, 이 중 37명은 중앙아프리카에서 온 환자들이었다. 톰 퀸과 대화를 나누었다. 그와는 시애틀에서 킹 홈즈와 일할 때 처음 만났었고, 지금은 미국 국립보건연구원과 존스 홉킨스 대학 감염병 전문가로 일하고 있다. 우리는 클라미디아 감염병을 같이 연구하게 되었던 때부터 줄곧 연락을 주고받아 왔었다. 당시 톰은 아이티의 에이즈 상황을 보기 위해 짧은 방문을 마친 뒤였다. 그는 잭 위테스카버와 리차드 크라우우를 소개해 주었는데, 리차드는 미국 국립 알레르기 감염병 연구소의 연구소장이었다. 미국 내에서 에이즈 기초 연구를 이끌어가는 기관이었다.

리차드의 호텔방에서 다시 한 번 나의 숙원사업에 대해 이야기를 풀어놓았다. 그 자리에서 단번에 지원 약속을 받았다. “좋아요. 10만 달러를 줄 테니 킨샤사로 가서 뭔가 한 번 해 봅시다. 단, 우리는 딱 한 번만 가는 겁니다. 그리고 모든 일은 같이 하는 겁니다.”

톰 퀸과 나는 10월에 자이르에 가기로 했다. 그 전에 앤트워프에서 먼저 만나서 계획을 짜볼 생각이었다. 톰은 미국 국립보건연구원에서 적어도 한 명 이상의 동료를 데리고 오기로 했고, 나는 헨리 텔만에게 함께 가자고 말해 놓은 상태였다. 모든 구성원들이 한번 만나서 같은 뜻을 가지고 일을 시작할 필요가 있어 보였다. 그리고 이번에는 내가 팀을 이끌어봐야겠다고 생각했다. 에볼라 때 문제를 발견하고 바이러스를 분리해 낸 건 우리 팀이었지만, 사실상 미국 질병관리본부에서 이후의 모든 사업을 꾸려갔었다. 자금도, 경험도 그쪽이 더 넉넉했기 때문이었다. 이번에는 우리 팀이 주축이 되어보고 싶었다. 톰도 동의했다. 기생충이나 동성애자 남성에게 나타나는 성매개질환에서는 쓸 만한 경험이 많았지만, 아프리카는 그에게 생소한 세계였기 때문이었다.

그렇지만 톰은 미국 국립보건연구원 소속이었다. 미국 내 보건과 연관된 정부기관들인 워싱턴의 미국 국립보건연구원과 애틀랜타의 미국 질병관리본부 사이에서는 에이즈라는 주제에 대해 무언가 팽팽한 권력 다툼이 있었다. 미국 질병관리본부가 우리의 킨샤사 출장에 대해 알게 되자 그들은 내부의 조사관을 자이르에 파견했다. 다행히 미국 질병관리본부 조사관은 수단에서 에볼라 조사를 했던 조 맥코믹이어서, 전화로 많은 논의를 했다. 내가 이 두 기관의 득 될 것 없는 경쟁구도 사이에 있다는 것을 인지하고는 모두가 함께 킨샤사에 가는 것을 제안했다. 다행히 당시 미국 보건복지부 장관이 질병관리본부와 국립보건연구원의 협력 강화를 명령한 상태였기 때문에 제안이 받아들여지는 데 큰 어려움은 없었다.

자이르로 떠나기 며칠 전 모두가 앤트워프에 모였다. 서로 각기 다른 생각을 가져 갈등의 소지가 있는 가운데서도 회의는 원활하게 진행되었다. 열대의학연구소의 원장이 유일하게 강력한 주장을 펼쳤는데, 바로 내가 팀을 이끌어야 한다는 것이었다. '우리 벨기에인'들이 콩고를 잘 알고 있으며 '그 민족'을 잘 알기 때문이라며 완고히 주장했다. 솔직히 좀 창피할 정도였다. 미국인 동료들은 못마땅하게 여겼지만, 결국 내가 팀을 이끄는 것에는 동의했다. 어차피 미국 질병관리본부에서 미국 국립보건연구원이 팀을 이끌게 둘 리 없었고, 반대도 마찬가지였다. 나는 제3자였다. 평행 선상의 두 기관 사이에서 다리 역할을 해 줄 누군가를 두는 건 모두에게 나쁘지 않은 방법이었다.

10월 18일, 사베나 항공 DC-10편 항공기를 타고 킨샤사로 향하는 길에 우리는 활동계획에 합의했다. 우리가 모으는 검체들을 가지고 무엇을 어떻게 할 것인지, 연구 결과를 가지고 논문을 발표하는 일은 누가 할 것인지 등을 논의했다. 나는 작은 메모리와 프린터를 탑재한 조그마한 브라더 타자기를 가지고 있었다. 누구도 토를 달지 않고 세세한 협정에 서명했다.

우리가 은지리 공항에 내렸을 때, 정확히 6년 전 에볼라 사태 때의 첫 자이르 방문이 자꾸 떠올랐다. 이번에는 한결 더 준비된 모습이었고, 자신감도 있었으며, 익숙한 곳으로 돌아온 듯한 느낌이었다. 동시에 새로운 발견에 대한 흥분과 기대로 가득 차 있었다. 킨샤사 공항에서 외국인들을 상대로 기승을 부리는 소매치기 행렬을 뚫고, 1976년에 머문 적 있던 열대의학기금으로 모두를 안전하게 인도해 냈다. 장 프랑수아 루폴이 숙소를 마련해 주었고, 머무는 동안 필수 요소인 교통편을 최선을 다해 제공해 주었다. 사실 에이즈 조사를 위한 정부 공식 허가를 받지 않아서, 자칫 쫓겨날 수도 있는 상황이었다. 내심 그가 이런 면에서도 우리를 도와주길 바라고 있었다. 도착한 날 저녁, 우리는 열대의학기금 사무실 건너편에 셰 니꼴라라는 이태리 음식점에서 식사를 하며 여러 상황에 대해 의논하고 성생활의 위험 요인들을 조사하기 위한 설문지도 만들었다.

루폴, 텔만, 그리고 맥코믹은 모두 아프리카 베테랑들이었지만, 성에 관련된 이슈들에 대해 공개된 장에서 이야기 하는 것에 대해서는 매우 불편해 했다. 창피함에 얼굴이 빨개지곤 했는데, 특히나 이런 류의 이야기를 나누다 보면 꼭 한 유명 미국 배우가 항문에 햄스터를 넣었다가 입원했다는 등의 루머로 이야기가 흘러 삼천포로 빠져버리기 일쑤였기 때문이었다. 톰 퀸은 게다가 목소리도 커서 어느 순간 레스토랑 전체가 조용히 우리를 주시하고 있는 것을 느꼈다. 우리 이야기의 토씨 하나하나에 모두가 귀를 기울이는 듯 했다. 이틀이 지나기 전에 킨샤사의 주재원 사회 전체가 희한한 성매개질환을 조사하러 온 연구팀의 존재에 대해 알게 되었다.

조 덕분에 마침내 정부로부터 연구조사를 공식 허가 받았다. 그의 친구 칼리사 루티 박사가 보건부의 수장을 지내고 있었다. 우리는 제일 먼저 자이르에서 가장 큰 병원인 마마 예모 병원으로 향했다. 심장내과 의사이며 내과 과장이던 빌라 카피타 박사는 먼저 우리에게 원내 구경을 시켜 주었다. 규모는 컸지만 매우 비위생적이었다.

1976년에 에볼라 환자를 진단할 때 머문 적 있던 마마 예모 병원은 당시에도 매우 지저분했다. 1983년에 다시 찾았을 때는 환경이 더 나빠진 듯 보였다. 몇몇 동은 아예 무너져 내렸고, 병원 마당에는 쓰레기가 썩어가고 있었다. 병원이라는 곳의 환경이 이 정도였다. 병동으로 들어가자 환자들이 여기저기 널려 있는 듯 누워 있었다. 침대 위에는 두 명씩, 그리고 더 많은 환자들이 바닥 가득 얇고 먼지 묻은 매트리스 위에 누워 있었다.

카피타는 몸집이 작고 절제가 몸에 밴, 참 진국인 사람이었다. 언제나 겸손하고 사려 깊은 표정의 미소를 지었다. 바스 콩고 지방에서 스웨덴 선교사의 손에 자랐고, 얼핏 보기에도 실력 있는 의사였으며 돌보는 환자들에 대해 헌신적이었고, 고향 마을의 발전을 위해 투자를 아끼지 않았다. 한마디로 진정성 그 자체인 사람이었다. 후에 그의 시골 마을에 가서 함께 시간을 보낸 적이 있는데, 가진 것은 벽돌집 하나가 다였다. 아이들 교육을 위해 쓰는 돈을 빼고는 그의 모든 수입이 마을 발전을 위해 쓰였다. 우리를 위해 그간의 환자 중 에이즈 의심 환자들의 차트를 분류해 주는 수고를 해 주었다. 당시는 1983년 10월이었는데, 그는 지난 몇 해간 이런 환자들을 봤다고 했다. 단지 자료들을 한데 모아 무언가를 발견하려 해 본 적이 없을 뿐이었다.

서류파일들이 산더미처럼 쌓여 있었다. 서류는 일단 나중에 살펴보기로 하고, 조, 톰, 헨리와 나는 환자들을 직접 보기 시작했다. 보통 25

세에서 30세 사이의 환자들로, 체중이 심하게 줄어 있었고, 치료하기 까다로운 설사병을 앓고 있었으며, 앞서 여러 번 언급한 적 있는 그 맥없는 표정을 하고 있었다. 많은 환자들이 극심한 가려움증을 호소했는데, 이런 피부 질환들은 지금까지 어떤 논문에서도 다루어진 적이 없었다. 입 안에도 병변이 많았고, 곰팡이 감염이나 눈 뜨고 볼 수 없을 정도의 포진들을 지니고 있었다. 몇몇은 카포시 육종 흔적들이 다리에 나타났다. 많은 환자들이 가쁜 숨을 몰아쉬고 있었다. 결핵으로 인한 호흡곤란으로 보였다. 크립토코커스 뇌수막염을 앓는 환자들도 꽤 많았는데, 이미 에이즈 감염의 증거로 알려진 질병이었다. 카피타는 증상들이 공격적이며, 진행 속도도 빠르고, 치료가 매우 어렵다고 했다.

우리는 말을 잇지 못하고 서로를 그저 쳐다보기만 했다. 카피타가 여성 병동의 문을 열자 얼핏 보기에도 지금까지 본 환자들과 같은 증상을 앓고 있는 환자들이 가득 넘쳐나는 또 하나의 병동이 있었다. 물론 실험실에서의 확진이 필요하긴 하지만, 그날 아침에만 외관상으로도 에이즈로 의심되는 50여 명 이상의 환자들을 보았다. 1983년 당시에는 매우 큰 숫자였는데, 전 세계적으로 확진으로 집계된 환자 수가 2천여 명 남짓한 상황이었고 대부분은 그 사이 이미 사망한 상태였다.

병동을 돌아본 후 크게 심호흡을 한 번 했다. 숨이 가빠지고 있었다. 그때의 주체할 수 없는 감정은 아직도 생생할 정도라, 기록도 해 두었다. 과학적 발견을 했을 때 느꼈던 그런 행복하고 간지러운 느낌이 아니었다. 물론 호기심은 들었다. 어떠한 해결책을 찾아내 보고픈 열망도 있었다. 그렇지만 이 감정은 우리가 정말 엄청난 재앙에 맞서고 있다는 사실에 대한 부담에 더 가까웠다. 그 순간 나는 이 유행병이 어떤 방법으로든 내 삶을 불살라 버릴 것이라는 것을 직감했다. 순간의 분명한 깨달음이었다.

1976년에 우리를 두려움에 떨게 했던 유행병이 떠올랐다. 에볼라가 킨샤사를 삼켜 버릴 수도 있다는 두려움 앞에 섰던 그 상황이 자꾸만 상기되었다. 같은 상황 앞에 다시 서 있었다. 하지만 다른 점은 이번 유행병은 이미 킨샤사를 삼켜 버린 후라는 것이었다. 지금 내가 알고 있는, 혹은 알고 있다고 믿는 모든 퍼즐들이 이번 적은 에볼라보다 훨씬 더 치명적일 것이라 말해주고 있었다. 에이즈는 당장 증상으로 내보여지지 않는 병이었고, 그렇기에 더 통제하기 어려울 가능성이 컸다. 에볼라는 그저 서막에 불과했던 것처럼 느껴졌다. 내가 상상할 수 있는 최악의 유행, 만날 수 있는 가장 강력한 적수, 쏟을 수 있는 모든 에너지와 기를 빨아들이고도 더 많은 것을 요구할 존재라는 것을 예감했다.

나는 모국어로 수첩에 적었다. "놀랍다. 아프리카의 재앙이구나. 무엇이든 하고 싶다. 이 병은 모든 것을 바꿔 놓을 것이다."

CHAPTER

11

프로젝트 씨다*

인생을 바꿔 놓은 자이르로의 두 번째 방문이었다. 에볼라는 내 이십 대를 바꾸어 놓았고, 7년 후 이 킨샤사 마마 예모 병원 방문은 두 번째 전환점이 되었다.

그날 밤 우리가 머물던 열대의학기금의 방 침대에 걸터앉아 생각했다. 앞으로 내 경력의 대부분을 중앙아프리카의 치명적인 유행병을 쫓는 데 쓴다면 장래는 어떻게 될 것인가? 아래는 그때 적은 메모이다.

〈장점〉

- 흥미롭고 새롭다.
- 거대한 문제다.
- 사람들의 삶을 변화시킬 수 있다.

---

* 역주: 씨다(SIDA)는 프랑스어로 에이즈를 의미한다.

- 영광스러운 일이다.
- 신나는 연구다.
- 연구 논문도 많이 발표할 수 있을 것이고, 어쩌면 자이르에 장기 프로젝트를 세울 수도 있다.

〈단점〉
- 1년에 몇 번이고 자이르에 출장을 와야 한다. 나이로비 출장과는 또 별도로.
- 자이르와 벨기에에서 미국인들과 많은 행정적인 전쟁을 치러야 한다.
- 끝이 없어 보이는 전쟁 사이에 끼어 중재역할을 해야 한다.
- 미국 국립보건연구원에 계속 보고해야 한다.

간단한 생각들의 목록을 만들어 요점을 정리해 보는 버릇이 있었다. 늘 도움이 되는 것은 아니었는데, 이번이 그런 경우였다. 사실 필요한 것은 목록이 아니었다. 이미 속으로 결정은 내려져 있었다. 내가 마주한 일은 인생에 몇 번 경험할까 말까 한 흔치 않은 경험이었다. 삶의 방향이 바뀌는 것이 온 몸으로 느껴졌다. 엄청나게 강력하고 미스터리한 존재는 아프리카의 경험들과 미생물학자 경력을 걸고 한번 맞서 볼 만한 존재였다. 이 일에 뛰어들면 아마 끝까지 갈 것 같았다.

그렇지만 내가 적어 내려 간 목록들도 분명 일리가 있었다. 열정과 설렘을 선사해 줄 모험이며 역사에 한 획을 긋는 일이 될 것도 자명했지만, 동시에 너무 많은 출장과 정치적이고 관료적인 일들에 매어 나의 직업뿐 아니라 개인적인 삶도 망가져 버릴 가능성이 컸다.

실제 이런 우려는 다음날 킨샤사대학에서 장 자크 무옘베 교수(현재는 의학대학의 학장이다)와 회의를 하며 내 노트의 다음 페이지에 적은 내용에서도 조금씩 실체를 드러냈다. 그는 아주 좋은 사람이었고, 좋은 과학자이기도 했으나, 대학이 워낙 학술적으로나 재정적으로나 극심한 곤경에 처해 있었다 보니 탐욕스러운 보건부와 교육부의 높은 직위의 공무원들에게 의존할 수밖에 없는 상황에 있었다. 에볼라 사태 때부터 그를 알고 있었는데, 다국적 연구팀이 도착하기 전부터 먼저 팀을 꾸려 얌부쿠로 향했던 인물이었다. 그는 보조금, 장학금, 그리고 에이즈 연구를 위한 팀을 꾸릴 재정, 시약, 킨샤사대학이 과학적인 인정을 받을 수 있도록 적어도 두 건의 논문을 발표해 줄 것을 요구했다. 빈곤과 무능한 정부로 어려움을 겪는 나라에서 일하는 어려움이 바로 수면 위로 드러났다. 이 회의로 인해 무력감이 더해졌다. 무옘베 교수가 요청하는 지원은 모두 그의 환경에서는 정당한 것이었으나, 나는 그를 위해 해 줄 수 있는 것이 없었다.

우리는 검체를 채취하고 검사를 실시해야 했다. 세포 수를 직접 세어 보기 위해 미국 질병관리본부에서 온 실라 미첼과 함께 대학병원에 작은 연구실을 설치했다. 당시에는 에이즈의 원인을 밝힐 수 있는 공인된 실험실적 검사가 없었다. 파리 파스퇴르연구소의 뤽 몽타니에 교수 연구팀이 미국 여행을 다녀온 남성으로부터 에이즈 원인으로 추정되는 바이러스를 발견했다고 발표했고, 이를 림프절병증 연관 바이러스라 불렀다. 그렇지만 아직 바이러스를 위한 혈청학적 검사가 없었고, 정말 에이즈를 일으키는지에 대해서도 논란이 많았다. 미국 국립보건연구원의 로버트 갈로는 에이즈를 일으키는 바이러스를 단독으로 발견했다고 주장했고, HTLV 3이라 명명했다(나중에 바이러스가 몽타니에의 바이러스와 동일하다는 것이 밝혀졌다). 그리고 또 다른 이들은 에이즈의 원인이 바이러스가 아니라 다양한 독소의 조합으로 추측하고 있었다.

결국 에이즈를 확인하는 가장 확실한 방법은 T림프구 중 억제 T세포와 세포독성세포 사이의 비율이었는데, 이 모든 세포들을 직접 하나하나 헤아려야 했다. 얼마 후 데이비드 클라츠만이라는 열정 넘치는 젊은 프랑스 연구자가 에이즈의 원인이 되는 바이러스를 밝혀내며 인간면역결핍바이러스라 명했고, 면역계의 교통경찰과 같은 역할을 하는 CD4 수용체로 T림프구를 선택적으로 죽인다는 사실을 밝혀냈다. 클라츠만의 발견으로 우리는 더 이상 보조 T세포를 셀 필요가 없었고, CD4 세포 수만 세면 되었다. 시간이 좀 더 흘러서는 항체시험도 실시할 수 있게 되었다. 그렇지만 1983년에는 아직 진단 방법이 매우 복잡하고 정확도도 낮았다.

우리는 킨샤사에 5주간 머물렀다. 그동안 검체 채취와 임상적 사례 정의를 했다. 사람들이 분명 "당신들이 아프리카에 찾은 그것 말이오. 에이즈가 아니라 그냥 면역 결핍증이요. 어쩌면 영양실조와 기생충 감염으로 인한 것일지도 모르지"라고 말할 것을 어느 정도 예상하고 있었기 때문이었다. 진단이 불분명한 영역이 분명 있었기에, 데이터가 누구도 반박할 수 없을 만큼 정확해 우리가 에이즈 환자라 명명한 환자들은 누가 봐도 명백히 에이즈 환자일 정도의 자료를 가져야 했다.

11월 2일, 마마 예모 병원과 대학병원에서 에이즈 환자로 추측한 환자 수는 약 100여 명이었고, 이 중 38명에 대해서는 어느 정도 확신이 있었다. 20명은 남성, 18명은 여성이었다. 10명은 연구 기간 동안, 8명은 1983년 말에 사망했고, 석 달 내의 치사율이 47%였다. 이들은 충격적인 임상 양상을 보였다. 심각한 체중 감소와 함께 나타나는 원인을 알 수 없고 지독한 설사병은 약에도 좀처럼 반응하지 않았다. 성인에게서는 찾아보기 힘든 종류의 설사병이었다. 또한 지속적인 고열과 기침에 시달렸고, 뭐든 삼키는 것을 고통스러워했으며, 구내염을 앓고 있었고, 임파선이 부어 있었으며, 극심한 가려움증을 호소하며, 닭살이 돋았을 때와 비슷한 피부병변을 앓고 있었다. 크립토코커스 뇌수막염, 헤르페스, 구강 칸디다증, 그리고 양측성 폐렴 등의 질환에도 시달렸다. 16%의 환자들은 파종성 카포시 육종을 앓고 있었고, 네 명 중 한 명은 매독을 앓고 있거나 앓았던 기록이 있었다. 남성들은 전 생애에 평균 일곱 명의 성관계 상대가 있었다고 말했고, 남성들보다는 나이가 적은 편이고 주로 이혼녀이던 여성들은 평균 세 명의 성관계 상대가 있었다고 밝혔다. 환자들의 삶의 이야기를 좇다 보니 남성에서 여성으로, 그리고 여성에서 남성으로 쌍방향 감염이 이루어졌음을 알 수 있었다. 분명한 증거는 아니었지만, 여성에서 남성으로의 전파 가능성에 대해 처음으로 이야기할 수 있는 자료였다. 동성애나 마약 사용으로 인한 전파 가능성은 전혀 찾아내지 못했다.

병원 기록도 빠르게 검토했다. 크립토코커스 뇌수막염을 표지자로 활용했는데, 쉽게 찾아볼 수 있고 대체로 무해한 크립토코커스 네오포만스Cryptococcus neoformans라는 곰팡이는 심한 면역결핍 상태의 사람들에게만 뇌수막염과 같은 심각한 감염을 일으키기 때문이었다. 1975년까지도 거슬러 올라가 의심환자 몇 명도 발견했는데, 물론 확진을 내릴 수는 없었다. 1979년까지 대학병원(시내에서 차로 약 40분 정도 거리에 위치), 은갈리마 병원, 키노아즈 병원, 키탐보 병원과 무료 치료를 하는 유일한 병원인 대형 마마 예모 병원에서 매년 한 명 남짓의 환자가 발견되었다. 1980년 이후에는 모든 병원에서 연간 다섯 명 이상의 환자가 발견되었고, 이를 토대로 킨샤사에서의 진짜 에이즈 유행은 미국과 비슷한 시점에 일어났다고 추측했다.

하루는 내가 바보짓을 하고 말았다. 채혈을 하느라 사용한 주사 바늘에 뚜껑을 다시 씌우려고 하다 벌어진 일이었는데, 수백 명의 학생들에게 절대 하지 말라고 내가 누누이 경고하던 일이었다. 주사 바늘을 폐기하기 전에 플라스틱 뚜껑을 씌우려고 했다. 생각해 보면 그럴 필요까지 있었나 싶다(플랑드르인의 특유의 결벽증에서 비롯되었는지 모르겠다). 그 과정에서 실수로 주사바늘에 손가락이 찔렸다. 찰나에 찔려서 난 작은 상처로부터 주사바늘 안으로 피가 빨려 올려가는 것을 보았다. 그 사이 손가락으로 흘러 들어갔을 수 있는 피를 짜 내기 위해 꾹 눌러 마지막 한 방울까지 짜 냈다. 상처부위를 소독하고 다시 업무에 복귀하는 것 외에는 더 이상 할 수 있는 것이 없었다. 방금 채혈한 환자는 상태가 좋지 않아, 에이즈 환자였을 가능성이 매우 높았다. 당장 확실히 그가 감염자인지, 그래서 나 또한 이제 감염되었는지에 대해서 알 수 있는 방법이 없었다.

귀국길에 나는 요하네스버그에 들렀다. 비트바테르스란트대학에서 열리는 감염병 컨퍼런스에서 발표를 하기 위해서였다. 나는 당연히 에이즈와 더불어 킨샤사에서 우리가 방금 보고 온 유행병에 대해서 이야기를 했다. 남아공에는 그때까지 단 한 건의 에이즈 환자만이 발생했다고 집계되어 있었다. 미국에서 여행 중에 감염되었을 것으로 추정 되는 동성애자 백인 남성이었다. 컨퍼런스에 참석한 숙련된 의사들은 자이르의 에이즈 유행 이야기에 매료되었고, 배우고자 하는 열의도 대단했다. 동시에 남아공에는 이런 특이한 면역결핍증이 전혀 없다고 거듭 강조했다(당시에는 옳은 말이었다. 훗날 남아공은 전 세계에서 가장 큰 규모의 에이즈 유행의 늪에 빠지게 되지만, 1983년 당시는 아직 바이러스가 퍼지기 전이었다).

벨기에로 돌아와 톰 퀸과 이야기를 나누었다. 그는 코펜하겐에서 열린 세계보건기구 회의에 참석하기 위해 나보다 일찍 킨샤사를 떠났다. 회의에서는 온통 유럽과 북미의 에이즈에 대한 이야기뿐이었음을 전해주었다. 아프리카의 상황은 전혀 언급되지 않았고, 마약 사용자가 아닌 이성애자들에 대한 이야기 또한 전혀 없었다고 했다.

1984년 초, 킨샤사에서 모은 혈청을 몽타니에와 프랑스의 프랑수아즈 부룬베지네에게 보냈다. 항체들을 그들이 발견했다는 림프절병증 연관 바이러스로 실험해 보기 위해서였다. 톰과 조는 미국인들이었지만, 돌아가는 길의 유럽위원회 회의에서 몽타니에와 잠깐 마주친 후 그에게 검체를 보내는 것이 어떠냐 의논했을 때는 이의가 없었다.

몽타니에 팀에 보낸 검체 중에는 바보 같은 실수를 했을 때 나의 피와 잠깐 섞였던 남자의 것도 포함되어 있었고, 나의 것도 포함되어 있었다. 나는 두려움에 떨고 있었다.

혈청들에 코드를 매겨 보냈고, 코드를 아는 사람은 나뿐이었다. 몽타니에의 연구진들은 어떤 피가 에이즈 의심환자의 것이고 어떤 것이 건강한 대조군의 것인지 전혀 몰랐다. 때문에 이 실험은 우리 연구의 유효성뿐 아니라 그쪽 연구의 타당성까지도 같이 시험하는 의미가 있었다. 1984년 봄, 결과를 알려주기 위해 전화를 걸었을 때, 그는 나만큼이나 긴장해 있었다. 그가 "2번 검체, 양성 반응. 3번 검체, 음성 반응" 같은 식으로 목록의 결과를 하나씩 읊었고 나는 코드를 보면서 하나씩 맞춰 보았다. 이럴 수가! 모두 맞았다. 테스트는 정확했다. 몽타니에가 양성으로 밝혀낸 환자들은 에이즈 증상을 보였던 환자들과 거의 일치했다. 증상을 보이지 않았던 몇몇 사람들도 양성으로 나와 있었는데, 틀렸다고 할 수 없는 결과들이었다. 이 환자들은 바이러스 보유자이나 증상이 아직 나타나지 않은 상태였을 가능성이 있었다.

홍분되는 동시에 중요한 순간이었다. 개인적으로는 내 검사 결과가 음성으로 나왔기에 더욱 그랬다. 나의 피와 잠깐 동안 섞였던 남자는 양성으로 나왔지만, 나는 음성이었다. 순간 안도감이 몰려왔다. 중요한 교훈을 주었던 사건이었고, 이후 우리 팀이 실시하는 HIV 테스트는 최소한의 기간 내에 환자에게 결과를 제공하기 위해 최선을 다한다. 단순히 "2주 안에 다시 오세요"라고 말할 수 있는 과정이 아니기 때문이다. 결과를 기다리는 동안의 불안감은 상상할 수 없을 정도로 괴롭다.

마침 그 즈음에 토마스 파란의 『대지 위 그림자**Shadow on the Land**』라는 작품을 읽었다. 1930년대의 미 연방 공중위생국장이었다. 그는 매독을 세상 밖으로 끄집어 낸 인물이었다. 당시 격식 있는 대화 중에 '매독'이라는 단어를 꺼내는 것조차 불가능했고, 전파 경로를 입에 올리는 것은 더욱 그랬다. 그는 1% 이상의 미국인들이 매독에 감염되어 있으리라 추측했다. 파란의 인식개선 운동은 페니실린을 이용한 치료법이 밝혀진 것만큼이나 미국의 매독 퇴치에 중요한 역할을 했다(2차 세계대전이 막바지에 이른 즈음, 미국 공중위생국은 열 명 중 한 명의 미국인이 살면서 매독에 적어도 한 번은 감염된다고 발표했다). 이 책은 나에게 새로운 시각을 제공해 주었다. 최근 서양에서도 매독으로 인한 문제가 이렇게 심각했는지 처음 알았고, 질병에 대한 뿌리 깊은 편견이나 부정으로 인한 치명적인 영향에 대해 깊이 생각해 볼 기회를 주었다(1998년에 나는 미국 성매개질환협회로부터 토마스 파란 상을 받았다. 내게는 각별한 상이었다).

유럽의 어떤 이들은 에이즈를 동성애를 금하는 분명한 신의 메시지로 인식했다. 에이즈 환자들이 겪는 차별의 정도는 끔찍할 지경이었다. 어린 시절 데미안 신부 기념관에서 보냈던 오후들을 떠올리게 했다. 의학적으로 밝힐 수 없는 무시무시한 질병이던 한센병으로 인한 낙인에 대해 고민에 빠지곤 하던 나날들이었다.

앤트워프 출신 동료 전문의 더크 아봉스와 함께 TV 생방송에 출연했다. 우리는 50cm 정도 되는 커다란 빗자루를 핑크색으로 칠했다. 카메라에 잘 보이게 하기 위해서였다. 그리고는 더크가 빗자루를 사용해 콘돔 착용법을 시연해 보였다. 제작진에게 전혀 미리 언지를 주지 않은 채 우리끼리 꾸민 일이었다. 이 일은 꽤나 큰 스캔들을 불러 일으켰고, 신문에는 성난 시청자들의 투고가 끊이지 않았다. 어떻게 이런 외설스러운 방송을 할 수 있냐는 것이었다. 나는 이런 뿌리 깊은 수치심을 성매개질환 퇴치의 공식에서 제해 버리고 싶었다.

1984년 7월까지도 킨샤사에서의 연구 결과를 담은 우리의 논문은 《란셋》지에 실리지 않고 있었다. 처음 제출 때는 '해당 지역에만 해당하는 내용'이라는 이유로 받아들여지지 않았다. 다음 《뉴잉글랜드 저널 오브 메디슨》지에 제출했을 때 심사단은 "에이즈는 여성으로부터 남성에게 감염되는 것은 불가능한 것으로 널리 알려져 있다"라는 코멘트를 달랑 적어 우리 논문을 돌려보냈다. 사람들은 이미 '그저' 동성애자들만의 병이라는 인식을 가지고 있었다. 나는 바이러스가 왜 인간 숙주의 성적인 취향에 대해 관심을 가지는지에 대해 도무지 이해할 수 없었지만, 스탠리 팔카우의 실험실에서 배운 것을 한번 적용해 보았다. 병원체의 입장이 되어보기로 한 것이다. 바이러스의 입장에서의 성행위는 숙주들의 점막 표면의 접촉에 불과했다. 그렇다. 로맨틱한 말은 아니다. 그러나 이 접촉이 바로 바이러스들이 한 세포에서 다른 세포로 옮겨가며 삶을 영위하는 방법이었다. 바이러스는 숙주들의 성행위가 즐거운지, 아니면 인간 숙주가 어떤 인종인지 혹은 여성인지 남성인지에 대해서는 관심이 없을 것이라 생각했다. 물론 특정 성행위 방식이 세포 사이를 옮겨 가는 데 훨씬 효율적일지는 몰라도, 특정 성행위 방식만이 유일한 전달 경로일 가능성은 없었다. 그렇기에 나는 에이즈가 동성애자들의 병이라는 독선적인 주장에 대해 늘 의문을 가질 수밖에 없었다.

이 와중에 나는 총 70페이지에 달하는 60만 달러짜리 보조금 지원 제안서를 미국 국립보건연구원에 제출했다. 자이르의 상황을 조사하기 위한 총 3년에 걸친 연구 계획서였다. 모두들 들떠 있었다. 3년 연구에 60만 달러의 지원금이면 지금은 적은 돈처럼 보일지 몰라도, 조교수였던 내 월급이 당시 환율로 약 1천 달러 남짓이던 시절임을 고려하면 아주 큰 돈이었다. 주요한 내용은 킨샤사에서 우리의 짧은 경험을 통해 특정 환경에서는 에이즈가 분명 이성애자 사이에서의 문제이기도 하다는 사실을 밝혀냈다는 것이었다. 에이즈가 곧 다양한 종류의 사람들에게도 치명적인 타격을 입힐 가능성이 있음을 말해주었다.

이런 가능성에 대해 더 명확히 할 필요가 있었다. 위험 요소들도 체계적이고 면밀하게 살펴 볼 필요가 있었다. 어머니에서 아이로 수직감염이 이루어진 사례들도 발견했는데, 이 또한 완전히 새로운 주제였다. 세 번째로 우리가 제시한 가설은 논란의 여지가 많았다. 비록 초기에 드러나지 않았더라도, 우리가 살펴 본 바로는 서양에서보다 중앙아프리카에서 더 오랫동안 발생해 왔을 수 있었다는 내용이었다. 네 번째로는 아프리카도 서양과 비슷한 확산 양상을 보이고 있는지를 알아보고자 했다. 예를 들어 벨기에의 경험에 비추어 볼 때 아프리카 환자들 중 폐포자충 폐렴과 카포시 육종을 앓는 이들은 유럽에 비해 적었던 반면 크립토코커스 뇌수막염을 앓는 이들은 더 많았다. 그렇지만 당시 검체가 작은 편이라는 한계는 배제할 수 없었고, 연구 자료가 아프리카 전반에서 일어나고 있는 일을 대표하고 있다고 말하기도 어려웠다.

우리는 마마 예모 병원에 연구실을 만들 계획이었다. 혈액학, 미생물학, 면역학 실험을 모두 실행할 수 있는 시설을 확보하고, 림프구 분석도 가능하도록 할 생각이었다. 에이즈 의심 환자에 대해 면역학적 특징을 종합 분석해 건강한 대조군, 외과 환자들, 결핵환자들, 그리고 각종 기생충 관련 질병 환자들과 비교할 계획이었다. 모두 아프리카의 에이즈에 대한 확고한 사례 정의를 확립하기 위한 것이었다. 우리는 또한 성관계 방식, 수혈, 바늘 사용 여부 등 가능한 위험에 대해서도 조사할 계획이었다. 한 마디로, 에볼라 유행 때 실시한 역학조사를 그대로 할 생각이었다. 또한 환자들의 가족들과 성관계 상대들의 임상적, 면역학적 상태를 일정 기간 지켜보며 전향적 연구를 실시해, HIV가 비좁은 공간에 같이 사는 가정 내에서의 일상적인 접촉이나 곤충들에 함께 물려가며 사는 가운데 전염 가능한지도 조사할 계획이었다. 마지막으로 아동들의 에이즈 감염에 대한 연구에도 비중을 둘 생각이었다.

이런 제안은 여러 위원회들을 거치며 거의 지원이 확정되는 듯 보였다. 그런데 1984년 1월, 갑자기 미국 국립보건연구원 측에서 기별이 끊겼다. 미국 질병관리본부에서 킨샤사에 단독으로 프로그램을 진행하기로 하며, 조나단 만이라는 뉴멕시코주 담당 역학자를 고용했기 때문이었다.

내가 이 소식을 들은 것은 3월 초의 어느 날 오후 조나단 만으로부터 직접 전화를 받고서였다. 그는 미국 질병관리본부의 에이즈 프로젝트에 착수하기 위해 킨샤사로 간다고 말했다. 나는 “뭐요?”라고 소리칠 뻔했다. 가는 길에 앤트워프의 내 사무실에 들러도 되냐고 물었고, 나는 당연히 수락했다. 브뤼셀 공항에서 그를 처음 만났을 때는 긴장했지만, 곧 매력적인 사람이라 생각하게 되었다. 수줍음이 많은 편이었고, 알버트 아인슈타인과 그루초 막스의 중간쯤 되는 인상을 풍겼다. 진지하고 열성적인 자세로 여러 질문을 던졌는데, 거의 정신분석학자 수준의 질문들이었다. 만나자마자 아프리카에 가 본 경험이 없으며, 엄청 긴장하고 있다고 말했다. 부인이 프랑스 출신이어서인지 불어에도 능통했다. 우리는 꽤 죽이 잘 맞았고, 같이 일해도 문제가 없겠다는 합의를 보았다.

3월 킨샤사에서 조나단을 다시 만났다. 여러 사람들을 소개시켜 주고, 톰 퀸과 조 맥코믹의 도움을 받아 작성한 제안서도 한 부 주었다. 병원을 돌아보니 새로운 에이즈 환자들이 눈에 띄었다. 마마 예모 병원의 빌라 카피타 박사로부터 4개월 전 우리가 떠난 이후 100여 명의 환자가 추가 발생한 것으로 보고 있다는 이야기를 들었다. 매주 두 명 정도의 새로운 환자들이 크립토코커스 뇌수막염 증상을 보이며 찾아온다고 했다.

4월에 나는 미국 국립보건연구원으로부터 우리가 보조금을 받지 못할 것이라는 기별을 받았다. 나중에야 알았지만 조나단이 우리의 제안이 수락되는 것을 막았다. 지금은 충분히 이해할 수 있는 이유에서였다. 그가 곧 아프리카에서 가장 큰 규모의 의생명공학 연구 프로젝트를 진두지휘하게 되는 찰나였기 때문이다. 다행히 이 사실을 알게 된 것은 몇 년 정도 흐른 후였고, 그때는 이미 그에 대해 큰 존경심을 가지게 되고 나서였다. 그는 매우 복잡한 성격의 소유자였고, 한 개인으로서는 꽤나 편협한 통제광이었다. 그러나 이전에 누구도 생각해보지 못한 분야들을 연결하는 능력에 있어서는 비범한 재능이 있었다. 예를 들자면 인권과 보건을 연결하는 식이었다. 저명한 파리의 시옹스포 정치대학에서 공중보건학적 관점에서 본 에이즈와 정치적 분석을 연결해 학위를 받았다. 에이즈 분야가 탄압 받는 이들을 위해 정의를 택하도록 지극정성을 기울였고, 이런 행보는 독보적이었다. 장기적 비전을 가진 탁월한 외교에 능한 사람이었고, 많은 국제기구들이 가지고 있던 비상식적 관료주의와 나태함에 대해서는 한 치의 타협도 보여주지 않았다.

그러나 당시 내게는 미국 국립보건연구원이 나를 완전히 빼고 가기로 했다는 사실만이 크게 다가왔다. 이제 미국 질병관리본부와 직접 파트너로 일하기로 한 듯, 톰 퀸과 일하던 아프리카계 미국인 면역학자 스킵 프란시스를 자이르에 있는 조나단과 협업하라며 보냈다. 내게는 간절히 하고 싶은 연구를 수행할 돈이 없었다. 조나단은 내가 일하던 열대의학연구소와 '프로젝트 씨다'의 협력을 제안했다. 나에게 임상연구를 이끌어 달라 부탁했는데, 사실 그다지 관심 있는 분야가 아니었다. 협업의 전제는 내가 연구에 필요한 돈을 직접 구해 오는 것이었다.

나는 임상연구에 필요한 기자재들을 지원해 달라고 제약회사에 요청했다. 여기서 만 달러, 저기서 5천 달러를 지원받았다. 또 적은 돈을 받고도 연구를 하러 자이르까지 가겠다는 젊고 패기 넘치는 앤트워프 출신의 훌륭한 의사 밥 콜번더스를 만났다. 유럽연합과 벨기에 의료법인에도 지원금을 요청했고, 킨샤사의 내 오랜 친구 장-프랑수아 루폴이 벨기에-자이르 은행의 책임 외과의사를 소개해 주었다. 몇 년에 한 번씩 나는 보쇼라 불리며 기사 작위를 가지고 있던 나이 지긋하신 은행장님을 만나러 본사로 찾아갔는데, 모든 것이 잘 다듬어진 상아로 되어 있는 그 곳에 들어섰을 때 왠지 식민지의 고혈을 먹는 강대국의 진한 향기를 맡는 것만 같았다. 아주 오래 전에 우리 조부께서 일하시던 소시에떼 제네랄에 소속되어 있으며, 여전히 아직도 자이르의 주요 은행인 이곳에서 이제는 내가 원조를 받게 되었다. 매년 르 쉐블리에* 보쇼는 개인 수표에 10만 혹은 15만 벨기에 프랑을 내 이름 앞으로 적어 주었고, 은행 측에서 킨샤사에 우리가 필요로 하는 물류조달도 도와주도록 하겠다고 엄숙하게 약속했다.

이 돈을 자금으로 해 열대의학연구소는 프로젝트 씨다의 공식적인 파트너가 되었고, 이 혁신적인 프로젝트는 내 인생을 돌이켜 가장 자랑스러운 일 중 하나로 남아 있다. 프로젝트 씨다는 아프리카의 에이즈에 대한 기본 지식을 빠르고 단단하게 다져 두었다. 몇 년 후 뉴 사이언티스트지에서 에이즈에 대한 과학 논문에 대해 분석했을 때 자이르에 대한 연구 논문들이 전 세계에서 가장 많이 인용된 논문으로 나타났다.

1984년 10월이 되어서야 프로젝트 씨다가 공식적으로 시작되었다. 우리는 3자 보고 체제로 일했다. 미국 국립보건연구원에서는 미국 국립알레르기·감염병연구소의 수장인 토니 파우치, 미국 질병관리본부에서는 에이즈 본부 본부장 짐 쿠란, 그리고 열대의학연구소의 피터 피오트였다. 조나단 만과 연구팀은 이 셋에게 보고하도록 되어 있었다. 나는 갑자기 책임자 격으로 승격되었다, 우리 벨기에인들은 사실상 미국인들 만큼의 재정적 지원을 쏟아 부을 수 없는 상태였음에도 불구하고 말이다. 역할 분담을 했다. 미국 질병관리본부는 역학을 담당했고, 미국 국립보건연구원은 실험을, 그리고 벨기에는 임상을 담당했다. 밥 콜번더스와 나는 중앙아프리카에서의 HIV감염에 대한 다양한

* 역주: 기사를 뜻함.

임상 양상을 상세히 기술하는 부분을 책임졌다. 당시 아프리카에서 에이즈가 영양상태나 다른 흔한 감염병들과 어떻게 상호작용하는지, 그리고 유전적인 구성 등 서양과는 확연히 다른 환경에서 어떻게 나타나는지에 대해 아직 알려진 바가 없는 상태였다. 모든 연구는 효과적인 진단과 치료에 도움을 줄 것이었다. 우리는 종종 이 두 미국 기관의 복잡한 관계 사이에서 애매한 상황에 처했는데, 각자의 방식들이 다른 경우가 종종 있었기 때문이었다(이는 뒤에 합류한 미 육군 병리학연구소와도 마찬가지였다).

각자 영역의 일들이 겹치는 경우가 많았지만 결국 조화롭게 일을 해냈다. 우리는 모든 논문은 공동으로 발표할 것과 모든 연구들을 함께 기획하고 실행할 것에 합의했다. 그리고 나는 우리가 킨샤사로 들고 들어온 내시경이니 기관지경이니 하는 기구들을 연구만을 위해 쓰지는 말자고 주장했다. 환자들에게 서비스도 제공하고, 자이르 사람들을 훈련하는 등의 투자도 우리의 몫이라 생각했다. 이 방향성은 당시 미국 국립보건연구원과 질병관리본부의 규정에 반했는데(현재의 규정들은 그렇지 않다), 그들은 오직 연구 수행만을 할 수 있었고, 의약품 제공 등의 일은 원조로 따로 분류되었다. 그럼에도 나는 간호사인 아내와 함께 곧 자이르로 이주할 예정이었던 밥 콜번더스에게 마마 예모 내과병동에서 카피타씨와 함께 진료를 보는 일을 맡겨 보자고 강력하게 주장했다. 그는 내가 그에게 첫 반년 정도 밖에 임금을 지불할 수 없었음을 알고 있었다. 이런 일들에 대해서는 당분간 함구하면 되는 일이었다.

이 출장에서 자이르의 정부로부터 사업 착수를 공식적으로 허가받았고, 벨기에 개발 기구로부터 지원금도 받아 냈다. 우리는 실험실을 설치했고, 프리다 비헤츠가 이를 운영했다. 프리다는 킨샤사에 살던 플랑드르인이었는데, 에볼라 때부터 알고 지냈다. 성실하고 의지가 강했고, 어디에 떨어뜨려 놓아도 살아남을 사람이었다. 그녀는 이 프로젝트에 누구보다 적합한 책임자였다. 그리고 보생쥐 은갈리와 유진 은질렘비 은질라가 있었는데, 두 젊은 자이르인 의사는 매우 재치 있게 정부의 관료주의를 헤쳐 길을 찾을 줄 알고, 사람들과 관계를 만들어갈 줄 아는 사람들이었다. 가치를 매길 수 없을 만큼 훌륭한 이들이었다. 은갈리는 나중에 아프리카 대륙에서 처음으로 세워진 자이르 국립 원조 프로그램의 책임자로 일하게 된다. 은질라는 똑똑한 데다가 특히 정말 재미있는 사람이었다. 그의 성이었던 키콩코는 '잘못된 길'이라는 뜻이어서 우리 놀림감이 되었다. 그는 또 '사퍼*'로 통하던 자이르인 멋쟁이었는데, 언제나 완벽하게 수트를 차려 입고 나타나곤 했다. 나는 그와 마통게의 테라스에서 많은 저녁을 함께 했는데, 그곳에서는 늘 좋은 수크스 풍의 음악이 흘러나왔다(수크스는 '흔들다'라는 프랑스어 '세쿠이'에서 왔다).

킨샤사는 여전히 흥분되는 곳이었지만, 날카로운 가시도 함께 지닌 곳이었다. 늘 그랬듯이, 나에게는 호텔비로 쓸 여윳돈이 없었기에 줄곧 열대의학기금에 머물렀고, 주로 한밤중에, 그리고 가끔은 낮에도, 경찰이나 군인들의 바리케이트에서 붙잡히곤 했다. 다만 한두 푼이라도 뜯어 낼 심보였다. 나는 절대 돈을 주지 않겠다는 신조를 가지고 있었고, 이 때문에 가끔 곤욕을 치렀다. 특히나 이들이 거나하게 취한 밤에는 여지가 없었다. 하루는 은지리 공항에서 잡히는 바람에 탑승해야 하는 브뤼셀행 비행기가 탑승 수속을 하는 사이 어떤 방에 끌려가 비

* 역주: 나퐁레옹 시대에 앞치마를 입던 공병들을 지칭하며, '댄디가이'라는 의미가 있다.

밀경찰에게 취조를 당했다. 내게 다이아몬드 밀수 혐의를 뒤집어 씌웠다. 결국 나는 신조를 꺾고 나서야 풀려나, 비행기가 떠나기 전에 아슬아슬하게 올라탔다. 다음 킨샤사 방문 때는 내가 1977년 모부투 대통령에게 받은 훈장을 관리하며, 다른 기관들보다는 원활하게 굴러가고 모든 것이 완벽하게 정리되어 있던 국가 훈포장 관리처를 찾아 갔고, 그들은 나의 파일을 금방 찾아냈다. 그들은 여당을 의미하는 밝은 초록색의 카드를 즉시 발급해 주었는데, 여기에는 모부투가 직접 사인을 했다. 그 이후 나는 붙들리거나 괴롭힘을 당할 때면 이 카드를 척 하고 꺼내 들었다. 더 이상 공항에서 짐 가방을 열지 않아도 되었다. 그들은 내게 인사하고는 얌전히 옆으로 비켜 서 있었다. 가끔은 나도 부패에 전염된 것이 아닌가 하는 생각을 하기도 했다.

우리는 가족 내 접촉자 조사를 진행했다. 우리가 매우 중요시했던 조사였다. HIV가 과연 성적 접촉이 아닌 가까운 접촉만으로도 감염될 수 있을까? 곤충을 매개체로 한 감염은 어떨까? 이를테면 벼룩, 모기를 통해서도 감염이 될까? 라는 중요한 질문들에 답하기 위해서였다. 모기를 통해서는 감염이 어려울 것이라 생각했다. 그때까지 모기로 인해 감염되는 말라리아를 심하게 앓았던 아이들에게서 HIV 감염을 발견한 경우가 거의 없었기 때문이었다. 에이즈에 대해서는 모든 것이 의문투성이였다. 모두 다 하나하나 확인해 보아야 했다. 우리는 성적인 경로 외에는 가족 전염의 흔적을 전혀 찾을 수 없었고, 그나마 다행이라 생각했다.

프로젝트 씨다는 HIV 모자수직감염에 대한 연구의 초석을 놓았다. 비율을 정확히 알 수는 없지만 미국의 에이즈에 감염된 어머니들에게서 태어난 신생아들 또한 에이즈에 걸려 거의 대부분 기회감염으로 목숨을 잃는다는 것이 알려져 있었다. 킨샤사 역시 감염자 중 여성들이 많았고, 출산율 또한 매우 높았기에 이 주제에 우선순위를 두고 풀어내야 한다고 느꼈다. 마마 예모 병원의 소아과병동이었던 7 병동에서 모든 소아 입원 환자들과 건강한 형제자매를 대상으로 연구를 진행했다. 많은 소아 환자들이 에이즈와 연관이 있는 증상을 보이고 있었지만, 신생아와 소아의 HIV 감염여부 진단은 정확도가 높은 실험실에서 진행하지 않으면 매우 어려운 일이었다. 이것은 사실 오늘날에도 마찬가지다. 일단 검체를 모으기 시작했고, 언젠가 HIV 검사가 가능해질 날을 기대하며 잘 보관해 두었다. 당시에 몇몇 기업들이 검사 개발에 몰두하고 있는 것을 알고 있었다(이 일은 존의 후임이던 로빈 라이더의 의지로 훗날 주목받았다).

임상적으로, 가장 큰 문제는 설사였다. 치료약도 듣지 않고, 사람을 쇠약하게 만들며, 비인간적이었고, 굴욕적이었다. 환자들에게서는 지독한 악취가 났고, 일어서지도 못했기에 이 진저리 나는 오물 위에 누워 있어야 했다. 몇 달이고 이런 상황은 지속되었다. 콜레라 환자에게서 비슷한 모습을 본 적이 있었지만, 콜레라는 급성이고 기간이 짧았다. 에이즈 환자들은 혼자서 죽음을 맞았다. 친구, 가족을 비롯한 주변인들 모두가 두려워했다. 이들은 너무 빨리 이 병이 유행병이며 극심한 낙인이 찍혀 버림받는 병이라는 것을 알아차렸다. 내게도 많은 영향을 미쳤다. 나뿐만 아니라 에이즈 환자를 다루는 모든 의사들에게 그러했으리라 생각한다. 에이즈 환자들을 대하는 일은 그저 과학적인 호기심과 흥분의 대상이 아니었다. 사람에 대한, 우리 환자들에 대한, 그리고 더 나아가 다른 사람들에게도 영향을 미치는 일이었다.

조나단은 킨샤사에서 에이즈가 세력을 확장하고 있는지 알아보기 위해 감시체계를 가동시켰다. 수혈되는 혈액에 대한 감시를 시작했고, 곧 혈액은행과 함께 일했다. 첫 단계로 우리는 헌혈자들이 누군지 조사했다. 아직 검사법이 없는 상태였기 때문에 혈청만 보관했다. 마마 예모 병원에는 작은 혈액은행이 있었는데, 매일 30~40명의 헌혈자가 있었다. 돈을 받고 헌혈을 하는 이들이거나, 환자들의 가족이었다. 아프리카의 많은 병원의 혈액은행들은 모두 당장 오늘 벌어 오늘 먹는 가난한 이 같은 실정이었다.

1985년 중반쯤 우리는 첫 번째 효소면역측정법ELISA 검사분을 받았다. 정확히 기억나지는 않지만, 몇 백 개 정도였던 것 같다. 그러나 우리에게는 지금처럼 유병률이 높은 가운데 그저 T림프구와 CD4 세포들만 열심히 세고 있다고 해서 뭐가 달라질까? 라는 의문이 있었다. 검사법이 있다고 환자들을 더 효과적으로 치료할 수 있다는 확신이 더들지는 않았다. 이보다 더 현실적이고 직접적인 방법은 수혈하는 피를 검사하는 것으로 보였다. 적어도 한 명의 새로운 감염자를 확실히 예방할 수 있는 방법이었다. 그래서 우리는 거기서부터 시작했다.

우리는 또 1983년 당시 건강한 대조군이라 여겼으나, 프랑스 팀의 검사 결과 HIV 양성반응이 나온 환자들을 추적 조사하기 시작했다. 몇몇 사례들은 증상이 나타나기 전까지 시간이 좀 걸렸으나, 결국 증상이 나타난 후에는 모두 사망했다. 이로써 그들의 HIV 항체 실험 결과는 옳았으며, HIV 감염 이후의 잠복기 때문이었음으로 결론 내려졌다.

마마 예모 병원은 킨샤사의 에이즈 전문병원이 되었다. 많은 시간을 마마 예모 병원에 투자했고, 일 년에 적어도 서너 번은 출장을 왔다. 조나단 만과의 협력 과정은 수월한 편이었지만 우리는 근본적으로 참 다른 사람이었다. 킨샤사를 배경으로 한 그의 세계는 마마 예모 병원, 미국 대사관, 아메리칸 클럽, 자녀들이 다니던 학교, 보건부, 그리고 집이 전부였다. 예를 들어 초창기 그는 우리가 사람들에게서 얻은 검체들을 가지고 에이즈 검사를 한다는 사실에 대해 함구하며 말라리아 검사를 위한 것이라 말하도록 했다. 나는 윤리심의위원회의 규정에 따라 사실대로 말해야 한다고 주장했다. 우리는 검체를 채취하는 환자들에게 그들의 체액을 가지고 무엇을 하는지에 대해 말해 주어야 할 책임이 있었다. 그렇지만 자이르 정부와 협의를 하던 이는 조나단이었고, 정부에서 절대 허가해 주지 않을 것이라 줄곧 주장했다.

어쩌면 사실이었을지 모른다. 조나단은 통찰력 있는 외교를 펼칠 줄 아는 사람이었다. 그는 이 전무후무한 일을 자이르 정부 관계자들이 받아들이도록 설득해 낸 인물이었는데, 말처럼 쉬운 일이 아니었다. 당시의 자이르 정부는 여타 아프리카 국가 정부와 마찬가지로 자국 내 에이즈 유행의 존재에 대해 부정했고, 언제고 우리의 일을 서방 국가의 인종차별에서 기인한 일이라 비난하고 들 수 있었다. 조나단은 미국 국립보건연구원과 질병관리본부의 빽적지근한 당파 싸움 사이에서도 평정심을 유지하고 일을 추진해 나갈 줄 알던 사람이었다.

조나단과 나 사이에는 한 가지 이견이 더 있었다. 그가 쓰고 있던 안경을 벗어 조그마한 공구상자에 든 공구들로 자꾸만 이리 저리 나사를 빼고 돌릴 때면 나는 뭔가 일이 났다는 것을 직감했다. 그가 긴장할 때면 나오는 버릇이었다. 그는 헛기침을 하고 뜸을 들이더니 드디어 본론을 이야기했다. "너무 바깥출입이 많으신 것 같아 걱정이 됩니다." 나를 비판하고 있는 듯한 어조였다. 나가서 맥주 한잔을 하거나 춤을 추러 가는 등 하는 나의 행동이 점잖지 못한 일이라 생각하는 듯 했다.

"선생도 나와 같이 가면 참 좋을 텐데요. 나가서 진짜 사람들을 한번 만나 보셔야지요. 그냥 같이 재미있게 노는 겁니다. 이야기를 나누거나 같이 춤추는 거에요. 이런 것도 한번 경험해 보시는 게 참 중요하다 생각합니다만." 나는 자이르 동료들과 어울리는 게 업무적으로도 도움이 되는 좋은 처사라 생각했다. 그런 시간을 통해 킨샤사의 사회적인 특성, 정치적인 특성, 그리고 이 바이러스가 노리는 사람들에 대해, 그리고 바이러스의 행로에 대해 알게 되어 이곳에서 지금 일어나는 일에 대해 더 잘 이해하리라 믿었다.

CHAPTER

12

다시 한 번 얌부쿠로

1985년 6월에 첫 국제 에이즈 컨퍼런스가 미국 조지아 주의 애틀랜타에서 열렸다. 이때까지 총 1만 7천여 명의 에이즈 환자가 보고되었는데, 80% 이상이 미국에 거주하고 있는 것으로 알려져 있었다. 나는 빌라 카피타, 워빈 오디오(자이르 출신 내과학 교수), 자이르 보건부의 수석자문이던 팡구 박사와 함께 컨퍼런스에 참석했다. 동료들은 컨퍼런스 참가자 중 유일한 아프리카 대륙 출신들이었고, 유일한 흑인들이기도 했다. 나는 통역사 역할을 자처했다. 에이즈가 아프리카로부터 왔을지 모른다는 인식이 퍼지고 있던 즈음이라 이들 주변에는 사람들로 발 디딜 틈 없었다. 그러나 동료들은 이런 인식들과 아프리카 환자들이 음지의 동성애자들이며 원숭이와 성행위를 한다는 등의 이야기들이 은근히 언급되는 것에 심한 모욕과 충격을 느꼈다. 특히나 청렴결백과 고결함의 아이콘이었던 카피타 박사는 분노를 금치 못했다.

컨퍼런스에서는 HIV가 여성에서 남성에게로 전염되는 것도 가능하다는 내용이 받아들여지는 데 있어 대단한 저항이 있었다. 주로 과학자들이었던 참석자들은 어쩌면 남자에서 여자로 감염까지는 가능할 수 있지만, 이 또한 항문 성교일 경우에만 가능할 거라는 단서를 달았다. 우리 연구 결과가 담긴 포스터 앞에서 에이즈는 절대 이성 간의 성교로는 감염이 불가하다고 주장하던 뉴욕 보건국의 사람들과 뜨거운 논쟁을 벌였던 것이 기억난다.

검사에 대해서도 이런 저런 말이 많았다. '검사는 안 하는 게 능사NO TEST IS BEST' 라고 쓰여 있던 스티커들이 기억난다. 양성으로 진단을 받는 환자들에게는 차별만이 있을 뿐, 치료 방법이 없는 지금 상황에서의 진단은 환자들에게 어떤 도움도 되지 않는다는 논리였다. 어차피 모두 콘돔을 사용할 거라면 꼭 에이즈 감염 사실을 알아야만 또 다른 감염자가 나오지 않게 나머지 인구를 보호할 수 있는 것도 아니라는 주장이었다. 혼란스러울 따름이었다. 논지는 알겠지만, 그래도 누가 보균자인지를 아는 것이 그와 주변인들을 보호하는 데 도움이 된다는 확신이 있었다. 이때 에이즈 운동에 대해서 처음 알게 되었다. 유럽에는 아직 이런 운동이 없었으며, 아프리카는 말할 것도 없었다.

그래도 좋았던 것은, 장 윌리엄 빌 파프를 만난 일이었다. 아이티인 감염병 전문가로, 설사로 인해 사망에 이르던 한 유행병이 에이즈로 명명되기 한참 전인 1981년부터 이 병에 관심을 갖고 지켜봤던 인물이었다. 아이티의 수도인 포르토프랭스 씨뜨 쏠레이에 기반을 두고 있던 그의 연구팀 게스키오는 선구적인 일을 하고 있었다. 코넬대로부터 지원금을 받아서 진행하는 연구였지만, 아이티인들이 주축이 되어 연구를 수행하고 있었다. 연구팀은 지금도 아이티에서 에이즈에 대한 임상 진료와 연구를 이끌어 가고 있다. 자이르인들과는 개발도상국 출신이라는 면에서 통하는 게 있었는데, 나는 자이르인도 가난한 국가의 출신도 아니었지만 이 컨퍼런스라는 무대 안에서는 이 집단에 더 깊은 소속감을 느꼈다. 에이즈가 서방 국가들에서보다 개도국에서 더 큰 위협이 될 수 있다는 사실을 깨닫고 있던 사람들은 몇 없었기 때문이었다.

1985년 9월에는 중앙아프리카공화국의 수도인 방기에서 열린 아프리카 최초 에이즈 회의에 참석했다. 아프리카인들, 미국 질병관리본부에서 온 미국인들, 프랑스인 과학자들, 그리고 내가 모인 조촐한 회의였다. 방기의 파스퇴르연구소의 한 회의실에 꾸역꾸역 비집고 들어가 앉아 논의를 했다. 당시의 세계보건기구 아프리카 지역사무소는 에이즈에 관한 그 어떤 일에도 연루되고 싶지 않아 했다. 공중보건의 재앙이 눈앞에 분명 다가오고 있었음에도 세계보건기구 내에서는 유럽과 아메리카 사무소들 외에는 아직 아무도 움직이고 있지 않았다. 당시에는 에이즈를 부유한 국가들만의 문제로 보았기 때문이다. 당시 세계보건기구 총재 하프단 말러는 잠비아에서 기자들에게 "에이즈가 아프리카에서 급속도로 번지는 일은 없을 것입니다. 말라리아나 다른 감염병들이야말로 매일 많은 아이들을 죽음에 이르게 하는 무서운 위험요인들입니다"라고 말했다(참고로, 말러는 후일에 에이즈 퇴치 관련 일들에 큰 후견인이 되었는데, 1987년 유엔총회에서 에이즈가 가장 큰 전 세계적 보건 문제라고까지 언급하게 된다).

당시 세계보건기구 감염병과 과장이었던 파크리 아사드 박사는 조나단 만과 함께 방기의 파스퇴르 연구소에서의 이 모임을 어렵사리 소집했다. 모임의 주목적은 아프리카 내 에이즈의 구체적인 사례 정의를 내리고, 이를 통해 아프리카에서 에이즈 진단이 가능하도록 하기 위해서였다. 진단이 가능해지면 질병이 얼마나 퍼져 있는지에 대해서도 더 잘 파악할 수 있을 터였다. 뿐만 아니라 이 회의는 아프리카 대륙의 사람들이 처음으로 에이즈에 대해 이야기하기 위해 모인다는 의미도 있었다. "나는 다르에스살람 출신이고, 당신은 킨샤사 출신이고, 우리 두 나라는 바로 옆인데, 우리나라에서 일어나는 일들이 당신 나라에서도 일어나고 있소?" 하는 대화들이 오고 갔다.

우리는 서로의 기록들을 비교하며 공통점과 차이점을 발견했으며, 이 모든 게 어디서 시작되었는지에 대해 가설을 만들어보았다. 우리의 대화 속에서 이 모든 정보들이 절묘하게 어우러졌다. 이따금씩 폭우가 만들어내는 스타카토 리듬의 빗소리나 망고 열매가 철제 지붕을 때리는 소리에 잠시 말소리가 잦아들곤 했다. 아프리카에는 영어권과 프랑스어권 사이의 분명한 벽이 있었기 때문에 희한하게 나는 여기서도 통역관 노릇을 했다. 많은 면에서 역사적이라 할 수 있는 회의였는데, 아프리카의 첫 회의였던 것 외에도 이 회의의 참석자들로부터 꽤 많은 나라들에 에이즈 방역 활동이 시작되었기 때문이었다. 새로운 커뮤니티의 탄생이었으며, 나는 아프리카 에이즈 연구자 커뮤니티의 일원임이 자랑스러웠다.

당시 세계보건기구에 자국의 에이즈 환자 발생에 대해 보고를 한 나라는 총 85개국이었다. 중국에서도 환자가 발생한 상황이었는데, 이로써 전 세계 모든 대륙에 이 유행병이 마수를 뻗쳐 가고 있었다. 세계보건기구는 더 적극적으로 개입하라는 압박을 받고 있었다. 하프단 말러는 조나단 만에게 연락을 취했고, 둘은 스위스의 세계보건기구 본부에 새로운 프로그램을 만들기로 합의했다. 조나단은 1986년 봄, 킨샤사를 떠나 스위스로 향했다.

그가 떠난 것은 프로젝트 씨다에 큰 영향을 미쳤다. 그의 빈자리는 누가 손쉽게 채울 수 있는 것이 아니었다. 불과 일 년 반 만에 우리는 킨샤사에 엄청난 조직을 확보할 수 있었다. 프로젝트는 이미 혁신적인 연구 결과들을 발표하며 앞으로 전 세계의 HIV 퇴치에 중요한 역할을 할 많은 연구들을 수행할 태세를 갖추고 있었다. 그렇지만 나는 그의 심중을 이해하고 있었다. 그는 큰 꿈을 품은 자였다. 그는 무언가를 창조해 내길 좋아하는 사람이었고, 세계적인 역할을 감당하고 싶어 했다.

그리고 그런 일을 할 사람이 응당 필요했다. 에이즈는 많은 이들의 분노와 연관된 사안이 되어가고 있었다. 이민자들을 대상으로 의무적인 검사가 시행되었고, 많은 환자들이 일터에서 차별대우를 받았다. 독일의 연방법원장은 에이즈 환자들을 식별하기 위해 문신을 새기거나 검열을 할 필요가 있을지도 모른다는 발언을 했고, 당시 소련이나 쿠바에서는 양성반응을 보인 사람들에 대해서는 거의 교도소와 같은 곳에 구금조치가 취해지거나 동성애가 처벌 대상인 죄목이 되었다.

조나단은 이런 상황을 바꿔 낼 만한 능력이 충분히 있었다. 대중 인식개선과 정부의 인식 수준을 높이는 일 등은 확실히 그의 전문영역이었다.

4월에 조나단과 하프단 말러가 공여국들을 모아 제네바에서 회의를 열었다. 새로운 에이즈 관리 프로그램을 시작할 수 있을 만큼의 자금을 모으기 위해서였다. 나는 국제 외교에는 문외한이었지만 에이즈에 대해 알고 있는 내부인이 없다는 벨기에 개발 기구의 요청으로 벨기에를 대표해 참석했다. 조나단은 이 회의가 어떻게 흘러갈까에 대해 매우 긴장하고 있는 듯했다. 그와 나는 비밀작전을 짰다. 내가 국가대표로서 첫 발언을 해 바람을 잡기로 했다.

개회사는 물론 회의를 주관한 말러가 했다. 내용은 대략 “우리는 이곳에 에이즈 퇴치 기금 마련을 위해 모였지만, 일단 와 주셔서 감사하고, 다른 많은 중요한 보건 문제들도 전 세계에 산재되어 있음을 잊지 말아 주십시오”였다. 거 참 훌륭한 모금 전략이 아닐 수 없었다. 조나단의 얼굴이 새파랗게 질렸다. 나는 용감하게 일어서서 벨기에가 뭔가 매우 적극적이면서도 적당히 모호한 일을 감당할 것을 약속했다. 내용은 대략 “우리는 이 프로그램을 환영합니다. 정말 필요한 프로그램입니다. 우리는 전적으로 지원하겠소”였다. 미국이 바로 뒤이어 “벨기에 대표의 의견에 전적으로 동의합니다”라고 말했다.

회의는 잘 흘러갔다. 공여국 정부들이 주도권을 가지고 끌고 나갔고, 5천만 달러 이상의 기금을 조성했다. 그러나 세계보건기구가 개개 질병의 최상의 치료에 집중하는 수직적인 프로그램 방식을 버리고 대신 모든 질병을 함께 관리하는 일차 보건의료체계를 세우고 있던 차였기에, 일부 기구 내부인들에게 에이즈는 안 그래도 한계가 있는 기금을 홀랑 빼앗아 갈 경쟁자처럼 여겨질 법했다.

세계보건기구와의 문제의 원인 중 일부는 기구의 조직체계와도 관련이 있었고, 사실상 지금도 이런 상황은 바뀌지 않았다. 세계보건기구의 여섯 개 지역의 지역 사무처장들은 각 지역 국가 보건부들의 투표로 임명되었다. 그렇기에 그들에게는 어떤 면에서 국가 정부로부터 선출된 제네바의 세계보건기구 본부의 사무총장보다 더 강한 정치적인 정당성이 인정되었다. 사무총장은 표면적으로는 그들의 보스였지만, 사실상 지역 사무처장들은 각자의 정치적 정통성을 가지고 각 지역을 지휘했다. 그중 많은 이들이 새로운 아이디어들에 대해 고질적으로 적대적인 태도를 보였다. 이들은 제네바 본부 중심으로 중앙집권화된 새로운 에이즈 프로그램으로 인해 자신의 권한이 조금이라도 빼앗기는 일을 용납하지 않았다. 애초에 조나단이 감당할 수 있는 상대들이 아니었다.

로빈 라이더 박사라는 곱슬머리의 미국 질병관리본부 소속 감염병 전문가가 프로젝트 씨다의 책임자로 임명되어 조나단의 후임이 되었다. 로빈은 킨샤사에서 꽃을 피웠다. 본인도 웃음이 많고, 농담을 잘해 주변 사람들을 웃게 만들던 사람이었다. 명랑한 친구였고, 일도 훌륭하게 잘 해 냈다. 그의 지휘 아래 프로젝트의 규모가 엄청나게 불어났다. 3백 명의 직원이 일하고 있었고, HIV 감염의 여러 측면을 연구하기 위해 큰 규모의 코호트들을 구성했다. 주도 면밀한 면도 있었다. 킨샤사에서 그렇게 큰 규모의 사무실을 운영한다는 것 자체가 쉽지 않은 일이었으나, 그의 곁에서 프리다 비헤츠가 오른팔이 되어주었다. 전화조차 거의 제대로 되는 적이 없는 도시에서 물류 조달이나 총무 업무는 그 자체로 엄청난 골칫덩어리였다. 그 가운데 로빈은 제대로 된 혈액은행을 갖추기 위해 발동을 걸었다. 이때쯤 우리가 예상하던 킨샤사의 HIV 유병률은 100명당 3~4명에 이르렀다. 여전히 우리는 마마 예모 병원에서 수혈로 인해 감염된 수많은 HIV 감염 환자들을 보고 있었다. 1년이면 약 천 명 정도가 수혈로 HIV에 감염되었다. 미국 전역에서 발생하는 환자 수보다 이 한 병원에서 수혈을 통해 발생하는 환자가 더 많은 셈이었다. 연구를 진행하는 데는 문제가 되지 않았으나, 외면할 수 없는 윤리적인 문제였다. 로빈은 이 문제를 해결하기 위해 독일의 국제구호단체 독일기술협력공사의 도움을 받아 제대로 된 혈액은행을 만들고 인력을 공급했다.

보통 누군가가 헌혈을 하면 한 시간 내에 그 혈액이 수술방에 공급되었다. 혈액은행에서는 신속 검사가 필요했다. 효소면역측정법은 정확하긴 했지만, 결과가 나오기까지 너무 오래 걸렸다. 그러나 그 누구도 에이즈 검사에 있어 컨트롤 타워 역할을 해 주지 않았던 당시에는 시중에 신속 검사법이 출시되기 어려웠다. 개발된 모든 검사들이 정확한 것이 아니었고, 개도국은 검사를 인증하고 허가 할 능력이 없었다. 앤트워프에 있는 우리 연구실에서는 세계보건기구의 에이즈 프로그램의 지원을 받아 신속 검사들에 대한 품질 관리를 시작했다. 혈청은행을 만들어 HIV 확진 환자들의 혈청과 함께 '문제환자'라 분류되던 이들의 혈청들 또한 보관했다. 위양성 진단을 받기 쉽다고 밝혀진 루푸스 같은 자가면역 질환자들이나 말라리아 유행지역 출신 환자들이었다. 이전의 HIV 항체 검사를 통해 가끔 이런 환자들에게서는 정확하지 않은 결과가 나오는 것을 알고 있었다.

그럼에도 불구하고 킨샤사의 일부 주민들이 수혈을 통해 HIV에 감염되는 것을 막지는 못했다. 밤이나 주말에 기술자들이 근무하지 않아 혈액검사를 실시하지 못했기 때문이었다. 수혈은 확실히 성관계보다 HIV가 더 확실히 전파되는 경로였고, 감염된 후 면역저하 또한 더 진행이 빠르고 타격이 컸다.

아직도 킨샤사에서 대다수의 감염은 성적 접촉으로 이루어졌고, 이성 간의 전파를 막기 위한 프로그램을 기획할 필요가 있었다. 우리는 문제가 가장 심각하고 감염 위험이 가장 큰 사람들을 쉽게 만날 수 있는 곳에서 시작한다는 원칙하에 성노동자들과 그 고객들을 대상으로 HIV 감염 예방 프로그램을 실시해 보기로 했다. 케냐에서의 경험에 비추어 볼 때, 이에 안성맞춤인 곳은 바로 킨샤사의 마통게 지역이었다. 마통게는 정확히 홍등가는 아니었다. 지역에는 다른 일을 하는 사람들도 많았다. 그러나 바와 댄스 클럽들이 많았고, 하루 종일 길거리에 콩고풍 기타의 몽환적인 선율이 흘렀다. 엉덩이가 들썩여서 도저히 가만히 있을 수 없는 분위기였기에 간호사들은 리듬을 탔고, 웃음과 수다가 끊이지 않았다. 개인적으로는 병원을 운영하기에 꽤 괜찮은 환경이라 생각했다.

우리는 성노동자들을 대상으로 에이즈 교육을 실시했다. 특히 콘돔 사용법과 어떻게 고객들과 성관계 상대들에게 콘돔 사용을 설득할 수 있는지에 대해 교육했다. 우리는 이들과 이들의 자녀들을 대상으로 성매개질환 이외에도 폭넓은 의료 서비스를 제공했다. 프로그램의 초반에는 26%나 양성 판정을 받았고, 당시에는 달리 치료법이 없었기에 우리는 그저 감염 여성들을 위로하는 것 외에는 할 수 있는 게 없었다. 우리는 많은 여성 환자들을 잃었고, 그들의 많은 고아들을 친척들의 손에 남겨두고 떠났다. 그중 많은 아이들은 결국 거리를 배회했다. 정말 가슴 아픈 일이었지만, 치료법이 없는 당시 상황에서 우리는 무력했다. 우리 센터는 근방에서는 명소가 되었다. 이후 몇 년 안에 이 지역의 에이즈 감염률은 현저히 떨어졌다.

소아과 의사 라이더는 1980년대 당시 HIV가 어떻게 신생아와 유아에게 전염되며 어떤 위험인자들이 있는지에 대해 분명히 알려진 것이 없던 시절에 HIV의 수직감염에 대해 밝히는 데 있어 선구적인 역할을 했던 사람이다. 킨샤사에서 HIV의 모자수직감염 확률이 약 40%에 달했는데, 미국에서는 약 5~10%로 알려져 있었다. 또한 성관계를 통한 HIV 감염의 공동인자에 대해 꽤 많은 시간을 들여 연구했다. 나이로비에서의 연구로 인해 연성하감과 클라미디아 감염으로 인한 생식기 궤양이 HIV 감염을 조장할 수 있다는 것이 조금은 밝혀진 상태였다. 중앙아프리카의 많은 도시에는 성매개질환을 제대로 치료하지 않은 사람들이 많았고, 이는 HIV의 효율적인 전파를 도와 이성 간의 전염이 급물살을 타게 하고 있었다. 이 사실은 이후에 HIV 감염을 예방하기 위해 시행된 많은 프로그램들에 중요한 영향을 끼쳤는데, 여러 성매개질환을 치료하는 것이 HIV 발생률을 낮출 수 있다는 단서를 제공했기 때문이었다.

밥 콜번더스의 팀과 후임자 요스 페리엔스는 HIV 감염과 결핵의 연관성을 밝혀 낸 사람들 중 하나였다. 킨샤사의 결핵 환자 중 20% 이상이 HIV 감염인이기도 하다는 사실을 발견했다. 이는 일반 대중 사이의 감염률보다 현저히 높았다. 연관성의 열쇠는 바로 HIV 감염인들의 면역저하였는데, 그래서 보통 사람들보다 결핵을 앓을 확률이 훨씬 높았다. 결핵균의 감염이 이미 개발도상국들 사이에는 만연했기 때문에 결핵은 에이즈 유행에 그림자처럼 따라 다니며 환자들의 주요 사망 원인이 되었다. 뿐만 아니라 자이르에서 결핵 환자들에게 사용하는 치료방법이 에이즈와 결핵을 동시에 앓고 있는 이들에게는 듣지 않는다는 것을 밝혀내며 더 효과적인 치료법을 개발해 냈다. 콜번더스는 특정 종류의 두드러기와 유사한 피부 발진과 성인에게 나타나는 대상포진이 중앙아프리카 지역에서는 HIV 진단의 지표가 될 수 있음을 밝혀냈다. 프로젝트 씨다는 새로운 발견의 노다지였다. 우리는 일 년 안에 유럽의 그 어떤 프로젝트가 5년 안에 해 내고자 하는 것보다도 많은 혁신적인 연구들을 해 냈다. 매년 킨샤사에서 미국 질병관리본부의 짐 쿠란과 미국 국립보건연구원의 톰 퀸과 함께 만나 중요한 과학적 발견들을 검토해 보았는데, 이 시간은 진정 우리의 뇌가 행복한 시간이었다. 우리는 죽이 잘 맞았다. 마통게의 모든 스텝들과 함께 축배를 들던 시간들의 기억들에는 라이브 뮤직이 흘렀으며 짐 쿠란의 농담들이 모두를 즐겁게 했다. 모두들 대가족의 일원들 같았다. 그러나 물론 모든 과정 중에는 기관별로 각자의 위치를 확고히 하려는 움직임들도 있었다. 대가족 안에서 '가난한 사촌' 같았던 나는 우리 벨기에 사람들도 프로젝트 씨다에 동등한 기여를 하고 있다고 주장하기 위해 늘 '인적 자원'을 강조했다. 사실상 거의 모든 기금은 미국 정부의 호주머니에서 나오고 있었으므로.

우리는 당시 나이로비에도 에이즈가 있다는 것을 알고 있었다. 우리가 의원에서 치료했던 성노동자들 중에 분명 환자들이 있었다. HIV 항체 검사가 시중에 출시되기 전에는 제대로 된 검사를 광범위하게 시행하기가 어려웠다. 시제품들을 받고 있었지만, 모두 케냐 혈액은행으로 다시 돌려보내고, 혈청만 보관했다. 조엘 브레만, 칼 존슨과 에볼라에 대응하며 배운 것이 하나 있었는데, 모든 검체들을 잘 보관해 둘 것과, 혈청의 주인의 나이, 성별, 여러 가지 기타 당시의 상황들을 모두 알 수 있도록 세세한 기록을 남겨 두어야 한다는 것이었다. 이런 종류의 '관료주의'는 얼마든지 환영이었다. 덕분에 나는 가치를 따질 수 없을 정도로 소중한 1980년대 초부터의 검체 모음을 일찌감치 소장하게 되었다.

1985년에 마침내 HIV 항체 검사인 효소면역측정법이 시중에 나왔다. 우리는 나이로비에서 성매개질환으로 우리를 찾아오는 환자 중 9%에 이르는 혈액에서 HIV를 발견하고는 매우 놀랐다(이 검체 집단은 특성이 분명했기 때문에 전체 인구 내 감염률에 대해서는 시사점이 없었다). 진료를 받으러 온 성노동자들 중에서는 60% 이상이 HIV 감염인이었다. 놀라울 만한 수치였다. 전 세계 다른 어떤 곳에서도 찾아 볼 수 없는 높은 수치였다. 이 중 대다수가 탄자니아 카게라 지역에서 온 사람들이었는데, 이는 유행병이 빅토리아 호수 인근 지역에서 시작되었을 가능성을 말해 주는 첫 번째 단서 중 하나였다. 이 여성들에게 한때 똑똑한 생존 방법이었던 일이 HIV 유행 이후에는 죽음으로 이르는 길이 되고 있었다.

보관된 혈청을 활용해 나이로비에 이 유행병이 언제 시작되었는지 시간을 거슬러 올라가 살펴볼 수 있었다. 1980년에는 우리가 진료했던 성매개질환 남성 환자들 중 아무도 HIV에 감염되지 않았던 것으로 나타났다. 1981년에는 이미 3% 정도의 남성과 6%의 여성에게서 HIV 항체가 발견됐다. 성노동자들 사이에서 약간 더 높은 유병률이 나타났지만, 7.1% 정도로 크게 다르지는 않았다. 이런 결과들로 미루어 볼 때, 당시에 이미 에이즈가 들불처럼 번지고 있는 상황이었다는 것을 알 수 있었다. 나이로비에 막 상륙한 상태였지만, 본격적으로 그 세력을 확장해 나가고 있었다. 우리는 성매매가 왕성하게 이루어지는 거대한 슬럼가 품와니 지역에 의원을 세워 진료를 했다. 지역정부의 보건부 사무실 내 몇 개의 방을 차지하고 사용했는데, 바깥에서는 염소며 양이며 가축을 사고팔았고, 구제 옷이며 신발을 파는 시장이 성업 중이었다. 신발을 왼쪽 한 짝 혹은 오른쪽 한 짝만도 살 수 있었다.

병원에서는 수간호사이던 엘리자베스 은구기의 역할이 컸다. 마을 이장 같기도, 혹은 미움 받고 거절당하고 모두에게 학대 받는 품와니 지역 여성들의 어머니 같기도 했다. 그녀 덕분에 프로젝트는 훗날 이 여성들의 삶을 바꾸어 놓았다. 이 곳에서 나는 여성들이 형편없이 낮은 사회적 지위에도 불구하고 힘을 합쳐 조직될 수 있는 매우 강력한 방법들을 목도하게 되었다. 에이즈 이전에도 여성들이 보건 서비스 개선이나 동료 여성들의 다른 급한 필요를 채우기 위해 단합하는 경우들이 있었지만, 엘리자베스는 그들이 서로를 지지하고 돌보기 위해 지속력 있는 모임들을 조직해 나가도록 도왔다.

나는 혼자서 운전을 해 킨샤사를 누비고 다니곤 했다. 길 위의 무질서 사이를 협상하듯 요리조리 누비는 것도 꽤 재미난 일이었지만, 사실은 운전기사를 고용할 여윳돈이 없었다. 한 번은 마통게 의원으로 차를 몰고 가는 길에 무시무시한 모부투의 비밀경찰 세 명이 내 꼬리에 붙었다. 내 차 앞을 가로막더니, 나를 차 밖으로 끌어내고 안을 수색하기 시작했다. 그들은 내가 간호사들 교육을 할 때 사용하려고 가지고 다니던 프로젝터를 보고는 비디오카메라라고 오해한 후 나더러 파키스탄인 기자라며 시비를 걸었다.

아니 뜬금없이 왠 파키스탄인 기자란 말인가? 생각해 보면 참 우스운 상황이었지만, 당시에 나는 시키는 대로 얌전히 두 손을 차에 대고 있었고, 여러 감정들에 압도되어 웃을 여력이 없었다. 나는 과학자이며, 모부투의 훈장을 가지고 있다고도 이야기했지만, 경찰들은 코웃음 치며 나를 AND 본부로 데려 갈 거라 말했다. 끌려갔다 하면 며칠간 곤욕을 치를지 모르는 일이었다. 나는 거의 빌다시피 내 지갑을 꺼내 달라고 부탁했다. 내가 가진 현금은 가져가도 좋으니 신분증을 한 번만 봐 달라고 했다. 지갑을 열어 본 경찰들이 내 사진을 보더니 서로 속닥였다. 순식간에 분위기는 반전되었다. 경찰이 내 등짝을 한 번 후려치더니 넉살 좋게 웃기 시작했다. 그러더니 마통게에서 내가 하는 일에 지대한 관심이 있다는 듯 이것저것 물었다.

"근데 왜 파키스탄인 기자라 생각한 거요?"라고 내가 묻자 내 수염과 그을린 피부 때문이었다고 했다. '완전히' 백인처럼 보이지 않아서 그랬단다. 참 거짓말 같은 사건이지만, 자이르라는 미지의 탐험기에서 여느 날의 한 에피소드일 뿐이다.

나는 조나단 만이 제네바의 세계보건기구본부에서 에이즈 프로그램을 설립하는 일을 도와주고 있었다. 함께 그의 새로운 프로그램 팀에서 일할 사람들을 가려내고, 당시 에이즈 분야의 연구를 진행하던 몇몇 과학자들로 자문 위원회들을 꾸리는 일도 도왔다. 존의 오른팔로는 다니엘 타란톨라 박사라는 프랑스인이 있었는데, 천연두 퇴치 등 다양한 공중보건 프로그램들의 베테랑이기도 했고, 조직 능력에 있어서(유머감각에 있어서도) 뛰어난 기량을 발휘했다. 이전에 나이로비에서 한 번 만났을 때 단번에 죽이 잘 맞는 친구가 되었다. 다니엘의 첫 작품은 존이 모든 나라에서 세우도록 권장하고 있던 국가별 단기 범국가 에이즈 대책이었다. 계획에 따르면 각국의 보건부에서 에이즈라는 질병을 다루기 시작해 예산이 책정될 것이고, 후원금이 모금될 것이며, 결과적으로 최대한 많은 나라들에서 HIV예방 프로그램이 시작될 것이라는 가정이었다(1980년 당시에 치료는 아직 불가했다). 각 국가들에서 정확한 역학적 데이터를 바탕으로 현 상황을 파악한 후, 콘돔을 '소셜 마케팅' 하도록 할 생각이었다. 기존의 공중보건스러운 재미없는 메시지를 쓰지 않고 소비자 마케팅에 쓰이는 테크닉들로 공익을 '팔아 볼' 생각이었다. 또한 콘돔 배급망을 구축해서 약국에 가지 않더라도 조그만 간이상점들이나 노점상들에서 콘돔을 손쉽게 구할 수 있도록 하는 것이었다. 비누, 성냥, 전구처럼 콘돔을 어디서나 구할 수 있도록.

우간다 같은 몇몇 국가를 뺀 나머지 아프리카 국가들에서는 아직도 이 유행병이 자국 내에 존재하는 것에 대해 부정하거나 의심의 눈초리를 보냈다. 관련된 해외 원조는 받고 있었지만, 바이러스에 대항해 싸우려는 자세를 적극적으로 보이는 나라는 적었다. 고소득국가에서는 에이즈가 주로 동성애나 성매매, 주사약물 사용자와 연관되어 있었기에 아프리카 국가들이 자국에서의 에이즈 발생에 대해 인정하기란 쉽지 않았다. 연구결과가 높은 감염률을 나타내자 많은 나라들이 검체가 편향되었기 때문이라며 결과를 인정하지 않거나 훨씬 더 급하고 중요한 보건 문제들이 많다고 주장했다. 이 주장은 대다수의 아프리카 국가들에서는 일리가 있었다. 그렇지만 간과되고 있던 사실은 이 유행병이 소리 없이 세력을 확장하고 있다는 것이었다. 중앙아프리카 이외의 국가들에서는 당장 증상을 보이거나 사망할 만큼 HIV에 감염된 지 오래된 이들이 아직 많지 않았다. 적어도 감염 후 8년이란 시간이 흘러야 에이즈로 발현되는 질병의 특성 탓이었다.

내가 아는 한 자이르는 범국가 에이즈 대책을 세운 첫 국가였다. 은갈리가 프로젝트 씨다를 내려놓고 대책위원장 자리를 맡았다. 바와 나이트클럽 밖에서 음료수, 담배, 콜라 같은 것들을 팔던 여성들에게 콘돔을 팔도록 배급망을 만들었다. 머리에 바구니를 이고 손님을 찾아다니던 상인들도 콘돔을 팔도록 했다. 이런 사람들을 '움직이는 상점'이라 불렀다. 콘돔을 팔아 약간의 수익을 얻었고, 사람들은 콘돔을 더 가까운 데서 손쉽게 구할 수 있었다. 모부투의 정당은 연극, 춤, 놀이 등의 전통적인 모임들을 통해 사람들에게 더 효과적으로 다가갈 수 있는 방법을 고안해 냈고 은갈리는 에이즈에 대한 중요한 메시지들을 그 안에 녹여 내는 작업을 했다. 국제인구조사국을 통해 우리는 쿨한 콘돔 브랜드들을 만들어냈는데, 신중하고 현명하다는 뜻의 '프루던스'와 '자신감 있는 남자를 위해'라 이름 붙이고 "신뢰는 좋지만, 우선은 조심하세요"라는 슬로건을 내걸었다. 효과가 있었다. 프루던스 콘돔은 킨샤사에서 꽤 유명해졌다. 2010년 킨샤사의 HIV 감염률이 25년 전과 비교했을 때와도 거의 비슷한 수준이었던 것을 감안하면, 이런 예방 프로그램들이 조기에 시행되면서 이 효과가 많은 생명들을 살렸을 것이라 본다.

우리는 음악도 전략으로 활용했다. TP-OK**Tout Puissant Orchestre Kinshansa**라는 재즈 밴드의 멤버 프랑코 루암보는 킨샤사에서 가장 인기 있는 가수 중 하나였다. 〈에이즈를 조심하세요**Attention la Sida**〉라는 곡을 발표하자, 킨샤사의 모든 나이트클럽에서 이 곡을 틀어댔고, 사람들은 그에 맞춰 춤을 췄다. "라디오에서, TV에서, 신문에서 말해요/사람들에게 에이즈에 대해 말해요/어떻게 자신을 보호하는지 말해줘야 해요/우리는 에이즈와 싸워야 해요…"라는 내용의 가사였다. 1989년에 그는 에이즈에 걸려 사망했는데, 이름을 새긴 구리 동판이 승리광장의 예술가 기념비라는 높은 석조 피라미드에 달려 그의 삶을 기렸다. 1990년 초반 무렵이 되자 피라미드에는 수많은 재능 있는 젊은 예술가들의 이름이 올랐는데 대부분 에이즈로 인해 세상을 등진 이들이었다. 좀도둑들이 구리동판을 다 훔쳐가는 바람에 지금은 헐벗고 뭉툭하게 닳은 피라미드만이 자리를 지키고 있다. 슬픈 영화 같은 이 이야기는 중앙아프리카가 에이즈로 인해 잃어버린 많은 것들 중 하나의 예일 뿐이다.

은갈리가 우리에게 비밀을 털어 놓았다. 사실 보건부 관계자들과 정권의 수하들에게서 지속적으로 뒷돈을 요구받고 있었다고 했다. 그는 원칙에 충실한 사람이라 마음의 커다란 짐이 되고 있었다. 자이르에서 정직한 사람으로 사는 것은 그 자체만으로 큰 위험이었다. 우연의 일치인지 모르지만 그는 몇 년 후 의문의 자동차 사고로 세상을 떠났다.

조나단은 세계보건기구 사무처장들의 저항을 피해 전 세계 범국가적 단기 에이즈 대책 수립을 진척시키기 위해 본부에서 직접 모든 국가에 컨설턴트들을 파견하는 강수를 두었다. 그들은 각국가의 에이즈 실태를 파악하고 검토했다. 크게는 현 상황과 현재의 대응방법 등이었다. 국가에서 역학 조사, 임상 관리, 검사가 잘 이루어지고 있는지, 혈액은행은 잘 관리되고 있는지, 콘돔이 손쉽게 구해지는지와 어떻게 콘돔 사용이 홍보되고 있는지 등의 이슈들이었다.

조나단은 몇 번씩이나 나에게 본부에 합류해 줄 것을 요청했는데, 아직은 현장에서 조사와 연구를 하고 환자를 보는 일을 떠나 머나먼 정책 수립의 장으로 옮겨 갈 생각이 없었다. 물론 막 활기를 얻고 마수를 뻗쳐 가는 유행병을 막는 데 정책이 열쇠가 될 거라는 사실에 대해서는 전적으로 동의하고 있었다. 본격적으로 그의 팀에서 일을 하지는 않았지만, 컨설턴트로 가나에 간 적은 있었다. 가나의 에이즈 대책을 세우는 데 도움을 주기 위해 레브 코다키에비치라는 천연두 퇴치 베테랑 러시아인을 필두로 한 팀에 속해 일했다. 가나 정부는 처음에 우리를 미심쩍어 했다. 일주일을 기다린 끝에 가나 출신 피터 램프티 덕분에 우리는 결국 허가를 받아 일에 착수할 수 있었다. 그는 후에 가족보건 에이즈 프로그램을 설립했고, 나는 자문위원 자격으로 함께 일하기도 했다. 허가를 기다리는 동안 해안선을 따라 오래된 성들을 방문했다. 성 안에는 과거에 수십, 수백만 명의 가나 노예들이 비좁은 공간에 물건처럼 빼곡히 보관되던 방들이 있었는데, 주로 영국인, 독일인, 덴마크인 주인들의 예배실이나 식당 바로 밑에 위치해 있었다.

가나에서 에이즈는 큰 문제로 대두되지 않고 있었는데, 북동쪽 지역만은 예외였다. 이 지역의 여성들은 꼭 나이로비에서 만났던 탄자니아 출신 여인들 같았다. 이들은 수도나 코트디부아르 같은 주변국 도시들에 이삼 년 정도 머물며 성매매로 돈을 모았고, 돌아와 작은 사업들을 시작하곤 했다.

우리는 쿠마시 지역도 방문했다. 한때 서아프리카 대부분의 영토를 호령하던 아샨티 왕의 왕좌를 보았고, 동시에 정말 가난했던 1986년 당시 가나의 모습들도 보았다. 시장에서는 양파 한 개를 살 돈이 없어 반 개만 사 가는 사람들이 있었고, 호텔 방들은 모두 어딘가 한 가지씩은 성치 않은 구석이 있었다. 창문이 없거나, 물이 안 나오거나, 레스토랑 메뉴는 뭘 주문해도 가능한 게 없어 유명무실했다. 출장 중에 연구실 기술자들을 대상으로 HIV 항체 검사 훈련도 수행하게 됐다. 나라 밖으로 나가 본 적 없는 성매매 여성들 중에는 3% 정도만이 에이즈 양성반응을 보였지만, 코트디부아르의 수도인 아비장에서 일하다 왔다는 이들 중에는 무려 51%가 양성 반응을 보인다는 심각한 문제가 발견되었기 때문이다.

1986년 6월에 파리에서 국제에이즈컨퍼런스가 열렸다. 컨퍼런스에서는 갈로와 몽타니에의 대치 구도가 확연히 드러났다. 미국 대 프랑스, HIV를 분리하고 확인해 낸 둘 사이의 미묘한 경쟁 구도였다.

내 생각에는 분명히 에이즈의 원인을 처음으로 밝혀낸 이들은 프랑스인들이었다. 갈로 또한 HIV 항체 검사를 개발해 낸 공이 컸다. 그러나 갈등은 지나치게 민족주의적으로 흘러갔고, 이 일로 이후 몇 년간 에이즈 분야의 연구자들에 대한 전체적인 평판이 나빠졌다. 사람들은 에이즈 연구가 과학적 발견을 위한 것이 아니라 개인의 자존심과 야망을 채우는 도구라고 인식했다. 1987년이 돼서야 두 팀이 타협점을 찾았는데, 이 협상은 사실상 레이건과 미테랑 대통령 측근인 고위 인사들까지 나선 후에야 이루어졌다. 과학적 논쟁과는 아무런 상관이 없는 정치계 인사들까지 동원되어 일단락이 된 것이다. 결국 2008년에 HIV의 발견에 대한 생리학, 의학 분야의 노벨상은 프랑수아즈 바레-시누시와 뤽 몽타니에에게 돌아갔다. 밥 갈로는 이 영광을 나눠 갖지 못했다.

은질라와 은갈리도 컨퍼런스 참석을 위해 조나단과 함께 파리로 왔다. 그들은 자이르의 오래된 식민 지주였던 작은 나라 벨기에를 더 구경하고 싶어 했다. 그들에게는 벨기에를 직접 두 눈으로 보는 것이 매우 신기한 일이었다. 그날 저녁 성당 근처에서 자이르 사람이 운영하던 '예수님의 아름다운 이름'이라는 매력적인 카페에서 함께 아름다운 저녁을 보냈는데, 이때의 기억이 지금도 생생하다.

나는 점점 관리자 역할에 어울리는 사람이 되어 가고 있었고, 그 일을 꽤 즐기기도 했다. 재무와 행정뿐 아니라 지원금을 받기 위해 보고서를 쓰는 일이나 새로운 아이디어를 끌어내는 일도 내 몫이었고, 사람들을 이끌고, 과학을 정책으로 바꾸어내고, 협조를 협상해 내는 일들도 했다. 또한 나이로비에 머무는 동안 누군가의 논문 주제를 다듬어 주고 연구 프로젝트의 기조를 짜는 데 도움을 주고는 3개월이나 6개월이 지난 후 다시 만나 어떻게 진행되고 있는지를 같이 점검해 주는 일도 했다. 효율적인 방법이었지만, 점점 내가 팔을 걷어붙이고 직접 하는 일들이 적어졌다. 앤트워프 연구실의 연구원이 20명에서 100명 가까이로 늘었고, 나는 열대의학연구소의 임원이 되었다. 에이즈와 성매개질환을 같이 다루는 그룹을 만들어 임상의, 역학자, 그리고 미생물 연구실의 핵심 인력들이 더 자주 교류할 수 있도록 했다. 또한 성매개질환 의원을 아직도 운영하고 있었고, 그 사이 연구원 뒤편의 마구간 옆방을 사용하던 이 파트타임 클리닉은 규모가 훨씬 큰 풀 타임 클리닉으로 변모해 세 명의 의사와 한 명의 간호사가 일하고 있었다. 클리닉의 위치도 연구소의 위층으로 옮겨져, 환자들은 더 이상 뒷문이 아닌 앞문으로 출입할 수 있었고, '성매개질환 진료'라고 큰 글씨로 표지판도 마련해 어디로 가서 어떤 진료를 받을 수 있는지 모두가 알 수 있었다.

플랑드르인 에이즈예방센터 설립 과정이나, HIV 감염인을 위한 여러 자조그룹들을 세우는 데 도움을 주기도 했다. 또한 에이즈뿐 아니라 결핵이나 여성의 생식기 감염, 저체중 출산 등에 대해서도 임상, 역학, 그리고 실험 등에 관련된 자문역할도 하고 있었다. 새로운 항생제 연구와 A형과 B형 간염을 위한 새로운 백신 연구도 진행하고 있었고, 성 행동에 대한 연구와 성 행동을 바꾸는 방안에 대한 연구도 하고 있었다. 석사와 박사 학위 학생들도 지도했다. 열대의학연구소에는 이미 보건 서비스 구축에 중점을 둔 공중보건 석사 프로그램이 있었고, 1980년 중반 즈음 두 번째 공중보건 석사 프로그램을 만들었다. 질병관리에 집중해 유행병 발생 조사, 역학조사, 프로그램 관리 등을 커리큘럼에 포함시켰다.

나이로비로, 킨샤사로, 그리고 미국으로 출장을 다녔고, 토끼 같은 자식들과 여우 같은 아내도 있었다.

사람들을 훈련하는 데도 많은 시간을 할애했다. 특히 아프리카에서 더 많은 훈련을 했다. 이브라힘 은도예, 술레이만 음붑과 아와 콜-섹 같은 에이즈, 공중보건, 의학 연구의 에이스들과 함께 성매개질환과 에이즈 방역에 대한 강좌를 매년 세네갈의 수도 다카르에서 개최했다. 강좌를 수강한 많은 사람들이 후일 에이즈 분야의 리더가 되었다. 우아한 에티오피아인 피부과 의사 메스케렘 그루니츠키-베켈레와 세네갈 출신 운동가 아스 시 모두 유엔에이즈계획의 아프리카 지역 사무처장이 되었다.

정말 정신없이 동에 번쩍 서에 번쩍하며 일을 했다. 우리 할머니가 신랄한 플랑드르어 속담을 인용해 "피터, 네 엉덩이가 가만히 앉아 있질 못 하는 구나"라고 말씀하시던 것이 딱 그때 내 짝이었다. 이런 정신없는 생활 방식에 익숙해져 가고 있었고, 어마어마한 보건 문제들이 산재해 있는데 시간을 낭비해선 안 된다 생각했다. 이 일들 외에도 꼭하고 싶었던, 아니 해야만 하는 일이 하나 더 있었다.

나는 지속적으로 조나단 만에게 종종 얌부쿠로, 정확히는 10년 전 에볼라가 유행했던 가톨릭 본부로 조사 팀을 보내 달라고 요청해왔다. 그때마다 허락을 해 주지 않았는데, 아마 모부투 대통령의 고향인 적도 지방에서 높은 HIV 감염률을 발견하게 되면 정치적인 파장이 클 것이라 생각해서 그랬던 것 같았다. 또한 수도 밖 지역의 안전 문제에 대해서도 확신을 가지지 못했기에 더 예민하게 반응했던 것 같았다. 그러나 이제 킨샤사에는 만이 없었다. 헨리 스킵 프란시스, 톰 퀸, 조 맥코믹과 함께 에볼라 유행 때부터 조심스레 보관해 온 혈청을 꺼내 보기로 했다. 이 혈청들은 아직 코드가 그대로 보존된 깔끔한 상태로 미국 국립보건연구원, 질병관리본부와 앤트워프에 얌전히 보관되어 있었다.

659개 혈청을 검사해 본 결과, 1976년 당시 벌써 그 멀고 외딴 지역에서 사는 주민 중 5명이 HIV에 감염되어 있었던 것으로 나타났다. 무려 10년 전의 일이었고, 0.8%의 감염률이었다. 우리는 양성 반응을 보인 이들의 이름과 주소를 알고 있었다. 이들을 찾기만 한다면, 적어도 생사를 알 수만 있다면, 이 병이 개인의 삶에 얼마만큼의 영향을 미쳤는지에 대해 많은 것을 알게 될 것 같았다. 추가로 인구조사를 실시한다면 HIV가 농촌 지역의 인구 내에서 어떻게, 또 얼마나 빨리 퍼져 갔는지에 대한 그림을 최초로 그려 볼 수 있을 것 같았다.

그래서 1986년 8월, 나는 서른일곱의 나이에 얌부쿠로 돌아갔다. 스킵 프란시스가 동행했고, 마리 라가와 '카쉬'라 불리는 카사무카, 유진 은질람비 은질라도 함께였다(내가 5년 전에 나이로비에서 만났던 미국 질병관리본부 소속 벨기에인 역학자 케빈 드 콕도 후에 이 지역에서 추가 조사를 실시했다). 나를 성장하게 했던 곳에 좋은 사람들과 함께 돌아오니 감회가 새로웠다. 스킵은 훌륭하고 사려 깊은 사람이었고, 유머감각이 뛰어났으며, 킨샤사 밖의 자이르를 구경할 수 있는 것에 대해 잔뜩 들떠 있었다. 수도의 댄디 가이 은질라와 동쪽 키부 출신 카쉬는 둘 다 처음 방문하는 지방이라 쩔쩔맸고, 이런 본인들의 모습에 대해 자조 섞인 농담들을 던지곤 했다. 결국 주도권은 나에게 넘어와, 나는 가이드 역할을 부탁받았다. 둘은 자이르 사람들이었지만, 이 지역만큼은 내가 더 잘 알고 있었다.

얌부쿠는 모든 면에서 변함이 없었다. 달라진 점을 굳이 꼽자면 더 나빠진 도로상태와 붕괴가 더 심해진 붐바강 나루터의 모습 정도였다. 카를로스 신부가 작은 보건소와 학교를 열었지만, 노게이라는 폐쇄되어 있었던 것으로 기억한다. 엔트로피가 밀려들어오고 있었기 때문이었다. 보건소와 병원에서 에이즈 환자는 띄엄띄엄 나타났다. 킨샤사와 같은 에이즈 대유행이 일어났더라면 이들이 그것을 놓쳤을 리 없다고 생각했다. 몇몇 사람들이 나를 알아봤고, 주민들이 과거에 대해 이야기할 때 "에볼라 전에", "에볼라 후에"라고 말하는 것을 들었다. 옛 유행병은 조용히 이곳에 잠자고 있는 것 같았다. 나조차도 "제 아들은 에볼라 이후에 태어났어요"라고 말하곤 했다. 나 역시 에볼라를 삶의 시점들을 규정하는 기준점으로 삼고 있기 때문이었다. 마치 부모님과 조부모님들에게 모든 일이 1940~1945년 전쟁 전후로 나누어진 것과 같은 원리였다.

이번 방문 중에는 얌부쿠의 아름다운 자연이 조금씩 눈에 들어오기 시작했다. 파라다이스라는 수식어가 아깝지 않은 곳이었다. 그러나 교전과 약탈을 일삼는 군인들로 인해 이 곳 사람들의 삶 자체는 그다지 아름답지 못했다. 한눈에 봐도 그랬다.

얌부쿠 미션 병원에는 이제 일회용 주사기들이 박스로 쌓여 있었고, 전임 의사도 근무하고 있었다. 병원 운영은 분명 이전보다 훨씬 나아져 있었다. 그런데 어쩐지 분위기가 좀 경직되어 보였다. 두 분의 신부님이 머물고 계셨는데, 그중 한 분은 60세 정도 연세에 그 더운 날씨에 가죽바지와 민소매 셔츠를 입고는 뱀에 물릴 것을 대비해 플라스틱 부츠를 신고 있었다. 길고 흰 수염 때문에 어깨 위로는 선교사 같았지만 그 아래로는 참 특이한 사람이라는 인상을 받았다. 한 번은 그가 주민들 몇몇에게 호통 치는 소리를 들었는데, 권위적인 말투 때문에 듣고 있던 나만큼이나 수녀님들도 불쾌해 하시는 듯 보였다. 이 분들이 살고 있는 환경은 흥미진진했다. 네 명의 플랑드르인 여성들과 네 명의 플랑드르인 남성들이 아프리카에서 외딴 곳에서 수십 년간 미혼으로 서로 불과 몇 피트 떨어진 곳에서 티격태격하며 함께 살고 있었다. 여성들에게는 그 어떤 주도권도 없었고, 수녀님들은 고해성사도 그 신부님들에게 해야 했다.

우리는 10년 전 혈청으로부터 HIV 양성반응이 나왔던 다섯 명의 주민들을 수소문을 했다. 그중 세 명은 에이즈였을 법한 사인으로 세상을 떠났고, 나머지 두 명은 그 어떤 치료도 받지 않았지만 이렇다 할 증상도 없이 살아 있었다. 59세 여성 한 명과 57세 남성 한 명이었다. 남성은 CD4 세포수가 낮았고, 면역체계가 망가지기 시작하는 것 같다는 판단이 들었다. 둘에게서 분리해 낸 바이러스는 킨샤사에서 우리가 봐 오던 바이러스와 같았다. 그때까지는 에이즈에 걸린 채 이렇게 오랜 기간 동안 증상 없이 살 수 있다는 것을 아는 사람이 아무도 없었다. 질병 자체의 발견이 불과 5년 전에 이루어졌었기에 사실상 알 길이 없었다. 우리가 에볼라 혈청을 잘 보관하고 코드화 해 두었기 때문에 가능한 발견이었고, 이런 관습은 의학 고고학을 가능하게 했다.

우리는 얌부쿠 미션 병원, 작은 리살라 병원, 그리고 붐바 병원에 당시 입원하고 있던 환자 중 여섯 명의 에이즈 환자를 발견했다. 그들은 미지의 증상으로 죽어가고 있었다. 병원에 입원하지 않은 나머지 '건강한' 인구들 대상으로 조사해 보니 우리가 10년 전의 혈청을 가지고 조사했을 때와 비슷한 HIV 감염률이 집계 되었다. 0.8%였다. 다시 말해 얌부쿠는 당시 임산부 중 감염률이 1%였던 제네바 스위스 타운십보다 더 낮은 감염률을 보이고 있었던 것이었다. 이로 인해 우리는 HIV는 강력한 감염 요인이 없는 인구 내에서는 매우 낮은 감염률을 보이며 그저 존재만 할 수도 있다는 사실을 알게 되었다.

또 인상적이었던 것은 HIV 양성반응을 보인 사람들 거의 다 본인, 배우자, 혹은 성관계 상대가 얌부쿠 이외의 지역을 방문한 경험이 있었다는 것이었다. 누군가가 타 도시에 가서 감염되어 돌아온 후 일생 동안 평균적으로는 한두 명 정도에게 병을 나누어 준 꼴이었다. 그뿐이었다. 매우 보수적이고 전통적인 지역이었던 탓에 우리의 조사 범위 내에서는 주민들의 평균 성관계 상대의 수가 킨샤사나 유럽이나 미국보다 훨씬 적었다. 다른 종류의 성매개질환들 또한 훨씬 적게 나타났다. 질병 치료나 백신접종을 위해 주사기를 많이 사용했음에도 이것이 HIV의 전파 경로가 되지는 않는 듯 보였다. 지역에서의 첫 감염을 유추해 볼 때, 위험도가 증폭되지 않는 환경에서의 전파 속도는 매우 느려서 겨우 꺼지지 않는 불꽃같이 이어져 왔을 가능성이 있었다. HIV는 몇 십 년, 혹은 몇 백 년 정도 전부터 얌부쿠에 존재해 왔을지도 모르는 일이었다. 제5장에서 언급했던 앤더슨-메이 공식을 적용해 보자면, R_O로 표기하는 기초감염재생산수가 적어도 지난 10년간은 1이었던 셈이었다.

연구 결과를 1988년에 뉴잉글랜드 오브 메디신지에 발표했다. 은질라가 자랑스럽게도 제1저자였다. 유전적 다양성 분석이 가능해져 지금은 HIV가 몇 백 년간 존재했던 것은 아니라는 사실이 밝혀져 있다. 아마도 1930년대나 혹은 1900년대 즈음부터 서중앙아프리카 콩고 북쪽에서부터 발현되었으며, 그보다 오래 존재했을 가능성은 없는 것으로 보고 있다. 이때 이후로 나는 아프리카 안에도 여러 지역들이 있고, 각기 매우 다른 사회적인 요인들로 인해 매우 다른 에이즈 유행 패턴을 보이기에, 이런 사실들을 언급하지 않은 채 아프리카 전체의 에이즈에 대해 이야기하는 것이 옳지 않다는 생각을 하게 되었다.

나는 얌부쿠를 떠날 때쯤 아주 감상적이 되어 있었다. 마르셀라 수녀님과 제노 수녀님과 함께 마지막 한 잔의 베르무트를 마시며 잠들었고, 개구리 울음소리와 새소리들을 삼켜 버릴 만큼 아름다운 수녀님들의 아침 찬양 소리를 마지막으로 들으며 잠에서 깼다. 나는 꼭 다시 돌아오리라 다짐하고, 카를로스 신부님께도 꼭 연락드리겠다 약속했다. 최근 들은 기쁜 소식은 위성을 연결해 이제 그가 이메일도 쓸 수 있고, 웹사이트도 운영하고 있으며, 내가 이사회장을 맡았던 벨기에 보두엥 왕재단에서 최근 40만 유로를 식수 시설 설치와 고등교육 제공을 위해 그의 교구에 지원해 주었다는 것이다. 그는 작은 수력발전 시설을 만들어서 마을에 적게나마 전기를 제공하고 있다. 나는 아직도 언젠가 다시 돌아가겠다던 결심을 기억하고 있다. 어떻게들 지내는지도 궁금하고, 내가 도울 일이 있을지도 궁금하고, 그냥 그 분들과 맥주 한잔 같이 하고 싶다.

CHAPTER

13

유행병이 번져가다

앤트워프로 돌아온 뒤 6개월간 아내와 두 자녀를 데리고 케냐로 갔다. 케냐 프로젝트에 시간을 더 많이 할애하고 싶었고, 새로 시작하고 싶은 연구들도 있었다. 이번엔 다른 사람들 손에 맡기고 가끔씩 출장 가는 방법이 아니라 내 손으로 직접 해 보고 싶었다. 직접 아프리카에서의 일상을 살다 보면 잠깐 거쳐 가는 짧은 출장을 통해서나 다른 이들이 작성해 놓은 데이터나 책을 보는 것보다 더 좋은 아이디어도 떠오를 것 같았고 에이즈와 연관된 사회의 특성에 대해서도 감이 올 것 같았다. 동시에 아이들과 보내는 시간을 줄이기는 싫었고, 그레타와 나는 아이들이 외국에서 살아 보는 것도 삶에 좋은 영향을 끼치리라 믿었다. 아이들을 데리고 나갈 거라면 교육 과정에 너무 혼선을 빚지 말아야 하고, 그러려면 빨리 움직여야 할 것 같았다.

1986년 12월에 케냐로 향했다. 연구와 동시에 나이로비대학에서 강의도 시작했다. 아이들은 독일 초등학교에 보냈는데, 앤트워프에서 아이들이 사용하던 교과서들을 그대로 사용하고 있어서 다행스러웠다. 우리 집에서 내려다보이는 곳에 키베라 슬럼가가 있었고, 아들 브람은 그 곳에서 또래 아이들과 몇 시간이고 놀다 오곤 했다. 주로 하수구에서 뒹굴며 놀다 보니 엄청 꼬질꼬질한 상태로 집에 오기 일쑤였고, 주머니에 늘 새로운 동물 친구들을 넣어 데려왔다. 카멜레온, 뱀, 벌레 같은 것들이었다.

케냐에 있는 동안 영국의 신문 가디언지에 기사가 하나 났다. 나이로비에 에이즈가 만연하며, 특히나 성노동자들이 많이 감염되어 있다는 내용이었다. 우리 프로젝트의 캐나다인 책임자 프랑크 플러머와 나는 기자에게 우리의 이름을 언급하지 말아달라고 재차 부탁했다. 케냐 정부의 반응이 우려되는 부분이 있었기 때문이었다. 케냐는 관광산업에 많이 의존하고 있었고, 에이즈에 대한 보도는 관광산업에 누를 끼칠 수 있는 요인이었다. 보건부는 이름이 직접 언급되지 않았더라도 바로 우리를 떠올렸던 것 같았다. 곧 보건부장관에게 불려갔는데, 내무부 담당자들도 참석했던 짧은 회의가 끝날 무렵 우리는 케냐에 대한 거짓 루머를 퍼뜨린 죄로 추방당할 위기에 처했다. 프랑크와 나는 이 정도로 과격한 반응이 나올지 몰랐고, 단순한 사실들이라 여겼던 것들이 가져올 수 있는 파괴적인 영향에 대해서도 무지했다. 회의가 끝나고 회의록을 비교해 보니 증거는 없었지만 우리 통화 내용들이 도청당해 왔구나 하는 확신이 들었다. 꼬박 하루 종일을 보건부 건물의 대기실에서 초조하게 대기했다. 훌륭한 품질의 케냐산 차들만 홀짝 홀짝 많이도 마셨다. 마침내 판결이 내려졌고, 우리는 케냐에서 연구를 계속하되 앞으로 일절 어떤 언론과도 접촉을 금해 줄 것을 요청받았다. 우리는 안심하고는 그러겠다 얼버무렸다. 이 일로 배운 바가 많았고, 앞으로는 정부 관계자들과의 커뮤니케이션에 더 신경을 써야겠다는 생각을 하게 되었다. 이들은 자국 내에서 이루어지는 연구 결과들에 대해 파악하지 못하고 있었고, 보통 아프리카 국가들의 상황이 대부분 비슷했다. 이 경험을 통해 에이즈가 얼마나 정치적인 질병인가에 대해 알게 되었다. 조나단 만이 여러 번 강조했던 이야기지만, 정작 나는 대부분 과장이라 생각하고 넘기곤 했었다.

우리는 보건부와 연구 결과를 공유하고 하는 일을 보여주기로 했다. 성노동자들을 진료하던 품와니 병원에 의료국의 책임자 윌프레드 코이낭게 박사를 초대했다. 그는 "케냐에는 성매매가 절대 없다"고 주장해 왔었다. 몇 주 뒤, 코이낭게 박사가 왕림했고, 말하지는 않았지만 아무래도 우리가 하는 일의 중요성을 느끼고 간 것 같았다(그리고 케냐에도 성매매가 존재한다는 사실도 알게 되었을 것이다). 어찌 되었든 그 이후에는 정부와 마찰이 일어난 일이 없었고, 현재 케냐는 범국가적 에이즈 관리 프로그램을 효과적으로 운영하고 있다.

우리는 1987년 늦은 봄 유럽으로 돌아왔다. 브람이 끔찍이도 헤어지기 힘들어 하던 잭슨 카멜레온 한 마리도 밀수해 왔다(세관을 통과할 때 브람의 친구는 내 모자 아래 잠시 숨어 있었다). 돌아오자마자 나는 벨기에의 여러 대학들에 에이즈 연구기금을 배정하는 일을 했는데, 팽팽한 줄다리기들 사이에서 시간을 너무 많이 허비한다 느껴져 정말로 하기 싫었다. 그런데 그보다 더 힘들었던 일은 내 친구 윌리가 위독해진 것이었다. 그는 내가 떠나기 전 에이즈 증상을 보여 헨리 텔만의 병동에 입원시키고 왔었는데, 상태가 악화되어 이제는 뇌까지 영향이 있었다. 윌리는 당시 30대 초반의 나이에 매사에 회의적인 편이었지만, 삶의 끈은

놓고 싶어 하지 않았다. 상태가 악화되면서 우리는 죽음에 대해, 삶의 의미에 대해, 그리고 병에 대해 많은 이야기를 나누었다. 당시 에이즈 환자들의 절망감은 이루 말할 수 없었다. 치료법도 없었고, 나라고 특별히 해 줄 수 있는 것도 없었다. 그렇지만 그때 나는 그저 감염을 치료해 주는 임상의가 아닌 정말 의사가 된 것 같다고 생각했다. 의학은 치료로만 이루어지는 것이 아니라 환자와 함께 시간을 보내며 돌보는 것에 있다는 것을 다시 한 번 깊이 생각했다.

나는 심리학자나 정신과 의사도 아니었고, 이발소에서 만나는 아무개보다 나을 바 없는 문외한이었지만, 많은 에이즈 환자들과 '동행해' 본 경험이 있었다. '치료해' 보았다는 말보다 '동행해' 보았다는 말을 쓰는 이유는, 실제로 나는 그렇게 느꼈기 때문이었다. 그들이 가는 길을 그저 같이 가주는 것이 나의 역할이라 생각이 들었다. 1993년에 제네바로 향한 후 더 이상 환자들을 볼 기회가 없었고, 그 이전에 만났던 모든 환자들은 세상을 떠났다. 대부분 내 또래거나 나보다 조금 나이가 많은 정도였고, 그중 지인들의 친구들도 많았다. 참 힘들었다. 사람들의 문제를 해결해 주고 싶어서 의학을 택했는데, 상황은 정반대인 것만 같았다.

이런 한계가 괴로웠던 동시에, 환자들이 나에게 고백하던 진실들을 다루는 일도 쉬운 일이 아니었다. 소외당한 채 죽어가는 사람들이 의사에게 고백하는 이야기들은 영혼 깊은 곳까지 파장을 일으켰다. 당시 어떤 이들은 다른 이들보다 의사와 가장 친밀한 관계를 가지고 있을지도 몰랐다. 누구도 모르는, 정말 친한 친구에게 조차도 말할 수 없는 이야기들을 의사에게 털어 놓았다.

나는 남편이나 남자친구가 동성애자라는 청천벽력 같은 사실과 함께 그가 HIV 감염인이라는 사실까지도 한꺼번에 받아들여야 했던 여성들을 많이 대했다. 가끔은 자신도 HIV 양성이라는 소식까지도 감당해야 했다. 나는 고심하며 단어와 표현을 선택했지만, 결국은 그저 있는 그대로 이야기해 주는 수밖에는 없다는 결론에 이르렀다. "안 좋은 소식이 있습니다"라는 말은 달리 해석하기 어려운 명확한 표현이었다. 이 말만으로도 환자들은 이미 충격에 빠졌다. 그러고 나서는 세부사항을 전달해야 했다. "HIV 양성이십니다." 이 시점이 되면 실제로 환자의 머릿속에서 폭음이 울리는 것이 들리는 듯 했고, 그 이후에 내가 하는 어떤 말도 감당하지 못할 것을 알았다. 처음에는 더 많은 설명을 덧붙이려 했지만, 그게 다 소용이 없는 일이라는 것을 깨닫게 되었다. 그 대신, 나머지 이야기들은 다음을 기약하며 진료 약속을 잡았다. 다음 날 이런 진료가 잡혀 있을 때면 나는 늘 뜬 눈으로 밤을 지새우며 뭐라 말해야 할지 고민했다. 내 입에서 나와야만 하는 사형선고와 그로부터 시작될 절망들이 떠올라 머리와 마음이 어지러웠다. 어떤 이들은 분노를 쏟아냈고, 어떤 이들은 통곡을 했으며, 어떤 이들은 안도했지만, 보통은 그저 아무 말이 없었다. 이 임무가 나에게는 지원금 제안서를 작성하는 것보다, 원고가 거절당하는 것보다, 그리고 그 모든 단체 간의 정치싸움 소용돌이 속에 있는 것보다도 훨씬 더 어렵고 감정소모가 심했다.

브뤼셀의 나단 클루멕 팀과의 좋은 협력관계를 발판으로 우리는 두 개 센터의 환자들의 연관성을 파악하기 시작했는데, 이는 후에 벨기에 전체의 HIV 감염인들을 아우를 정도가 되었다. 이런 방법으로 여성 HIV 양성 환자들을 묶다 보니 같은 남성과 성관계를 맺은 여성들 한 그룹이 발견되었다. 이 남성은 자신의 화려한 성생활을 일기로 남겨 두었고, 우리는 가능한 그의 모든 성관계 상대들을 인터뷰하고 검사해 보았다. 조심스럽게 진행해야 하는 일이었고, 꽤나 극적인 사실들이 밝혀졌다. 이 남성의 19명 성관계 상대자들 중 11명, 혹은 56%의 여성들이 HIV에 감염되었는데, 이어서 이 여성들의 다른 남성 성관계 상대자들 8명 중 1명이 HIV에 감염되었다. 두 명의 여성은 이 HIV 양성의 부룬디 출신 엔지니어와 단 한 번의 성관계만을 가졌다는 사실도 밝혀졌다. 이 정력왕은 성관계도가 파헤쳐지기 전에 이미 사망하고 없었다. 여성들 중 그 누구도 자신이 HIV에 감염될 위험에 처했다 생각했던 이는 없었다. 모든 관계된 사람들을 접촉해 퍼즐을 완성하기까지는 몇 년의 시간이 걸렸다. 1980년대 말에는 아직도 이성 간의 HIV 전염, 특히나 아프리카 이외의 지역에서도 여성으로부터 남성에게로의 전염이 일어날 수 있다는 사실에 대해 의심하는 시각이 존재했다. 1989년에 나단을 제1저자로 《뉴잉글랜드 저널 오브 메디슨》지에 연구 결과를 발표했는데, 지금까지 존재하는 가장 큰 규모의 HIV 양성 이성애자 클러스터 기록으로 남아 있다.

아프리카 에이즈 환자들이 처한 상황은 거의 모든 면에서 벨기에 환자들의 상황보다 절망적이었다. 아프리카의 환자들에게는 통증 관리나 집중 치료는커녕 고통을 경감시키기 위한 그 어떤 조치조차 없었다.

그러나 작은 희망의 조짐이 보였다. 1986년 말에 실시된 임상 연구가 AZT라 불리는 아지도티미딘 투약이 에이즈의 진행을 늦춘다는 것을 밝혀냈다. 1960년대에 개발되었지만 허가를 얻지 못한 화학요법이었다. 6개월간의 임상시험 기간 동안 위약을 투약 한 19명은 모두 사망했지만, AZT를 투약한 이들 중에는 1명만 사망했다. 1987년 3월에 AZT는 미국 식약청의 허가를 받고, 에이즈의 첫 공인된 치료약이 되었다.

이것은 아직 몇 안 되던 에이즈 전문의들에게 전율을 안겨 준 사건이었다. 생산량이 늘어나고 있었고, 그 즈음에 버로 웰컴 기금이 소량씩 배분하기 시작했다. 벨기에에서 버로 웰컴 기금 팀과 함께 포진을 치료하기 위한 아시클로버라는 약을 시험하는 일을 한 적이 있었기 때문에 연락을 취할 만한 사람을 알고 있었다. 간단한 네트워킹만으로 벨기에의 에이즈 환자들은 약이 시중에 출시되기도 전에 뉴욕이나 샌프란시스코의 환자들과 함께 치료를 받을 수 있었다.

치료비용은 일인당 7천 달러에서 만 달러 정도가 들었다. 벨기에에서는 비용 문제로 미국과 같은 정치적인 논쟁이 이루어지지 않았는데, 환자들이 사회보험의 혜택으로 비용을 상당 부분 지원받았기 때문이었다. 그렇지만 나에게는 비용의 문제가 꽤나 크게 다가왔다. 아프리카의 환자들은 결코 이 치료비를 감당할 수 없을 것이 빤히 보였기 때문이다.

이런 몇 가지 한계에도 불구하고 초반에는 분명 축제 분위기가 만연했다. 우리는 안도하며, 상황을 긍정적으로 바라보았다. 환자들은 상태가 호전되었다. 체중이 늘었고, 일어나 걷기 시작했고, 어떤 이들은 뛰기도 하고 다시 일을 하기도 했다. 그러나 시간이 조금 흐르자 이 모든 일이 일시적인 것이라는 사실이 명백해졌다. AZT는 심각한 혈액학적 부작용을 가져왔고, 바이러스는 너무 빨리 변이해서 바이러스가 약에 내성을 보이기 시작했다. 모든 것이 다시 원점으로 돌아와 있었다.

한편 제네바에서는 조나단이 관료주의에 대항해 에이즈 자체에 대해서보다 어쩌면 더 격렬할지 모르는 싸움을 하고 있었다. 그는 에이즈를 공중보건 의제에 포함시켜 무대 위에서 주목받게 했다. 그는 탁월한 정치적 자질을 가지고 있었고, 무언가를 설명하는 데 있어서도 놀라운 재능이 있었다. 그는 기금을 동원해서 거의 모든 국가에서 범국가적 에이즈 프로그램을 운영할 수 있도록 했고, 지원금이 조금 더 구해지자 에이즈 인식 개선과 예방법에 대한 운동을 시작했다. 전 세계 모든 대륙의 국가 정부들에게서 엄청난 저항이 몰려왔는데, 자국 사회의 위험한 성적 활동들에 대한 부정과 함께 에이즈가 서양의 질병이라는 인식, 그리고 에이즈에 너무 많은 관심이 쏠리면 자칫 수많은 다른 보건 문제들이 뒷전으로 밀릴 것에 대한 우려에서 비롯되었다. 이런 이유 외에도 우선순위가 자국민의 안위가 아니라 자신의 부와 권력 축적인 지도자들 때문인 경우들도 있었다.

나는 세계보건기구의 에이즈를 위한 범세계 계획의 역학과 감시 부문 운영위원장에 임명되었다. 내가 존경하고 좋아하던 프랑스인 장-밥티스트 브루네나 호주인 존 칼도르, 영국인 로이 앤더슨 같은 역학자들과의 조우도 즐거웠고, 이하 다른 실력 있는 운영위원들과 일하게 된 것도 매우 기뻤다. 우리는 자주 제네바에서 만났고, 에이즈 프로그램의 역학 관련 사항들에 대한 조언을 했다. 우리는 당시 세계보건기구가 전 세계 HIV 감염인들과 에이즈 환자들을 집계하던 방법에 의심을 품었다. 이 일은 어떤 환경 아래에서도 어려운 일이지만, 특히나 믿을 만한 데이터를 가지고 있는 나라들이 극히 드물었던 초창기에는 더더욱 그랬다. 처음에 세계보건기구에서 쓰던 방법은 델파이 설문조사라는 방법으로, 데이터가 없을 때 여러 전문가들에게 최선의 예측치를 묻고 이후에 평균을 구하는 방법이었다. 이후에는 수학적 모델들을 활용해 유행병의 피크를 예측하는 식이었다. 당시 이미 많은 곳에서 지나쳤을 것으로 유추되었지만 말이다.

세계보건기구에서 이렇게 집계한 통계들은 아프리카나 동유럽 지역에서는 실제에 비해 너무 적게 집계되었고 서유럽과 아시아에서는 너무 많이 집계되어 있었음이 나중에 밝혀졌다. 그러나 나의 우려는 정보들의 부정확성에 대한 것이 아니었다. 확보할 수 있는 자료로 이 이상을 해 낼 수 있다고 믿는 사람들은 우리 중에 드물었다. 나는 외려 우리가 정확한 예측치를 뽑아낼 수 있다는 주장을 하지 말아야 한다고 생각했다(이후 10년이 채 지나기 전에 많은 변화가 있었고, 나의 소견으로는 지금은 유엔에이즈계획의 데이터가 전 세계의 그 어떤 보건 프로그램의 것보다 훌륭하고 정확하다).

나는 벨기에 개발부가 부룬디에서 다른 에이즈 프로그램 하나를 시작하기 위해 지원해 줄 것을 설득해 냈다. 프로젝트 씨다의 축소판 격으로, 기초선 조사, 역학 조사와 훈련, 예방 및 환자 케어 등의 프로그램을 시작했다. 미국 질병관리본부의 우리 벨기에 친구 케빈 드 콕은 코트디부아르에서 프로젝트 레트로씨라는 연구를 시작했다. 우리는 같이 협력하기로 했고, 앤트워프 팀원 중 피터 기스가 케빈과 풀 타임으로 일을 했다.

코트디부아르의 수도 아비장은 특히 HIV-1(미국, 킨샤사, 나이로비의 것과 같은 종류의 바이러스)과 HIV-2(두 번째로 발견된 바이러스의 종류로, 하버드대의 맥스 에섹스와 세네갈 출신 미생물학 교수이자 아프리카를 이끌어 나가던 과학자 술레이만 음붑이 세네갈에서 발견했다)가 동시에 발견된 흥미로운 곳이었다. HIV-2도 HIV-1과 같은 증상을 발현시키지만, 증상이 덜 고약하고 퍼지는 속도도 비교적 느린 편이었다. 그럼에도 불구하고 1990년 무렵부터 아비장에서는 에이즈가 주요 사망원인 중 하나였다. 대부분 HIV-1로 인해서였다(프로젝트 레트로씨는 이후에 아프리카에 항 레트로바이러스 치료를 도입하는 데 중요한 역할을 했고, 훌륭한 연구와 훈련, 그리고 HIV 예방사업도 수행해 냈다). 이즈음에는 유행병이 퍼져나가고 있다는 것이 눈에 띌 정도로 보이는 상황이었다. 많은 국가들에서 환자가 발생했고 병원에는 에이즈 환자로 발 디딜 틈이 없었으며, 사기업들은 에이즈로 인해 훌륭한 직원들을 잃었다. 우간다와 탄자니아의 일부 지역에는 이미 에이즈 고아들이 너무 많이 발생해, 남아 있는 조부모들이 감당할 수 있는 수준을 넘어서고 있었다.

세 번째 국제에이즈컨퍼런스가 1987년에 워싱턴에서 열렸을 때 기조연설을 부탁받았다. 이 기회에 전 세계에 이성 간 에이즈 전염이 분명히 일어나고 있을 뿐 아니라 흔하다는 사실을 명확하게 할 생각이었기 때문에 내 입장에서는 의미 있는 기회였다. 로버트 갈로가 연설을 하고 있었고, 당시 미국의 부통령이었던 조지 W. 부시가 다음 차례였다. 워싱턴 힐튼호텔의 컨퍼런스룸 제일 앞자리에 앉아 내 차례를 기다리고 있었다. 그때 악몽처럼 연설문을 위 층 호텔방에 놓고 왔다는 사실을 깨달았다. 나는 헐레벌떡 뛰어 올라갔고, 다시 회의장에 도착했을 때는 부시의 경호원들이 나를 막아섰다. 결국 우여곡절 끝에 연설 시간에 딱 맞춰 돌아왔는데, 사람들이 부시에게 등을 돌려 야유를 퍼부으며 당시 레이건 대통령이 에이즈 테스트를 확대 시행하려던 계획에 대한 시위를 하고 있었다. 나도 권위자에게 무조건 존경을 바치는 성격은 아니었지만, 설사 누군가의 의견에 반대한다 해도 주장을 할 기회는 주어야 한다고 생각하는 편이었다. 시위는 그 전이나 후에 해도 충분했다. 그렇지만 시위자들의 의견 자체에는 대부분 동감했다. 미국 정부는 에이즈에 관해 충분히 더 많은 일을 할 수 있었다. 연구나 예방 프로그램 등에 재정적인 지원을 할 필요도 있었고, 에이즈 환자들에 대한 편견에 대항해서도 충분한 역할을 할 수 있었다. 때는 뉴욕에서 동성애자 에이즈 운동가들이 액트업이라는 단체를 설립한 때였다. 다른 운동가 그룹들과 함께 에이즈 연구가 이루어지고 더 많은 환자들이 치료를 받을 수 있도록 하는 일에 적재적소에서 목소리가 되어 주었고, 곧 에이즈 '운동'의 주축이 되었다. 이때 워싱턴은 훗날 아주 오랜 기간 동안 지속된 에이즈 운동가들의 첫 시위가 이루어졌던 곳이고, 이후에는 나 또한 이들의 시위의 대상이 되기도 했다. 1980~90년대의 에이즈 운동은 요란하고 과격한 경우들이 많았다. 요즘은 컨퍼런스에서 공식적으로 짧은 시간이나마 할애해 이들의 목소리를 듣는다. 시위들은 깔끔해진 편이라 할 수 있다. 그러나 1987년 워싱턴에는 길고 노란 고무장갑을 낀 경찰들이 힐튼호텔 밖과 코네티컷가에서 시위대를 잡아갔다. 그때에 비해 참으로 먼 길을 온 셈이다.

이즈음에 유럽위원회는 에이즈 대책위원회를 발주했고, 에이즈 관련 프로젝트들에 기금을 대 주기 시작했다. 일종의 긴급 개발원조였다. 리베 프란센은 플랑드르인 의사였는데, 케냐에서 우리 팀과 같이 일하다 앤트워프에서 박사학위를 딴 뒤 대책위원장을 맡고 있었다. 하루는 내게 전화를 걸어 자이르 남동부 샤바 지방의 수도인 루붐바시에서 에이즈 관리사업을 시작해 볼 생각이 있냐고 물었다.

그것은 단순한 연구 프로젝트가 아니었다. 현실에 꼭 필요한 일이었다. 안전한 혈액 공급, 훈련을 통한 전반적인 공중보건 서비스의 개선, 실험실의 복구를 통해 정확한 진단을 돕는 것이 프로젝트의 주된 내용이었다. 당시 이런 일은 비정부단체들이 주로 했었고, 나는 학자였다. 그럼에도 불구하고 다시 한 번 생각해보니 꼭 해 보고 싶었다. 실질적인 일이나 공중보건에 직접적인 영향을 미치는 일, 실상을 밝혀내는 일보다는 변화를 가져올 수 있는 일을 해 보고 싶었다.

프로젝트가 1988년에 시작되고 우리가 처음 한 일은 공중보건실험실을 재건하는 일이었다. 새로운 도구들이 필요했고, 건축가도 필요했다. 지붕부터도 새로 얹어야 하는 상황이었다. 자이르에서 온 캄발리 마가자니와 앤드워프에서 온 헤이르트 랄르망이 현장에서 사업을 수행했고, 나는 조직의 수장 역할을 했다. 여기저기 문제들이 산재해 있었다. 온도에 민감해 보관 기간이 짧은 혈액으로 신속 검사를 진행하는 일의 어려움부터 검사 결과를 제대로 읽지 못하는 일까지. 여기저기서 부서지고, 상하고, 썩었다. 프로젝트가 잘 운영되려면 필요한 것이 자금뿐이 아님을 깨닫게 되었다. 비단 아프리카뿐 아니라 어디서든 그러했다.

병원에 근무하던 한 조산사를 기억한다. 에이즈환자였고 입 안에 곰팡이와 헤르페성 감염을 앓고 있었고, 도저히 치료약이 듣지 않는 설사병을 앓고 있었다. 탄자니아 출신 병리학자도 있었는데, 그는 지난 15년간 다른 어디서도 여기처럼 임파선이 부은 환자들을 많이 본 적이 없다고 말했다. 루붐바시에는 분명 에이즈가 있었고, 유행은 아주 천천히 밀려 들어오고 있었다. 당장의 HIV 감염률은 아주 낮은 편이었다. 대략 3% 정도로, 킨샤사에서 6% 정도로 집계되고 있던 때였다. 새로 발생하는 환자를 집계하는 척도였던 발생률도 폭발적으로 늘어나는 듯 보이지는 않았다. 그러나 언제까지 이런 상황이 유지될지가 의문이었다.

우리는 킨샤사에서 약 1,000마일 정도 떨어진 남아프리카의 깊은 곳에 들어와 있었다. 샤바 지방과 루붐바시는 꼭 프라이팬 손잡이처럼 어색하고 인위적인 모양으로 남쪽의 잠비아 깊숙이 들어가 있는 지역이었다. 바로 국경 넘어 잠비아의 대규모 구리 광산 지역에는 HIV 감염률이 15%에 달했고, 빠른 속도로 전파되고 있었다.

식민시대부터 지역의 광부들에게는 루붐바시에서 가족들과 함께 살 수 있도록 허가해 주었다. 벨기에 광산업자들은 가족들이 살 집과 학교들을 지어 주고, 광부의 아들들을 회사에 채용했다. 잠비아의 광산업자들이 꾸리던 시스템과는 확연히 달랐다. 그곳에서는 수백 수천 명의 남성들이 가족과 떨어져 호스텔에 지내며 엄청나게 위험한 일들을 하고 있었다. 이들의 유일한 성적 돌파구는 성매매였다. 이런 환경의 차이가 두 지역의 확연히 다른 HIV 감염률을 만들어 냈는지에 대해서는 지금까지도 알지 못한다. 다시 한 번 나는 이 지구상에는 사람들의 행태나 문화에 따른 수많은 다른 모습의 에이즈 유행이 존재하며, 해결방법들은 맞춤형이 되어야 한다는 것을 깨달았다.

1988년에 조나단이 런던에서 큰 규모의 정부 대상 컨퍼런스를 열었고, 115개 나라의 보건부 관계자들이 참가했다. 단일 질병으로는 역사상 가장 큰 규모였다. 컨퍼런스 전에는 1987년 세계보건총회에서 다른 아프리카의 동료들에게 대륙의 에이즈 실상을 인정하자는 매우 드라마틱한 연설을 했던 우간다의 루하카나 로군다 장관만이 유일하게 목소리를 내고 있었다. 런던 회의에 참석하는 이들 중 많은 이들이 아직도 자국에서의 에이즈 문제에 대해 부정하고 있었다. 몇몇은 에이즈에 감염된 외국인들의 입국을 불허하겠다는 방침을 가지고 있었으나, 모든 장관들이 HIV 감염인의 인권과 존엄성을 존중하겠다는 선언문에 서명을 했다. 이전에는 어떤 방법으로도 이룩하지 못한 성과였다. 1986년에 조나단이 일하기 시작한 이후, 세계보건기구는 정부들에게 다양한 서비스들을 제공하기 시작했는데, 예를 들면 3~5개년짜리 에이즈 대책을 마련하는 데 기술적 지원이나 새로운 실험실을 설치하거나 의료진들을 훈련하는 데 기금을 지원하는 등의 일들이었다. 심지어는 서방 국가들에게 빈국들의 에이즈 프로그램을 지원할 지원금을 모금하는 일까지도 하고 있었다.

에이즈를 위한 범세계 계획Global Program on AIDS(GPA)의 예산은 세계보건기구 내의 단일 프로그램으로는 가장 큰 규모였지만, 모두 공여국들로부터 직접 지원되는 기금이었고, 세계보건기구의 기존 예산은 단 한 푼도 쓰이지 않았다. 이 프로그램은 이름 자체로도 이 프로그램이 일시적이거나 단기적인 응급사태가 아니라는 것을 강조하고자 했다. 조나단 만은 또한 명망 높은 정치계나 과학계 인물들을 에이즈 세계위원회에 임명했는데, 생각하건대 여러 정치적인 압박으로부터의 보호막을 만들려는 처사였던 것 같다.

하프단 말러의 세계보건기구 사무총장 임기가 끝나가고 있었다. 그는 에이즈 문제의 해결에 있어 불만이 가득한 보건부장관들로부터 조나단에 대한 불평을 많이 듣고 있었지만 조나단과 업무상 좋은 관계를 유지하고 있었고, 이 둘 사이에는 서로에 대한 신뢰가 쌓여 있었다. 그러나 세계보건기구 서아시아태평양지역 사무처장이었던 히로시 나카지마가 차기 세계보건기구 총재로 임명되면서 상황이 달라졌다.

조나단은 천연두 퇴치 이후 세계보건기구에서 찾아보기 어려운 일을 하고 있었다. 그는 단기 대책들을 본부에서 직접 진두지휘했다. 지역사무소들을 철저하게 배제한 채, 그의 직원들과 단기 컨설턴트들을 각 나라에 파견했다. 이 방법 외에는 달리 해결책이 없었다. 이렇게 하지 않았다면 많은 나라들에서 이 유행병을 막기 위해 한 발짝도 움직이지 않았을 것이었다. 그러나 이 일로 조나단은 세계보건기구 재정의 85% 이상을 좌지우지하던 지역 사무처장들을 커다란 반대세력으로 만들었다.

조나단은 세계보건기구 아프리카 지역사무소가 위치한 브라자빌에서 에이즈 세계위원회를 열었다. 이는 아프리카 지역 사무처장이 아프리카에서의 에이즈 유행을 매우 초조하게 바라보던 여러 저명인사들의 시각으로 에이즈 문제를 보도록 하고자 하는 만의 정치적 통찰력과 강단에서 나온 비책이었다. 이 자리에서 나는 아시아의 마케팅 귀재 중 하나인 태국인 쿤 미차이 비라이다 위원을 만났다. 그는 이 위원회의 멤버였다. 나와 짐 쿠란의 짐 가방이 아직 도착하지 않았던 터여서 내 키 정도 되는 사람에게 옷을 좀 빌려 볼 심산으로 여기저기 수소문하고 있던 차, 미차이가 내가 필요한 물건으로 가득 찬 여행가방 하나를 건넸다. 이후로 우리는 평생 친구가 되었다. 미차이는 사업가이면서 정치가이자 지역 리더였다. 그는 훌륭한 사업가였고, 특히 효과적인 의사소통의 귀재였다. 이후 태국에서도 성공적인 에이즈 프로그램을 꾸려 나갔고, 당시 성행하던 성매매 업종 관련자들이 100% 콘돔을 사용하게 하는 정책을 썼다. 덕분에 태국의 HIV감염은 내림세로 돌아섰고, 전 세계적인 HIV예방사업의 첫 성과 중 하나로 기록되었다.

그 사이에 HIV는 예외 없이 세계 곳곳으로 마수를 뻗쳐 나갔다. 구소련은 1987년에 첫 환자가 나왔다고 발표했다. 1988년 11월에 나는 벨기에인 에이즈 전문가들과 함께 모스크바로 가서 자국 내 HIV가 광범위하게 퍼져나가는 상황을 우려하던 러시아인 동료들에게 우리의 경험을 나누어 주었다. 이전 구소련의 에이즈 환자들은 모스크바의 감염병연구소에 입원 조치를 당했다. 몇 달씩 입원을 시키는 경우도 종종 있었다. 구소련 내부에서 최고의 에이즈 역학자인 바딤 포크로브스키 박사가 연구소 내부를 구경시켜 주고 있었는데, 복도 저 쪽 끝에 세 명의 아프리카인들이 보였다. 나는 혹시나 하고 "봉주르!"라고 외쳐 보았다. 세 명의 남성이 헐레벌떡 달려 왔다. 러시아어보다는 불어가 훨씬 편했던 그들은 자신의 슬픈 사연들을 자국어로 털어놓을 수 있음에 기뻐했다. 그들은 루뭄바대학의 학생들이었고, 부룬디와 부르키나파소 출신들이었다. 러시아에 도착하자마자 HIV 양성 판정을 받아 건강한 상태임에도 불구하고 이미 몇 달간 강제 격리되어 있었다. 나는 관계자들과 그들에게 도움이 될 만한 방법이 없을지 꼭 논의해 보기로 약속했다. 구소련이라는 이 큰 국가도 조그마한 나라였던 벨기에와 마찬가지로 HIV가 여러 경로로 들어올 수 있다는 문제에 당면하고 있었다. 당시에는 러시아와 구소련 국가들이 주사약물 사용으로 지금 이 시간에도 계속 번져가고 있는 HIV 유행을 경험하리라고는 상상하지 못했다.

나에게는 첫 모스크바 방문이었다. 특히 아직 구소련 체제 아래의 비밀스러운 시대였기에, 당시에 내부에서 어떤 일들이 일어나고 있었는지에 대해 방문 기간 동안에 이해할 수 있었다고는 말할 수 없다. 그렇지만 우리가 만났던 보건 담당자들이 적극적으로 우리와 교류하려는 모습에서 뭔가 변화의 분위기가 느껴지는 듯 했던 것은 사실이었다. 날씨는 이미 혹독하게 추워져 있었지만, 어느 정도 친해지고 나자 러시아 동료들과의 교제가 우리에게 온기를 불어넣어 주었다.

앤트워프의 실험실에서는 간단한 테크닉들을 사용해 HIV-1 분리주 유전체의 조각들을 살펴보기 시작했다. 어느 순간 이 바이러스주들이 외피 유전자의 순서에 따라 A, B, C, D 등으로 묶이기 시작했는데, 이 그룹들의 병원성이 어떻게 다른지, 이 모두에 대한 백신을 어떻게 만들 것인지에 대해 아직 풀지 못한 숙제가 있었다. 1989년에 밥 드 레이와 마르틴 피터스를 비롯한 우리 팀 연구원들이 카메룬의 한 커플로부터 HIV-1 바이러스 주 중에 매우 특이한 두 개의 주를 분리해 내며, HIV의 유전적 변이가 우리 생각보다 훨씬 넓은 범위에서 이루어지고 있는 것을 발견하게 되었다. 19세 여성과 남편 모두 지속성 전신성 림프절 병증을 앓고 있었으나, 혈청에서는 매우 약한 웨스턴 블럿 검사 확진 결과가 나왔다. 우리가 찾은 바이러스는 매우 특이했는데, 우리는 이를 ANT70이라 불렀다. 지금은 그룹 O(숫자 0이 아닌 알파벳 O)로 불리고 있다. 이미 알려진 HIV-1이나 HIV-2 같은 바이러스 주들과는 다른 점이 많았다. 특히 외피 당단백질의 종류가 다양했다. 채취를 해 보니 카메룬의 HIV-1 감염자 중 5~8% 정도가 그룹 O 변이주를 지니고 있었고, HIV-1의 아형 중 5가지 주(A, B, E, F, H)가 추가적으로 발견되었다. 카메룬과 가봉 같은 주변국에서 다양한 HIV가 돌고 있는 것 같았다. 그곳에서 바이러스는 다른 곳에서보다 변이할 시간을 더 많이 벌고 있는 듯했다.

반갑지 않은 소식이었다. HIV-1과 HIV-2만을 대항하기에도 바빴다. 두 바이러스들은 같은 증상을 나타내지만 유전학적으로 매우 달랐다. 우리는 이미 사람들이 한 번에 이 두 종의 HIV에 함께 감염될 수 있다는 것도 알고 있었다. 만약에 여기다가 이 두 종들의 주들이 이 정도까지 변종될 수 있는 것이라면 정말이지 비극이었다. HIV 감염을 막는 백신을 만드는 일은 그만큼 먼 일이 될 가능성이 있었다.

분자시계 계산에 의하면 그룹 O는 지금까지 밝혀진 바이러스주 중 가장 오래된 것일 가능성이 있었다. 유인원 면역결핍바이러스**SIVcpz, Simian immunodeficiency virus, chimpanzee**보다도 더 오래 존재했을 가능성도 있었다. 유인원 면역결핍바이러스는 HIV-1과 밀접한 연관성을 가진 바이러스로, 벨기에 미생물학자 마르틴 피터스가 가봉의 아만딘이라는 애완 침팬지에게서 발견한 것이었다(SIV는 원숭이를 뜻하는 simian이라는 단어와 바이러스 virus에서 따 왔고, cpz는 침팬지를 뜻했다). 이 발견은 우연히 이루어졌는데, 마르틴과 그녀의 프랑스인 남편 에릭 델라포르트가 원숭이와 영장류들에게서 인체 T세포림프 친화 바이러스HTLV, human T-lymphotropic virus를 찾고 있는 중이었다. 그들은 프랑스빌의 프랑스 석유회사 엘프-아키텐이 후원하던 의학연구센터에서 일하고 있었고, 우리는 앤트워프에서 이들과 가까운 협력관계를 유지하고 있었다(그들은 임균 검체를 우리에게 보내주곤 했다). 우리는 건강해 보이는 침팬지들에게서 인간 HIV와 거의 유사한 바이러스를 발견해 내고는 놀라움을 금치 못했다. 이 침팬지 바이러스는 HIV-1 바이러스와 너무 유사한 탓에 마르틴의 논문은 게재되지 않았다. 모두들 불가능한 일이라 생각했다. 두 바이러스의 유사성은 심사위원들이 실험실 오염 때문이라 단정 지을 정도였다. 마르틴은 앤트워프로 돌아와 우리 팀과 함께 일하며 앤트워프 동물원에 살던 노아라는 침팬지로부터 두 번째 SIVcpz 바이러스를 발견해 냈다. 당시 노아는 아만딘 만큼이나 건강했고, 지금도 네덜란드의 침팬지 호텔에 살고 있다.

많은 바이러스들이 종 사이를 건너 전염되었고, 바로 이런 바이러스들이 아직 항체를 만들지 못한 새로운 전염원들에게 유행병을 일으키는 무서운 바이러스들이었다. 이 연구는 HIV의 복잡성과 다양성을 탐구하는 데 있어 큰 공헌을 했고, 특히 가봉과 카메룬 같은 서중부아프리카의 바이러스의 독보적인 다양성을 보여 주었다. HIV가 유인원 바이러스에서 인간 바이러스로 변모하는 과정은 하나의 폭발적인 사건을 의미하는 '그라운드 제로'라는 단어보다는 침투 정도로 설명하는 것이 적절하겠다. 그렇지만 이 과정이 처음 일어난 곳이 서중부아프리카라는 사실은 분명했다.

또한 엄청난 속도의 유전적 변이를 발견했는데, 감기 바이러스보다도 훨씬 빨랐다. 우리는 바이러스 분리주를 분류하는 데 많은 공을 들였고, 그중 특정 주들이 다양한 인구들에서 퍼져나가는 양상을 지속적으로 살펴보았다. 예를 들어 태국에서는 몇몇 종류의 HIV가 동성애자 남성들, 이성과 관계를 갖는 성노동자들, 그리고 정맥주사로 마약을 투약하는 이들에게 퍼져나가고 있었다.

HIV의 모든 바이러스 주들을 중화하는 항체를 찾을 수 있을까? 외피 단백질의 조각인 어떤 항원들이 백신을 개발하는 데 실마리를 줄 수 있을까? 우리는 1980대 말에 이 질문들의 답을 찾기 위해 노력을 기울이기 시작했다. 많은 인내를 요하는, 한 마디로 도를 닦는 일이었다. 그리고 이 일은 실질적인 결과를 가져다주지는 못했다(2010년이 되어서야 연구자들이 이런 항체를 찾아내기에 이른다). 실제로 전 세계에서 이루어지는 수많은 과학적 연구들은 아무런 결과도 내지 못하고 끝나버린다. 그렇기에 의학자들은 종종 "빨리 결과를 보고 싶으면 외과의사가 되라"라는 말을 하곤 한다.

적어도 다른 방면의 연구들에서는 결과를 얻어내고 있었다. 르완다에서의 필립 반데페르의 연구와 나이로비에서의 프라티바 다타, 조안 크라이스, 그리고 조앤 엠브리의 연구로 HIV 양성인 산모들이 모유수유를 한 아기들은 모유수유를 하지 않은 아기들보다 감염률이 더 높다는 사실을 밝혀냈다. 특히나 임신 중 감염된 산모들의 경우, 모유수유 시 영아의 감염률이 더 높아졌다. 이는 감염이 근래에 이루어졌을 수록 높은 바이러스혈증을 유발하고, 높은 전염성을 지닌다는 우리의 가설을 증명해 냈다. 동시에, 우리가 생각했던 것보다 모유를 통한 전염이 더 자주 발생한다는 것을 의미하기도 했다.

나이로비의 프랑크 플러머는 또 다른 매력적인 발견을 했다. 여러 해 동안 우리 의원에서 진료를 받아 온 성노동자들 중에서 안면이 익을 만큼 성매개질환을 여러 번 앓으며 몇천 명의 성관계 상대를 가져왔으나 HIV에는 감염되지 않은 이들이 있었다는 사실이었다. 셜록 홈즈 수준의 관찰력으로 얻어낼 수 있는 종류의 정보였는데, 같은 환경에서 예외적인 결과를 보이는 이들을 찾아내는 일은 쉬운 일이 아니었다. 하지만 한 번 이 힌트를 얻고 나자, 우리는 이 수수께끼에 대해 자주 생각하게 되었다.

이렇게 HIV에 내성을 가진 듯 보이는 스무 명 남짓의 여성들을 찾아냈다. 이들은 진료를 받을 때 권고받기는 했지만, 늘 콘돔을 사용했던 것은 아니었다고 고백했다. 두 가지의 시나리오가 가능했다. 면역체계가 HIV 감염 세포들을 인지하고 없애버리는 더 탁월한 능력을 가지고 있었거나, 혹은 HIV가 감염시킬 세포 자체가 애초에 더 적은 경우. 좋은 소식은 이 여성들이 지속적으로 HIV에 노출되어 있었던 것이 외려 바이러스에 대한 내성을 길러 주었다는 점이었다. 나쁜 소식은 몇 주의 짧은 시간이라도 바이러스에 노출되지 않는 순간, 예를 들어 일을 쉬고 고향마을에 잠시 들르기라도 하면 바로 내성을 잃어버리게 된다는 것이었다. 프랑크와 그의 팀은 아직도 이런 예외적인 면역학적 내성에 대한 연구를 하고 있고, 언젠가 이 연구가 백신 개발에 중요한 실마리를 제공할 것이다.

또 다른 일부 성노동자들은, 연구자들 사이에서는 '통제 능력자'라 불렀다. 이들은 HIV에 감염은 되었으나, 알 수 없는 작용으로 바이러스 수치를 일정 수위로 유지하는 능력을 가지고 있는 이들이었다. 모두 대규모 코호트를 오랫동안 지켜보며 연구를 수행했기에 가능한 발견들이었다. 아직 이 능력을 어떻게 만들어낼 수 있는지에 대해서는 밝혀 내지 못했지만, 이 유전학적 퍼즐을 풀어내기만 한다면 진짜 치료법을 만들어낼 수 있을 것이다. HIV를 인체가 스스로 싸워 없애버리거나 평생 항레트로바이러스 치료를 받지 않아도 스스로 조절할 수 있도록 하는 방법으로 말이다.

나이로비 팀은 또한 15년 정도 시간이 흐른 뒤 HIV 예방에 혁신을 가져 오는 중대한 관찰을 해 냈는데, 남성들의 정액을 분석해 본 것이었다. HIV 양성 남성들이 HIV 음성 남성들에 비해 현저히 적게 할례를 받은 것을 밝혀낸 것이었다(케냐에서는 키쿠유족으로 알려진 일부 남성들은 전통적으로 할례를 받았고, 루오족 같은 다른 민족들은 할례를 받지 않았다). 남성 할례가 종교, 문화, 민족이 주로 사는 지역 등과 깊은 연관이 있기 때문에 이후 시행되었던 몇 차례의 관찰연구들이 할례 여부와 HIV 감염률 사이의 연관성이 다른 교란변수들 때문일 가능성을 배제해 내지 못했다.

참으로 치열하게 에이즈 연구가 이루어지던 나날들이었지만, 일부의 지역에서는 시간이 멈춰 있고 허비되고 있는 듯 느꼈다. 특히나 무섭게 퍼져나가고 있는 HIV를 예방하기 위해 매 순간을 써도 아깝지 않을 남부 아프리카 같은 곳이 아직 남아 있었다.

CHAPTER

14

수문장이 바뀌다

1990년 3월, 조나단 만에게서 짧은 팩스 하나가 왔다. 에이즈에 함께 대항하며 싸워 온 그의 동맹 중 핵심인물들이 수신인에 포함되어 있었다. 세계보건기구를 떠난다는 내용이었다. 이 소식은 에이즈 커뮤니티에 한파를 몰고 왔다. 조나단은 우리에게 정신적인 지주였고, 어떤 이들은 그를 구세주처럼 여겼다. 조나단은 나카지마 박사의 간섭을 더 이상 감당하기 힘든 모양이었다. 새로운 세계보건기구 사무총장, 그러니까 만의 보스는, 만의 모든 출장과 외부 연설, 고위인사와의 접촉, 그리고 에이즈 프로그램의 예산까지도 손에 쥐고 통제했다. 어떻게 보면 많은 부분이 조직 운영에 있어 당연히 이루어지는 관례였지만, 이미 에이즈를 위한 범세계 계획은 세계보건기구 안의 외딴 섬이 되어 있었다. 게다가 조나단은 에이즈 문제에 있어서, 더 나아가 국제 보건 문제 전반에 있어서도 공식 대변인 역할을 하고 있었다. 그러나 만의 에이즈 프로그램은 많은 나라에서 에이즈에 대해 촉각을 다투는 일이라는 인식이 없는 상황에서 예방 사업부터 박차를 가하기 위해서는 독립적으로 제 길을 갈 수밖에 없었다. 몇몇 공여국은 에이즈를 위한 범세계 계획 내부 운영의 문제와 지속적으로 인권 문제를 집중 조명하는 만의 행보들을 이유로 만과의 협력관계를 끊고 국가 사무소들과 양자 간 프로그램들을 설립하기 시작했다. 조나단은 결국 넘을 수 없는 벽 앞에 선 느낌이었을 것이고, 내부에서 구조적인 문제를 바꿔나가기보다는 떠나기를 택했던 것 같았다.

몇 주 후, 마이클 머슨이 에이즈를 위한 범세계 계획의 책임자로 임명되었다. 머슨은 십여 년이 넘게 세계보건기구에서 일하며 전 세계인의 사망원인 1, 2위를 다투는 설사병과 호흡기질환 대상 프로그램을 담당해 왔다. 공중보건 계통에서 인정받는 인물이자 관리자로서의 역량도 탁월했다. 하나 흠이 있다면 에이즈 자체나 에이즈 커뮤니티에서 중요한 역할을 하는 운동가들이나 파트너들에 대해 사전 지식이 전혀 없었다는 점이었다. 그가 첫 번째로 한 일은 에이즈를 위한 범세계 계획을 세계보건기구 구조 안에서 '정상화' 시키는 일과 제대로 된 조직의 책무성에 대한 기초를 세우는 일이었다. '에이즈를 위한 범세계 계획'은 새로운 형태의 범세계적 긴급 구호 프로그램이었다. 때문에 아주 짧은 기간 안에 급격히 불어난 조직이었고, 새로운 조직이 가질 수 있는 장점과 단점을 다 가지고 있었다. 마치 작은 비정부기구 같았다. 당시 구조는 어찌 되었든 지속력이 없었고, 설립 후 몇 년 이후부터는 에이즈 대응을 하는 데 역부족인 모습을 보였다. 초창기에 마이클은 참으로 일하기 어려운 환경에 처해 있었다. 에이즈를 위한 범세계 계획의 직원들은 그를 나카지마의 끄나풀로 여기며 시위를 했고, 나도 사실 처음엔 그렇게 생각했었다.

임명된 후 얼마 지나지 않아 나는 역학분과 운영위원회의 위원장 자격으로 제네바로 가서 그를 만났다. 앞으로의 계획에 대해 듣고, 우리 위원회를 유지할 생각인지도 의논해야 했다. 막상 만나 보자 그는 상당히 호감 가는 사람이었다(에이즈 분야에는 그렇지 않은 인물들도 꽤 있었다). 브루클린 출신의 보스턴 인텔리로 만과는 확연히 다른 방법으로 삶을 바라보는 사람이었다. 만이 가졌던 카리스마는 없었지만, 그 또한 강단과 고집이 있는 사람이었다. 땅에 발을 딛고 사는 현실감각도 있다. 조나단은 통찰력과 핵심을 담아 인권에 대한 메시지들을 전달하는 데는 탁월했지만 프로그램 운영에는 큰 힘을 쏟지 않았다. 반면 마이크는 현장의 사람들에게 효과적으로 영향을 미치는 방법을 찾는 일에 우선순위를 두었다. 그는 철학자보다 기술자 쪽에 속했고, 나는 에이즈 분야에는 둘 다가 필요하다 생각했다.

1990년 5월에 루붐바시대학에서 폭동이 일어났다. 내가 자리를 비운 지 벌써 몇 달 째 되는 시점이었지만, 대략 무슨 문제인지는 파악이 되었다. 모부투 대통령이 샤바 지방 광산들을 개인 자산처럼 사용하고 있었기 때문에 루붐바시에서는 그의 인기가 그다지 높지 않았었다. 모부투의 사병들이 시위를 하던 수십 명의 루붐바시 대학생들을 총살하는 일이 벌어졌고, 벨기에 일간지 르 스와르에 의하면 50명 이상이 사망했다. 벨기에는 자이르를 대상으로 한 인도적 지원을 제외한 모든 지원을 끊기로 하고 국제조사위원회를 꾸릴 것을 촉구했다. 눈에는 눈, 이에는 이 격으로 자이르는 몇 백 명의 자국 내 벨기에인들을 추방하고 외교관계를 단절했다. 유럽연합 또한 지원금을 끊었다. 우리는 모든 것을 접고 루붐바시에서 철수해야 했다.

현지 직원들의 월급을 충당할 만큼의 돈을 두고 나와 그들이 계속 일할 수 있도록 하고자 했지만, 결국에는 프로젝트를 재개하지 못했다. 이 년 남짓을 끝으로 프로젝트를 접었다. 프로젝트를 통해 안전한 수혈용 혈액들을 걸러내고 있었고, 실험실들에서 제대로 된 진단을 할 만한 역량이 갖춰졌기에 (폭도들이 털어가긴 했지만)분명 생명을 살리는 일을 조금은 하고 있었다. 그러나 안타깝게도 우리는 이 구조가 자체적으로도 충분히 유지될 수 있을 만큼 충분한 기간 동안 프로그램을 수행하지 못했다. 국제 개발 프로그램들은 후원자들의 변덕뿐 아니라 평화로운 정세에도 많은 영향을 받는다. 이 경우에는 나도 모부투의 정권으로부터 모든 지원을 철회한 유럽연합의 입장에 동의했지만, 반 년 후 루붐바시에서는 HIV 감염 혈액에 대한 검사가 이루어지지 못했다. 앤트워프에서의 연구비로 최대한 가능한 만큼의 검사 도구들을 보내 보았지만, 발생하는 인건비는 충당할 길이 없었다.

머슨이 임명된 지 몇 달 후, 나에게 에이즈를 위한 범세계 계획의 전략을 만들기 위한 아이디어를 요청해 왔다. 당시 우리는 나이로비에서 성매개질환, 그리고 성매개질환의 HIV 전염에 있어서의 역할에 대한 연구에 한창이었다. 우리는 세계보건기구 내에 성매개질환을 다루는 부서와 에이즈를 다루는 부서가 전혀 다른 부서로 제각각 일하고 있는 문제에 대해 긴 논의를 했다. 둘 사이에 협업이 이루어지지 않고 있었다. 성매개질환 본부는 앙드레 메휴스가 본부장으로 있었고, 그는 나와 함께 스위스로 함께 옮겨 간 앤트워프 출신의 오랜 친구였다. 나는 마이크와 앙드레를 위해 자리를 마련했는데, 앙드레는 세 명의 직원을 둔 본인의 본부와 수백 명의 직원을 둔 에이즈를 위한 범세계 계획의 규모가 비교할 수 없을 정도였음에도 본인이 전 세계 성매개질환에 맞서 싸우는 이들의 수장으로서 에이즈 또한 그의 소관이어야 한다고 주장했다. 그는 만의 시대에도 그랬듯 공여국들과 세계보건기구 이사진을 대상으로 마이크 머슨의 권위에 대해 문제 삼았다. 동시에 에이즈 전문가들은 오랜 기간 노하우가 쌓여 온 고전적인 성매개질환 예방법들을 다 무시하고는 에이즈는 특별한 질병이므로 싹 다 새로 연구해야 한다며 목에 힘을 주었다. 나는 세계보건기구에 두 본부를 합치기를 제안하면서 에이즈를 위한 범세계 계획의 이사진들이 납득할 만한 협의사항을 이끌어 냈다. 앙드레의 본부는 에이즈를 위한 범세계 계획의 일부로 편입되었고, 그는 머슨 아래에서 일했다. 결국 두 사람은 꽤 괜찮은 업무 협력관계를 구축해 냈다. 당시에는 깨닫지 못했지만, 나는 일종의 보건 분야 외교관이 되어가고 있었다.

나는 유럽연합과 미국 국립보건원의 여러 위원회와, 세계보건기구, 벨기에와 프랑스의 이사회 회원으로 활동하고 있었고, 1990년 플로렌스에서 에이즈 전문가들의 연합체인 국제에이즈학회의 회장으로 선출되었다. 연구 과제들의 밑그림을 그리는 역할과 수많은 연구들의 검수를 맡으며 에이즈의 국제적인 협의체 내의 중심 인물 중 하나로 떠오르고 있었다. 내가 생각하기에도 나는 같이 일하는 사람들에게 녹록치 않은 상대였을 것 같다. "그래서, 이 연구를 통해 알아내고자 하는 게 뭐지?"라는 핵심 질문이 명확하게 해결되지 않는 한, 대화를 극까지 몰고 가곤 했다. 과학에서는 제대로 된 질문을 하는 것이 적절한 답을 찾는 데 있어서 열쇠 같은 것이라 믿었기 때문이다. 삶에서도 지혜에 이르려면 매한가지의 길을 가야 한다 생각했다. 가끔은 연구란 부싯돌을 만드는 것 같다는 생각을 했다. 두 돌을 자꾸만 부딪히다 보면 어딘가 모난 구석들이 맞부딪혀 불꽃이 튀는 것과 꼭 같다는 생각.

나는 연구원들의 연구들을 6개월에 한 번씩 봐 주었다. 믿을 만한 연구를 하고 있었는가? 하는 질문을 늘 던졌다. 깔끔하게 딱 떨어지지 않는 현장 조사에서 우리가 처음에 의도한 바를 이루고 있는가? 코드들을 풀어내고 결과들의 연관성을 찾을 때, 혹은 데이터를 분석하고 통계적 연관성이 있는지 혹은 없는지에 대해 밝힐 때, 모든 과정이 정확해야 했다. 어떤 이들은 이 과정을 소홀히 해서 중요한 연구를 하고도 흥미로운 결론에 이르지 못했다. 반대로 결과를 과장해 소설을 써 버리는 경우들도 물론 있었는데, 이건 더 심각한 문제였다.

기금이 모아지고, 일들이 착수되었다. 그러나 행정력은 분명히 한계에 다다라 있었다. 나는 앤트워프에서만 백여 명의 직원들을 두고 일하고 있었고, 이런 저런 종류의 프로그램의 재정들을 관리하고 있었는데, 한 프로그램당 각자의 다른 기준들과 조건들을 가진 후원자 여럿이 있는 경우도 있었다. 그러다 보니 보통은 연구실적으로 받는 상금들을 나이로비나 킨샤사 연구를 위해 보내다가 어느 순간부터는 하버드에서 3주짜리 최고관리자 경영수업을 듣는 데 투자하고 있는 판국이었다(나 빼고는 모두가 기업가들이었다). 여타의 학자들처럼 연구에 있어서는 이골이 나 있었지만, 관리자로서는 꽝이었다. 내 스타일이 워낙 임기응변적이고 충동적이어서 문제는 더 이상 미룰 수 없을 때 해결하는 편이었고, 그로 인해 많은 이에게 엄청난 스트레스와 혼란을 초래했다(스스로는 그렇게 생각하지 않았다는 데 더 큰 문제가 있었지만). 하버드에서의 짧은 시간은 나에게 어떻게 하면 조금 더 체계적이 될 것인가에 대한 많은 가르침을 주었고, 어떻게 직원들과 파트너들을 정기적으로 만나고 그들의 의견을 묻고 그들의 하는 일을 지원해 줄 수 있는지를 알게 했다. 훌륭한 강좌였고, 지금까지도 그 덕을 톡톡히 보고 있다.

80년대 말 즈음 몇몇 아프리카 과학자들이 아프리카의 에이즈학회를 만들었다. 그들은 나에게 기금을 지원해 주기를 요청했고, 나는 영광으로 여기고 승낙했다. 이미 아프리카의 에이즈에 대한 컨퍼런스는 나단 클루멕이 브뤼셀에서 1985년 주관했던 이후 두 번이 모두 유럽에서 열렸고, 아프리카에서 열린 적은 아루샤에서 단 한 번뿐이었다. 아프리카 사회에서도 관심을 보이고 있었고, 국제적인 컨퍼런스에 참석할 여력이 상대적으로 적은 아프리카의 과학자들이 이렇게 함께 모여 경험을 교류하고 협력을 도모할 수 있는 장을 만드는 일을 전적으로 후원해 주고 싶었다. 빌라 카피타 박사는 진심으로 킨샤사에서 컨퍼런스를 개최해 보고 싶어 했다. 나는 우리 모두가 카피타 박사에게 진 큰 빚이 있다 생각하고, 킨샤사에는 제대로 된 회의시설을 찾기 힘들고 정치적으로 상황이 썩 좋지 않았음에도 1990년 10월에 국제 에이즈와 성매개질환 컨퍼런스를 아프리카에서 열기로 했다. 이는 아프리카에서 열린 두 번째 에이즈 관련 컨퍼런스였다.

우리는 중국에서 자이르에 지어 준 융숭한 인민의 궁전이라는 컨벤션 홀을 빌릴 만큼의 기금을 모을 수 있었다. 보통은 모부투의 정당이 미팅을 갖던 장소였다. 그러고 나자 주머니 사정이 여의치 않았고, 특히 아프리카 동료 과학자들을 초대할 돈이 부족했다. 그래서 나는 처음으로 현지의 환전 관습을 한 번 따라 보기로 했다. 전 세계의 다이아몬드 시장의 중심이 되고 있던 작은 가게들이 즐비하던 앤트워프의 다이아몬드 거리로 가서는 당시 주먹구구식으로 다이아몬드 거래상들과 거래를 하던 자이르인들을 찾아갔다. 나는 비영리 재단에서 받은 15만 벨기에 프랑(당시 환율로 약 5만 달러 정도)을 현찰로 가지고 갔다.

누군가 나에게 이 사람을 찾아가라며 이름을 하나 적어 주었다. 그에게 돈을 주었더니 그는 다음날 다시 오면 자이르 화폐를 준비해 두겠다고 했다. 나는 매우 당황하며 영수증을 달라 했는데, 그는 내 말에 호탕하게 웃었다. 내가 발을 들여 놓은 세계는 영수증 따위는 통용되지 않는 세계였다. 그는 다음날 약속처럼 나에게 자이르 화폐를 잔뜩 선사했는데, 가방 하나가 가득 찰 정도였다. 이 과정을 통해 나는 남은 재정을 제대로 뻥튀기했다. 제대로 된 환율로 환전했을 때에 비해 거의 세 배 가까운 금액이었다.

돈을 양말과 속옷 안에 구겨 넣고 킨샤사로 향했다. 공항의 세관 담당자들이 뒷돈을 기대하며 꼼꼼하게 짐 가방을 뒤지는 것이 정석이지만, 레오파드 훈장 덕분에 무사통과되었다.

카피타의 집에 도착하자 정부에서 약속한 지원금이 아직 무소식이라는 소식을 들었다. 큰일이었다. 그러나 며칠 뒤 국립은행의 누군가가 카피타의 집에 아무 기별 없이 찾아와서는 막 찍어내 따끈따끈한 자이르 화폐가 잔뜩 든 서류가방을 두고 갔다. 이로써 우리의 컨퍼런스 재정이 준비되었다. 이민 가방 하나와 서류가방 하나 가득. 결국 컨퍼런스에는 오기로 했던 참석자들보다 훨씬 많은 인원이 참석했고, 우리는 여기서 조금의 이익을 얻었다. 이 돈으로는 킨샤사의 마마 예모 병원의 병동들을 보수하고 바스 콩고지역 카피타의 고향 마을에 의원을 지었으며 젊은 자이르인 의사들에게 장학금도 줄 수 있었다.

나는 마통게의 성노동자들에게 컨퍼런스 식사를 준비해 달라 부탁했다. 그들이 잠시라도 본업을 쉬게 해 줄 꽤 괜찮은 소득원이 되겠다 싶었다. 우리는 그때까지 예상하던 참석 인원을 바탕으로 약 천 명분의 음식을 준비하기로 계획하고 예산을 짰다(결국은 천오백 명이 참석했다). 우리는 또 킨샤사의 수백만 로컬 라이브 밴드들 중 하나를 고용해 큰 파티를 계획했다. 이 모두가 대단한 기획이었지만, 실행이 우리의 발목을 잡았다. 우리는 분명 인터콘티넨탈 호텔 전체를 예약했는데 매니저가 플로리다에서 막 도착한 새내기라 킨샤사에서는 일들이 어떻게 굴러가는지 잘 몰랐다. 예약을 해 둔 참가자들이 컨퍼런스가 시작하기 하루 전에 한 방에 두 명씩 들어가도록 배정이 되어버리고, 몇몇에게는 아예 방이 배정되지 않았다. 알고 보니 리셉션 직원들이 뒷돈을 받고 예약을 미처 못한 다른 손님들을 받아 버렸기 때문이었다. 나는 최후의 수단으로 매니저와 거래를 감행했다. 위스키 한 병과 담배 몇 갑을 건넸고, 컴퓨터 예약 시스템 비밀번호를 건네받았다. 리셉션 친구들은 용돈을 줘 집에 돌려보내고, 창의적이고도 침착하기로 유명한 내 조수 잔 비엘폰트를 그 자리에 앉혀 두었다.

그럼에도 불구하고 수많은 참가자들이 방이 없어 길에 나앉을 판이었다. 컨퍼런스가 시작되던 당일 아침, 세계보건기구 아프리카 지역사무처장이 등장했다. 첨언을 하자면, 그는 예하 보건부 장관들에게 에이즈 인식 개선을 강조하는 데 큰 역할을 하지 못하고 있었고, 에이즈를 위한 범세계 계획에 대해 호의적이지 않았다. 그래도 우리 컨퍼런스가 뭔가 중요한 일로 생각되긴 했던 모양이었던지(실제 기자들이 꽤 많이 와 있었다) 그는 자신에게 기조연설을 맡겨 달라 했다. 나는 미소를 띠고 "각하. 당연히 그래야지요"라고 말했다. 그가 우리 일에 참여하게 될 수 있는 좋은 기회라 생각했다. 나 같은 사람들 외에도 다양한 사람들이 연대해 에이즈와 싸워야 할 필요가 있었다. 나는 사무국으로 쓰던 스위트룸의 침실을 그에게 내 주고 거실의 소파를 썼다.

이후 며칠간 모든 면에서 최악의 상황들이 펼쳐졌다. 음식은 부족했고, 컨퍼런스에서 쓸 물건들은 도난당했다. 그렇지만 모두에게 분명

강렬하고 훌륭한 경험이었다. 아프리카 동료들이 서로 HIV로 인한 문제들에 대해 정말 솔직하게 나누고 있었다. 또한 그들이 직접 이런 저런 주제의 발표를 했다. 대륙 이곳저곳에서의 학술 활동이 훌륭한 과학적 성과로 나타나고 있었다. 그중에서도 프로젝트 씨다와 나이로비 연구진들이 빼어난 발표를 했고, 나는 우리 젊은 동료에게 기량을 펼쳐 보일 수 있는 명망 높은 무대를 마련해 준 것에 대해 뿌듯함을 느꼈다. 처음으로 아프리카의 에이즈에 대한 심도 있는 내용들이 언론을 통해 전 세계에 알려졌다. 그때까지만 해도 에이즈는 서방 국가들의 이야기가 주를 이루고 있었다.

에이즈 컨퍼런스들은 개최하기도 어려웠을 뿐 아니라, 목숨을 담보로 하기도 했다. 1992년 봄에 나는 모로코 마라케시에서 마그레브 지역에서 열린 첫 번째 에이즈 컨퍼런스에 참석했다. 에이즈는 고사하고 성에 관련된 이슈들에 대해 직면한 적 없는 지역의 첫 번째 용기 있는 시도였다. 비행기에 탄 지 한 시간쯤 지났을 때, 로얄 에어 모로코항공 기장이 프랑스어와 아랍어로 '안전상의 이유'로 착륙해야 한다고 방송을 했다. 나는 친한 지인 미셸 카라엘과 동승하고 있었는데, 그가 "피터, 테러인가 봐!"라고 외쳤다. 그는 브뤼셀에서 기자이자 사회과학자로 활동하며, 나와 몇 건의 논문과 책을 함께 출간한 바 있었다.

나는 "아니야, 미셸. 기술적인 이유를 말하는 걸 거야"라고 대답하고 컨퍼런스 발표 자료 준비에 여념이 없었다(파워포인트가 없을 때였다). 나는 늘 비행기에 타면 일을 하거나 무언가를 읽었고, 그날도 예외가 아니었다. 갑자기 기내방송으로 누군가 아랍어로 말하는 소리가 들렸고, 모로코인 승객들이 패닉 상태에 빠져 모두 비행기 뒤편을 향해 고개를 돌렸다. 뒤를 보니 한 남자가 서서 소리를 지르고 있었다. 한 손에는 담배를, 그리고 다른 손에는 다른 무언가를 들고 있었다. 승객 중 누군가가 그는 팔레스타인 사람이며, 비행기를 돌려 바그다드로 갈 것과 이스라엘의 팔레스타인 포로들을 풀어줄 것을 요구하고 있다고 설명해 주었다.

이때쯤 되자 나도 두려움에 떨었다. 뭘 어떻게 해야 할지 몰랐다. 승무원이 각자의 자리에 앉아 있어 달라 말하며 승객들을 능숙히 다루는 모습은 가히 경이로웠다. 승객들은 모두 알라가 아니면 하나님께 큰 소리로 기도를 드리며 어린 아이들을 비행기 앞쪽으로 옮기고 있었다(이들은 주로 프랑스나 스위스에 사는 모로코 이민자들이었고, 대다수는 아이들과 고국으로 휴가를 가는 중이었다). 승무원들이 몰래 기내 온도를 올려 테러리스트들의 진을 빼는 작전을 쓰고 있었다. 그때 기장이 비행기가 리비아의 수도 트리폴리에 착륙할 것이라 말했고, 비행기는 지중해 위 어딘가를 맴돌았다. 영원처럼 느껴지는 찰나였다. 미셸은 잔뜩 흥분해 "내가 저 인간 상대할 테니 말리지 마. 난 잃을 게 없어. 이미 60년 넘게 살았고, 유대인이니깐 어차피 날 제일 먼저 죽일 거야"라며 씩씩거렸다. 나는 그를 겨우 붙잡아 앉히고는 다시 발표 자료를 다듬는 데 집중하려 노력했다. 지금 생각해 보면 일종의 방어기제였던 것 같다. 또 다른 옆자리 승객은 스무 살 정도 돼 보이는 스위스 여성이었는데, 그 사이 정신 줄을 놓았는지 두려움에 떠는 승객들 사이에서 혼자 흥분에 떨며 "아 자기 멋져!"라고 자꾸만 소리를 질렀다. 나는 그녀에게 조용히 하라 다그쳤지만, 프로이드가 말한 것처럼 인간의 심리에는 이해할 수 없는 수많은 작용들이 혼재되어 있으니 어쩔 도리가 없었다.

우리 비행기는 착륙 준비를 하기 시작했고, 여기저기서 루머들이 쏟아져 나왔다. 어떤 이들은 말라가(남부 스페인) 같다고도 하고, 다른 이들은 분명 트리폴리 같다고 했으며, 또 다른 이들은 모로코의 지중해 연안 같이 보인다고 했다. 내 심장이 터질 듯 뛰고 있었고, 입은 바짝 바짝 말랐으며, 오줌보는 터질 것 같았다. 그때 누군가가 아랍사람들은 모두 비행기에서 내리고 나머지는 남으라고 외치는 소리가 들렸다. '이제 나는 어떻게 되는 것인가'라며 머릿속이 하얘지던 찰나, 누군가가 "갑시다 형제여" 라며 내 손을 잡아 끌었다. 바로 기-미셸 거시-다메, 코트디부아르 에이즈 프로그램의 수장이었다. 그의 손에 이끌려 옆자리의 유대인 미셸을 끌어내며 "와하. 와하(아랍어로 괜찮아, 괜찮아)"와 "알 함둘릴라(아랍어로 신께 영광을)"라고 중얼거렸다. 사춘기 시절 모로코 여행에서 배운 아랍어 회화가 이렇게 나를 구원했다.

우리는 모로코 사람처럼 보이려 최선을 다하며 비행기 밖으로 뛰어나갔다. 누군가가 우리를 커다란 군용차에 미어지도록 태워 알 수 없는 곳으로 향했다. 밖은 아직 온통 깜깜했다. 나는 양 쪽으로 두 명의 미셸들의 손을 꼭 붙잡은 채 우리에게 이제 무슨 일이 일어나게 될 지에 대해 생각했다.

우리는 카사블랑카의 군용 공항에 와 있었다. 군인들이 비행기에 뛰어 들어가서는 납치범을 사살했다. 이외에는 크게 다친 사람이 아무도 없었다. 우리는 곧장 또 어디론가 실려 가서는 마라케시로 가는 비행기에 탑승했다. 자정이 되어서야 도착하자 모두 아무 일도 없었다는 듯이 짐을 찾기 위해 대기하고 택시를 잡기 위한 전쟁을 치렀다. 항공사나 당국으로부터 어떤 조치도 어떤 유감의 말도 없었다. 참으로 어이가 없었다. 호텔에 도착해서 나의 또 다른 오랜 지인이며 프랑스 보건부에서 에이즈를 담당하는 장-밥티스트 브뤼네로부터 자초지종을 들었다. 장은 비행기 뒷자리에 앉아 있었는데, 본인이 흡연자였던지라 납치범에게 담배를 건넸었다고 했다. 이 사건의 주인공은 제네바에서 석고 모형 안에 무기를 숨겨 탄 후, 화장실에서 그 진짜인지 가짜인지 알 수 없는 폭탄을 꺼내 들고 나왔던 것이었다고 했다.

나는 이후로 이틀 밤을 뜬눈으로 지새웠다. 컨퍼런스에서 좀비처럼 발표를 겨우 마치고 공항으로 갔는데, 돌아가는 비행기의 예약이 넘쳐 자리가 없다고 했다. 내가 분명 예약한 비행기에 탈 자리가 없다는 말이었다. 이쯤 되니 눈에 뵈는 게 없었다. 나는 그만 화가 폭발해 불쌍한 체크인 담당 직원에게 고래고래 소리를 질렀다. "처음엔 비행기가 납치되더니, 이제는 날 비행기에서 못 태우겠다고요? 무슨 항공사가 이렇단 말이요? 매니저 불러요!"

매니저 대신 선글라스를 낀 두 명의 장신 남성들이 와서는 나의 양팔을 잡고 가볍게 들어 올리더니 버둥거리는 나를 작은 방으로 끌고 갔다. 나를 의자에 앉히고 눈앞이 캄캄해질 만큼 밝은 조명을 얼굴에 비추고 나를 툭툭 밀치며 취조했다. 오래전 킨샤사 은질리 공항에서 당한 일만큼이나 심각한 상황이었다. "무슨 납치? 무슨 얘길 하는 거요?" 다그치는 그들에게 자초지종을 털어 놓았다가 거의 그 일에 가담한 범인으로 몰렸다. 당시에 모로코에는 언론 통제가 심해서 이 비행기 납치 사건에 대해 그 어떤 언론에서도 보도하지 않았던 것이었다.

마침내 풀려난 나는 일등석을 타고 탕헤르를 경유해 브뤼셀까지 갔다. 적어도 뭔가 보상이 있었던 셈이었다. 이 일로 세계보건기구 내의 변화와 컨퍼런스를 주최하는 수고로움은 이미 잊혀진 지 오래였다.

PART 4

NO TIME TO LOSE

CHAPTER

15

국제 관료주의

유행은 갈수록 악화되었다. 윌리의 파트너인 조셉은 그가 시름시름 앓다가 숨을 거둘 때까지 계속 곁에서 돌보아주다가, 이제는 그가 에이즈로 절망적인 상태가 되었다. 내가 힘들게 구해준 AZT 약제도 소용이 없었다. 내가 가는 곳 어디에나 에이즈는 만연했고, 더불어 우울한 소식만 가득했다.

1991년 전 세계적으로 HIV에 감염된 사람은 총 2천만 명이 넘었으며 이 중 5백만 명 이상이 사망했다. 에이즈는 이제 아프리카 최고의 살인마로 자리매김했다. 그 어느 조사결과에서도 에이즈 상황이 이전보다 나아진 기록은 찾을 수 없었다. 아프리카 10개국의 총인구 중 10% 이상이 에이즈에 감염되었다. 죽어가는 갓난아기들, '에이즈 고아들'이라는 용어가 주는 막연한 두려움, 에이즈에 걸려 죽어가는 남녀로 가득찬 병원들, 그리고 더없이 필요한 전문인력들이 에이즈로 인해 안타깝게 죽어가는 현실을 마주하며 더없이 무력해졌다. 언제까지 우리에게 닥친 재난을 연구만 하고 있을 것인가? 지적인 질문을 던지고 답을 찾기 위해 이곳저곳 쑤시며 다니는 일은 더 이상 내 인생에 가장 중요한 일이 아니었다.

단지 연구에 그치는 것이 아니라 유행의 진로를 바꿀 수만 있다면. 일개 개인이 얼마나 영향을 미칠 수 있겠냐는 의구심과 지나친 겸손은 야심 찬 계획을 실행하는 데 치명적이기에 플랑드르인 특유의 노예근성을 벗어던졌다. 당시만 해도 나는 여전히 질문을 던지고, 답을 찾으며 배우는 학생에 불과하다고 생각했었지만, 이제는 행동하고 싶었다. 내 지식을 세상을 위해 쓰고 싶었다.

마이크 머슨은 전임자인 조나단 만의 뒤를 이어 계속 내게 연락을 취하며 제네바에 있는 세계보건기구의 에이즈를 위한 범세계 계획에 참여할 의사가 없는지 물었다. 처음에는 거절했다. 사실 단 한 번도 나 자신을 국제 관료주의에 맞는 사람이라고 생각한 적이 없었다. 마이크는 끈질기게 연락했다. 특별자문가라는 애매모호한 자리의 일을 임시로라도 맡아줄 수 없는지 제안하며 몸담고 있던 열대의학연구소에 일 년간 안식년을 낼 것을 종용했다. 열대의학연구소에서 우리는 엄청난 일을 해왔었다. 킨샤사뿐 아니라 나이로비와 브룬디 프로젝트에서도 빛을 보고 있었다. 그러나 일 년간의 안식년을 갖는 동안 한걸음 물러서서 그동안 했던 일에 대해 돌아볼 수 있는 기회를 가지는 것도 나쁘지 않겠다는 생각이 들었다.

거의 유럽만한 땅덩어리를 지닌 자이르는 정치적 분쟁으로 점점 떠들썩해졌는데, 이는 모부투 대통령의 병적 도벽 정치가 저항군의 거센 반발을 일으켰기 때문이다. 1991년 9월, 국제공항 근처의 육군기지에서 수개월째 임금이 밀려 버려진 지칠대로 지친 군인들이 반란을 일으켰다. 킨샤사의 민간인들도 폭동에 참여했으며 약탈은 일상이 되었다. 가정, 상점, 회사 모두 약탈의 대상이 되었고 200명이 넘는 사람이 죽었다. 프랑스와 벨기에는 공수부대를 보내 수천 명의 재외국민을 브라자빌로 대피시켰고, 유럽연합은 다시 원조를 중단했으며, 미국은 그동안 운영하던 프로그램을 모두 철회했다.

상황이 좋았던 때조차도 킨샤사에 전화연락을 취하는 것은 거의 불가능한 일이었다. 그 시절 이메일 송수신은 제네바 근처의 유럽원자력연구센터에서나 가능했다. 그러나 프로젝트 씨다의 미국인 동료들은 미 대사관을 통해 안정적으로 통신을 할 수 있었기에, 볼티모어에 있는 톰 퀸을 통해 자이르의 폭력적인 약탈행위에 대해 수 주 동안 들을 수 있었다. 프로젝트 씨다의 미국과 벨기에 출신 동료들은 자이르에서 안전하게 피신할 수 있었다. 톰과 나의 걱정거리는 프로젝트 씨다의 자이르 출신 동료들이었다. 프로젝트 씨다의 사람들은 대규모 가족과 같았다. 7년 동안 믿기지 않는 모험을 하며 희로애락을 나누다 보니 강력한 유대감이 생긴 것이다. 톰과 나는 모부투 대통령을 반대하여 일어난 폭동이 어느 정도는 반가웠다. 물론 이로 인해 끔찍한 유혈사태가 초래될 수 있다는 것도 알고 있었다. 또한, 실험실이 약탈을 당하면 그동안 해놓은 모든 일 – 우리가 돌보고 있는 사람들, 모아둔 검체들, 축척해놓은 데이터 – 이 손상되거나 사라질 수 있는 위험도 있었다.

동료들이 하나둘 피신한 다음에도 프로젝트 씨다가 영영 빛을 보지 못하리라고는 한 번도 생각해본 적이 없었다. 기껏해야 한두 달 정도 잠정 중단이 될 거라고 예상했었다. 아프리카 최대 규모의 국제 연구 프로그램으로 막대한 투자를 받은 이 프로그램이 이렇게 간단히 끝나리라고는 꿈에도 생각지 못했다. 한편 모부투 대통령의 권력을 향한 지독한 욕망은 끝날 줄 몰랐고, 자이르의 곤경은 지속되었다. 11월, 톰은 미 정부가 드디어 전체 프로젝트에서 손을 떼기로 결정했다고 말했다. 프로젝트의 미국인 동료들은 자이르로 돌아가지 않았고, 모든 미국 자금은 중단되었다.

프리다 비헤츠와 나는 프로젝트를 완전히 종료시키면 안된다고 주장했다. 프리다는 자신이 프로젝트의 맥을 이어가겠다고 자원했다. 그러나 프리다의 임금은 미국에서 지급하는 것으로, 미 정부의 보험과 헌법의 적용을 받는 것을 의미했다. 즉, 미 정부의 결정을 뒤집는 것은 불가능했다. 프로젝트 씨다의 주된 자금원은 미국 국립보건연구원과 미국 질병관리본부였기에 톰이 좌지우지할 수 있는 바는 없었다. 법적으로 그가 손쓸 수 있는 일은 없었다. 놀랄 만한 성과를 보였고 약탈의 피해도 거의 없었지만 프로젝트 씨다는 그렇게 끝이 났다.

벨기에와 유럽연합 또한 모든 원조를 철회했고, 앤트워프에서 온 임상의사인 조스 페리엥는 더 이상 임금을 받지 못하게 되었다.

프로젝트 씨다의 자이르 직원들은 벨기에 연합 기관과 열대의학연구소의 자금을 긁어모아 프로그램을 유지해 보려고 노력했다. 미국 지원금의 부족분을 메우기에는 모자랐지만 톰보다는 내가 좀 더 법적으로 자유로웠기에 한동안 일부 지원금을 운영할 수 있었다. 국경없는 의사회는 마통게의 성매매여성 진료소를 넘겨받았고, 우리는 일부 운영비를 지급했다. 프로젝트 직원 중 대학학위를 지닌 임상병리사와 의사들에게 해외 펠로우십을 기획하고자 했다. 이들 중 지금 몇몇은 박사학위를 따고 현 콩고민주공화국을 포함한 전 세계의 공중보건 및 개발기구와 제약회사의 요직에 올라 있다. 이들은 프로젝트 씨다가 아니었다면 과학분야에서 전문가로 발전할 수 있는 기회가 희박했을 매우 똑똑하고 에너지 넘치는 젊은 과학자들이었다. 킨샤사의 상황이 안정되자 스킵 프란시스는 그동안 수집한 수천 개의 혈액 검체를 수거해서 베데스다로 가져왔다.

그러나 혈액 확인 프로그램은 물거품이 되었다. 모든 연구비는 삭감 당했고, 장기 추적 조사를 위해 신경 써서 모아놓은 코호트는 물거품이 되었다. 임상연구를 위해 필요한 기관지경, 진단장비, 환자 관리에 대해 우리가 할 수 있는 것이라고는 최선의 결과를 기대하며 관련 장비를 마마 예모 병원의 빌라 카피타 박사와 동료들에게 남기고 떠나는 것 뿐이었다. 카피타는 절제심이 강한 사람으로 타인에게 싫은 기색 한번 보인 적이 없었다. 그러나 이렇게 버려지는 감정이 얼마나 쓰라릴지 잘 알기에 그의 기품을 존경하게 되었다. 오늘까지도 그는 여전히 해당 병원의 내과과장으로 일하고 있으며, 어느 면으로 보나 그는 영웅이다. 그와 같이 진실되고 헌신적이며 직업윤리가 뚜렷한 이들이 바로 아프리카의 미래이다.

프로젝트 씨다의 종결 때문에 여러모로 가슴이 아팠다. 정신이 번쩍 드는 경험이었다. 나 자신을 변모시킨 하나의 사건이기도 한데, 이로 인해 영구적인 것은 없다는 점을 자각하게 되었다.

이후 마이크 머슨이 다시 내게 접근한 때는 1991년 12월 아프리카 세나갈의 다카에서 열린 아프리카 에이즈 회담에서였다. 이 회담은 지금까지 아프리카에서 열린 회담 중 최고였는데, 아프리카의 선구적인 과학자 술레이만 음붑 교수가 이끄는 역동적인 팀 덕분이었다. 음붑 교수는 유능하고 겸손한 군 미생물학자로, 수많은 서아프리카의 제자를 배출한 매우 교양 있는 사람이다. 음붑 교수는 마크 에섹스와 하버드에서 HIV-2를 연구하고 있었다. 그는 세네갈의 에이즈 전문가로 이루어진 엄청난 단체에서도 최고의 전문가였다. 이 전문가 단체는 대륙에서 최초로 당시 대통령인 디우프의 전적인 지지를 받아 에이즈에 유효한 대응책을 내놓았다. 이 시도는 아프리카 엘리트 과학자들의 유행에 대한 '주도권'을 보여준 첫 발걸음으로, 매우 성공적이었다. 지금까지도 HIV 유병률은 1% 이하로 유지되고 있다.

적절한 타이밍에 마이크는 나를 설득하는 데 성공했다. 결국 나는 앤트워프에서 하던 일에 안식년을 사용하기로 했다. 1992년 8월 온 가족을 데리고 제네바로 이주하여 일 년 동안 세계보건기구의 에이즈를 위한 범세계 계획에서 일을 진행했다. 나는 어딜 가든 꽤 빠르게 새로운 환경에 적응했다. 그러나 모순적이게도 조직에 온전히 동화되는 느낌을 받아 본적은 없다. 어릴 때 자라면서 가정, 마을, 그리고 학교의 환경적 요인이 크게 작용한 것 같다. 세미 아웃사이더의 느낌이 나를 보호해 준다고 생각했다.

진로 결정에 있어 세계보건기구를 선택한 것은 급격한 가치관의 변화 때문은 아니다. 이전에도 두어 달에 한 번 꼴로 업무상 제네바에 갔었기 때문에 낯설지 않았다. 물론 내가 급작스레 국제기구의 관료로 변했다고 느끼지도 않았다. 나 자신을 세계보건기구에 '판'적은 없다. 1년의 계약 기간 동안 자문을 제공할 뿐이다.

세계보건기구의 고위 관료가 되면 앤트워프에 남아 있을 때보다는 에이즈 유행에 좀 더 영향력 있는 일을 할 수 있으리라 생각했다. 세계보건기구가 돈이 넘쳐나는 기구처럼 보일 수 있으나, 알고 보면 연간 예산 20억 달러는 유럽이나 미국의 많은 병원들이 운용하는 것보다 적은 금액이다. 이 중 에이즈 프로그램이 단독으로 운용하는 금액은 1억 5천만 달러 가량에, 전 세계를 담당했다. 앤트워프에서 내가 일 년간 운용했던 예산은 기껏해야 백만 달러 정도였고, 상대적으로 미친 영향도 극미했다. 또한 이 일은 국제기구가 어떻게 돌아가는지 배울 수 있는 절호의 기회이기도 했다.

제네바에서의 첫 주부터 세계보건기구의 어두운 면과 마주했다. 예를 들면 '기저 질환' 때문에 그레타는 풀패키지의 건강보험 혜택을 받을 수 없었는데, 세계'보건'기구라고 불리는 기구가 고용인에게 꼭 필요한 보건 혜택을 주지 않는다는 점은 충격이었다. 다행히도 그녀는 계속해서 벨기에의 우수한 보건의료체계의 혜택을 받을 수 있었다. 그렇지만 내 입장을 지지하던 노동조합이 실패했다는 점은 씁쓸했다. 몇 년 후 나는 세계보건기구의 리더십, 건강보험, 그리고 HIV에 감염된 사람들이 그렇지 않은 직원들과 동일한 의료혜택을 보장 받는 정규직으로 고용될 수 있도록 당시 제네바의 유엔 합동의료서비스 총장과 전쟁을 치러야 했다. 참호전은 수 년이 걸렸다.

세계보건기구에서 나는 두 가지의 단기 과제를 안았다. 첫째는 에이즈를 위한 범세계 계획의 세부 내용을 재구성하는 일이었고, 둘째는 새로 발족된 성매개질환 부서를 관장하고, 사기를 북돋아주며, 관리구조를 바꾸고, 우선순위를 세우는 것이었다. 성매개질환 부서는 지금까지 세계보건기구에서 부여받은 어느 예산보다 훨씬 많은 자금을 갑작스레 운용하게 되었다. 내가 기획한 일은 성매개질환과 HIV의 퇴치 활동을 한데 엮는 방법을 찾는 연구였다. 결국 이 두 질환은 동일한 집단에서 발생하고, 여러 감염 간에 시너지 작용이 있다는 것이 점차 명백해졌기 때문이다.

아시아 최대 홍등가 중 하나인 캘커타 소나가치 지역의 성노동자들을 대상으로 진행하는 흥미로운 프로젝트에 대해 듣게 되었다. 언뜻 보기에는 규모가 훨씬 크다는 점을 제외하고는 나이로비와 킨샤사에서 진행한 연구와 큰 차이가 없어 보였다. 에이즈를 위한 범세계 계획에 합류하고 처음으로 향한 곳은 인도였다. 인도는 충격과 영감을 동시에 주는 곳이다. 당시 인도에는 HIV는 거의 없었지만, 일부 소외 계층에는 다른 성매개질환이 만연했다. 특히 성노동자와 그들의 고객에서 빈번했다(성매개질환을 부인하는 경우도 많았다. 당시 보건부장관은 "우리 인도는 '그런 짓'은 안 합니다"라고 말했었다).

가장 충격적인 것은 그들이 일하는 환경이었다. 성매매사업은 아프리카에서 여지껏 보아왔던 어느 것보다도 큰 규모로, 체계적이었고, 잔인했다. 수천 명의 성노동자들이 거대한 사창가에 빽빽이 들어차 있었고, 많은 이는 족쇄에 묶여 있었다. 뭄바이에서는 실제로 일부 성노동자들이 철장에 갇혀 지내는 것도 보았다. 어두운 골목 아래의 층간계단에 작은 방들이 있었고, 그곳에서 두 명의 성노동자가 고객을 동시에 받고 있었다. 방은 두 침대 사이에 걸린 천 쪼가리 하나로 나눠져 있었고 아이들은 그 주변에서 뛰놀고 있었다. 대부분 처음에는 강압적인 폭력으로 성매매의 세계에 발을 들여놓게 되고, 이후에는 성노동자라는 이유로 사회에서 매장 당하는 식이었다. 그들의 정신적, 신체적 고통은 명백했다. 하수구와 눅눅함, 땀과 생식기 분비물의 악취... 지금 이 글을 쓰는 것 자체만으로도 그 악취가 코끝에 스민다.

이것이 바로 세계의 일부 가난한 이들이 받는 성적 학대이다. 남아공의 칼턴빌 탄광에서 느꼈던 것처럼, 나는 남녀 모두, 특히 여성에게 안타까운 감정이 들었다. 남성들은 이미 고주망태가 된 상태로 성노동자를 찾기 때문에 여성들에게 폭력을 가하는 경우가 많았다. 경찰들도 성매매업소가 영업을 계속할 수 있도록 눈감아주는 대가로 여성들을 강간했다. 여성들의 삶은 이루 말할 수 없이 끔찍했다.

프로젝트의 기획자인 스마라잇 야나 박사는 벵골출신의 사업가 기질의 공중보건전문가로 성매매 여성들과 자녀들에게 의료 지원을 제공하는 일을 막 시작한 참이었다. 또한 이들 스스로 조합을 설립하여 성폭력에 대처하고, 정보와 지원을 제공할 수 있는 조직을 만들며, 고객들에게 콘돔 사용을 의무화하고 포주에게 일정 수준의 압력을 행사할 수 있도록 도와주었다. 프로젝트를 통해 경찰조직의 역할 변화를 꾀하며 성노동자에게 자행되는 성적 학대에 대한 무처벌 문화를 근절하는 운동이 진행되었다. 결과는 인상적이었고 질병 예방에 있어서도 성과가 있었다. 당시로서는 획기적인 방법이었는데, 특히 여성들이 일반적으로 사회에 행사할 힘이 없던 지역에서는 더욱 그랬다. 이번 사례와 후에 다른 곳에서 겪은 경험을 통해 우리가 성노동자들과 다른 고위험군에게 양질의 에이즈와 성병 치료 및 관리, 콘돔을 제공해야 할 뿐 아니라 일반적인 사회적 지원과 폭력에서의 보호 또한 보장해줘야 한다는 점에 확신을 가지게 되었다. 에이즈는 그들이 겪고 있는 여러 문제 중 하나에 불과했고, 하루 살기 급급한 그들에게는 실제 생존을 위협하는 요소임에도 불구하고 간과되기 일쑤였다.

이제 내 수중에는 그런 종류의 지원을 할 수 있는 자금이 있다. 예전에는 끊임없이 지원금과 기부금을 찾아다녔지만 이제는 예산을 배분해주는 위치에 있게 되었다. 물론 연구기금을 할당해주는 것도 쉬운 일은 아니다. 철저하게 과학에 근거한 지침이 있어야 하고, 전 세계의 다른 프로젝트에도 적용할 만한 점이 있어야 했다.

주목할 만한 HIV 예방 프로그램인 아바한은 포괄적인 접근법에서 한걸음 앞서 있다. 프로그램은 빌 앤 멜린다 게이츠 재단의 지원금을 받아 아속 알렌산더와 이전 맥킨지 컨설팅회사 동료들이 진행하고 있다. 소셜 마케팅기법을 사용하여 성 행동 변화와 콘돔 사용을 유도하는데, 마치 비누를 파는 것과 같이 고객층과 그들의 취향, 포장 디자인, 홍보 캠페인 등을 관찰한다. 그들은 마치 세일즈맨처럼 고객의 피드백도 이용하는데, 이를테면 판매의 증감을 살피고, 사람들의 신념과 행동에 대한 정규 설문조사를 진행한다. 또한 성노동자들이 일하는 곳을 세세하게 조사해서 미시 계획과 수학적 모델링 기법을 사용한다. 대부분의 공중보건 프로그램은 5개년 계획을 세우고 이를 벗어나지 않는 데 반해, 아바한의 접근법은 인도의 성공적인 국가 에이즈 프로그램과 협력하며, 최고위험군에서 HIV 신규감염을 낮추는 데 엄청난 성공을 거두었다. 대부분의 사회에서 그러듯 인도인들의 성행위 또한 '정규 분포'를 따르지는 않는다. 대부분의 인도인들은 성관계가 잦지 않고 소수 집단만이 그러한데, 종종 이들과 감염 사이에 관련성이 있다. 성적으로 가장 활발한 핵심집단의 구성원들에게 집중함으로써 일반 대중의 전체 감염 정도에도 굉장히 비용대비 효과가 높은 영향을 미칠 수 있다.

이 모델은 아시아뿐만 아니라 대부분의 국가에도 효과적이다. 다만 남아프리카의 경우는 오늘날에도 엄청나게 높은 HIV 유병률로 인해 상기 모델이 아직은 부적합해 보인다. 남아프리카에서 당신이 만 18세의 나이에 첫 경험을 한다고 할 때, 상대가 이미 HIV 감염인일 확률은 20~30%이다. 어쨌든 인도의 HIV 유병률은 프로젝트를 통해 감소했고, 민간부문이 정부정책과 협공하여 끌어들이기 힘든 집단인 성노동자들에게 다가감으로써 가능했다. MBA 출신으로 이전에 맥킨지에서 근무했던 남녀가 슬럼가에서 쪼그리고 앉아 사회의 저 밑바닥에 있는 여성에게 말을 거는 진기한 광경이 펼쳐졌다. 대부분의 여성은 출생

신고도 되어 있지 않아 신분증이 없었다. 아바한 프로젝트가 처음 집중한 분야는 여성들에게 일종의 신분증인 국가 세금카드를 발급받아 은행계좌를 열 수 있도록 하는 것이었다. 또한 휴대폰을 사용해 계좌로 송금할 수 있도록 하고, 돈을 가족에게 보내 포주나 기둥서방들이 손대기 힘들게 했다.

그 어떤 매끈한 컨설턴트 보고서나 과학 기사도 인도 성노동자의 삶과 실제 에이즈 프로그램의 난관 사이의 복잡한 실상을 알려주지 못한다. 세세한 것을 챙기지 못하면 무용지물인 것이다. 지금도 국가나 사업장을 방문하면 HIV 예방과 치료의 최전선에 있는 사람들과 그들이 돌보는 주체인 성노동자, 트럭운전자, 고아, 열악한 작업장에서 일하는 여성, 공사판 인부, HIV에 걸려 살아가는 다양한 사람, 마약 사용자, 동성애자를 직접 만나 이야기 나누는 것을 철칙으로 한다. 2011년 어느날, 반나절을 뭄바이의 성노동자들과 이야기 나누며 보냈다. 그날 인도와 파키스탄의 역사적인 크리켓 경기가 열려 그들은 한가한 시간을 보내고 있었다. "프로그램이 당신들에게 무엇을 해주었소?"라고 묻자, 한 여성이 간단명료하게 대답했다. "사람 취급을 받게 해주었죠." 이제 그녀는 자신의 돈을 직접 관리할 수 있을 뿐 아니라 조직의 일원으로, 고객이나 경찰부대가 들이닥쳐 그녀를 구타해도 이제는 다른 여성들에게 도움을 구할 수 있게 되었다. 또한 HIV 예방 메시지도 훨씬 쉽게 전달받을 수 있게 되었다.

대다수의 인도 에이즈 환자들은 치료를 받기 위해 민간부문을 찾는다. 이곳에는 무자격 의료인이 즐비하기 때문에 우리는 가짜 환자를 이용하여 성매개질환의 최신 치료 경향에 대한 소규모 연구를 진행하기로 했다. 우리가 보낸 가짜 환자들은 의사를 찾아가 성병의 여러 증상을 호소하며, 의사들이 실제로 검사를 진행하는지, 또 어떤 약을 처방하는지 알아왔다. 놀랍게도 많은 의사들은 남성 환자의 바지를 내려 증상을 확인할 생각은 전혀 하지 않고, 무작정 약만 처방했다. 결국 우리의 과제 항목에 의료인들을 교육시키는 것도 추가했다.

현실적인 전략이 필요했다. 의과대학 시절에 배운 모리스 피오트(친척 관계는 아니다)의 업적을 기억해냈다. 1960년대에 세계보건기구에서 일했던 피오트는 결핵 치료 지침을 분석하여 기존 지침의 한계를 밝혔다. 그의 발견은 출판되었지만, 체계적인 일처리 방식은 잊혀진지 오래였다. 우리 상황을 예로 들면, 100명의 매독환자가 있다고 할 때, 감염의 첫 징후는 성기궤양이다. 이럴 경우 약 80퍼센트의 의사만이 매독검사를 의뢰할 것이다. 80퍼센트의 환자만이 검사를 하고, 결과를 받아 후속 방문에서 치료 약제를 처방받을 것이다. 이 환자 중 80퍼센트만이 제대로 된 약제를 처방받을 것이고, 이 중 80퍼센트만이 제대로 약제를 복용해서 나을 것이다. 아무리 너그럽게 계산해도, 벌써 32명으로 대상자가 줄어 있다. 아직도 갈 길이 먼 것이다.

관행적으로 세계보건기구는 마지막 단계에 집중해왔다. 예를 들면 제대로 된 항생제 선택과 치료제의 올바른 사용에 대한 가이드라인을 만드는 일을 진두 지휘했을 것이다. 그러나 건강추구 행위나 의료진들의 적절한 교육과 같이 당시 완전히 간과되던 부분을 포함한 종합적인 고려가 필요했다. 지역사회에 대한 무관심의 결과는 높은 감염률이었다. 임질과 클라미디아 감염의 경우, 무관심은 불임, 평생의 고통, 심지어 죽음으로 이어질 수 있었다.

제네바로 복귀한 뒤, 오래된 사례를 발굴해 교훈점을 아프리카와 브라질에 적용하려 애썼다. 연구사업을 기획하고, 자원이 부족한 환경에서 성매개질환을 진단하고 치료하는 가이드라인을 개발하고 평가했다. 모든 일들은 스와질랜드에서처럼 체계적으로 진행했다. 그때와 달리 이번엔 모든 성매개질환을 타켓으로 했다. 이런 노력은 세계보건기구의 정책이 되었고, 여전히 전 세계 1차 의료기관의 벽면에서 이러한 흐름도가 담긴 포스터를 볼 수 있다. 어떻게 보면, 이 일 하나로 우리는 전 세계 수백만 명의 사람들이 치료를 받는 방식에 영향을 미친 셈이다. 실상 90퍼센트의 성병은 숙련도가 높지 않은 간호사 또는 조산사도 치료할 수가 있으며, 이렇게 할 때 성병환자들은 제때에 적절한 치료를 받고, 전문의들은 더 복잡하고 심각한 환자에 집중할 수 있다. 특별히 로맨틱하거나 모험적인 일은 아니지만, 정책과 규범을 세우는 것은 사람들에게 큰 영향을 줄 수 있다.

이후 짐바브웨로 이동하여 성매개질환의 또 다른 고위험 환경인 고밀집 도시지역을 살펴보았다. 1993년 짐바브웨는 임신부의 거의 30%가 HIV 양성일 정도로 전 세계에서 가장 높은 HIV 유병률을 보였다. 식민지 시대에 모든 흑인 거주구역은 행정중심지 주변에 학교, 보건소, 비어홀(주로 맥주와 간단한 음식을 곁들여 파는 술집)과 함께 세워졌다. 비어홀의 소유권은 지방자치단체가 가지고 있었고, 수입의 주된 원천이었다. 사람들과 잠시 이야기만 나누어 봐도 비어홀이 섹스의 메카임을 명백히 알 수 있었다. 비어홀은 서양 맥주를 파는 곳과 전통 맥주를 파는 두 구역으로 나뉘어 있는데, 전통 맥주는 갤런 단위로 다양한 사이즈의 플라스틱 잔에 팔렸다. 여러 사람들이 같은 잔에 담긴 맥주를 나눠 마시고 충분히 취했다 싶으면 갑자기 성관계를 갖기 시작했다. 어느 정도는 이미 맥주값으로 화대를 지불한 것이다.

여자의 경우엔 끔찍한 복부 통증 때문에, 그리고 남자의 경우는 성기에 난 거대한 궤양 때문에 보건소를 찾는다. 그들이 보건소를 찾아오기를 기다리는 것으로는 충분하지 않다는 생각이 들었다. 비어홀로 가야 했다. 그러나 그 정도로 적극적인 의사는 드물었다. 우리가 80년대에 앤트워프와 그 외 지역의 바에 있는 동성애자에게 했던 방법처럼, 비어홀 안팎에서 콘돔이 판매되는 것을 보고 싶었다. 화장실에는 포스터가 붙어 있고, 공짜 콘돔이 든 바구니들이 비치되어 있으며, 예방 행위에 포커스를 맞춘 여러 종류의 오락거리가 제공되는 것 말이다. 오늘날에는 당연한 개념이지만, 전통적인 공중보건은 대상자를 찾아가는 서비스보다는 그들이 찾아오는 서비스를 지향했다.

태국으로 향했다. 여기서 에이즈는 성노동자 집단과 고객 뿐 아니라 이들의 배우자와 자녀들의 삶마저 황폐시키기 시작했다. 방문 목적은 후보백신을 지닌 제넨텍의 HIV 1상 임상시험의 승인 가부에 대해 정부에 자문을 주기 위함이었다(이 후보백신은 HIV 외피에 있는 gp-120 부분의 항원에 기반하고 있다). 아직은 대규모 인체 대상 임상시험의 진행 여부를 결정하거나 어떤 후보 백신을 선택할지에 대한 결정을 내리기에는 동물 시험에서의 결과가 충분하지 않았다. 그러나 태국에는 이미 왕성한 활동을 하는 양질의 생의학 연구 커뮤니티가 있었고, 마히돌대학 출신의 뎅기열 전문가인 나쓰 바마라프라바티 교수, 감염내과 의사인 프라판 파눕학, 인류학자인 웨레싯 시티트레이 등 태국 적십자 내의 젊은 연구진들이 백신 연구를 진행했다. 에이즈 연구에 대한 갈망은 분명했다. 태국은 당시 아시아 국가 중 가장 심각한 에이즈 유행을 경험하고 있었으며, 1994년 만 21세의 육군 신병 중 4퍼센트가 HIV 양성이었다. 우리는 아시아에서의 연구라고 느슨한 잣대를 적용해서는 안 된다는 점, 태국 위원회가 최종 결정을 내리기 전에 세계보건기구가 연구 프로토콜을 모두 검토해야 한다는 점, 그리고 HIV 커뮤니티의 긴밀한 참여 및 확실한 소통 계획 없이는 HIV 백신 임상에 참여하지 않아야 한다는 점에 동의했다. 방문 후 동의안을 고려해보기 위해 제네바의 수많은 연구진들을 소집했고, 만장일치는 아니었지만 백신의 안전성과 윤리에 대한 지침만 있다면 조기 인체 대상 임상시험을 진행해야 한다는 결론에 이르렀다. 아쉽게도 해당 백신 후보물질은 HIV 감염에 예방 효과가 없는 것으로 드러났다. 그러나 2009년 태국의 다른 임상을 통해 해당 후보물질이 다른 항원과 함께 사용된다면 어느 정도의 예방 효과가 있을 수 있다는 가능성이 제기되었다. 결과를 받아들이려면 더 확실한 증거가 필요한 면도 있었지만, 다회 접종을 요하는 복잡한 스케쥴 때문이라도 해당 후보물질의 대규모 사용은 비현실적이었다. 현 단계에서 가장 중요한 사안은 이론적으로라도 방어면역이 가능한지 여부를 확인해 보는 것이었다.

백신 임상시험은 까다롭다. 대상자를 위험에 노출시키는 것은 비윤리적이다. 따라서 임상시험을 설계할 때, 위약군과 '접종군'을 두고, 양군 모두 HIV 예방에 대해 교육한다. 그러나 슬프게도 그중 누군가 언젠가는 위험에 자신을 노출시킬 것을 알고 있다. 이 연구의 질문은 몇 건의 감염을 줄일 수 있는가이지만, 정량화하기에 손쉬운 개념은 아니다. 세계적 권고안을 만드는 것은 국제기구만이 할 수 있는 일이다. 국제기구만이 원칙적으로 특정 국가나 산업의 이익에 구속되지 않는 결정을 내릴 수 있기 때문이다. 구체적으로는 전 세계의 전문가들을 소집해서, 방에 몰아 넣고 음식, 물, 의제만을 제공한 뒤 각 개인의 이익에 상관없이 권고안에 합의점을 찾도록 하는 방식으로 이루어진다(물론 이런 이유로 참가자 선택에 신중을 기해야 하며, 이해상충에 대해 확실히 파악하는 일이 필요하다).

세계보건기구에서 나의 권한 중 하나는 의제를 정하는 것이었다. HIV 연구에 대한 개인적인 집착 중 하나는 여성 질내 살균제, 즉 여성이 직접 질 안에 넣을 수 있는 좌약이나 크림이었다(효과는 약하지만 당시 이미 피임제로 사용되고 있었다). 이성 간 성관계에서 퍼지는 HIV를 근절하기 위해서는 여성이 주도권을 가지는 효과적인 예방법을 찾을 필요가 있다는 생각이 강하게 들었다. 여성이 남성에게 콘돔 사용을 요구하기 힘들 수 있기 때문이다. 살균제는 제한적인 사용에서 어느 정도 임질을 예방하는 효과를 보였고, 1988년 에이즈연구를 위한 미국 재단인 암파에서 연구자금을 받아 HIV 예방에 효과가 있는 살정제에 대한 연구를 시작했었다. 킨샤사와 앤트워프에서 성노동자들의 살정제 사용에 대한 기초 연구를 진행했다. 연구 질문 중 일부는 그들이 좌제와 질정 중 어느 것을 선호하는지, 어느 살정제 제품을 선호하는지, 잦은 사용이 부작용과 어떤 연관이 있는지였다. 우리가 아는 한, 이 연구는 HIV 예방에 살균제를 이용한 첫 번째 연구였다. 이를 계기로 나이로비의 조안 크리스가 이끄는 대규모 연구가 진행되었고, 살정제인 논옥시놀-9이 포함된 스폰지 사용이 질자극과 질마찰을 일으켜 여성에 있어 실제로는 HIV 감염의 위험을 높인다는 사실이 밝혀졌다.

여전히 살균제에 대한 생각을 접을 수가 없었다. 에이즈를 위한 범세계 계획에서 관련 분야 전문가를 소집해 회의를 열었다. 다른 제품으로 연구를 시작했지만, 또 실패했다. 이것이 과학이 발전하는 방식이다. 맹목적은 아니지만, 흔들리고 갈팡질팡하며 나아간다. 여러 연구가 실패한 후 2010년에서야 과학자 부부인 카레이샤 압둘 카림과 살림 압둘 카림이 레트로바이러스제인 테노포비어가 포함된 질내 살균젤을

성교 전후에 한 번씩 사용하면 40퍼센트 정도의 효과를 볼 수 있다는 것을 증명해냈다. 효과적인 살균제가 여성의 HIV 감염을 막을 수 있다는 사전 검증은 마침내 완벽한 예방을 위해 살균제를 개선하고 강화시키는 본격적인 연구의 장을 열었다.

HIV 예방을 위한 질 살균제에 대한 관심 덕분에, 약품개발의 천재인 폴 얀센을 알게 되었다. 폴 얀센은 벨기에 얀센제약의 설립자로, 그 누구보다도 많은 신약을 개발했다. 이미 시장에 내놓은 신약만 80개가 넘었다. 뛰어난 화학자이자 약리학자일 뿐 아니라, 박식한 개혁가로, 역사와 사회적 문제들을 고민하고 기회를 찾는 데 소질이 있었다. 얀센은 1985년부터 서구 제약회사 중 최초로 중국 시안에 공동 벤처를 설립했다. 폴은 변치 않는 친구였다. 서로 이야기를 나누며, 의약품과 살균제 개발, 그리고 개발도상국에 의약품을 어떻게 공급할 것인가에 대해 유익한 토론을 했다. 그는 가난한 국가에서 사용할 수 있도록 간편하고 값싼 HIV 감염 치료제, 가능하면 말끔히 HIV에서 벗어나게 해주는 약제를 개발하는 데 전념했다. 그가 그려주는 새로운 후보물질의 화학구조를 매번 이해할 수 있는 것은 아니어서, 종종 우리가 논의했던 것들을 약리학 교과서에서 찾아보곤 했다(이때는 구글이 없던 세상이었다).

나의 요청에 따라 폴은 질 살균제의 여러 약리학 후보물질 개발에 투자를 진행했다. 회사 직원들에게 '닥터 폴'이라는 애정어린 별칭으로 불리던 폴은 2003년 로마에서 열린 교황청 과학원의 400주년 기념 행사에서 사망했다. 제자인 폴 스토펠스 박사는 이제 고인이 된 폴 박사의 꿈인 새롭고 강력한 여러 항레트로바이러스제를 시장에 내놓는 일을 존슨앤존슨의 얀센제약을 통해 실현시키고 있다. 일부 항레트로바이러스제는 1990년 한때 폴 박사와 내가 모임 중 논의했던 약품이다.

이것만 봐도 시장에 하나의 신약을 내놓는 데 얼마나 오랜 시간이 걸리는지 알 수 있다. 스토펠스 또한 훌륭한 기업가로, 앤트워프에 있는 내 연구실과 옛부터 긴밀하게 작업하던 제약사인 티보텍을 설립한 사람이다. 티보텍은 새로운 항레트로바이러스제뿐 아니라, 없어서는 안 될 중요한 결핵치료제도 개발했다. 이 약제는 결핵치료제 중 30년만에 등장한 신약이었다. 무엇보다도 치료약제의 출현이 늦은 이유는 계속해서 높아지는 내성에도 불구하고 투자하는 제약사들이 드물기 때문이었다.

1994년은 대부분의 에이즈 환자가 사망한 해라고 해도 과언이 아니다. 세계 어디에서나 마찬가지였지만, 특히 최악의 유행을 보인 아프리카에서 두드러졌다. 감염인들의 고통은 비인간적일 정도였고, 훨씬 빨리 사망했다. 기회감염 치료제는커녕 진통제도 구할 길이 없었다. 에이즈를 위한 범세계 계획은 계속해서 에이즈 예방만을 부르짖을 수는 없었다. 에이즈 환자에게 위로의 손길을 내밀고 기회감염 치료제를 구할 길을 열어주어야 했다. 얀센은 도움의 손길을 내민 첫 제약회사로, 아프리카에 수백만 도즈의 케토코나졸을 제공했다.

케토코나졸은 구내와 인후의 고통스러운 진균감염을 치료하는 효과적인 약제다. 진균감염은 치료하지 않으면 삼키는 것이 거의 불가능한 상태로 악화될 수 있다. 케토코나졸 공급은 당시 우리가 할 수 있는 최소한의 돌파구였다. HIV 감염인들을 돌보기 위한 최초의 국제 지원을 시도한 것이다. 여전히 할 일은 많았다. 사하라 이남 아프리카의 인증된 병원에 공급체계를 세우는 일은 예상보다 훨씬 많은 시간을 요했다. 하지만 마무리 단계에서의 가장 큰 도전은 얀센과의 문제가 아니라 세계보건기구의 변호사들과의 문제였다. 하나의 문제가 해결될 때마다 다른 반대 의견을 들고 나왔는데, 아직 세계보건기구는 민간부문과 상대할 준비가 되어 있지 않았다.

얼마 후, 에이즈를 위한 범세계 계획은 눈에 띄게 성장했고, 나도 꽤 쓸만한 사람이 되었다는 생각이 들었다. 사람들은 나의 조언을 진지하게 받아들이기 시작했고, 나를 만난(그리고 내가 영향을 미쳤길 바라는) 관료들은 적게는 성가신 일을 만들 정도가 되었고, 크게는 중요한 결정을 내릴 수 있을 정도가 되었다. 백신 임상시험의 윤리 지침을 중개하는 일을 하고, 성매개질환의 치료 지침을 권고한다는 것은 결국 공중보건정책에 영향을 미치고, 보건 관례를 변화시킬 수 있음을 의미했다. 각 단계는 더딜 수 있다. 그러나 결과의 파장은 넓었고, 여파도 무시할 수 없었다.

점점 고위 의사 결정에 관심을 가지게 되었다. 그리고 왜 에이즈가 정치적인지 알 수 있었다. 에이즈의 검사 결과는 정확한지, 콘돔의 공급에는 문제가 없는지, 그리고 의약품은 올바른 상태로 보관되는지 확인하는 것이 전부는 아니기 때문이다. 영향을 주기 위해서는 정치적인 힘겨루기가 필요했다. 예산은 표결대로 결정되니 정치적 의지와 리더십은 필수다. 세계보건기구 조직에 동화되고 싶은 생각은 없었기에 앤트워프로 돌아갈 계획을 세우고 있었다. 그러나 바로 지금 여기서 무언가 특별한 것을 해낼 수도 있겠다는 생각이 들었다. 정밀하게 설계된 연구 프로젝트는 의학적 의문점들을 사회과학과 접목시켜 에이즈 정책과 의사결정을 위한 최적의 근거를 구축해갔다. 마이크 머슨이 한 해 더 일해보지 않겠냐고 물었을 때 나는 흔쾌히 그러겠다고 했다.

마이크는 에이즈를 위한 범세계 계획을 어떻게 변모시킬지 유엔개발계획, 세계은행, 유니세프, 유네스코, 유엔인구활동기금, 주요 공여국 및 비정부기구의 대표진들과 함께 하는 토론의 장에 흠뻑 빠져 있었다. 에이즈를 위한 범세계 계획 이사회에 의해 1992년 4월에 조직된 이 특별위원회는, 에이즈에 대한 국제 공조의 부재에 좌절했다. 그나마 다행인 건 유엔조직 내 큰 기구들이 활동 범위에 영향을 받기 시작할 때 마침 에이즈 프로그램을 조직하기 시작했다는 것이다. 그러나 국제개발 분야의 전형적인 모습처럼 각 기구는 유엔과 별개로 경쟁적으로 진행하고 있었다.

책임자 중에는 자기주장이 강한 사람들이 있었다. 바로 유니세프의 짐 쉐리와 유엔개발계획의 엘리자베스 리드였다. 그들은 일에 대한 자신만의 견해가 확고했다. 솔직히 말해 이들은 아옹다옹하며 서로 다른 정책 권고안을 내세웠고, 가끔씩 마이크 머슨을 유행병을 이해하지 못하는 사람으로 몰고 갔다. 국제기구들은 하나같이 동일한 공여국을 찾아 다른 기구가 아닌 자신의 기구에 돈을 달라고 요구했다. 한편 공여국은 그 나름대로 세계보건기구의 정치적이고 행정적인 일처리 방식이 엄청나게 비효율적이라는 것을 즉, 예산 대부분이 지부를 통해서 전달되므로 병목현상이 일어난다는 것을 간파하고 있었다. 부정부패의 문제는 없었지만, 방만한 운영과 경직된 조직문화가 문제시되었다. "내가 이 프로젝트를 진행해서 다행이지, 당최 굴러가지가 않는다니깐." 이런 분위기다. 이와 동시에, 미국 국제개발청과 영국의 국제개발부서 등 주요 개발기구들은 자신들만의 에이즈 프로그램을 설립했다. 그들은 관리하기도 힘들고 자기 조직에 직접적인 도움이 되지 않는 다자간의 협력을 통해 자금을 조달하는 것을 꺼려하였다.

세계보건기구가 각성할 만한 일은 많았다. 논란 가운데도 1993년 나카지마는 총장으로 재선되었지만 여전히 세계보건기구는 경영이 약하다는 공격을 받았다. 이 시점에 북유럽 국가들을 중심으로 유엔구조 전체를 개혁하자는 운동이 일어났고, 새로운 세계적 에이즈 프로그램을 재건하는 것은 이 움직임의 큰 부분을 차지하게 되었다. 게다가 많은 개발도상국들, 특히 우간다는 에이즈를 위한 지원이 충분치 않다고 느꼈다. 핵심은 에이즈를 위해 강도 높이 개입할 수 있는 국제기구가 필요하다는 것이다. 다른 유엔기구들은 약해빠진 사무관 타입의 조정관을 원했다. 여전히 그들만의 쇼를 이어가고 싶은 것이다. 불쾌하고 갈등을 부르는 일이 아닐 수 없었다. 다행히 나는 준비과정에 들어가 있지 않았다. 감정적으로나 이성적으로나 일련의 과정에 전혀 흥미를 느낄 수 없었는데, 유엔 내부의 얼버무리기 같은 것이라고 생각했기 때문이다. 내가 아는 것이라고는 마이크가 힘 빠지는 관계부처 간 위원회에 참여하기 위해 며칠간 자리를 비운다는 것뿐이었다. 위원회는 새로운 유엔 에이즈 프로그램의 골격을 이루는데, 이들은 극적인 사건들과 속임수에 대한 추궁과 비난, 그리고 자존심 싸움으로 얼룩질 것이다.

처음 내게 유엔의 새로운 에이즈 독립체의 수장 자리를 권한 건 한스 모얄커르크였다(기구라는 용어가 좋지 않게 사용되면서, 독립체라는 용어가 사용되었다). 네덜란드가 최고 에이즈 공여국이 되면서 한스는 에이즈를 위한 범세계 계획의 이사회장직을 맡게 되었다(네덜란드는 엄청난 개발지원예산을 전략적으로 사용했는데, 균일하게 분배하는 식으로 진행하는 것이 아니라, 일부 타켓 이슈에 대규모의 예산을 지원했다). 한스는 찔러도 피 한 방울 안날 사람이었다. 외교부의 에이즈 담당자인 한스는 모국에서 동성애자 권리운동의 최전선에 있어왔다. 수년간 같이 일하면서 우리의 관계는 돈독해졌다. 예를 들면 그가 에이즈에 더 많은 지원금을 얻기 위한 협상을 하며, 미국이나 중국과 같은 국가의 HIV 감염인 입국거부를 해결할 방안을 찾으면서, 국제원조의 좀 더 강도 높은 책임을 요구하면서 우리는 어느덧 친구가 된 것이다. 그는 어디 하나 빠질 것 없는 영특한 외교관이자 운동가였다. 그러나 나는 그의 제안을 고사했다. 그 자리는 내가 있을 자리가 아니었다. 유엔의 관료가 되고 싶지는 않았다.

자이르의 벨기에 의료협회에서 일하던 벨기에 출신 공중보건의인 장-루이 람보레이가 찾아왔다. 우리는 이전에 킨샤사에 프로젝트 씨다의 지부를 세우는 일을 함께 했었다. 프로젝트에 참여할 사람들을 모집하고, 한두 명의 간호사를 뽑아 교육시키고 연구실을 강화하고 냉동고를 설치했었다. 장-루이는 세계은행의 아프리카 담당이었으며, 아프리카 경제에 에이즈가 미친 영향에 대해 세계은행 사람으로는 아마 최초로 관심을 가진 이일 것이다. 사실 그는 1980년 후반 워싱턴의 세계은행에서 나의 발표를 기획해 주었다. 킨샤사에 있는 동안 아프리카에 미친 세계은행의 영향력과 세계보건기구의 실패를 보았고, 이로 인해 국제기구 중 에이즈에 대항한 싸움에 뛰어들 수 있는 것은 세계은행이라고 단순하게 생각하게 되었다. 이 입장을 밝히기 위해 워싱턴으로 향했다. 그러나 실패도 이런 실패가 없었다. 에이즈 통제에 세계 은행의 막대한 투자를 촉구했지만, 대부분의 청중은 경제학자였고 이들은 비용효율성과 투자수익률을 들먹이며 나를 완전 박살냈다. 이러한 행위를 통해서는 이만큼 많은 사람들의 생명을 구할 수가 있고, 이로 인해 경제에 미치는 파급효과는 이러하다는 일목요연한 논점을 준비하지 않았던 것이다. 정책을 바꾸기 위해서는 날 선 논쟁이 필요하다는 것을 고려하지 못했고, 이는 다시는 반복하고 싶지 않은 실수이다.

어찌되었든, 새로운 유엔의 에이즈 독립체를 준비하는 관계부처 간의 특별위원회에서 세계은행 대표자는 장-루이였다. 어느 날 함께한 식사자리에서 그는 "리더십의 부재로 우리는 정체해 있습니다. 열심히 뛰어야 할 선수들은 분열로 서로를 약화시키고 있습니다. 지금 우리에게 필요한 건 리더입니다. 바로 당신이 필요합니다"라고 말했고, 나는 다시 한 번 "장난 마시오"라며 고사했다. 나에게 유엔 산하 기구 총장직을 맡으라는 건가? 총장이란 자고로 대단한 권력가나 카리스마 넘치는 인물로 정치적 결단을 내리고 공여국들을 동원할 수 있는 사람이어야 한다고 생각했다. 특별히 내가 지닌 강점은 아니었다.

그러나 유엔 관료들과 정치인들로 구성된 후보 명단을 듣고나자, 출마를 생각해 보게 되었다. 당시 멕시코의 보건부장관인 지저스 쿠마테 로드리게즈 박사도 후보였는데, 나카지마 박사와 유니세프 총장인 제임스 그랜트의 친구였다(말이 나온 김에 하는 말이지만, 제임스 그랜트는 1990년 아동권리선언문에 에이즈에 대한 내용을 포함시키는 데 반대했던 사람이다). 쿠마테 박사는 이미 팔순이 넘었고 콘돔 사용 권장 같은 이슈에 대해 매우 보수적인 견해를 가진 사람이었다. 물론 후보 중에는 유엔개발계획의 엘리자베스 리드와 같이 에이즈 관련하여 매우 열정적으로 일하던 인물도 있었고, 다른 유엔 내부 후보자들도 있었다.

나는 현장에서 쌓은 경험으로 인해, 에이즈에 대해 매우 실제적인 익숙함이 있었고, 역학, 미생물학, 백신, 정책, 임상, 임상병리와 같이 에이즈 전반에 걸친 이슈에 대해서도 잘 알고 있었다. 언제든 기댈 수 있는 전문가와 지인들이 한가득 있었고, 운동가들과도 연고가 있었다. 그리고 유엔 내에서 살아남는 법을 빨리 습득하고 있었다. 약점으로는 정치적 경험이 부족하다는 점과 유엔구조 안팎에 박식하지 못하다는 점이 있었다. 이러한 점들은 어찌 보면 단점인 동시에 장점이기도 했다. 즉, 내가 하룻밤 사이에 영감을 받아 유엔기구 총장 자리를 꿈꾸게 된 것은 아니라는 것이다.

1993년에서 1994년 사이 도쿄에 거의 매달 출장을 가다시피 했다. 유럽과 북아메리카 이외의 지역에서 최초의 연례 국제에이즈 컨퍼런스를 준비하기 위해, 세계보건기구와 고용계약을 맺을 시에, 보수는 없지만 계속해서 국제 에이즈협회의 회장으로 일한다는 조항을 넣었었다. 당시 컨퍼런스들은 에이즈 의제의 큰 그림을 바꿀 정도로 영향력이 컸고, 컨퍼런스를 조직하는 일을 맡는다는 것은 유행의 특정 부분과 에이즈 운동의 중심인물에 이목을 집중시킬 수 있는 권한을 의미했다. 컨퍼런스는 이제 정치사회적 운동으로 발전했기 때문이다. 향후 계획은 지금까지는 그렇지 못했지만 컨퍼런스에 개발도상국의 입장을 좀 더 반영하고, HIV 감염인 집단과 지역사회 조직을 참여시키는 것이었다. 단지 의사와 과학자들의 컨퍼런스는 아니라고 굳게 믿었다. 감염인들과 비정부기구는 에이즈 대책에 있어 주된 역할을 맡고 있었고, 예산을 따내거나 일을 진척시키는 데 있어서도 추진력 그 자체였다. 또한 여성 당원들의 활동도 촉진시켰는데, 여성들은 이러한 컨퍼런스의 총회에서의 발표기회에서뿐 아니라 여성문제 전반에 있어서 항상 소외받아 왔다. 사람들이 유행 전반에 걸쳐 놓치고 있는 부분은 이성 간의 성관계로 인한 감염, 강압적 성관계와 안정적인 커플에서의 위험뿐 아니라, 어떻게 HIV예방프로그램이 남성우위의 행동을 영속화 하지 않도록 할 것인가였다.

1994년 요코하마 컨퍼런스 기획은 엄청난 골치거리였다. 그러나 덕분에 일본 사회, 음식, 문화에 대한 이해가 깊어지고 애착도 갖게 되었다. 일본은 국가 차원에서 성매매와 마약 사용을 금지한다. 대부분의 아시아와 동유럽 국가들은 심지어 메타돈-헤로인 중독자들이 중독에서 벗어날 수 있도록 쓰는 대체재조차도 금지한다. 우리는 운동가들이 "나는 마약쟁이다"라고 쓰여진 큰 플래카드를 들고 나와 모든 미디어의 관심을 컨퍼런스의 핵심에서 항의시위로 돌릴 수도 있을 것이라고 생각했다. 컨퍼런스를 조직하며, 참여하는 모든 이들이 문제없이 입국할 수 있도록 챙겨야 했고, 경찰들 그리고 호텔과 레스토랑 직원들에게 단지 테이블 서빙을 하는 일로는 HIV에 감염되지 않는다는 등의 교육을 시켜야 했다. 이번 컨퍼런스는 혈우병 환자들에게 오염된 혈액제제 사용으로 인한 스캔들로 에이즈 의제가 묻혀버리고, 전통적으로 소수 집단의 목소리가 매우 약하고 심지어는 억압되는 일본에서 에이즈에 대한 인식을 일깨워 줄 수 있는 엄청난 기회였다. 나는 캐나다 출신의 리차드 브루찬스키, 돈 데 가니 같은 정책결정자와 초기 일본 비정부기구 커뮤니티의 운동가이자 관료인 나오코 야마모토, 나의 좋은 벗이자 게이오대학 내 임마누엘 칸트 전문가이며 철학교수인 마사요시 타루이와 같은 국제운동가 커뮤니티 사이의 중재를 담당했다. 우리는 매일 저녁 신바시역 근처의 '다이고스'라는 작은 바에 모였다. 그때 이후로 도쿄에 갈 때면 항상 '다이고스'에 들러 다이고 장인에게 경의를 표하고 유엔에이즈계획에서 나와 함께 일했던 일본 동료인 히로 엔도, 타미 우메다, 치에코 이케다, 그리고 아이기치 이와모토와 함께 장인의 사케를 몇 잔 들이키곤 한다.

정책결정은 고통스러울 정도로 더디게 진행되었다. 그러던 어느 날 그림자위원회에 초대를 받았다. 알고 보니 컨퍼런스에 대한 결정은 내부 집단에서 내려지는 것이었다. 큰 집단에서는 사실 어느 것도 결정되지 않고 아이디어와 의견들만 수렴되었다. 집단 안에는 1차 그림자위원회라는 작은 집단이 있어서 소수의 권력자들이 자리하고 있었다. 나는 2차 그림자위원회에 들어갔다. 아직까지도 이외에 3차 또는, 핵심 그림자위원회가 더 있었는지는 모른다.

컨퍼런스는 1994년 8월 황태자인 나루히토와 황태자비인 마사코의 후원으로 요코하마에서 장대하게 열렸다. 요코하마는 일본에서 19세기 나카사키 다음으로 세계에 문을 연 최초의 항구이다. 혁신적인 과학적 발견이 발표된 것은 아니지만 컨퍼런스는 매우 순조롭게 진행되었다. 이 시기는 끝없이 계속되는 HIV의 확산으로 암울했던 시기로, 과학자들 사이에서는 연구에 진척을 보지 못해 절망의 시기로 불리던 때였다. 컨퍼런스에서 전 세계에 퍼져 있는 지인들(일부는 꽤 오랫동안 보지 못했던)을 만나 새로운 유엔에이즈계획 프로그램을 책임질 사무총장직에 출마하는 게 괜찮을지, 출마한다면 선출될 가능성은 있을지 이야기를 나누었다. 지인들 중 아프리카 출신 동료들은 꼭 출마해야 한다며 격려를 아끼지 않았다. 이들은 세네갈 국가에이즈프로그램의 수장인 이브라힘 은도예, 에이즈 지원 기구의 우간다 출신인 노에린 칼리에바, 보건부의 샘 오크와레, HIV 감염인이자 잠비아 출신 운동가 윈스턴 줄루와 같은 친구들이었다. 그들은 내가 좋은 대변인이 되어 주리라 믿었다.

비정부기구 커뮤니티와 소위 '양성자들Positive People'과도 매우 끈끈한 유대관계를 가지고 있었는데 그들은 항상 내게 격려를 아끼지 않았다. 프란즈 번데트라는 독일인 정부 관료도 만났다. 그는 유럽인이 새로운 프로그램의 총장직을 맡기를 원하며, 내가 출마한다면 독일은 적극 지지할 것이라 했다. 심지어 독일이 해당 시기에 유럽연합의 순환 회장직을 맡기 때문에 다른 유럽연합 회원국들도 지지하도록 도와주겠다고 했다. 당시에는 지금처럼 국제정치의 은밀한 파워게임에 익숙하지 않았지만, 그래도 이게 엄청난 일이라는 것은 알 수 있었다. 총장직을 두고 헬렌 게일과 같은 다른 후보들과도 이야기를 나눴다. 헬렌 게일은 내 오랜 친구로, 당시 미국 국제개발청의 에이즈 수장이자, 전 세계 최대의 민간 원조 기구인 케어 인터내셔널의 현 회장이다. 그녀는 공중보건과 에이즈에 대한 폭넓은 경험을 쌓은 사람이었고, 아프리카의 에이즈 커뮤니티에서 인기가 많았다. 우리는 무슨 일이 생겨도 연락을 끊지 말자고 약속했다. 마치 그녀는 미래를 예견하듯이 '진흙탕 싸움이 되더라도' 그러자고 했다.

컨퍼런스가 끝난 뒤, 일주일간 휴가를 내고 가족과 함께 알프스로 떠나 향후 전망에 대해 진지하게 생각하는 시간을 가졌다. 새로운 유엔 기구가 어떻게 활동할지, 어떠한 영향을 줄 수 있을지 생각해보았다. 그리고 한스 모얄커르크에게 전화를 걸어 새로운 독립체의 총장직에 출마하고 싶다고 말했다. 그리고 꼭 선출되고 싶다고 덧붙였다.

CHAPTER

16

물속의 상어 떼

제네바 같은 소도시에 유엔은 거대 산업이다. 9월 중순, 제네바는 누가 새로운 에이즈 프로그램의 총장으로 선출될지에 대한 소문으로 가득했다. 여러 에이즈 후원단체와 정부들은 공동 기구에 진척이 없다는 점에 몹시 화가 나 있었고, 독립체에 새로운 리더가 취임하지 않는 이상 계속 이러한 상태일 것이라는 데에 공감하고 있었다. 대부분의 국가들은 정치적 거물을 원했다. 잘 알려진 인물이자, 팔릴 만한 이름 말이다.

총장 선출 과정은 여러모로 속도를 내기 시작했다. 네덜란드와 독일은 공식적으로 나를 지지한다고 표명했고, 곧이어 덴마크와 모국 벨기에의 지지표명이 있었다(엄밀히 말하면 나의 첫 지지국은 모국이 아닌데, 유엔의 고위관리자 자리를 두고는 흔한 일인 듯했다). 2004년 하반기 유럽연합 의장국을 맡게 된 독일은 연합국들이 나를 지지하도록 하였다. 그 후 얼마 지나지 않아 놀랍게도 세네갈의 내 벗인 이브라힘 은도예를 통해 세네갈도 공식적으로 나를 지지하기로 결정한 소식을 듣게 되었다.

이브라힘은 마라부(이슬람 성직자)가 나의 당선을 기원하는 의미로 황소까지 잡았다고 알려주었다. 또한 DHL로 특별한 부적인 실로 묶여 있는 부직포 뭉치를 보내왔다. 그 안에는 내가 짐작할 수도 없는 무언가가 들어있었다. 과학도로서 이런 말을 하긴 민망하지만 나는 이후 계속해서 지갑안 아이들의 사진 옆에 그 부적을 지니고 다닌다. 꽤 효력이 있는 것 같다.

총장직 후보인 나에 대한 지지가 점점 굳건해져 갔다. 비정부기구를 빼놓을 수 없는데, 이들은 지지 과정에서 큰 목소리를 내주었다. 날마다 후보들에 대한 새로운 소문들이 업데이트되었다. 초반에는 이러한 소문들에 불안해지곤 했지만, 마음을 가라앉히고 세계보건기구에서 맡은 바에 충실하기로 했다. 이와 동시에 새로운 역할에 대한 준비를 조용히 진행했다. 사실 잃을 것은 없었다. 마음속 한켠에는 더 유능한 사람이 나타나, 험난한 길이 뻔히 예상되는 총장직을 맡았으면 하는 생각도 있었다. 앤트워프에서도 여전히 열대의학연구소의 새로운 학장 자리를 맡으라는 연락이 오고 있었다. 세 차례나 후보직을 내려놓고 다른 후보의 대리인이 되라는 권유도 받았는데, 한 책임자의 말을 인용하자면, "실무자도 필요하다"는 것이었다. 그들에게 정중하게 감사를 표하고 만약 당신들이 내게 실무 담당을 원한다면 대표자로 일을 할 수도 있는 것 아니냐고 했다. 어느 시점에도 결코 단지 수입이 짭짤하고 명망있는 일을 위해 타협해야겠다고 생각한 적은 없었다.

많은 것이 위태로웠다. 새로운 에이즈 프로그램이 약해빠진 사무국, 즉 기본적으로 힘이 없이 조정만 하는 행정부가 될 것인가, 아니면 자금과 정치적 영향력을 등에 업고 실제로 에이즈에 대한 유엔조직을 총괄하고 이끌어가는 강한 부서가 될 것인가는 명확치 않았다. 유엔기구들의 특별위원회는 여전히 마비된 상태로, 이 에이즈 프로그램을 "체entity"라고 부르며 이 과정에 계속해서 높은 적대감을 보였다. 10월 6일 유엔개발계획의 총장은 내가 총장으로 선출되면 "유엔개발계획과 유니세프는 나를 방해하기 위해 그들이 할 수 있는 모든 일을 할 것이다"라고 말했다. 짐작컨데 그들은 나를 세계보건기구의 꼭두각시이자 단지 의학기술을 연마한 기술자에 불과하다고 생각한 것 같았다. 일면식도 없는 유엔개발계획과 유니세프의 중간관리자들이 적개심을 보였다. 왜 그런 태도를 보였는지는 아직도 수수께끼이다. 범인들이 더 날뛴다고 했던가.

나는 적극적으로 선거활동에 뛰어들었다. 10월에는 유엔 사무국 중 하나인 경제사회이사회의 미팅에 참석하기 위해 뉴욕에 갔다. 경제사회이사회는 다루는 이슈는 광범위하지만 힘은 약한 유엔사무국으로 경제와 사회문제들을 관장했다. 이전에 한 번도 들어본 적 없는 기관이긴 하나 새로운 기구를 설립할 수 있는 공식적인 권한을 지닌 사무국이었다. 이어 세계은행을 방문하고 국무부와 보건복지부의 정책 결정자들을 만나기 위해 워싱턴에 갔다. 유엔 조직의 관점에서 워싱턴은 일종의 사자굴이었다. 경제규모로 볼 때, 미국은 전 세계 권력의 중심이자 유엔 프로그램의 최대 기부자였다. 혹자는 에이즈 기관에 대한 미국의 지원은 총장 자리에 미국인을 앉히느냐 마느냐에 달려있다고 했지만, 워싱턴에 다녀온 뒤 내가 미국과 파트너로 일하는 데 문제가 없겠다는 확신이 들었다.

이후 놀라운 전환점이 된 사건이 있었다. 바로 세계보건기구의 나카지마 박사와 지역 총장들이 멕시코의 쿠마테 박사와 함께 나를 후보로 지명하겠다는 발표를 한 것이다. 세계보건기구의 공식의견을 기다리던 많은 국가들의 보건부들도 나를 지지하기 시작했다. 나는 꽤 난감한 처지에 놓이게 되었다. 어떤 식으로든 나카지마의 노리개로 보이고 싶지 않았다. 새로운 에이즈 프로그램의 역할에 대해 그와 사뭇 다른 비전을 가지고 있었다. 그러나 세계보건기구의 지원 없이는 어느 총장도 성공할 수 없다는 것 또한 알고 있던 바이다.

사무총장 선출은 1994년 12월 12일 뉴욕에서 열리는 공동스폰서 기구위원회 대표 미팅에서 진행되도록 계획되어 있었다. 스웨덴 외교관인 닐스 아르느 케스베르와 우간다 외교관인 베르나데트 오로오-프리어스가 공동 의장직을 맡고 있는 특별위원회와 세네갈 출신 비정부기구의 리더인 엘 하즈 아시가 선출과정을 준비했다. 그들은 소위 '비공식 예비 투표'를 모든 정부기관과 족히 100개는 넘는 비정부기구에 보내고, 누가 총장으로 선출되었으면 하는지 물었다(내가 아는 한 이러한 예비투표는 유엔 역사상 전례 없는 일이었다). 12월 2일, 헬렌 게일과 점심을 함께 했다, 헬렌은 개인적 사유로 후보직을 포기하고 나를 지지하겠다고 했다. 12월 5일, 예비 투표결과에서 내가 대부분의 지지를 얻어서 크게 놀랐다. 지지해준 많은 국가 중 아는 이가 한 명도 없는 국가도 많았다. 그 사이 프랑스 정부가 주최한 에이즈 정상회담에서 여러 국가들이 나를 지지했다고 밝혔다.

12월 12일 아침, 뉴욕의 유엔 본부 건너편에 위치한 벨기에 대표부에서 차 한잔을 하고 있을 때, 새 총장직 자리를 심의하고 있는 공동스폰서 기구위원회 미팅에 지금 당장 와줘야겠다는 전화를 받았다. 선출진행과정 중 이러한 절차가 있는지 전혀 몰랐지만, 세계보건기구, 세계은행, 유엔개발계획, 유니세프, 유엔인구활동기금, 그리고 유네스코

총장들이 나를 인터뷰하기를 원했다. 유엔 본부에 발도 디뎌본 적도 없는 데다가, 사실 연락이 왔을 때 회의실 번호를 물어볼 생각도 못했었다. 빌딩에 도착했을 때, 보안요원은 들여보내주지 않았지만, 나는 그들을 지나쳐 말 그대로 내달렸다(9·11 사태 이전이기에 가능했을 것이다!).

중요한 것은 회의실이 어딘지를 모른다는 것이었다. 아무나 붙잡고 사무총장의 사무실이 어느 층에 있는지 물었다. 새로운 유엔기구를 만드는 이러한 중요한 미팅은 사무총장이 있는 38층에서 열릴 것이라는 생각이 들었다. 마침내 누군가가 회의는 지하에서 열리고 있다고 알려주었다. 지하라고? 새로운 커리어를 시작하기에는 부적합한 층이라고 생각했다. 나는 신경쇠약 일보 직전의 상태로 30분이나 늦게 도착했다. 까다로운 질문 세례가 쏟아졌다. 마치 각 기관들이 각 전문분야에서 나를 시험해보고자 하는 것 같았고, 가끔 다른 기관의 관점과 상충되는 질문도 있었다. 분위기는 유쾌하지 않았다. 이러한 반감은 개인적인 것보다 내가 몸 담고 있는 기관에 관련된 것이었다. 개개인으로는 모두 점잖고 유능한 사람들이었지만, 새로운 기구를 만드는 총괄 과정은 사실상 지배와 권력에 대한 욕망으로 움직이고 있었다. 새로운 기구는 인류에게 도움이 되고자 생긴 것인데 말이다.

복도에서 약 15분가량 기다리자, 누군가가 내게 당신이 선출되었다고 알려주었다. 다시 들어갔을 때는, 모두가 축하해주었다. 그리고 빠르게 다음 사안으로 넘어갔다. 방금 일어난 일에 대해 곱씹어보며, 일부러 불러 질문 세례를 퍼부은 것은 새로 선출된 사무총장을 주눅 들게 하기 위한 것임을 알아챘다. 유니세프 대표로 참석한 짐 쉐리 박사는 작은 쪽지 하나를 건냈다. "피터, 축하하오. 앞으로 고생길 훤하겠소." 살가우면서도 시니컬한 메시지였지만 적어도 그는 정직했다! 그 자리에서 그를 스카우트하리라는 결심이 섰다.

정오쯤 나카지마는 나를 데리고 공식 임명을 받기 위해 유엔 사무총장 부트로스 부트로스-갈리를 만나기로 한 장소로 향했다. 그를 만나 기념촬영을 위해 악수를 했는데, 이것이 그와의 처음이자 마지막 만남이었다. 곧바로 기자회견 장소로 이동했고, 내가 받은 첫 질문은 "자위행위에 대한 새로운 유엔 프로그램의 입장은 무엇입니까"였다.

함정에 빠뜨리는 질문이었다. 며칠 전, 빌 클린턴 대통령은 미 의무감인 조슬린 엘더스를 해고시켰다. 어린 친구들이 안전하지 않은 섹스를 예방하기 위한 방편으로 자위행위를 권하는 것이 합당한가라는 질문을 받았을 때, "제 생각에 자위행위는 인간의 자연스러운 성욕으로, 하는 방법에 대해 가르쳐 주는 게 맞다고 봅니다"라고 답했기 때문이었다. 비난이 빗발쳤다. 이러한 사소한 에피소드로 한 사람의 훌륭한 경력이 끝장날 수 있다니 믿기지가 않았다. 이 사건에 대해 이미 알고 있었고, 잘못된 답변 한 번으로 내 경력 또한 시작도 전에 끝날 수 있음을 직감했다. 즉, 유엔에서 최단기 임기를 지닌 사람으로 남을 기로에 선 것이다. 그래서 리포터의 질문에 매우 붙임성 있게 답변했다. "과학자에게 있어 명백한 것은 바이러스를 전염시키기 위해서는 두 사람이 필요하다는 것입니다. 다음 질문 주세요." 위기상황은 벗어났다. 생각보다 나의 정치적 스킬은 많이 발전해 있었다.

이어서 CNN은 전 세계에 방영되는 생방송 인터뷰를 요청했고, 음향장치들을 내 몸에 부착했다. 나의 존재와 에이즈 유행을 막을 새로운 프로그램이 전 세계에 방송되었다. 이로써 14년 동안 이어질 정신없는 방송생활이 시작되었다. 이제 와서 돌이킬 방법은 없다는 것을 잘 알고 있었다. 호텔에 돌아와 노트에 이렇게 썼다. "불가능한 과제 앞에 한없이 외로움이 몰려온다."

그날 밤 잠을 이룰 수가 없었다. 오만 가지 생각들로 머릿속이 뒤엉켜있었다. 현재 HIV 감염인만 해도 어른이 1,800만 그리고, 아이는 100만 명이 넘을 것으로 추산되며, 수치는 급격히 증가하고 있었다. 향후 12개월 내에, 전 세계적으로 300만 명이 넘는 사람들이 새로 감염될 것이다. 중국은 적어도 3만 명에서 5만 명의 사람들이 허난 중심부에서 매혈 시 부주의한 의료 행위를 통해 감염되었다는 것을 인지하고, 이후 이 유행에 대한 자료를 일부 공개하기 시작했다. 에이즈로부터 '안전한' 국가는 세계 어디에도 없었다. 아시아에서도 아프리카에서만큼 빠른 속도로 HIV가 퍼질지 여부는 결코 알 수 없는 일이었다. 이에 대한 정보가 없기 때문이다. 치료제도 없었다. HIV 감염인의 생명은 연장될 수는 있으나 구제될 수는 없었다. 백신은 아직 첫걸음도 내딛지 못한 상황이었다.

대대적이고 근본적인 행동 변화가 필요했다. 전 세계 사람들은 확실한 일부일처제(즉, 한 상대와만 성관계를 갖는 것)가 지켜지지 않는 한 그 관계가 성매매의 형태이든, 동성애이든, 또는 가벼운 하룻밤의 정사이든 상관없이 모든 성관계에서 콘돔을 사용하는 법을 배워야 했다. 법적 금지명령은 매독의 유행, 흡연, 도박, 헤로인 사용에 제재를 가하는데 성공을 거두지 못했다.

한편, 우간다의 에이즈지원기구 같은 커뮤니티 기반 프로그램은 성공적인 프로그램의 진수를 보여줬다. 에이즈로 사망한 남편 크리스토퍼의 부인이자 물리치료사인 노에린 칼리에바는 비슷한 처지에 있는 열두 명의 도움을 받아 에이즈지원기구를 창립했다. 노에린은 최고의 커뮤니케이터이자 기획자였으며, 모국이 절실히 필요로 하는 활력이 넘치는 사람이었다. 우간다는 수년간의 내전에서 벗어나자 마자, 또 다른 인재인 에이즈에 맞서게 되었다. 나는 앤트워프에서 한때 화이트 레이븐 서포트 그룹의 이사회에 공을 들였던 적이 있다. 이러한 프로그램은 결속과 동정심의 행위를 통해 개인을 살뜰히 챙겨주며, 어떤 종류의 프로그램이든 사회적 변혁을 일으키는 데 꼭 필요하다고 생각되는 보편적 상식을 교육했다. 그들은 질병으로 인한 슬픔과 죽은 자에 대한 애도를 견딜 수 있도록 서로 도우며 버팀목이 되어 주었다.

노에린의 에이즈지원기구 기획자들은 그들의 사회를 잘 알고 있는, 재미있고, 유쾌한 사람들이었다. 예를 들면, 노에린은 HIV 감염인들이 자신의 감염 사실을 말하는 것이 얼마나 힘든지 충분히 이해했기에, 비밀이 보장되는 안전한 사람(에이즈지원기구 네트워크 안에서도 이방인)을 정하여 배우자에게 알리는 일이 편해질 때까지 그 사람에게만 감염 사실을 공유하자는 아이디어를 냈다. 에이즈지원기구는 또한 '메모리 북스'라는 감동적인 프로젝트를 시작했다. HIV에 감염된 부모가 자신의 삶을 책에 기록하여 자녀가 부모를 잃게 되었을 때, 부모에 대해 가능한 모든 기억을 되살릴 수 있도록 하는 것이었다. HIV에 감염된 엄마와 딸의 대화는 결코 잊지 못할 것이다. 어머니는 그녀의 삶을 이야기하며 피할 수 없는 죽음을 깜짝 놀랄만큼 침착하고 품위있게 논하고 있었다. 인간만이 보여줄 수 있는 강점이 아닌가 싶다. 처음 든 생각은 아니지만 에이즈는 거절과 차별이라는 인간의 어두운 민낯을 드러내게도 하지만 그 반대도 끌어 낸다.

에이즈지원기구는 계속 성장하여, 지난 집계를 기준으로 20만 명의 우간다 HIV 감염인과 가족들에게 치료와 지원을 제공했다. 이런 기구는 에이즈 예방의 '이름 없는' 영웅이다. 나는 그들을 '이름 있는' 영웅으로 만들고 싶었다. 사실상 에이즈지원기구와 같은 커뮤니티 기구들을 세계적으로 또는 국가 내에서 우리의 일과 연결시키고 싶었다. 에이즈는 다르다는 것을 사람들이 깨달을 필요가 있었다. 최악의 감염국들에서 에이즈 전파는 국가 비상사태의 문제였는데, 시작했다하면 기하급수적으로 증가할 게 확실하며, 사회에 장기간 미치는 파급효과는 이례적이기 때문이다. 주로 아이와 노인들이 대상인 대부분의 질환과는 다르게, 에이즈는 사회의 생산과 생식을 담당하는 청장년층을 대상으로 하기에 고아나 감염인이 된 자녀의 양육 부담은 조부모에게 넘어가게 된다. 오늘 당장 (새로운 감염을 막는다는 관점에서)에이즈를 완전히 막을 수 있다 해도, 다음 세대까지는 엄청난 영향을 미칠 것이다. 에이즈로 인한 경제적 손실과 사회적 손해는 현대 사회의 유행에서 보아왔던 그 어떤 것보다 더 심각하다. 1,400만 고아들의 부모를 되살릴 방법이 어디에 있겠는가.

상황이 이러하므로 전 세계 지도자들의 도움이 필요하다. 모든 유엔기관은 에이즈 프로그램에 있어 힘을 모아 중복되는 일과 서로를 물고 뜯는 일을 대폭 줄여야 한다. 모든 국가가 에이즈에 더 강력한 대응을 할 필요가 있으며, HIV 예방과 치료를 위한 정책도 개발해야 한다. 사람들은 실제 현장에서 통하는 정책에 목말라 있다. 나 또한 좀 더 탄탄한 역학 데이터베이스를 구축하기를 바랐다. 내가 원하는 것은 우리가 직접 현장에서 프로그램을 '실행'하는 것이 아니다. 프로그램의 운영은 고연봉의 국제기구 관료들이 아니라 각국의 정부, 비정부기구, 사업체가 담당해야 한다고 굳게 믿고 있다. 실상 각국에서 해결할 수 있는 일을 이들이 대신함으로써 각국의 역량이 과소평가 되는 것이다. 우리가 진정으로 가치를 발휘할 수 있는 분야는 조정, 평가, 정책 결정이라고 생각한다. 유엔은 초국가적 특성 때문에 한 국가에 소속된 사람보다 통하는 방식에 대해 더 나은 견해를 지닐 수 있다. 또한 에이즈의 세계적 옹호자가 되어 절대적으로 필요한 자원을 분배해야 한다. 이런 관점에서 우리는 비록 작을지라도 영리하고 힘있는 조직 즉, 개발도상국의 지원을 위한 촉매제가 되어야 했다.

선출된 그날 밤, 이러한 등등의 생각으로 잠 못 이뤘다. 진정한 성공의 척도는 얼마나 많은 생명을 구했는가에 달려 있을 것이다.

총장으로 선출된 다음 날, 일부 유엔주재 상임공관들은 물론 유엔개발계획, 유엔인구활동기금, (뉴욕에 위치한)유니세프도 방문했다. 논의로 시작했던 자리는 삽시간에 전쟁터가 되었다. 공동스폰서 기관의 대표들은 새로운 에이즈 프로그램이 기존 기관의 사람들을 잠시 빌려 운영해야 한다고 정했던 것이다. 즉, 우리는 기존 기관에서 더 이상 원하지 않거나 월급줄이 닿아 있는 기관에 충성심을 보이는 기회주의적인 사람들을 받게 되는 것이다. 또 공동스폰서를 통해 기관들이 우리의 예산을 결정하고 세계보건기구를 통해 그 예산이 '집행'되기를 원했다. 이런 일련의 결정들은 나카지마를 위안하기 위한 것이라는 생각이 들었다. 에이즈에 실패한 이후로 세계보건기구는 가장 큰 프로그램을 잃었기 때문이다. 나아가, 공동스폰서 기관들은 우리가 단지 그들의 일을 '조정'하는 역할만 해주기를 원했고, 현장의 어떠한 프로그램도 원치 않았다. 우리는 약해빠진 사무국이 되어 그 어떤 영향력도 미칠 수 없게 되는 것이다.

이제 전혀 다른 차원의 질문들로 머리가 복잡해졌다. 먼저, 두 가지 기본적인 질문에 대해 명확한 답변이 필요했다. 내 보스가 누구인가,

그리고 누가 인사권을 가지고 있는가. 기관 대표들은 내가 에이즈 프로그램의 총장으로 그들이 책임을 물을 수 있는 사람이 되길 원했다. 그러나 나는 좀 거창한 단어를 사용하여 이렇게 항변했다. "우리는 사람들에게 해명할 책임이 있습니다." 여기서 '사람들'은 유엔 용어로 '정부'를 의미했다. 내 보스는 이사회여야 하고, 이들은 정부뿐 아니라 HIV 감염인들과 비정부기구를 대표해야 한다. 최전선에 있는 사람들에게 해명할 책임이 있다고 느꼈다. 유엔에서는 유례가 없는 일이었지만, 내게는 이상에 불과한 것은 아니었다. 그들 없이는 이 일을 훌륭히 수행해낼 수 없다고 느꼈다. 문제의 중심에 있는 사람을 빼놓고는 그 문제를 해결할 수 없다는 게 내 철칙이었다. 여섯 개의 서로 다른 유엔기관에서 시행하는 프로그램을 동시에 조정하면서 그들 모두에게 책임을 진다는 것. 이야말로 무행동과 무책임의 완벽한 조합 아닌가.

더 나아가 내가 원하던 바는 새로운 프로그램이 작지만 강한 중심을 가지고, 에이즈로 고통받는 각국에 유엔의 모든 에이즈 활동을 관할하는 사무소를 열고, 에이즈 유행을 퇴치하겠다는 단 하나의 신념으로 일하는 사람들로 채우는 것이었다. 이외에도 철저히 논의해야 할 수많은 질문들이 있었다. 우리가 자유롭게 운용할 수 있는 예산의 규모는 어떠한가, 예산을 각국에 어떻게 전달하고, 우선순위를 매길 것인가, 유엔기관들을 어떻게 온전히 참여시킬 것인가, 조화롭게 일을 추진하기 위해 기관들에 어떻게 인센티브를 줄 것인가. 길고 긴 전쟁이 예상되었다. 새로운 유엔기구의 역할을 명확히 하고, 체계를 세우고, 직원을 영입하는 데 주어진 시간은 고작 12개월이었다. 1996년 1월까지 각국에 대한 활동 준비를 마쳐야 했다. 세계보건기구는 기간 내에 이 모든 일을 완수하기는 힘들 것이며, 결국 1~2년 내에 이 프로그램이 다시 세계보건기구의 손아귀에 들어올 것이라고 믿는 듯했다. 나는 힘이 생기기 전까지는 몸을 낮추고 두드러지는 행동을 하지 않으며, 그들이 안도감을 느낄 수 있게 해주었다. 시애틀에서 들었던 "수면 위로 처음 올라오는 고래가 작살에 꽂힐 것이다!"라는 말을 명심했다.

그맘때 코피 아난이 짧은 편지를 보내왔다. 그는 당시 유엔평화유지군의 수장으로 우리는 평화유지군이 캄보디아 여성들에게 HIV를 전염시키는 문제에 대해 논의하기 위해 만났었다(코피 아난은 후에 가장 두각을 드러낸 유엔사무총장으로 알려지게 되었다). 편지의 내용은 이러했다.

축하합니다, 피터. 이제 내가 당신에게 이 이야기를 들려줄 때가 된 것 같습니다.

옛날 자신의 죽음을 직감한 한 늙은이가 있었습니다. 그는 두 아들들에게 고깃배를 타고, 노를 저어 대양으로 가자고 말했습니다. 계속 노를 저어 해안선이 더 이상 보이지 않는 데에 이르자, 두 아들들에게 멈추라고 하고 이렇게 말을 했습니다. "아들들아, 이 말을 명심해라. 바다는 상어 천지란다. 그러니 절대 물에 빠지면 안 된다. 만약 빠지게 되더라도, 절대 피를 흘려선 안돼." 행운을 빕니다, 코피 올림

다자간 정치라는 파도가 일렁이는 바다를 항해하며, 코피의 이야기를 두고두고 생각하게 되었다.

우선순위는 제네바와 몇몇 핵심국가에 사무국을 세우기 위해 최고의 팀을 소집하는 것이었다. 초반에 대부분의 핵심 인재들은 세계보건기구의 에이즈를 위한 범세계 계획에 몸 담았던 행정관료들로 세계보

건기구의 정통주의를 확고히 수호하는 사람들이었다. 조직을 이용하여 자금과 직무기술서를 운용하는 방법에 빠삭한 이들이, 좀 더 진취적으로 일하는 문화를 익히고, 세계보건기구 특유의 습성을 버리는 데까지는 수년이 걸렸다. 관계부처 간의 협상에 관여되지 않는 믿을 만한 벗들에게 조언을 구하곤 했는데, 이는 내가 그러한 부처를 관장하는 명예 아닌 명예를 누리고 있기 때문이다.

당시 록펠러재단에서 일하던 세스 버클리 박사(현재 세계백신면역연합의 수장)는 브레인스토밍 세미나를 열 수 있도록 이탈리아 북부 벨라지오에 있는 센터를 내주었다. 1995년 2월 열두 명의 사람들을 주말동안 초청했다. 조심스런 소규모 모임이었고, 어떤 기록이나 회의록도 남기지 않기로 했다. 이런 모임에서 속마음을 터놓는 대화가 나온다. 가끔 이 방식을 사용했는데, 특히 일의 진척이 더디거나, 전략적인 방향 전환이 필요할 때 즐겨 썼다. 우리가 무엇을 해야 한다고 생각하는지 각계각층 사람들의 의견을 듣고 싶었다. 버클리 박사 이외에도, 미국 질병관리본부의 에이즈 담당자 짐 쿠란, 함께 루붐바시를 처음 방문했던 젊은 프랑스 출신 역학자 장 밥티스테 브루네, 국경없는 의사회의 호주 출신 공중보건전문가 롭 무디, 잠비아의 에이즈 프로그램 총장 롤란드 음시스카, 총장 선거에서 나를 지지해주었던 잠비아의 운동가 윈스턴 줄루, 세계보건기구의 2인자로 미궁과도 같은 유엔을 내게 소개해준 수잔 홀크, 에이즈지원기구의 창립자 노에린 칼리에바(당시 국제개발종사자들에게 인정받는 보두앵국왕상을 막 수상했었다), 적십자의 태국 에이즈 운동가 웨레싯 시티트레이였다. 새로운 유엔에이즈계획을 설립하는 데 중요한 역할을 한 개발 기관의 대표 세 명도 우리와 함께 했다. 노르웨이의 조 리첸, 캐나다의 조 데코사스, 네덜란드의 한스 모얄커르크였다. 공식 대표들만 모인 자리는 아니었으나, 믿을 만한 사람들의 모임이었다.

기본적으로 우리는 새로운 프로그램의 핵심 역할과 조직구조를 설계했다. 착수할 첫 과제는 전 세계적으로, 즉 알바니아부터 베네수엘라에 이르기까지 HIV/AIDS에 대한 확실한 자료를 구축하는 것이었다. 이는 단지 정책 결정에 사용하기 위한 것만은 아니었다. 물론 온전한 역학 자료와 수학적 모델링은 과학적이든 사회학적이든 프로그램 종류를 막론하고 필수적인 것이다. 이를 통해 예측하여 나타낼 수 있으며, 우리 프로그램이 미친 영향을 향후 평가하는 데 기준으로 삼을 수 있다. 또한 여러 사람들의 업무를 조정하려고 한다면, 지식의 원천으로써 힘을 실어주는 역할도 한다. 정책과 예산 측면에서 에이즈에 우선순위를 두게 하려면, 확실한 사실에 근거한 흠잡을 곳 없는 평판을 쌓아야 했다. 바로 이게 뉴스 거리가 되고, 신뢰를 주는 것이다.

구체적인 증거가 정책과 옹호의 기본이 되지만, 역학적 추산은 예외로 하되 이전에 에이즈를 위한 범세계 계획이 했던 것처럼 연구의 참여를 주된 역할로 삼지는 않기로 하였다. 막대한 예산을 지닌 다른 주요한 에이즈 연구 기부단체인 미국 보건연구소 또는 유럽위원회에 비해 상대적 장점이 없는 것으로 비칠 수 있고, 이로 인해 핵심 사업에서 일탈할 수도 있기 때문이다. 정치적 역량과 자원의 동원에 더불어 프로그램의 주된 핵심 역할은 지식 확산, 정책 수립, 정책 및 에이즈 구제활동 평가, 에이즈 활동에 대한 실제 모범사례의 공유로 하였다.

프로그램이 유엔의 에이즈 대응을 조정하기 위해 조직된 것은 분명하지만, 조정을 위한 조정은 아이디어를 말살시키며, 새 프로그램이 사람들의 생명을 구하는 게 아닌 행정적이고 정치적인 과정에만 초점을 맞추게 되리라는 생각이 강하게 들었다. 조정은 나의 강점도, 관심 분야도 아니었다. 가장 중요한 것은 현장에서 각국의 에이즈 대응책을 어떻게 지원할 것인가였다. 이것으로 판단 받고 싶었다. 모두가 공감했던바는, 만약 해당 기구가 제네바에 본사를 두는데 그친다면 정부와 각국의 사람들과의 관계가 소원해질 것이며, 결국 실패하게 되리라는 점이었다. 그렇다면 누구와 함께 일해야 할 것인가? 보건부? 재경부? 대통령실? 비영리 민간부문? 사업체? 커뮤니티 그룹? 종교 단체? 어디에 프로그램의 사무실을 둘 것인가? 어떻게 다른 유엔 산하기관, 그리고 다른 행정/정치부서와 관계를 맺을 것인가?

이러한 질문들에 대한 답을 구하기 위해 각 대륙마다 지역별 자문회의를 계획했다. 기획은 푸르니마 마네 박사가 맡았다. 그녀는 뭄바이 출신의 아담하고 에너지 넘치는 여성으로 전염성 강한 웃음을 가졌고, 젠더 이슈와 권력 문제의 전문 사회과학자였다. 이런 종류의 회의는 일종의 고객 연구라는 생각이 들어, 정부와 학계를 포함하여 HIV 감염인에 이르기까지 넓은 범위의 관계자들을 불러 모아 "당신들이 보기엔 어떤 방식이 통할 것 같소?"라고 묻고 싶었다. 그들 또한 각국의 리더들을 일깨우는 데 일조하고, 새로운 프로그램의 홍보와 인재 채용의 기회를 제공할 것이다.

마침내, 우리는 벨라지오 회의 중에 새로운 프로그램의 이름을 유엔에이즈계획UNAIDS으로 결정했다. 임시 타이틀은 약어를 정하기도 힘든 '유엔 공동 지원 및 협의에 따른 HIV-AIDS 프로그램'이었다. '유엔에이즈계획'은 말 그대로 유엔의 에이즈 프로그램이다. 당시 열다섯 살이었던 딸 사라는 십대 감성으로 유엔 로고 위에 빨간색 리본을 단 유엔에이즈계획 프로그램의 로고를 디자인해주었다. 그러나 비엔나의 공동

스폰서 기관들의 첫 공식 미팅에서 프로그램 이름과 로고를 제안했을 때 느꼈던 반응은 즉각적인 반감이었다. 결국 제안을 관철시키는 데는 성공했지만 치열한 노력의 결과였는데, 이런 상황은 자주 반복되었다. 가끔은 사소한 이슈임에도 불구하고 종종 도움이 필요한 순간에 곤경에 처하거나 무력해지는 '걸리버'가 된 듯한 느낌이 들었다. 벨라지오 회의의 말미에 롭 무디, 웨레싯 시티트레이, 그리고 노에린 칼리에바에게 우리 프로그램에 합류할 것을 청했다. 그들은 신념에 기반하여 개인적, 직업적 위험을 감수하고 몇 안 되는 유엔 자료에만 존재하는 것을 실현하는 데 도움을 줬다. 아직까지도 그들의 도움을 잊을 수가 없다. 롭은 우리의 국가사업을, 웨레싯은 예방활동을 기획했고, 노에린은 커뮤니티 기반 활동을 집대성했다.

마이크 머슨의 오른팔이었던 수잔 홀크 박사는 유엔과 처음 6개월 동안의 끝없는 조율을 잘 헤쳐나갈 수 있도록 도와준 핵심인물이었다. 전 미 대사인 샐리 코왈은 다양한 국가의 자리를 경험한 화려한 이력을 지닌 인물로 유엔에이즈계획의 대외관계책임자로 참여했다. 샐리는 불같은 성격의 소유자였다. 그녀는 결혼한 후에도 계속해서 일을 했던 최초의 여성 미외교관이었다(1972년까지만 해도 결혼한 여성은 미 외교관 자리에 있을 수 없었다). 그녀는 답답해 하면서도 우리에게 결여된 필수 외교 상식을 잘 알려주었다. 그녀는 미 정부의 유력자 몇몇과 친분이 있었다.

세네갈의 감염내과 교수인 아와 콜-섹 박사가 우리 프로그램의 정치, 전략, 연구 책임자로 들어오며 수석 위원단이 완성되었다. 아와는 강한 서아프리카 여성으로 대담하고 현실적인 사람이었다. 모국에서 에이즈 치료와 관리 분야를 개척했으며, '아프리카 여성과 에이즈 학회'의 공동 창립자였다(보건부장관이 되었고, 이후 롤백 말라리아의 수장이 되었다). 유엔 조직과 다자간의 정치에 대한 경험 부족이 주요 핸디캡이 될 수 있기에, 유니세프가 우리 프로그램 내 끄나풀로 사용하려 했던 짐 쉐리에게 편을 바꿔 특별 고문관이 되어달라고 요청했다. 그는 정치적 감각이 뛰어나서 겉보기에는 멀쩡한 제안서도 꿰뚫어 볼 줄 아는 역량을 지녔으며, 광범위한 반에이즈 연합체를 구성하는 데 큰 도움을 주었다.

4월이 지나기 전, 신뢰할 만한 역동적이고 헌신적인 팀이 꾸려졌다. 산도 옮길 수 있을 것 같은 자신감으로 가득차 있었다. 이들은 각기 맡은 분야에서 최고의 전문가들을 영입했다. 우리는 학계, 경제, 저널리즘, 사회운동 등 다양한 배경에 몸 담고 있던 이들을 채용했다.

초반부터 나를 포함한 모든 선임들을 대상으로 미디어 교육을 진행했다. 유엔에이즈계획이 분명하고, 크게, 전문적인 역량을 가지고 말할 수 있기를 바랬다. 미디어의 관심을 끌고, 미디어를 안개속에서의 나팔처럼 강력하고 영구적인 증폭기로 사용해야 했다. 이런 일을 빈틈없이 잘해냈던 조나단 만이 떠올랐다. 그는 저널리스트나 평범한 사람들, 정치인들이 모두 이해하기 쉽도록 문제를 풀어내어 그들이 해야하는 일을 제시했다. 대조적으로, 나는 인터뷰에 전혀 소질이 없는 사람이었다. 생방송 TV에서는 더욱 심했다. 그들이 두려웠다. 여전히 나는 전형적인 학자로서 문제를 제시하고, 검증하기 위한 방법이 무엇인지, 그리고 그 결론은 무엇일지 논의하는 일에 익숙했다. 결국 전하고자 하는 메시지를 말할 때쯤이면, 늘 사람들이 이미 채널을 돌려버린 후였다.

미디어 교육은 새로운 것에 눈을 뜨게 해주는 신선하면서도 끔찍한 경험이었다. 트레이너들은 우리의 가상 인터뷰를 비디오 테이프에 녹화해 우물쭈물하거나 실수하는 장면들 하나하나를 고통스러울 정도로 돌려 보여주었다. 의대에서 과학적인 방법이라고 배워왔던 모든 것들을 잊어버리라고 했다. 전부 던져버리고 바로 요점으로 가라! 항상 결론부터 말하라! 그래도 시간이 남으면, 전하고자 하는 다른 메시지가 무엇이었는지 정확히 기억하여 확실한 메시지가 되도록 군더더기를 없애라! 항상 '브랜드'를 언급하라! 여기서 브랜드는 유엔에이즈계획이다. 왜 이제야 접했나라는 생각이 들 정도로 전문적인 커뮤니케이션 교육은 많은 가르침을 주었다. 그 교육 이후로 메시지와 캠페인, 그리고 테마를 정하는 데 선수가 되었다. 예를 들면 "돈 값을 하라Making the Money Work", "에이즈-해결책은 있다AIDS-A Problem with a Solution", '세 개의 하나The Three Ones'와 같은 것들이다.

돌이켜 보면 나의 실수는 프로그램을 세계보건기구 내에 위치시키는 데 동의한 것이었다. 관료주의에 좀 더 급진적으로 대응했어야 했다. 세계보건기구의 에이즈를 위한 범세계 계획은 여전히 운영되고 있었는데, 이렇게 과거와 미래가 공존하는 것은 매우 불편한 일이었다. 더불어 에이즈를 위한 범세계 계획의 많은 직원들은 이미 자신들이 조만간 직장을 잃을 것이라 예상하고 있었다. 미국 의사이자 경제학자인 스테파노 베르토지에게 한없는 고마움을 느낀다. 그는 나카지마와 각 지역 책임자들이 우리를 약화시키기 위해 사용하던 전략을 무효화시키는 데 특출난 재주가 있는 사람이었다. 마이크 머슨이 예일대학의 공중보건 학장을 맡기 위해 세계보건기구를 떠난 후, 스테파노 베르토지는 에이즈를 위한 범세계 계획을 닫으라는 불가피한 임무를 받게 되었다. 수백 명의 직원을 해고시키는 일을 의미했다. 스테파노는 어떠한 일이든 척척 해내는 사람으로, 가끔씩 건망증이 도지는 것만 빼면 완벽한 사람이었다. 또한 내가 여지까지 본 나이 서른이 넘은 인물 중 가장 멋지게 멀티태스킹을 해내는 사람이기도 했다. 90년대 초반 킨샤사에서의 만남 이후로 줄곧 주요한 전문 사안에 있어서 그의 조언을 구했다 (그는 현재 시애틀의 빌 앤 멜린다 게이츠 재단의 에이즈/결핵 총장이다). 돌이켜보면, 채용은 물론 조달에 이르기까지 안건 하나하나에 영향력을 행사하는 나카지마 행정부와 싸우는 데 너무도 많은 시간을 허비했다.

또한 공동스폰서 기관들과의, 결론없는 마찰이 지속되었다. 마찰의 시작은 1월 두 번째 주에 함께 협력 방안을 논의하기 위해 여섯 파트너 기관의 에이즈 담당자들의 모임을 소집했을 때부터였다. 정신이 번쩍 드는 경험이었다. 회의 시작에 앞서, 진행자는 새로운 프로그램을 규정하는 해당 미팅에 대한 기대가 어떠냐는 전형적인 워밍업 질문을 던졌다. 유엔개발계획 대표는 "기대 같은 것은 애당초 없습니다"라는 직설적인 답변을 했다. 이미 분위기는 정해진 셈이다.

유엔기관 대표들의 초기 특별위원회는 제안하는 것마다 반대의 입장을 취했다. 손실을 만회하고, 정치적, 외교적 지원을 얻어야 했기에 총장들을 찾아갔다. 책임자들은 비교적 열려 있고 합리적이었지만 초반에는 불량한 태도를 보였다. 악감정으로 그랬다기보다는 서로 다른 문화로 인한 적대감이었다. 그들은 기관 내부의 사고방식에서 벗어나지 못하고 있었는데, 이러한 상투적 언쟁은 진을 쭉 빠지게 했다. 일례로 아직도 기억나는 회의가 있다. 세계보건기구, 유니세프, 세계은행, 그리고 유엔개발계획은 '프로그램'과 '프로그래밍'의 의미를 두고 합의에 도달하지 못했었다.

세계보건기구는 모든 기술적인 사안들을 통제하에 두고 싶어했다.

세계은행은 회람을 통해 '은행은 유엔에이즈계획에 책임을 지지 않는다'는 것을 강조했고, '가능한 한 우리 일에 관여하지 않기'를 바랬다. 재임기간을 통틀어 최상의 시나리오는 모든 유엔기구가 합심해 우리를 거부하는 참사가 발생하지 않도록, 갈등관계에 있는 무리들 사이에서 저글링하며 지내는 것이었다. 우리의 구미에 맞게 동의안을 맺어주는 것은 꿈도 꿀 수 없는 일이었다.

당시 우리는 거의 50개의 기관과 기구들이 사회와 국가경영의 모든 부분을 다루는 다양한 유엔 조직 내에서 함께 일하며 시대를 앞서 나가고 있었다. 90년대 중반에 비해 훨씬 통합된 현 유엔 조직의 선구자인 셈이다. 그러나 당시 인간 본성의 민낯을 보아야 했다. 유엔에서 일한다는 사람들이 끔찍한 인권 문제를 앞에 두고 텃세와 자존심, 그리고 관료주의적 정치로 꽁꽁 무장해있다니, 참으로 의기소침해지고 비윤리적인 문제가 아닐 수 없었다. 나는 분노하며, 더욱 결심을 굳히게 되었다. 점점 얼굴이 두꺼워져 갔고, 팀원들에게 관료주의적인 게릴라 전투에 굴하지 말고 기구를 키워나가고, 조직 외부의 지원을 확고히 다지며, 이 시대의 가장 중요한 도전 과제에 대항하여 일하는 특권을 누리고 있다는 점을 결코 잊지 말자고 상기시켰다. 이는 우리의 원동력이 되어 주었다.

현장 사람들, 그리고 HIV 감염인들과 만날 기회는 줄어갔다. 유엔에이즈계획의 총장으로서 대중에 모습을 드러내는 자리는 그들과 함께해야 한다고 믿었다. 그래서 3월 아프리카에서 최초로 열리는 미팅인 케이프 타운의 'HIV/AIDS와 살아가는 사람들의 국제 네트워크'의 일곱번째 연례 컨퍼런스에 참석했다. 그때까지 남아공에만 HIV 양성환자로 추정되는 사람은 인구의 거의 2% 정도인, 85만 명에 달했다. 당시 넬슨 만델라의 부통령인 타보 음베키와 함께 개회사를 했었다. 그는 훌륭한 연설을 했다. 비록 그가 약간 뻣뻣하기는 했지만 우리는 좋은 교류를 가졌다고 생각했다. 그의 날카로운 지성은 인상 깊었고, 비록 강인한 면이 있지만 향후 우리의 핵심 조력자가 될 수 있을 것이라 생각했다(안타깝게도 나의 예견은 완전히 빗나갔다).

남아공의 역사적인 날이었다. 무시무시한 HIV 유행을 간과한 아파르트헤이트 체제의 붕괴 후 아프리카민족회의(남아프리카공화국의 사회민주주의정당)가 집권한 지 일 년도 채 되지 않은 때였다. 더 나은 미래에 대한 희망으로 가득 차 있었다. 이 방문에서 남아프리카를 포함한 전 세계의 에이즈 운동가들 그리고 HIV 감염인들과 열띤 토론을 했다. 극우파들이 장악하고 있는 남아공 보건부에서 국책 에이즈 프로그램을 설립하려고 애쓰는 카레이샤 압둘 카림부터 남아공 태생 백인으로 HIV에 감염된 동성애자이며, 현 헌법재판소 재판관인 에드윈 카메룬에 이르기까지 자신들의 위치에서 역사를 바꾸려고 힘쓰는 훌륭한 사람들을 만날 수 있었다. 에이즈 운동가들이 유엔에이즈계획에 기대하는 바는 어마어마했는데, 현재 우리의 자원으로는 절대 충족시킬 수 없는 수준이었다. 에이즈의 성공적인 대응은 HIV 감염인의 건강과 존엄성을 회복시키지 않고는 불가능하다는 점을 그 어느 때보다 확신하며 다시 활력을 얻어 제네바에 돌아왔다. 그리고 이를 우리의 핵심 목표로 삼기로 했다.

다시 정치적 라이벌들의 참호로 향했다. 유엔 회원국들이 프로그램의 미션과 체계에 동의하지 않았기 때문이다. 경험은 전무하지만, 얽히고설킨 이해관계의 정부들 사이에서 정치적 합의를 중재하기 위해 노력했다. 유엔 관료들은 정치적인 일에 연류되어서는 안되지만, 만약 직접 나서지 않았다면 의제는 그대로 중단되었을 것이다. 일은 초고속으로 배우며 처리해갔고, 다행히도 뉴욕 사절단에 있는 벨기에, 네덜란드, 인도, 브라질, 우간다, 캐나다, 스웨덴, 미국의 수많은 우호적인 외교관들의 도움을 받을 수 있었다.

주요 조력자 중 하나는 경제사회이사회의 호주 대표인 리차드 버틀러 대사였다. 그는 불도저 같은 인물로, 기관을 회원국들에게 좀 더 투명하고 신뢰가 가도록 하자는 취지의 유엔 개혁에 매우 열정적으로 참여하며, 유엔기관의 수장들이 속임수를 쓰고 있다고 생각하고 있었다. 그는 회원국에 대한 책임은 공동스폰서 기관이 아니라 내가 지며, 에이즈 업무를 관장하기 위한 '사업 조정 위원회'도 나의 권한하에 두는 경제사회이사회결의안을 통과시키는 데 힘을 썼다.

사람들은 계산기를 들고 이리 저리 뛰며 어느 국가를 이사회의 대표로 삼을지 궁리하다 결국 아프리카와 아시아에서 각 5개국, 동유럽에서 2개국, 라틴 아메리카와 캐리비안에서 3개국, 동유럽과 북아메리카에서 7개국, 이렇게 하여 총 22개국의 대표를 이사회에 올렸다. 다시 한 번 나는 이사회에 커뮤니티 그룹과 HIV 감염인들의 대표를 올려야 한다고 단호하게 말했다. 예상했던 것처럼 중국과 쿠바는 국가 대표가 아닌 이들에게 멤버십을 허용하는 것을 강하게 반대하였다. 예상치도 못했던 네덜란드 또한 반기를 들었는데, 국가만이 법적으로 국민을 대표할 수 있고 책임을 질 수 있다는 논리였다. 다른 유엔이사회에 전례를 만들지 않겠다는 약속하에, 아프리카, 아시아, 라틴 아메리카, 북아메리카, 유럽에서 각 비정부기구 대표의 참가를 요청했다. 이 일은 에이즈 유행의 이례적 특성과 비상사태라는 명목하에 지금도 관용되는 첫 번째 예외 사안이었다. 유엔에이즈계획은 여전히 비정부기구 대표를 투표권은 없지만 이사회에 두고 있는 유일한 유엔기구이다(실상 투표권을 거부한 주체는 세네갈이 이끄는 비정부기구들이었는데, 이들은 유엔에이즈계획이 내리는 모든 결정에 책임을 지고 싶어하지는 않았다).

이렇게 해서 1995년 7월 3일, 경제사회이사회는 만장일치로 HIV/AIDS에 대한 유엔의 공동 대응 결의안을 통과시켰다. 이 결의안은 우리의 창립 헌장으로 내가 납득할 수 있는 언어로 적혀 있다. 예를 들면 세계보건기구는 유엔에이즈계획의 예산을 '집행'하지는 않지만, 우리에게 '행정적 지원'은 줄 수 있다와 같은 것이다. 이렇게 골치 아픈 뉘앙스 차이를 지인들에게 설명하고 있자면, 나를 제정신이 아닌 사람으로, 이런 사소한 일에 왜 그리 시간을 허비하는지 모르겠다는 시선으로 바라보는 것을 느낀다. 그러나 내가 깨달은 바는 국제 관계에 있어서는 사소해 보일 수 있는 용어 하나가 큰 차이를 만들 수 있다는 것이다.

우리는 직원을 고용하고, 사람들의 의견을 수렴하며, 전략을 세우고, 일을 진척해 나갈 법적 토대를 마련했다. 이제 남은 일은 기금을 조성하는 것이었다. 그러나 7월에 열린 프로그램 조정 이사회의 첫 미팅에서 예산을 두고 심한 의견 충돌이 있었다. 일부 국가는 유엔에이즈계획을 그동안 유엔에 기부했던 금액을 줄여 자신들의 에이즈 쌍방 프로그램을 확장하는 기회로 보는 듯 했다. 나는 2년 동안 운용할 자금으로 미화 1억 4천만 달러를 요청했다(덧붙이자면, 이 금액은 에이즈를 위한 범세계 계획에서 마이크 머슨이 운용하던 예산보다 훨씬 적은 액수이다). 강하게 주장했던 바는 각국에 유엔에이즈계획 자문관과 조정관을 소수로 두되, 각 정부는 내부 정책의 일부로 에이즈 프로그램에 책임이 있으므로, 국가 소속 직원의 연봉과 차량에 대한 비용은 직접적으로 지불하지 않겠다는 것이었다. 그리하여 주재원과 차량, 그리고 일일경비에 대한 예산을 줄일 수 있었다. 내가 그리는 모습은 케냐의 에이즈 활동은 케냐 정부의 임금을 받는 케냐 사람이 조정하는 것이었다(공여국들도 냉전 이후 원조기금을 줄여나가는 때였으므로, 시의 적절한 결정이었다).

여전히 공여국들은 유엔에이즈계획의 역할을 두고 의견이 분분했다. 미국은 우리가 현장에서 에이즈 관련 활동을 해야 한다고 하는 반면, 영국은 제네바 내 소수의 조정자와 지식 전파자 집단이어야 한다고 주장했다. 개발도상국과 비정부기구는 좀 더 많은 예산을 원했고, 대부분을 직접 활동에 사용하고 싶어 했다. 이사회실에서 영국과 다른 공여국들의 강력한 로비 활동을 인지하고는 일을 수행하기 불가능할 정도의 예산을 승인하지 않을까 우려되어 타임 아웃을 요청했다. 인생에는 결코 타협할 수 없는 시기가 찾아오는데, 바로 이 순간이 그러했다. 나는 사자굴의 한가운데로 걸어 들어갔다.

대표자들이 강당에서 서성이고 있는 동안 영국 대표인 데이비드 나바로 박사에게 직접 다가갔다. 그는 유능하고 영향력 있는 사람인 동시에 우리측 예산안의 주된 반대자였다. 대표자 절반 정도가 우리 주변을 빙 둘러쌌고, 숨소리마저 들릴 만큼 조용했다. 대략 내가 말한 바는 이와 같다, "이보시오. 이 기구를 만든 건 당신 공여국들이잖소. 이 프로그램이 성공하기를 원한다면 똑바로 지원하시오. 그렇지 않으면 나는 손을 떼겠소. 이 예산은 협상의 대상이 아니오. 그리고 만약 실패하면, 근대 역사상 최악의 유행에 대한 모든 책임도 당신들이 지게 된다는 점을 명심하시오." 실제로 나는 그의 멱살을 잡고 흔들었다(참고로 후에 데이비드와 절친한 친구가 되었다. 그는 현 조류/사람 독감 분야의 고위직 유엔 조정자이다). 소동이 걷잡을 수 없게 되기 전에, 1994년 유엔에이즈계획 설립 당시 특별위원회의 책임자였던 스웨덴 외교관 닐스 케스베르는 우리를 떼어놓고 흥분을 가라앉게 했다. 결국 이사회는 1996~1997년에 걸친 2년 동안 고시범위로 미화 1억 2천만~1억 4천만 달러 내에서 예산을 사용할 수 있는 권한을 부여해주었다.

별로 큰 수확은 아니었지만 우리는 마치 유엔개혁의 선봉에 있다고 느꼈다. 일종의 육식공룡의 세계에서 팽팽히 맞서는 작은 포유동물 격이었다.

1995년 12월 1일 세계 에이즈의 날에 뉴욕 유엔에서 유엔에이즈계획의 발족식을 갖기로 했다. 샐리 코왈은 유엔의 미대사관인 매들린 올브라이트를 포함한 고위 외교관들의 참석을 유도하는 역할을 했다. 발족식은 성공적이지 못했다. 나는 유엔빌딩의 경제사회이사회 회의실에서 연설을 하기로 예정되어 있었다. 모든 대표들과 수많은 유명인사, 운동가들을 초청했지만, 유엔 보안팀에 외부인의 초청에 대해 고지하지 않아, 많은 게스트들이 정시에 보안을 통과할 수 없었다. 결국 발족식은 용두사미가 되었다.

지금까지 전 세계적으로 HIV 감염인은 2천만 명이 넘는다. 인류 역사상 가장 심각한 유행인 에이즈는 제네바 작은 사무실에서 일하는 직원 100명의 최우선 과제가 되었다.

그해 초, 나는 벨기에 왕 알버트 2세의 보좌관으로부터 전화 한 통을 받았다(재미난 점은 벨기에 왕이 아니라 보좌관의 전화였다는 것이다). 내게 남작의 작위를 받아들이겠냐고 물었다. 생각지도 못했던 일이기도 했고, 아직도 이러한 작위가 존재한다는 데에 혼란스러운 감정을 느꼈다. 그러나 명예에 관한 유명한 글귀, "청하는 것도 아니지만, 거절하는 것도 법도가 아니다"를 상기하고, 받아들이겠다고 답했다. 돌이켜보면, 당시 작위를 명예롭게 생각했던 것 같다. 나의 모토는 "너 자신을 알라KEN UZELF"였다. 그러나 나 또한 문장紋章이 필요했고, 그 안에 에이즈 운동의 심볼인 빨간 리본을 넣고 싶었다. 이로 인해 벨기에 귀족 위원회는 골머리를 앓았는데, 중세의 문장규칙이 확립될 당시 빨간 리본 같은 것은 없었기 때문이다. 그러나 결국 나의 청을 들어주었다. 나는 결속의 상징인 두 손과 누비아 쇠재두루미 한 쌍과 함께 에이즈 리본이 그려진 문장을 가지게 되었다.

CHAPTER

17

기본을 바로잡다

STOP AIDS

유엔에이즈계획이 신뢰할 만한 메시지를 전할 수 있으려면 HIV에 대한 확실한 자료, 성공 사례, 유행에 대항한 뚜렷한 전략, 각국의 참여가 필요했다. 에이즈 활동을 위해 광범위한 지지기반을 만드는 노력과 더불어, 초반 몇 년간의 안건은 상기 언급한 사항들이었다.

과학자로서 나는 HIV의 발생과 확산에 대한 사실을 당국과 미디어에 특정 국가 및 전 세계의 상황을 보여주는데 그치지 않고, 유엔에이즈계획의 향후 성과를 측정할 수 있는 기준으로 확립시켜주기를 원했다. 과거 세계보건기구는 각종 수치와 역학 감시를 책임졌다. 이 말은 세계보건기구에 있는 누군가는 보건부가 리포트를 올리기를 기다렸다가 올라온 리포트를 양식에 맞춰 타이핑하는 것을 의미했다. 예를 들면 "아, 루마니아에서는 23건의 에이즈가 있었군"과 같은 식이다. 이 수동적인 시스템은 매우 부정확하며, 특히 현실에 대한 고의적이고 공식적인 부인의 가능성, 이를 테면 "이곳은 에이즈 청정지역입니다"라고 거짓 보고를 할 수도 있음을 고려할 때 심각한 과소평가로 이어질 수 있다. 보고 지연이나 하향 평준화는 유의미한 결과를 계속해서 갉아 먹는다.

독일 역학자인 베른하트 슈와트란더에게 시스템을 구축해달라고 요청했다. 베른하트는 역학자들의 아버지로, 전형적인 꼼꼼함과 사람들을 화합시키는 놀라운 능력을 지니고 있었다. 그는 각국의 인구 수를 측정하여 검체 크기를 도출해내는 시스템을 고안해냈다. 예를 들면 성매개질환 클리닉의 환자들과 다른 고위험군의 검체 집단과 함께, (성적으로 활발한 인구의 대표로)여러 지역에서 뽑은 300명의 임산부에게 HIV 검사를 진행하는 것이다. 거의 대부분의 국가들에서 감시 작업을 진행할 수 있도록 교육과정을 제공하여, 표준화된 시간에 표준화된 방법으로 품질관리 확인이 끝난 자료의 리포트를 얻을 수 있게 되었다. 완벽한 시스템은 아니지만, 그동안 이러한 규모로 감시되었던 질환은 없었을 것이다.

우리는 웨레싯의 오른팔인 다니엘 타란톨라와도 긴밀히 일했다. 그는 하버드 대학으로 자리를 옮겼고, 그곳에서 전 세계 에이즈에 대한 추정치를 연구하고 있었다. HIV에 대한 훌륭한 데이터뱅크를 구축한 미 통계청과도 파트너를 맺었다. 마지막으로 자료에 만반을 기하기 위해 전 세계 최고의 역학자들에게 독립적으로 방법론과 자료를 검토해 줄 것을 요청했다. 상이한 HIV 추정치로 전 세계를 혼란에 빠뜨리는 것만은 피하고 싶었다!

베른하트의 시스템이 강력하긴 했지만, 현실을 바로 잡는 것은 예상보다 오랜 시간을 요했다. 먼저 많은 국가들은 열악한 감시시스템을 가지고 있었다. 정확한 감염인 수를 알기 위한 전수검사는 현실적으로 불가능하니, 마치 사람들의 투표 성향을 알기 위해 여론 조사를 하듯, 상대적으로 적은 수의 검체 결과를 믿고 그 수치를 국가 전체에 추정하는 방식으로 진행했다. 바이러스는 인구에 균일하게 퍼지지 않기 때문에, HIV의 확산을 측정하는 것은 복잡했다. 많은 곳에서 HIV는 주로 동성애자, 트럭 운전수, 또는 마약 사용자들이 감염되기 때문에, 이른바 일반인의 대표 검체는 의미가 없었다.

또한 HIV 수치에 대한 정치적 부인을 경험했는데, 검증되었다는 자료와 죽은 사람의 수를 두고 논쟁을 하는 일은 쉽지 않았다. 러시아, 중국, 인도, 남아공과 같은 국가들은 어느 시점에 이르러서는 유엔에이즈계획이 수치를 부풀려 보도하고 있다고 비난했다. 러시아를 필두로 대부분의 전 소비에트 연방국들은 에이즈에 대응할 생각 자체가 없었다(우크라이나는 분명 예외였다). 당시 전 소비에트 연방국 전역의 헤로인 사용자를 삼킨 HIV 쓰나미는 여전히 보고가 되지 않았고, 정부는 그대로 덮어 두고 싶어 했다. 1990년대 말, 러시아가 폭발적인 HIV 유행의 실체를 마주하게 되었을 때도 그들은 이 문제를 대수롭지 않게 여겼다.

중국 역시 초반에는 모든 정보를 통제하기를 원했다. 중국 정부 관료들은 과학적으로 입증된 무작위 추출법Random Sampling이라는 우리의 컨셉을 받아들이기 위해 자신들의 통계시스템을 바꾸는 것을 주저했다. 또한 한 지역구만 해도 1억 명이 넘는 엄청난 인구 때문에 어느 수치를 추정하는 일이든 큰 도전이 되었다. 후에 중국은 자국의 에이즈 문제에 있어 매우 열린 입장을 취하게 되었다.

인도는 오랫동안 국제기구의 통계수치에 이의를 제기해왔고, 1990년대 초반까지만 해도 정치인들은 성매매, 동성애, 그리고 다른 사회적으로 금기가 되는 사안들에 대한 위험성을 논의하는 것을 꺼려했다. 기존 추정치가 확실하지 않음이 밝혀져, 2007년 좀 더 신뢰할 만한 지역 자료가 나왔을 때 우리는 인도 HIV 감염인의 추정치에 대폭 감소가 있었다는 발표를 했다. 또한 음베키 대통령의 일단 부인하고 보는 정책으로 인해 우리의 2000년 이후의 남아공 리포트에 큰 문제가 생겼다. 일부 유럽 국가들도 슬슬 느슨해지는 경향을 보였는데, 일부 아프리카 국가들보다 더 심했다. 비근한 예로, 2004년 오스트리아로부터는 연필로 수기 작성한 양식을 전달받은 적도 있다.

이 단일 질환에 있어서 전 세계에서 제일 정확한 수치를 얻기 위해 자료의 확인을 거듭했다. 모든 과정은 투명하고 과학적인 접근으로 이루어져야 하며, 옹호단체의 주장이나 커뮤니케이션에 의해 좌지우지되면 안 된다고 생각했다. 그래서 잘못된 수치를 얻게 되었을 때는 있는 그대로 잘못되었음을 밝혔다.

숫자가 전부는 아니었다. 유엔에이즈계획의 메시지를 알리기 위해서는 성공 스토리가 필요했다. 자금을 끌어오고 정책결정자들을 납득시키기 위해서는, 무언가가 정말 심각한 문제라고 보여주는 것만으로는 충분치 않기 때문이다. 해결 방안이 없는 희망 없는 사안에 어떻게 지원을 끌어낼 수 있을 것인가? 일전에 겐트에서 내게 사회의학을 가르친 노교수가 말했듯, "해결책이 없는 문제는 문제가 아닌 것이다." 에이즈를 위한 범세계 계획에 몸 담고 있었던 때의 성공 스토리를 찾기 시작했다. 때마침 에피소드 수준이지만 우간다와 태국에서 사람들의 성적 행동을 바꾸는 프로그램이 효과가 있다는 리포트를 올렸다. 1980년대 북아메리카 일부와 유럽 도시들의 동성애자에서 이런 효과를 본적은 있지만, 개발도상국에서 본 것은 처음이었다. 이제 본격적으로 뛰어들 때였다.

우리 자료에서도 매우 다른 두 국가인 우간다와 태국의 새로운 HIV

감염 발생률이 다소 감소하고 있다는 것을 확인할 수 있었다. 두 국가 모두의 성공 비결은 신속한 정치적 대응이었다. 우간다의 대통령 요웨리 무세베니는 1986년 쿠바의 지도자 피델 카스트로를 통해 에이즈 유행에 대해 알게 되었다. 카스트로는 무세베니가 이전의 우간다 독재정치를 타도하도록 도와준 인물이다. 과거 농부이자 목사로 활동했던 무세베니는 솔직한 사람으로 그의 강연은 냉철하게 현실을 직시하는 세계관으로 가득 차 있었다. 그는 카스트로에게 쿠바에 훈련 차 보내진 우간다 군사의 1/3 이상이 HIV양성이었다는 것을 전해 듣고 큰 충격을 받았다고 말했다(당시 쿠바는 전 국민 에이즈 검사를 진행했고, HIV양성자들을 시설에 격리시켰다). 훌륭하게도 그는 그 말이 의미하는 바 즉, 에이즈로 인해 군대뿐 아니라 국가 전체가 몰락할 수도 있다는 것을 금새 이해하였다. 타 아프리카 정부와는 다르게, 우간다 행정부는 막대한 교육 캠페인을 라디오와 기존의 채널을 통해 제공하면서 신속하게 행동했다. 대통령의 슬로건은 역시나 축산의 느낌이 물씬 나는 '잡식 금지 **zero grazing**'로 일부일처제를 강조했다. 이 슬로건이 발전해서 'ABC' 캠페인, 즉 금욕하거나, 배우자에게 충실하거나, 또는 콘돔을 쓰거나**Abstain, Be Faithful, or use a Condom**가 되었다.

세계보건기구의 에이즈를 위한 범세계 계획과 미국 국제개발청이 물류 및 경제적 측면에서 강력한 지원을 해줬지만, 우간다의 에이즈 대응에 감명을 주고 이끌어나간 원동력은 노에린 칼리에바의 에이즈지원기구와 함께 자국의 에이즈 선구자인 샘 오크와레, 엘리 카타비라, 데이비드 세르와다, 넬슨 세와캄보, 데이비드 오풀로였다. 우간다는 사회 전반에 걸쳐 에이즈를 자유롭게 논의할 수 있는 분위기가 마련된 최초의 국가가 되었다. 어느 날 저녁, 우간다 친구들과 저녁을 함께 하고 있는데, 한 참석자가 식사가 끝나기 전에 자리를 뜨며 이렇게 말했다, "일찍 자리를 떠서 죄송합니다. 그렇지만 HIV 때문에 휴식이 필요하네요." 이 말에 놀라는 사람은 아무도 없었다. 다들 잘 가라고 배웅했고, 자연스럽게 대화를 이어갔다. 전 세계 어디서나 이렇게 자유롭게 에이즈에 대해 대화를 나눌 날이 하루빨리 와야 한다.

우간다 국가 전체의 에이즈 유병률은 1992년에 정점을 찍었는데, 당시 검사를 받은 임산부의 31%가 양성진단을 받았다. 1996년 이 수치는 20% 이하로 줄어들었다(다시 서서히 증가하고 있긴 하지만 현재는 6%가 살짝 넘는 상황이다).

태국에서는 전 산업부 부장관인 미체이 비라베디아는 특유의 생기발랄함과 타고난 사람 좋아하는 성격으로 유엔에이즈계획의 웨레싯과 함께 총리 쿤 아난드 파냐 라천 내각에서 나와 유머러스하고도 효과 만점인 에이즈 관리 캠페인을 진두지휘했다. 프로그램은 세 가지의 주된 캠페인으로 구성되어 있었다. 성노동자와의 관계 시에 100% 콘돔 사용 캠페인과 '여성 존중' 캠페인, 그리고 TV와 라디오 공중파에서 매 시간 에이즈 관련 메시지를 쏟아 붓는 캠페인이었다. 모든 학교는 에이즈 교육을 진행해야 했고, 미체이 자신도 학교 아이들의 민망함을 덜어주기 위해 콘돔을 풍선처럼 부는 법을 가르쳐주었다. 심지어 '양배추와 콘돔Cabbages and Condoms'이라는 상호의 레스토랑 체인점을 직접 운영하기도 했다. 태국에서 콘돔은 미체이로 통할 정도가 되었는데, 성공적 브랜딩에 대한 최고의 헌사가 아닐까 싶다. 2004년 방콕 에이즈 컨퍼런스동안 미체이와 나는 고속도로 톨게이트의 부스에서 콘돔을 나누어주었다. 남녀 할 것 없이 모든 운전자들이 미체이를 알아보았지만, 그 누구도 불쾌해 하지 않았다.

이 정도의 주목을 끌지는 못했지만 또 다른 의미있는 일로 태국의 총리인 아난드가 보건부 산하의 에이즈 프로그램을 자신의 내각으로 옮긴 일이 있었다. 태국은 매우 현실적인 접근법을 취했고, 주된 목표는 (번성하고 있는 성매매산업을 포함하여)안전한 성행위의 정착이었다. 결과는 명백했다. 매우 정확한 자료인 군입대자들에 대한 국가 차원의 검사를 통해 일부 지역의 HIV 유병률 감소를 확인할 수 있었다.

두 국가는 암울한 상황에 희망의 불빛이 되어 주었다. 얼마 지나지 않아 세네갈 또한 낮은 유병률을 유지하여 성공 스토리에 이름을 올렸다. 비결은 압두 디우프 대통령의 정치적 리더십과 세네갈 출신의 젊고 영특한 전문가인 이브라힘 은도예, 술레이만 음붑의 기술적인 리더십, 탄탄한 사회, 그리고 설교단을 통해 HIV예방 메시지를 전파하는 무슬림과 가톨릭 리더들의 파워풀한 시너지였을 것이다.

에이즈는 매우 심각한 문제였지만, 이제 그 해결책의 시작인 열정적인 리더십, 자금 조달이 확실한 HIV 예방 프로그램(유엔에이즈계획이 생겼을 당시까지는 에이즈에 효과적인 치료제가 없었다), 민간차원의 운동과 지원이 있었다. 우간다는 우리의 정치적, 커뮤니케이션 전략의 핵심 요소가 되었는데 첫째, 우간다가 해냈다면 잠비아, 캄보디아, 과테말라가 비슷한 성과를 내지 못할 이유가 없었고, 둘째, 영향을 미친 실례로 인해 스웨덴, 캐나다 같은 국가들이 해당 전략에 투자할 명분이 생겼다. 조만간 태국, 우간다, 세네갈의 성공 스토리에 동참할 다른 사례들이 우후죽순 생겨날 것이라는 허황된 희망을 품기 시작했다. 그러나 HIV유병률이 감소하는 12개 이상의 국가를 찾을 때까지만도 10년이라는 세월이 걸렸다.

나는 유엔에이즈계획의 첫 국제 무대 연설에서 우간다를 주된 성공

사례로 언급했다. 1996년 7월 밴쿠버에서 열린 제11차 국제 에이즈 컨퍼런스는 세계 언론에서뿐 아니라 광범위한(그리고 매우 중대한) 에이즈 커뮤니티에서 우리의 영향력을 시험해볼 수 있는 중요한 자리였다. 당시 연례 에이즈 컨퍼런스는 15,000명의 대표자들과 2,000명의 리포터들이 모인 거대한 행사로 변모하고 있었다. 유엔에이즈계획을 외부에 홍보할 수 있는 절호의 기회였다. 어릴적 나는 구석에 앉아 조용히 책을 보는 아이였는데 이제 극도의 수줍음과 공포를 이기고 군중에게 말해야 했으며, 오프닝 총회에서 이름도 알려지지 않은 이 기관을 위한 코너를 따내기 위해 열심히 로비해야 했다. 어려운 일이었다. 국제에이즈협회의 대표였다는 점이 통할 것이라고 생각했지만, 일부 사람들은 내가 유엔에 들어가는 순간 자신들의 적이 되었다고 생각하는 듯했다.

우리의 첫 시도를 표준화된 통계를 사용하여 발표하였다. 지금까지 전 세계적으로 3,300만 명이 넘는 성인과 아이들이 HIV에 감염되었고, 이 중 90%는 개발도상국에 살고 있다. 지난해만 해도, 300만 명의 성인이 감염되었는데, 하루에 8,000명의 새로운 감염인이 생겼다는 것을 의미했다. 아프리카에서는 하루에 6,500명이 넘는 성인이 HIV에 새로 감염되며, 동남아시아에서는 800명, 그리고 선진국에서는 270명이 감염된다. 부분적으로는 이러한 수치 때문에, 밴쿠버는 개발도상국을 확고하게 의제에 심은 첫 국제 에이즈 컨퍼런스의 개최지가 되었다.

밴쿠버 컨퍼런스에서 에이즈 커뮤니티에 격한 환영을 받을 만한 소식이 발표되었다. 유행을 보는 인식과 HIV 감염인의 삶을 완전히 바꿀 수 있는 획기적인 전환점이 된 소식은 세 가지 이상 제제의 병용 투여시 HIV 양성인 사람들의 생명이 연장되고, 에이즈 증상의 발현이 지연된다는 것이었다. HAART로 알려진 이 고강도 항레트로바이러스 치료법은 에이즈 양성자들도 거의 정상인의 수명까지 살며, 정상적인 삶을 영위할 수 있다는 희망을 갖게 해주었다. 컨퍼런스에 참석하지 못한 앤트워프의 내 후임인 마리 라가에게 전화를 걸어 에이즈에 대한 코페르니쿠스적인 혁명적 소식을 전해주었다. 그녀는 출산을 코앞에 두고 있었는데, 이 소식보다는 건강한 아들인 제프의 출산에 더 열정적인 것 같았다.

치료제는 어마어마하게 비쌌다. 미화로 1인당 1년에 2만 달러가 필요했다. 획기적인 발견에는 환호했지만, 약을 필요로 하는 대다수는 빈곤한 국가에 살고, 치료비를 부담할 수 없으리라는 우려가 들었다. 받아들일 수 없었다. 개발도상국의 환자들에게 고강도 항레트로바이러스 치료제를 구할 수 있도록 해줄 필요가 있었다. 인권 즉, 아주 단순한 정의실현을 위한 일이었다. 연설을 통해 개발도상국의 HIV 감염인들이 확실히 항레트로바이러스 치료제를 얻을 수 있도록 '많은 일선에서의 대담한 행동'을 촉구했다. 꿈이 현실이 되기까지는 수 년이 걸렸다.

차기 도전 과제는 세계의 에이즈 전략 연합으로, 먼저 유엔 내 유엔에이즈계획 파트너 기관들의 전략을 한데 묶는 것이었다. 일부 정치적 문제에 있어서는 합의에 도달하기가 매우 힘들었다. HIV의 모자감염 예방은 처음이자 가장 어려운 시범 케이스였다. 1998년 2월, 태국의 공중보건부와 미 질병관리본부는 한 임상에서 AZT의 단기복용이 임산부가 신생아에게 HIV를 전파할 위험을 극적으로 낮춘다고 발표했다. 얼마 지나지 않아, 또 다른 임상은 네비라핀 1회 투약 또한 효과적이라고 발표했다. 더없는 기쁨을 준 뉴스였다. HIV의 성접촉 감염 예방을 둘러싼 모든 논란에서 벗어나 마침내 신생아를 구제할 최고의 의학적 중재법이 범국가적으로 빠르게 도입되리라는 기대에 부풀어 있었다. 나의 예상은 빗나갔다! 아이들의 보호를 책임지고 있는 유엔기관인 유니세프에게 해결책을 의제의 첫머리에 올리도록 계속해서 압박했지만 과학적 증거가 제시된 후로 15년이 지난 지금도 모자감염 예방 보급률은 60퍼센트밖에 되지 않는다.

HIV의 모자감염에 대한 대응이 신속히 진행되지 못하는 이유는 많은 아프리카 국가들에서 산모와 신생아 보건 서비스가 열악하기 때문이기도 하다. 클리닉은 하루 수백 명의 여성 방문자로 넘쳐나며, 주된 처치는 혈압을 재는 것이 전부이다. 그러나 정책 마비는 국제기구들의 리더십 부족으로 인한 것이기도 한데, 주로 모유수유를 통한 HIV 감염을 둘러싼 매우 감정적인 논란 때문이다. HIV가 모유를 통해 전염될 수 있다는 데는 의심의 여지가 없지만, 가끔 상반되는 연구결과들이 있다. 어떤 연구들은 절대적 모유수유는 실상 HIV 전파를 막아준다는 결과를 보였다. 무엇보다도, 우리는 이미 HIV 음성인 어머니들(절대 다수의 어머니들)의 모유수유가 아기의 생명을 살릴 수 있다는 것을 잘 알고 있다. 유니세프와 다른 단체들은 분유 판매사의 상업적 압박하에서도 성과는 보이고 있는 모유수유 홍보를 지속하고자 했다. 깨끗한 물을 구할 수 없는 많은 지역에서는 분유를 먹이는 것이 도리어 아이의 건강을 해칠 수도 있다. 에이즈도 마찬가지이다. 문제는 어떻게 HIV감염 여성이 자녀를 HIV와 설사병에 걸리지 않도록 보호하기 위해 적당한 가격의 안전한 모유 대체재를 선택하도록 하고, 동시에 비감염 여성들은 모유수유를 하도록 하는가이다. 심각한 딜레마가 아닐 수 없다. 명백하게 (HIV감염의 위험이 있는)모유수유 또는 (설사병의 위험이 있는)젖병 육아 중 어느 정책이 더 많은 생명을 구할 수 있을지 빠르게 연구를 진행할 필요가 있었다. 안타깝게도 감정적인 문제가 토론을 종식시켰다. 여러 차례 미팅을 소집했지만, 합의에 이를 수 없었다. 수년 동안 유니세프와 세계보건기구는 이 도전적인 안건을 회피했고, 심지어 1998년 세계보건기구는 모유수유에 상응하는 대체재는 없다는 영양 지침을 출판했다. 돌이켜보면, 모유수유 로비에 있어서 에이즈 이익 단체들과 손을 잡았어야 했다. 에이즈만을 전문적으로 다루는 우리처럼 하나의 문제를 전문적으로 파고드는 단체는 세상에 많고, 이러한 일련의 정치심리학 측면은 시야를 좁게 하기 때문이다. 이유야 어찌 되었든 이 중대한 사안에 대해 우물쭈물하는 사이 많은 시간과 생명이 비극적으로 허비되었다.

HIV의 성접촉 감염 예방법을 둘러싼 논란은 무서운 기세로 지속되었다. 우간다에서 새로운 HIV감염의 감소를 목격한 후로 논란은 이론에서 경험으로 바뀌었다. 어떤 예방 중재법이 성과를 냈는지 아는 것은 타 국가들에도 중요한 일이었고, 우리의 노력을 집중할 수 있게 해주었다. 심지어 오늘날까지도, HIV 감소의 정확한 원인에 대해 열띤 토론이 벌어진다. 일부는 고위험군이 모두 감염되고 나면 어차피 감소하는 HIV의 자연 경로를 반영한 것에 불과하다고 주장하며(이 주장을 증명할 자료는 없다), 또 다른 이들은 콘돔 사용, 일부는 금욕, 또는 일부일처제를 꼽는다. 아마도 성공 요인은 이 셋의 복합체인 'ABC' 중재법과 국가 차원의 빠른 대처, 에이즈에 대해 허심탄회하게 논의하는 태도일 것이다. HIV예방에 있어서 '어떤' 예방법이 사용되었는지 만큼 중요한 것은 어떻게 예방법이 사용되었는지이다. 그러나 일부 과학자들과 저널리스트들은 지속적으로 토론의 불씨를 당기며, 마치 무엇 하나가 모든 차이를 만들어낸 것처럼 HIV 예방에 있어 마법의 탄환을 강박적으로 찾는다.

정기적으로 "친애하는 피터박사, 유엔에이즈계획이 만약 (OO)만 했었더라면(괄호 안은 HIV예방에 있어 가장 최신의 경향으로 채우면 된다), 이 유행은 통제되었을 것이오"라는 문구로 시작하는 편지나 이메일을 받는다. 어떤 경우는 더 나아가, 내가 중요한 정보를 은폐했다고 비난하거나, 가끔씩 그들의 획기적인 성과를 고의적으로 무시했다고 주장하는 연구원들도 있다. 유엔에이즈계획의 총장으로 일하기 위해서는 얼굴이 두꺼워질 필요가 있다! 초반에 내가 배운 것은 말도 안 되는 소리와 강박적인 태도는 차치하더라도 '만약 (OO)만'이라는 어휘는 에이즈에 적용되지 않는다는 것이다. 어느 하나가 아니라 여러 행동이 종합되었을 때에야 인구 전체에 영향을 미칠 수 있다.

주사 약물 사용자들에서의 HIV 확산을 막는 것 또한 동급의 논란거리였다. 대부분의 동유럽과 아시아의 일부 지역에서 바늘을 공유하여 생긴 HIV는 홍수처럼 퍼져나갔다. 제네바로 자리를 옮기기 전인 90년대 초반에 벨기에의 첫 주사바늘 교환 프로그램을 설립하는 데 참여했던 적이 있다. 마약 사용자들에게 바늘과 주사기를 제공한다는 점이 직관적으로 이해가 가지 않을 수 있지만, 이 두 가지 방법이 모두 HIV 전파를 감소시킨다는 매우 확실한 과학적 증거가 있기 때문에 유엔에이즈계획은 주사바늘 교환과 메타돈 대체 프로그램을 운영했다.

유엔에이즈계획의 초반 몇 년간은, 소수의 유럽 국가들과 호주, 캐나다, 일부 미국 도시들만 이 접근법을 받아들이고, 대부분의 국가들은 반대했었다. 가끔 러시아와 같이 격렬하게 반대 의사를 표하는 국가도 있었다. 예를 들면, 1998년 보건복지부장관인 도나 샬랄라는 주사 약물 사용자들을 위한 '위험 경감 프로그램'의 기금을 조성하려다 실패했고, 이 프로그램은 2010년 오바마 대통령이 금지령을 풀기 전까지 연방정부의 지원이 금지된 상태로 있었다(많은 주들이 그동안 자체 독립 자금을 통해 이러한 프로그램을 지원해왔다).

중독은 매우 복잡하고도 비극적인 문제이다. 중독성 약물에 대해서는 맹목적으로 억압하는 정책이나 자유를 주는 정책 어느 것에도 완전히 안심할 수 없다. 양 정책 모두 동의할 수 없는 부분이 많이 있다. 에이즈 커뮤니티는 자유 정책에 가까운데, 깨끗한 바늘만 사용한다면 마약 사용이 문제될 것이 없다는 일부 동료들의 생각에는 동의할 수 없다. 과학적으로 효과적이라고 입증된 위험 경감 테크닉과 마약 사용자들의 인권을 항상 지지해 왔지만 중독으로 인한 자율성 상실은 끔찍한 일이라 생각한다.

1992년 미국인 연구원 돈 프란시스와 나는 취리히의 주사바늘 교환 프로그램을 평가해달라는 스위스 연방 당국의 부름을 받았다(스위스는 여전히 일반적인 유급 출산휴가는 없지만, 주사바늘 교환 및 헤로인 유통은 있다). 오후 4시경 '주사바늘 공원'으로 불리는 센트럴역 근처의 큰 가든에 갔다. 한눈에 봐도 공원은 마약을 주사하고, 사고파는 사람들로 가득 차 있었다. 자녀 앞에서 한 여성이 자신의 경정맥에 마약을 주사하는 광경과, 사무실에서 나온 값비싼 수트를 입은 남성들이 1회 주사 용량의 마약을 사는 것을 보았다. 아이스크림을 팔던 가판대에서 도시 보건부 사람들이 깨끗한 바늘을 무료로 나눠주고 있었다. 돈과 나는 당혹스러움을 감출 수 없었다. 물론 방역적인 관점에서는 효과적인 프로그램이었다. HIV뿐만 아니라 온갖 종류의 감염을 감소시켰다. 그러나 세상에... 이렇게 가까이에서 중독자들을 보는 것은 무서운 경험이었다.

후에 정기적으로 마약 사용자들을 만나며 이 문제에 감정을 배제하고 다가가도록 노력했으며, 완전한 성공을 거두지는 못했지만 정책결정자들이 합리적인 접근법을 취하도록 설득했다. 유엔 마약 및 범죄 사무국이 유엔에이즈계획에 합류하자 위험 감소를 홍보할 수 있는 정치적 메커니즘에 다가갈 수 있었다. 경찰의 접근법을 공중보건 측면의 접근법으로 변화시키는 일은 쉽지 않았지만, 핵심은 대화를 지속하고, 해결책을 찾으며, 마약사용자들을 대변하고, 정책 변화를 위해 목소리를 높이는 데에 있었다. 그리고 언젠가 과학의 이름으로 여러 중독에 효과적인 치료제가 발명되길 기원했다. 나도 가끔씩은 마법의 탄환을 꿈꾼다.

초창기에 마주한 또 다른 문제는 에이즈 유행을 어떻게 규정지을 것인가였다. 문제 해결에 장기간의 사회적 변화가 필요한가? 아니면 공중보건 차원의 개입? 그도 아니면 경제 발전? 유엔개발계획은 유행을 사회, 젠더, 경제 개발의 문제로 보길 원했다. 반면 웨레싯은 인권문제로 보았다. 두 견해는 모두 단기에 기술적 해결을 추구하는 세계보건기구, 유니세프의 문화와 충돌했다. 물론 에이즈를 통제하기 위해 모든 사람이 가난에서 벗어나고 모든 여성이 남성과 평등해지기까지 기다릴 수 없다는 것은 명백했다. 확실한 점은 에이즈 유행은 복합적인 사회 요인에 기인하므로 해결의 실마리 또한 그 요인에서 찾을 수 있다는 것이다.

잠비아에서 생선 파는 여성을 예로 들어보자. 어떤 이들은 북동쪽 호수에서 생선을 사다 서쪽 광산과 수도에 판다. 이동 중에 싱싱하게 상품성을 유지시키기 위해 하룻밤 묵는 숙소의 큰 냉동고에 보관해야 한다. 냉동고를 관리하는 매니저나 주인과 하룻밤을 보내면 대가로 보관료를 싸게 해줄지도 모른다. HIV유병률이 높은 국가에서는 이를 통해 서로가 위험을 안게 된다. 우리는 생선 파는 여성들이 공동으로 냉동고를 살 수 있게 도와주었고, 대가성 성관계를 없앨 수 있었다. 일석이조의 효과로 HIV 감염으로부터 여성을 보호하는 한편 강력한 경제력도 제공하는 이러한 현실적인 대책이 필요하다. 강조하건데, 양자택일의 문제가 아니다. 장단기적 해결책 모두가 필요하다.

각국에 있는 다양한 유엔 산하 기관들 모두가 에이즈 프로그램에 동일한 접근법을 가지도록 통합시킬 필요도 있었다. 아이들 관련은 유니세프, 보건 서비스는 세계보건기구, 학교 관련은 유네스코, 가족계획은 유엔인구활동기금, 그리고 재정을 담당하는 세계은행과 유엔개발계획. 모든 기관이 하나의 악보를 가지고 동일한 지휘하에 노래를 부를 필요가 있었다. 이것이 바로 롭 무디의 과제였다.

유머, 진지함, 사람들을 북돋아주는 열정의 삼박자를 모두 갖춘 롭은 각국에서 유엔에이즈계획을 확립하려는 투지 넘치는 노력으로 관료주의, 수동적 공격성과의 끊임없는 전쟁을 이어갔다. 상대는 세계보건기구와 유엔개발계획이었다. 우리는 핵심국가들에서 유엔에이즈계획의 '국가 프로그램 자문관'에 영입할 훌륭한 후보들을 명단에 올려놓고 있었다. 그러나 실제로 영입하는 일은 또 다시 끝이 보이지 않는 고된 싸움이었다. 심지어 파트너 기관의 승인까지 받은 최종 후보자 명단을 두고도 공격을 받았다. 하이디 랄슨 같은 후보는 인류학 박사이자 피지 유엔사무소에서 일하며 아시아 지역의 에이즈 관련 일을 도와주고 있었지만, 의사가 아니고, 그 지역 사람이 아니라는 이유로 세계보건기구와 두 국가의 보건부에서 거절당했다. 많은 국가에서 이른바 HIV/AIDS 관계부처 테마 그룹을 통해 프로그램을 통합하는 일에 착수했다. 다양한 기관들이 우리가 임명한 국가 프로그램 자문관의 도움을 받아 공동 예산을 사용하여 함께 일하기 시작했다. 시간이 지나 그들은 국가 조정관들이 되었다. 사소한 변화가 의미하는 바는 컸다. 이제 그들이 일을 관장하기 때문이다. 그들은 유엔에이즈계획의 추진력이 되었고, 여러 국가들의 선봉에서 에이즈 대응을 지휘했다.

유엔상주조정관들은 기본적으로 유엔개발계획의 각국 책임자를 가리키는 것으로 통상 유엔기관의 확대가족을 대표했고, 이 일이 가능하게 한 핵심 인물들이었다. 그들이 우리 편인 지역은 에이즈가 국가 내 모든 유엔기관들의 최우선 과제가 되었다. 일례가 당시 전 세계에서 가장 높은 HIV 유병률을 보인 보츠와나였다. 캐나다 출신의 유엔상주조정관인 데비 란데이는 내가 가바론에 1996년 방문한 이후로 선두에 섰다. 함께 보츠와나의 정치적 리더십을 옹호했고, 그는 후에 에이즈에 가장 헌신적으로 참여한 인물이 되었다. 2005년 데비는 유엔에이즈계획의 부총장이 되었다.

유엔의 노력을 통합시키기 위해 수십 개월간의 테마 그룹, 협동 계획, 연이은 회의로 많은 시간을 보냈다. 수많은 자존심 싸움과 깃발 꽂기가 있었는데, 예를 들면 많은 기관들은 사진에 있는 자기 직원이 기관 티셔츠를 입었는지 확인하고자 했다. 이런 가식이 지긋지긋했다(항상 내가 주장한 바는 유엔에이즈계획의 직원들과 그들의 차량은 우리 로고를 달지 말라는 것이었다). 직원들에게 말했다. 우리의 임무에는 우선순위가 있다. 첫 번째 임무는 유행을 퇴치하는 것이다. 둘째는 HIV 감염인과 가족에 대한 책임이다, 셋째는 유엔조직 전체에 대한 책임이다. 비록 제 구실을 못할지언정 우리는 가족이다. 네 번째는 유엔에이즈계획, 바로 이 기구에 대한 책임이다. 나에게는 명명백백했지만, 가끔 이러한 말을 불편해하는 사람들이 있었다.

1996년 12월, 우리는 세계은행과의 전향적인 화합을 이뤄냈다. 초반의 망설임과 다르게 그들은 든든한 지원자가 되어주었다. 세계은행의 새로운 책임자인 짐 울펜슨과 에이즈 담당자인 에티오피아 면역학자 데브레워크 제우디는 불같은 인물들이었다. 새로운 리더인 케롤 벨라미를 영입한 유니세프와 파키스탄의 나피스 사딕 박사가 이끄는 유엔인구활동기금 또한 서서히 합류했다. 그러나 유엔에이즈계획 초기 가장 안타까운 것은 이른바 공동 대응 조직위원회였다. 위원회는 폭풍 불평과 공공연한 공격으로 점철되어 있었다. 1997년 10월, 부임한 지 거의 3년이 지나던 해에, 나카지마 박사는 나를 유엔에이즈계획의 양해각서를 위반하고 개발도상국에 자금을 주지 않았다고 몰아세웠고, 유네스코는 그를 두둔했다. 새로운 유엔사무총장인 코피 아난이 처음 참석한 자리였는데, 그가 에이즈에 많은 관심을 보이며 사업을 지지하는 것을 보고 흥분했었다. 한편 유엔 시스템의 구조적 장애를 보여주게 되어 민망하기도 했다. 또한 사무총장과 좀 더 함께 할 수 있는 기회를 놓쳤다는 점에 매우 화가 났다. 이 일에도 불구하고 코피 아난은 세계 최고의 에이즈 옹호자가 되었고, 그의 도움이 없었다면 유엔에이즈계획이 이뤄낸 지금의 성과 또한 없었을 것이다.

유엔에이즈계획기구의 확립에 있어서는 발전을 보이고 있었다. 그러나 이 말은 불가피하게도 어느 정도는 초기에 현장 활동을 소홀히 했다는 의미도 있다. 현실적으로 하고자 하는 것과 할 수 있는 것 사이에는 엄청난 간극이 존재한다. 특히 현장의 에이즈 프로그램을 지원하는 면에서 그러했다. 나 역시 너무 많은 일을 안고 가고자 했다. 쉽게 떨쳐지지 않는 이 특성을 이겨내는 법을 배워야 했다.

CHAPTER

18

카멜레온의 교훈: 훌륭한 연대를 맺어라

1998년 7월, 제네바에서 열린 제12차 국제 에이즈 컨퍼런스의 분위기는 HIV 감염이 치료 가능한 질병으로 발표되었던 1996년 밴쿠버 컨퍼런스의 들뜬 분위기와는 사뭇 달랐다. 획기적인 과학적 발전에 흥분하던 시간은 끝났다. HIV 백신 연구 결과는 실망스러웠으며, 항레트로바이러스제의 심각한 부작용이 일부 밝혀졌다. 무엇보다 정부가 초창기부터 나서서 무상 치료제를 제공했던 브라질을 제외하고는 개발도상국에 있는 사람들 중 항레트로바이러스 요법을 받을 수 있는 사람이 거의 없다는 점은 안타까운 소식이었다. 출범한 지 2년하고도 6개월이 흘러서야 유엔에이즈계획의 정체가 느껴졌다. 기구를 설립하고 유엔 및 원조 기관들과 싸우는 데 엄청난 에너지를 사용했지만, 정작 에이즈 유행에 미친 영향은 미비했다. 거대한 에이즈 활동을 이끌기에 적합한 인물이 아니라는 생각이 들었다.

우리는 끊임없이 공격을 받았는데, 비난자들은 공여국들 그리고 안타깝게도 에이즈 운동가와 HIV 감염인들이었다. 《사이언스》지는 내가 '전 세계에서 가장 불가능한 일'을 하고 있다고 기술했다. 본래 5년 내에 에이즈를 유엔 최상위 안건에 올리는 데 성공하면 유엔에이즈계획은 개혁된 유엔기관에 흡수될 것이라고 생각했었다. 성공은 커녕, 나는 위기에 처했고, 조언이 절실히 필요했다.

제네바 컨퍼런스 후 곧바로 운전해서 갈 수 있는 거리에 위치한 아넨시 호수 근처의 작은 중세도시 탈루아에서 또 다른 은밀한 브레인스토밍 미팅을 소집했다. 약 20명쯤의 색다른 그룹을 초청했다. 반쯤은 에이즈 관련 일을 하는 사람이었고 나머지는 외부인들이었다. 냉철하고 철저하게 우리가 하는 일을 살펴 본 뒤, 허심탄회하게 무슨 일을 해야 에이즈에 영향을 미칠 수 있을지 그들의 생각을 말해주길 원했다. 게스트 명단에는 비록 갓 만난 사이지만 엄청난 언변가로 전 세계 8억 명의 십대에게 방영되는 TV 프로그램을 가진 MTV사장 빌 로디, 뉴욕타임즈의 보건 전문 기자 래리 알트만, 날카로운 비평가인 미국 국제개발청의 더프 길레스피와 영국 국제개발부의 데이비드 나바로, 미국 질병관리본부 출신이자 든든한 지원자인 헬렌 게일이 있었다. 끊임없이 비평을 쏟아내는 잠비아 보건부 장관인 은칸두 루오 박사도 초청했다(나는 회원국 대표들에게 에이즈 리더십을 가지라고 촉구하여 그들의 에이즈 예산에 대한 통제권을 없애 많은 보건부장관들의 심기를 건드렸다. 따라서 이 지지자들을 천막 안으로 부를 필요가 있었다). 마지막으로 내가 초청한 사람들은 몇몇의 에이즈 운동가와 HIV 감염인들, 제약회사 임원들, 우간다 무세베니 대통령의 자문관과 에이즈의 위험에 놓인 인도를 일깨우기 위해 애쓰는 프라사다 라오였다. 이 중 유엔 소속인 사람은 (일부 핵심 유엔에이즈계획 직원들을 제외하고는)세계보건기구에서 곧 일을 재개할 다니엘 타란톨라와 세계은행이 에이즈에 더 많은 일을 하도록 촉구하는 제우디였다.

늘 그렇듯, 나는 문제를 숨기지 않고 공개하는 것이 최상의 방책이라고 생각해, 가능한 솔직하게 모든 문제를 털어놓았다. 발제는 짧고 직설적이었다. 일은 진척되지 않고, 유행은 폭발적으로 증가하고 있기에 도움이 필요하다고 이야기 했다.

토론은 협의에 이르지는 못했지만 활기찼고, 유엔에이즈계획을 한 차원 끌어올리는데 필요한 아이디어가 나왔다. 결론은 유엔에이즈계획은 역학적 측면이나 기술적인 해결책을 세우는 데 제 몫을 하고 있지만, 중대한 결정이 내려지는 정치권력의 세계와는 충분히 소통하고 있지 않다는 것이었다. 국제정치의 핵심 두 가지는 경제와 보안이라는 것을 깨닫게 되었다. 프랑스 속담처럼 나머지는 책 속 이야기일 뿐이었다.

우리에게 필요한 건 재정부장관을 설득하는 것이었다. 마치 은행을 턴 머피에 대한 농담 같은 건데, 경찰관이 "머피, 당신은 왜 은행을 털었소?"라고 묻자, 머피는 "그곳에 돈이 있기 때문이죠."라고 답했다. 보건부장관이 아니라 재정부장관이 정부의 힘을 쥐고 있음을 잊지 말아야 한다.

보안을 확립할 필요도 있었다. 참석자 중 많은 이는 유엔에 대해 회의적이었지만, 그들 모두가 매우 심각하게 받아들이는 조직이 있었으니, 바로 유엔안전보장이사회(이하 유엔 안보리)였다. 바로 이게 해결책이었다. 에이즈를 주된 정치경제 판에 올릴 필요가 있었다. 이를 테면, G8 회담, 세계경제포럼, 그리고 다양한 지역 단체들, 특히 아프리카연합 회담, 카리브해 커뮤니티 등이었는데, 모두 전 세계에서 에이즈로 인한 타격이 가장 큰 곳이었다.

전부터 에이즈 치료 의사들, 연구원들, 운동가들을 '틀ghetto'에서 끌어내어 광범위한 연합체를 만들지 않는 한 유행을 물리칠 방법은 없을 것이라는 믿음이 있었다. 아넨시 호수에서의 비공식 미팅에서, 이미 우리는 핵심 강점을 지니고 있음을 알게 되었다. 완고한 유엔조직 내에서 일하는 것의 어려움을 토로했지만, 나를 제외한 대부분은 유엔의 일부라는 것을 큰 장점으로 들었다. 유엔기관 내 조정의 늪에 빠지지 않는 한 유엔에이즈계획은 이 장점을 이용해, 명분을 지니고, 유수한 리더들과 정책 가이드를 만드는 플랫폼에 접근할 수 있었다.

우리의 목표는 5년 내에 HIV 감염의 치솟는 그래프를 꺾는 것이다. 이후로 나는 계속해서 기구 발전에 힘쓰고, 유엔활동들을 이끄는 한편, 정치, 국제 외교에 집중했다.

셀리 코왈, 짐 쉐리, 그리고 직원들의 새로운 책임자인 줄리아 클리브스(그녀는 뛰어난 영국 여성으로 30분 만에 연설 하나쯤은 뚝딱 만들어 낼 수 있는 능력자였다)와 함께 에이즈에 대한 정치적인 접근 방법을 구상해 보았다. 궁극적인 목표를 거스르지 않고, 기본적인 것들 예컨대 인권에 대한 원칙이 존중되는 한, 우리는 그동안 의견을 달리했던 사람 및 집단과 기꺼이 협력할 수 있었다. 일부 순수주의자들은 우리가 영혼을 팔았다고 생각했지만, 협력 전략은 수백만의 생명을 살렸다. 더 급진적인 운동도 필수적이나 우리에게 맞지 않았다.

세심하게 아군과 적군을 가려내는 일을 했다. 누구를 설득하면 연합체에 참여시킬 수 있을까? 어떤 인물이 정치경제적 권력에 영향을 줄 수 있는가? 확실한 점은 그 중요 인물 중 하나는 나의 보스인 코피 아난이라는 것이었다. 그가 이사회에 있는 것으로 만족하지 않고, 그를 세계적인 에이즈 활동 옹호자로 만들고 싶었다. 다른 정책결정자들에 미치는 영향력도 키우기 위해 슈라트란더와 연구진에게 통계분석의 새로운 두 분야, 즉 에이즈의 경제적 영향력에 대한 좀 더 정확한 정의와, 어느 정도의 자금 조달이 유행에 영향을 미칠 수 있는지에 대해 연구를 진행해달라고 요청했다. 지금까지 이러한 조사를 시행했던 이는 아무도 없었다.

몇 개월 뒤인 1998년 9월, 뉴욕에서 제네바로 이동하는 스위스항공 111편이 노바스코샤주 근처 대서양에서 추락하는 사고가 발생했다. 조나단 만과 그의 아내인 마리 루 클라망은 그 비행기에 탑승하고 있었다. 마리는 HIV백신 미팅에 참석할 계획이었는데, 이 기회에 조나단에게도 함께 오는 것을 제안했다. 사실 그를 만나면 유엔에이즈계획의 자리를 제안하며 함께 일할 생각이 없는지 물어볼 계획이었다. 조나단은 뛰어난 아이디어뱅크이자 지칠 줄 모르는 대변인이었다. 나는 그가 가시적인 정치적 행보에 도움을 줄 수 있을 것이라고 생각했다.

제네바 공항에서 조나단과 마리를 픽업하기 위해 기다리고 있던 다니엘 타란톨라는 내게 전화로 이 충격적인 소식을 전해주었다. 할 말을 잃었다. 몇 시간이 지난 후에야 사실을 받아들이고 얼마나 막대한 손실인지를 생각하게 되었다. 이 사건을 계기로 다급한 심정이 들었다. 내게 이런 일이 벌어지기 전에 더 많은 일을 해야 한다.

후임인 미셸 시디베는 일전에 나에게 이런 교훈을 준 적이 있다. 2000년도 우간다에서 만났을 때, 그는 당시 유니세프 대표로, 에이즈에 대한 국가 내 기관 간 조정위원회의 의장을 맡고 있었다. 미셸은 말리에서 태어나 자이르(지금의 콩고민주공화국)에서 유년시절을 보냈고 삶을 즐길 줄 아는 이였다. 우리는 바로 죽이 맞아, 캄팔라에 있는 스테이크 레스토랑인 르 샤또로 저녁을 먹으러 갔다.

그의 종족 대부분의 남자 아이들이 그러하듯, 그 또한 사춘기 때 성인이 되기 위한 통과의식을 거쳤다. 가족과 떨어져 또래의 다른 남자 아이들과 살아야 했고 카멜레온이 주어졌다. 일주일 동안 카멜레온을 관찰하고 사색해야 했다. 주어진 시간을 완수하고 연장자들에게 돌아갔을 때, 그들은 삶과 조상들의 비밀에 대해 들려주었다. 이야기를 마친 후 "이제 우리에게 카멜레온에 대한 이야기를 들려주렴"이라고 말했고, 그는 "카멜레온은 색깔을 바꿀 수 있어요"라고 답했다. "그리고 또?"라고 묻자, 카멜레온의 특성을 열거했다. 이야기는 길었다. 전형적인 말리 사람들의 이야기였다. 결론은 카멜레온을 관찰하는 것만으로도 삶에 유익한 교훈을 얻을 수 있다는 것이다. 첫째, 카멜레온의 머리는 절대 움직이지 않는다. 항상 같은 방향을 향해 있다. 즉, 너의 목표에 집중하라. 둘째, 눈은 항상 움직이며, 주변 환경을 살핀다. 즉, 항상 준비된 상태로 있어라. 셋째, 주변 환경에 맞게 색을 변화시킨다. 즉, 융통성이 있고, 적응할 줄 알아야 한다. 그러나 머리는 항상 한 방향을 향하도록 하라. 머리가 움직이게 되면, 너는 기회주의자가 될 것이며, 실패할 것이다. 넷째, 카멜레온은 매우 신중하게 움직인다. 신중하게 한 걸음씩 내디뎌라. 다섯째, 카멜레온은 혀를 불쑥 내밀어 먹잇감을 잡는데, 너무 빨리 또는 너무 늦게 내민다면 먹잇감을 놓치고 결국 굶어 죽게 될 것이다. 타이밍이 중요하다.

미셸과 나는 큰 스테이크를 나눠 먹었고, 끈끈한 벗이 되었다. 몇 달 뒤, 나는 그에게 유엔에이즈계획의 국가 운영 책임자의 자리를 맡아달라고 요청했다.

카멜레온 이야기는 우리가 나아가야 할 방향을 제시해주지는 않지만, 색을 바꿔야 할 때와 입장을 고수할 때 사이의 균형을 유지하는 법을 알려준다. 매우 복잡한 상황에 처해 어디까지 절충하고 수용할지 확신이 서지 않을 때, 전략적 계획에 부합한가라는 질문을 던진다. 그리고 카멜레온의 이미지를 떠올린다.

1998년 초부터 형태를 갖추기 시작한 에이즈 현황은 예상보다 훨씬 좋지 않았다. 특히 사하라 사막 이남의 아프리카가 심각했다. 유행의 경제적 여파에 대한 증거들이 쌓이고 있었는데, 에이즈의 영향을 심하게 받은 국가들에서 보건 서비스에 대한 수요는 증가한 반면, 생산성은 감소하고, 조세수입은 급락했다. 늘어나는 고아들은 비극인 동시에 사회 비용의 증가로 이어졌다. 여성들은 HIV 감염에 취약했다. 우리의 연구는 당시에는 이해할 수 없었던 충격적인 사실을 밝혀냈다. 사하라 사막 이남의 아프리카에서 25세 미만의 여성은 같은 연령대의 젊은 남성에 비해 HIV에 감염될 가능성이 두 배 이상 높았다. 케냐 서쪽 지방 등 일부 지역에서, 여성은 동년배의 남성에 비해 HIV에 감염될 가능성이 최대 6배나 높았는데, 어린 여성들이 감염에 더 취약하고, 젊은 여성들의 동년배 남성이 아닌 나이든 남성에 의해 전파되기 때문이었다. 아프리카 남단의 일부 국가들의 기대수명은 지난 50년 동안 유례없는 정도로 감소하고 있었다. 보츠와나에서는 15세 남자아이가 생전에 HIV에 감염될 확률이 충격적이게도 60%나 된다. 이러한 수치가 산업과 국가에 의미하는 비용은 어느 정도일 것인가? 이를 해결하기 위한 비용은 어떠할 것인가? 질병과 죽음으로 인해 감소된 생산성과 경제적 여파 대비 치료와 예방의 비용 산술식을 이해할 필요가 있었다.

궁극적으로 에이즈 대응책이 효과적으로 운영될 만큼의 자금을 조달받도록 깐깐한 경제학자들을 설득시키는 데 필요한 것은 바로 이러한 수치였다.

1998년 1월, 세계은행에서 에이즈의 인구통계학적 영향에 대한 세미나를 열었다. 우리는 에이즈로 인해 인구구조가 어떻게 변화할 것인지에 대한 예측을 보여줬다. '굴뚝 효과'를 보게 될 것이다. 정상 사회의 볼록한 연령 곡선(30대에서 피크를 보이다 나이를 먹고 사망하며 서서히 감소하는)이 갑자기 20대에 피크를 보이는 굴뚝 모양으로 줄어들 것이다. 총체적인 인구감소는 막대할 것이다. 몇몇 국가의 기대수명은 1960년대 이전 수준까지 감소할 것이다. 에이즈는 단지 보건 위기가 아니다. 사회 전체의 미래를 위협하는 개발 위기이다. 이러한 시각적 자료는 세계은행에 큰 영향을 주었는데, 경제학자들은 도표를 보고 곧바로 각 연령대별로 생산성이 있는 사람들에게 어떤 영향이 있을지 파악할 수 있었기 때문이다. 마침내 우리는 그들의 언어로 말하는 데 성공했다.

법령이나 합리적인 계획만으로는 정치경제적 운동을 일으키거나 연합체를 구성할 수는 없다. 시행착오와 타이밍, 그리고 열심히, 아주 열심히 일하는 것의 세 박자가 모두 들어 맞았을 때 가능하다. 미친 듯이 전 세계를 돌며 정책결정자들이 에이즈 대응에 힘쓰도록 설득하는 일을 했다. 매일 죽어가는 사람들의 수는 늘어만 가는데(하루에 6,300명 이상), 권력과 자금을 쥐고 있는 이들은 행동을 취하지 않는 점에 분개하며, 절박함을 가지고 일을 수행했다. 그들은 마치 에이즈로 죽어나가는 사람들을 신경 쓰지 않는 듯했다. 이러한 엄청난 규모의 사태가 미국이나 유럽에서 발생했어도 동일한 태도를 취할 수 있을지 의문스러웠다.

에이즈 운동의 궁극적인 지지자들은 HIV 감염인들과 가족들이었다. 유엔에이즈계획은 그들과 좀 더 긴밀히 연대할 필요가 있었지만, 항상(그리고 대부분 정당하게) 우리가 하는 일이 충분하지 않다고 생각하기에 쉽지 않은 일이었다. 우리는 정부에 책임이 있는 정부 간 단체였기에, 관계는 항상 복잡할 수밖에 없었다. 그러나 종종 HIV운동가들과 매우 협조적으로, 그리고 가끔씩은 정말 제대로 조율된 방법으로 협력하기도 했다.

결국 의제는 동일하지 아니한가. 적어도 나의 생각은 그러했다. 그러나 미국에서 에이즈 운동가들, 그리고 HIV 감염인 단체와 교감하려는 첫 시도에서 정신이 번쩍 들 만한 경험을 했다. 1996년 워싱턴 DC의 미국 적십자에서 열린 전 세계 관련 단체와의 미팅에서 그들은 자국 내 에이즈 환자들의 약에 대한 접근성을 보장하고 직장과 가정을 잃게 된 그들을 지원하는 데만도 여력이 없다고 했다. 그리고 내게 행운을 빌어주었다. 그게 미팅의 전부였다.

실망스러웠지만 적어도 그들은 솔직했다. 대부분의 경우는 지원을 약조하고 지키지 않았다. 액트업 뉴욕의 공동 창립자이자 키가 훤칠하고 에너지 넘치는 에릭 소이어는 예외였다. 우리는 1994년 파리의 에이즈 정상회담에서 만났었다. 그는 보기 드물게 초기부터 이 유행에 대한 세계적 관점을 가지고 있었다.

유럽의 상황은 달랐다. 항레트로바이러스 요법은 빠르게 보편적인 보건의료체계의 일부가 되었고, 환자에게 대부분 무료로 제공되었다. 따라서 치료약제의 접근성을 둘러싼 지역 활동은 많지 않았다. 매우 이른 시기부터 프랑스는 최대의 에이즈 서비스 기구인 에이즈AIDES를 통해 프랑스어권 아프리카 국가들과 동유럽 단체들의 지원을 시작했다. 액트업 파리는 매우 작은 단체였지만 커뮤니케이션 스킬이 대단하여 미디어에서 인기가 많았으며, 유엔에이즈계획인 우리를 포함하여 거의 모든 사람과 격렬하게 싸웠다. 어느 시점에 액트업 운동가들은 우리의 이사회 미팅에 난입하여 치료약제의 접근성을 보장해달라고 요구했다. 그들의 방식 중 하나는 인신공격이었다. 언젠가 그 수위가 도를 넘어서면서, 프랑스 국민들로부터 외면 당하게 되었다. 파리의 TV스튜디오에서 열린 시다 액션*에 참가해 있을 때, 액트업 대표가 프랑스는 거지 소굴 같은 곳이라고 소리치며 전화를 걸어 기부금을 내는 사람들을 모욕하는 일이 있었다. 자선활동은 붕괴되었고, 시다 액션은 다시 일어나지 못했다. 운동가들의 이러한 분노는 이해할 만도 했다. 그들이 보는 것은 안일한 태도와 배포물이 전부다. 우리 또한 이러한 태도에 화가 나고 좌절감을 느끼기도 했지만 다시 한 번 이번 사건이 상기시켜 준 것은 극단주의는 역효과를 내며 위험할 수도 있다는 것이다. 그런 친구들은 따로 적을 만들 필요도 없다.

가장 감동적인 만남은 1999년 우크라이나 키예프에서 열린 모든 우크라이나 HIV 감염인 네트워크의 창립대회에서 있었다. 나는 우크라이나 전역의 약 200명의 감염인이 참석한 비공개모임의 특별 초청 손님이었다. 우크라이나는 HIV 감염이 폭발적으로 늘어나는 시기에 있었다. 공산주의자 건축가가 디자인한 대학 빌딩의 매우 싸늘한 방에 들어가자, HIV 감염인들을 종종 폭력적으로 배척했을 사회의 기운, 희망, 그리고 쓸쓸함이 느껴졌다. 모임에는 아름답고, 친절하며, 지성을 겸비한 젊은 남녀가 있었다. 물론 실상 대부분의 대표자들과 발표자들은 여성이었다. 서구세계를 제외하고는 에이즈 대응책의 중추는 종종 여

* 역주: Sidaction, 매년 열리는 에이즈의 주요한 자금 모금 행사

성인 경우가 많다. 딸아이인 사라와 또래 아이들에 대한 생각을 멈출 수가 없었다. 그들은 흔히 생각하는 전형적인 마약쟁이들이 아니었다. 고등교육을 받은 이들도 많았고, 다수는 호기심에 마약에 손을 대어 감염된 이들이었다.

몇 시간에 걸쳐 그들의 두려움, 계획, 그리고 어떻게 도울 수 있을지에 대해 논의를 했다. 그들은 우리의 존재 이유였고, 그들이 싸우고 있는 병마에 비하면 내가 하는 일은 식은 죽 먹기였다. 원동력은 함께 뭉치고 삶에 대해 긍정적인 시각을 갖는 것이었다. 그 후 그들은 수년간 많은 운동을 통해 우크라이나에 중요한 변화를 일으켰다. 우크라이나는 민중에 의한 민주화 운동의 선봉에 선 첫 국가가 되었다. 미팅 후에 나는 레오니드 쿠츠마 대통령(그의 딸인 엘레나 핀척은 에이즈 행동 재단을 운영했다)의 인상적인 궁을 방문했다. 방금 미팅에서 만난 사람들의 요구사항을 전달했고, 많은 안건을 논의했다. 후에 우크라이나는 유엔에서 에이즈에 중요한 목소리를 내는 국가가 되었다.

브라질은 에이즈 대응에 있어 선두에 있었다. 초기 동성애자 커뮤니티는 이 유행에 심한 타격을 받았었다. 수년간의 군사독재 후 드디어 1990년대에 활기찬 시민 사회가 시작되었다. 새 헌법은 보건을 국민의 권리로 규정하고, 정치인들과 에이즈 운동가들에게 정당한 요구를 할 수 있는 법적 근거를 마련해 주었다. 브라질 사회는 HIV예방, 콘돔, 그리고 성에 대해 솔직하고 실천적인 메시지에 열린 태도를 보였다. 다른 많은 국가에 비해 브라질은 이러한 사안들에 덜 민감해하는 것 같았다.

브라질의 에이즈 프로그램은 카니발을 포함한 유명한 페스티벌을 이용하여 HIV예방 메시지를 전파했고, 수백만 개의 콘돔을 나눠주었다. 1999년 언제나 사람으로 북적이는 관광 명소 리우데자네이루의 유명한 만게이라 삼바 스쿨의 리허설에 참석했었다. 중독적인 카니발 드럼 소리가 울려 퍼지고, 삼바 스쿨의 핑크와 녹색의 조합으로 빼 입은 젊은이와 노인들은 삼바 특유의 춤동작으로 걸으며, 콘돔 사용을 어떻게 더욱 재미나고 에로틱하게 만들 수 있을지 이야기하고 있었다. 이 대화에 어떻게 끼어야 할지 난감했다.

유엔에이즈계획 재임기간 동안 브라질 동료인 루이즈 로우레스, 페드로 체커와 함께 정기적으로 브라질을 방문했다. 두 친구는 (대부분의 브라질 출신 공중 보건 전문가들이 그러하듯)기술적으로 매우 뛰어날 뿐 아니라, 정치적 수완가이기도 했다. 우리는 많은 시간을 브라질리아(50년대에 정글 한 가운데에 세워진 나비 모양의 수도)의 회랑지역에서 보냈다.

1998년 브라질은 막대한 공채와 국민통화(레알)의 평가절하로 심각한 재정위기를 겪었다. 국제통화기금은 지원을 조건으로 과감한 예산 삭감을 감행했다. 삭감 예정 항목에는 에이즈 환자에 대한 항레트로바이러스 치료제가 들어있었다(브라질은 개발도상국 중 대규모로 치료제를 공급하는 유일한 국가였고, 항레트로바이러스제의 가격을 낮추기 위해 제네릭을 만들기 시작했다).

이 일은 브라질에서 약을 제공받던 사람들에게는 사형선고와 다를 바 없었다. 국제적인 퇴보이기도 했다. 나는 즉시 브라질리아로 날아갔다. 페르난도 엔리케 카르도소 대통령과 보건부장관인 호세 세라를 설득하는 것은 어렵지 않았다. 에이즈의 운동에 대한 그들의 신념은 확고했다. 카르도소와 나는 대통령궁에서 극적으로 기자회견을 열고, 에이즈 환자의 약제 공급에 대한 국가적 지원을 약조했다.

이 약조는 룰라 대통령 시절에도 이어졌다. 룰라 대통령은 고무의

원산지인 아마존 열대우림에서 콘돔 공장을 시작한 인물이다. 룰라는 내가 만나왔던 많은 국가의 수장 중에 가장 다채로운 면모를 지닌 사람이다. 2005년 집무실에서 그는 이렇게 말하며 보건부장관의 낯을 뜨겁게 했다. "우리 보건부장관님이 말하시길 담배를 끊어야 한답니다. 그러나 나는 시가가 너무 좋습니다. 우리 장관님은 설탕은 안 된다고 하지만, 어떻게 설탕 없이 커피를 마실 수 있습니까? 알코올도 안된다지만, 매일 밤 카샤사*를 마시는 것을 즐깁니다. 이제는 당신이 와서 섹스까지 금지시킬 계획입니까?" 그는 호탕하게 웃었다. 두 대통령 모두 그들의 외교관들이 유엔에이즈계획을 지원하고, 개발도상국의 제네릭을 포함한 HIV치료제의 접근성 보장에 확고한 입장을 취하도록 지시했다. 브라질 대사들은 능력이 출중한 사람들로, 다자간 기구들이 가난한 국가의 이익을 대변하지 않을 때도 끝까지 주장을 관철시킬 사람들이었다.

물론 브라질에 이러한 장점만 있는 것은 아니다. 브라질은 전 세계에서 가장 불평등이 심한 국가이기도 하다. 2002년, 북동쪽에 위치한 포르탈레자에서 열린 미주개발은행의 미팅에 참석했다. 여러 미팅들에 참석하며 은행가 및 재정부 사람들과는 어떻게 이야기를 해야 하는지 배우게 되었다. 그러나 미팅 후 사적인 만남은 구미에 맞지 않았다. 그래서 도시를 거닐며 만나는 사람들과 힘겹지만, 기쁨과 희망이 공존하는 삶에 대해 이야기 나누었다. 아침에 해변가를 조깅하며 아이들과 어른들이 쓰레기를 깊숙이 파묻는 것을 보고, 세상에는 두 종류의 사람, 즉 폐기물로 쓰레기통을 채우는 이들과 생존을 위해 그것을 비우는

* 역주: 사탕수수로 만든 브라질의 전통주

사람이 있다고 생각하게 되었다.

사람들은 항상 피델 카스트로와의 미팅에 대해 듣고 싶어 한다. 그가 매우 독특한 사람이라는 것은 사실이다. 1990년대 컨퍼런스에 참석하거나 당국자들을 만나기 위해 몇 차례 쿠바에 갔었다. 쿠바의 에이즈 유행은 그리 심각하지 않았다. 대부분은 여러 아프리카 전쟁을 '지원'한 군인들에 의해 섬에 유입되었다. 당국은 HIV 양성인 사람들을 모두 요양소에 감금했는데, 이는 명백한 인권 침해이자, 만만치 않은 비용이 드는 일이었다. 1999년 10월 라틴 아메리카의 모든 보건부장관들이 모이는 미팅에, 나는 유엔에이즈계획의 라틴아메리카 담당 루이즈 로우레스와 캐리비안 책임자인 페기 멕에보이와 함께 참석하기 위해 하바나에 도착했다. 페기는 노련한 미국의 공중보건 전문가로, 시나리오 작가인 아버지가 할리우드에서 일을 못하게 되자 메카시 시절 쿠바에서 유년시절을 보냈었다. 그녀는 쿠바식 스페인어 발음을 구사했다. 시차로 녹초가 되어 잠을 청하기 위해 방으로 향하고 있을 때, 메시지 하나가 도착했다. 사령관이 나를 만나고 싶어 한다는 것이다.

폭풍우를 헤치고 대통령궁에 도착한 시각은 오후 9시였다. 궁전은 식민지풍 바르코 양식과 현대 빌딩의 조합으로, 아름다운 열대 양치식물들과 암석 공원이 어우러져 있었다. 그는 올리브회색의 전투복에, 오래된 아디다스 스니커즈를 신고, 캡모자를 쓴 채로 도착했다(참고로, 그를 카스트로씨라고 부르는 것은 안 될 말이었다). 그는 놀라울 정도로 우람한 사람으로, 피부는 노인이었지만, 자세는 꼿꼿했다. 그는 여러 지역에서 발생한 홍수로 말문을 열었다. 말은 속사포여서 중간에 끼여들 틈이 없었다. 숫자에 강박적인 사람으로 보였는데, 각 지역에 쏟아진 물의 양을 제곱미터당 물의 헥토리터로 자세하게 말했다. 결국 어느 순간에 이르러서는 "사령관님, 홍수로 당신의 국민들이 겪은 고통에 대해서는 충분히 공감합니다. 그러나 저는 이곳에 에이즈를 위해 온 사람입니다"라고 어렵사리 말을 꺼냈다.

"아! 맞아, 당신은 에이즈 친구지." 주제를 바꿔 에이즈에 대해 속사포로 질문을 던지기 시작했다. 자메이카에는 몇 명의 감염자가 있는지, 앙골라에는 몇 명인지, 발생률은 어떻고, 유병률은 어떠한지. 나를 사무실로 데리고 가 마시고 싶은 게 있는지 물었다. 물 한잔 달라고 했다. 절대 안 되네. 결국 모히토를 달라고 했고, 대화를 이어갔다. 모든 것을 알고자 했다. 유행에 제일 잘 대처한 국가가 어디인지, 어떻게, 왜 성과를 냈는지, 화제를 나에게 돌려, 출신이 어딘지, 아프리카에서 어떤 경험을 쌓았는지, 아프리카의 에이즈 현황은 어떠한지 물었다. 통역가가 동석하고 있었지만, 카스트로는 대중을 상대로 한 연설에 익숙한 사람으로 천천히 그리고 매우 정확한 스페인어를 구사하여, 그가 하는 말을 거의 모두 알아들을 수 있었다. 그 또한 나의 영어와 불어, 그리고 기본적인 스페인어를 알아들었다.

우리는 HIV 양성인 사람들을 격리하고, 과거에 성관계를 맺은 사람들을 추적하여 모두에게 강제로 검사를 진행하는 정책에 대해 논의했다. 이 일은 부당할 뿐 아니라 효과가 없다고 말했다. 엄청난 비용이 들고, 어느 면으로 보나 실행 불가능한 일이라고 했다. 사령관은 주의깊게 이야기를 들었다. 그러다 말을 멈추고, "배고프지 않소?"하고 물었다. 자정이 지난 시간이었지만, 카스트로는 비서를 시켜 부통령과 일부 장관들에게 전화를 돌리게 했다. "집무실에 지금 재미난 친구가 하나 와 있소. 와서들 만나 보시오." 그로부터 45분 내에 피곤에 찌든 눈을 한 그들이 도착했고, 함께 식당으로 향했다. 쿠바 정부에서는 날 밤새는 것 정도는 참을 수 있어야 한다.

페기와 루이즈는 관련이 있는 내용들을 계속 테이블 냅킨에 받아 적고 있었다. 그러나 지구 온난화와 유엔에 대한 이야기로 화제가 돌아간지 오래였다. 카스트로는 목전에 있는 자본주의의 붕괴에 대해 장황하게 말을 이었다. 나는 "피델, 그런 말 마십시오. 자본주의는 절대 붕괴되지 않습니다"라고 말했다. 이미 외교적 정중함 같은 것은 흔적조차 찾아볼 수 없을 만큼 사라진 뒤였다.

또 다른 기나긴 토론이 예상되는 가운데, 방광이 터질 것 같은 상태가 되어 더는 참을 수 없었다. 외교적 상황에서 닥치는 꽤 곤란한 일로 기본적으로 생리현상은 결코 입에 담지 말라는 것이었다. 그러나 나는 "(스페인어로)피델, 실례합니다만 화장실은 어디에 있습니까?"라고 물었고, 그는 빠르게 대답했다. "날 따라오시오." 결국 새벽 2시에 피델을 따라 하바나 혁명궁의 그림자 진 복도를 성큼성큼 걸어, 총을 지지대 삼아 전투복을 입은 채로 자는 젊은 군인들을 지나는 잊지 못할 경험을 하게 되었다.

새벽 4시가 되어서야 작별을 고했다. 심신은 지쳤지만, 잠은 오지 않았다. 아침 9시에 미팅이 있었기에, 샤워를 하고 연설문을 검토했다. 서툰 실력이지만 라틴아메리카 보건부장관의 모임에서 겨우 스페인어로 연설을 마칠 수 있었다. 범미보건기구의 총장인 조지 알레인경과는 대비될 정도로 유엔에이즈계획에 매우 적대적이었는데, 에이즈라는 주제에 특히 그랬다. 에이즈는 동성애의 문제이며, 따라서 일탈적 사례로 간주했다. 많은 이들은 자국 내의 콘돔 프로모션 조차 반대했다.

아침 11시경 문 앞이 소란해서 나가보았다. 바로 우리 사령관님이었다. 온다 간다 말도 없이 와놓고도 주변을 살피며 고함을 쳤다. "어디있소, 피터?" 피델은 나를 쳐다보며, "아직 머리도 안 빗었소? 도대체 몇 시에 일어난 거요?"라고 말했다. 그리고는 곧장 에이즈에 관해 장황한 즉흥 연설을 뽑아냈다. 에이즈가 얼마나 중요한지, 유행에 빠삭하고 무엇을 해야할지도 잘 아는 한 친구가 있는데 등등. 그 친구는 바로 나였다. '피터의 프로그램'이라고 말했는데, 아마도 유엔에이즈계획이라는 이름을 잊어버린 것 같았다. 재미난 일이 아닐 수 없다. 이로 인해 많은 장관들과 서먹했던 사이를 허물 수 있었다. 대부분이 사령관의 정치적 관점에는 공감하지 않는다 해도, 그를 존경하는 것 같았다. 아마도 보건과 생의학적 연구에서 쿠바가 보여준 빼어난 실적 때문일 것이다.

이후로도 여러 차례 쿠바에 방문하여 기술적인 협력과 교육을 위한 수많은 프로그램을 만들었다. 쿠바의 HIV역학은 이성 간 및 동성 간의 전염으로 복잡했다. 어느 날 주정부인 마잔타스의 한 학교를 방문했다. 열 살짜리 아이의 에이즈에 대한 평범한 발표 후에, 한 작은 소녀가 일어서서(그 자리에는 남성인 주지사와 공산당의 장관이 있었다) 나에게 이렇게 질문하였다. "의사 선생님, 우리가 왜 에이즈 문제를 가지게 되었는지 아시나요?"

모른다고 답했다. 정말로 이유를 몰랐고, 어린 소녀의 의견을 듣고 싶었다. 소녀가 말했다, "여기 있는 남자들이 다 양성애자이기 때문이에요!" 모든 사람은 박장대소했다.

가끔씩 피델과 함께 인권문제를 논의했다. 출장 중 한 번은, 70명의 반대자들이 길게는 27년까지 감옥에 갇혀 있었다는 보도를 접하고 두 번이나 이 문제를 그에게 제기했다. 해당 문제는 잘 해결되지는 않았지만, 여전히 그는 나와 유엔에이즈계획에 대해서는 너그러웠다. 2000

년 4월 사우스 정상회담에서 피델 카스트로는 50명의 대통령들에게, 에이즈에 맞서 싸워야 하며, 도움을 청할 곳은 유엔에이즈계획이라고 되풀이하여 말했다. 짐바브웨의 로버트 무가베를 포함하여 여러 아프리카 지도자, 민주주의자, 독재자들에게 소개해줬다. 우연의 일치인지는 몰라도, 쿠바는 요양소 규정을 완화했다. 오늘날에는 HIV 양성이 확인된 쿠바인에게 안전한 성행위에 대한 6개월간의 교육을 받아야 하는 의무를 부가하고 있다.

1999년 7월 13일, 뉴욕타임즈의 래리 알트만은 주간 기사인 '의사 세상'에 나에 대한 인터뷰 기사를 실었다. 기사의 제목은 "아프리카, 에이즈의 치명적인 침묵이 깨지다"였다. 당시 이 에이즈 월드(아프리카)의 대부분의 사람들은 나를 신뢰하지 않았었다. 그러나 잦은 그리고 열정적인 방문 이후, 무언가 달라지고 있는 것을 느꼈다. HIV의 확산 속도는 늦춰지고 있었다. 아직까지는 비록 몇몇 국가에서만 그렇지만, 어찌되었든 시작된 것이다. 성과의 큰 부분은 다양한 레벨에서의 리더십 덕분이라고 생각한다.

대부분의 지도자들, 즉 명백히 아프리카를 포함한 여러 국가 지도자들은 HIV 유행에 지나치게 늦게 대응한 점과 이를 부인한 점에 책임이 있었다. 그러나 우간다의 요웨리(건장하고 꾸밈없이 말하는 농부이자 군인)와 세네갈의 디우프(가톨릭 교회와 이슬람의 종교지도자들을 활동적이고 지적인 예방 프로그램에 참여하도록 몰아넣음)는 예외였다. 2000년, 보츠와나의 30%가 넘는 성인이 HIV 양성으로 밝혀졌다, 페스투스 모가에 대통령은 결연하게 에이즈 대응에 개인적인 리더십을 행사했다. 목소리가 부드러운 관료 출신인 페스투스는 민주적인 방법으로 선출된 사람이다. 그는 모든 내각이 에이즈 대응에 책임을 지도록 했다. 국제 협력에도 열린 사람이었는데, 특히 미국의 하버드대학, 펜실베니아대학, 그리고 질병관리본부와 파트너십을 맺었다. 모가에는 설득하기 쉬운 사람은 아니었다. 종종 날카로운 질문들을 던지곤 했다. 그러나 일단 어떤 일이 옳다라는 생각이 들면, 주저하지 않고 밀고 나갔다. 2007년의 미팅이 기억난다. 그 자리에는 내각 사람들 절반과 당시 빌 앤 멜린다 게이츠 재단의 국제보건 책임자였던 타치 야마다, 유니세프의 총장인 앤 베네만이 있었다. 우리는 포경수술이 남성이 HIV에 감염될 위험을 50% 낮춰준다는 연구 결과를 발표했다. 남성이 포경수술을 하지 않는 국가에는 민감하며 도전이 될 수 있는 내용이었다. 모든 문제점을 훑었지만, 미팅이 끝날 때까지도 결론은 나지 않았다. 그러나 포경수술은 이후 국가정책이 되었다. 이와 비슷한 또 다른 중요한 사실은, 이제는 보츠와나의 85% 이상의 에이즈 환자가 항레트로바이러스 치료제를 제공받는다는 것이다. 이는 전 세계 어느 국가에도 뒤지지 않는 높은 비율이며, 심지어 뭇 선진국보다 높은 수치이다. 견실한 리더십, 훌륭한 관리, 그리고 국제 협력이 이루어 낸 결과이다.

르완다의 폴 카가메 대통령은 내가 만나본 사람들 중 가장 깊은 인상을 남긴 사람이다. 자신을 내세우지는 않았지만, 영리하고 분명하며 매우 전략적인 사람이었다. 나는 1994년 종족 학살 이후 키갈리에서 그를 만난 거의 최초의 유엔 고위 관료였다. 거의 80만 명에 이르는 종족 학살을 막거나 중단시키는 데 유엔평화유지군과 유엔안보리(전 세계의 다른 권력들과 함께)가 실패했기 때문에, 매우 민감한 만남이었다. 그러나 30분의 예의상의 만남은 오랜 미팅으로 이어졌다.

카가메는 단출한 관저에서 스포츠 셔츠를 입고 나를 맞이했지만, 여러 겹의 보안 요원들이 철통 보안을 하고 있었다. 그에게 전략적 조언을 청했고, 그는 답을 하기 전에 심오한 질문들을 여럿 던졌다. 우리는 사안에 대해 함께 생각해보는 과정을 지속해 나가자고 합의했고, 그는 에이즈 문제를 지역의 동료들과 논의해보겠다고 했다. 그의 아내이자 품위 있는 심리학자 자넷은 아프리카 영부인 HIV/AIDS 퇴치모임의 추진 세력이 되었다. 이 단체는 2000년부터 10년 동안 여러 국가에서 유행에 대한 인식을 높이기 위해 왕성한 활동을 했다.

카가메는 아그네스 비낙와호를 르완다 에이즈 프로그램의 책임자로 임명했다. 아그네스는 르완다에서 유럽으로 귀화한 활기 넘치는 소아과의사였다. 자랑스러운 점은 그녀가 나의 옛 제자였다는 것이다. 그녀는 종족 학살에서 살아남은 HIV 양성 과부 단체와 같은 커뮤니티 단체를 끼고 성공적인 군사작전 모양새로 에이즈 대응책을 구상했다. 단체 사람들 여럿도 만나보았다. 모두 종족 학살 당시 강간을 당했었는데, 아마도 그때 HIV에 감염되었을 것이다. 많은 이들은 임신을 했는데, 남편이나 장손을 죽인 강간범이나 살인자의 아이를 잉태하여 키우게 될 것이었다. 그들의 상황을 생각만 해도 엄청난 정신적 혼란이 몰려든다. 그들이 항레트로바이러스제를 제공받을 수 있도록 도와주었다. 뉴스위크지의 사진작가이자 함께 동아프리카를 여행한 조나단 터고브닉은 이후 이렇게 낙인찍힌 아이들에게 교육을 제공하는 재단을 설립하고, 『의도적 결과: 강간으로 태어난 르완다 아이들』이라는 감동적인 책을 출판했다.

르완다는 최근의 사태로 공포의 그림자가 드리워진 유령 국가가 되었다. 그러나 카가메의 명쾌한 통치 방식은 맘에 들었다. 한 번은 영국 국제개발부의 사무차관 수마 차크라바르티와 아카게라 국립공원의 정부 연수에 참석했는데, 모든 각료들은 주요 지표 대비 부서의 성과를 파워포인트 형태로 발표해야 했다. 모든 부처의 발표자료에는 목표, 타임라인, 그리고 이룬 성과를 퍼센트로 표시한 차트가 있었다. 매우 인상적인 발표였다.

다른 아프리카의 많은 지도자들은 에이즈의 현실을 직시하기를 거부하거나 도덕적 논쟁 뒤로 숨었다. 한 번은 잠비아(가장 심각하게 HIV의 영향을 받은 국가)의 프레데릭 치루바 대통령이 앉아 있던 책상 뒤편에서 성서를 꺼내더니 에이즈가 '간음'의 형벌이라는 구절을 크게 낭독했다. 에이즈에 대한 서구 담론에 대한 거북함도 있었을 것이라 생각한다. 이 담론은 종종 매우 모욕적인 일로 받아들여지며, 아프리카 사람들은 과잉 성욕자일 것이라는 유럽 사람들의 선입견을 상기시킨다.

지도자들이 유행을 직면하고도 왜 조치를 취하지 않는지에 대해 생각하면 할수록, 그들이 왜 조치를 취할까? 수많은 다른 종류의 시민 고통에도 무관심한 그들이, 왜 에이즈에는 특별히 신경을 쓸까? 하고 반문해 보게 되었다. 나는 국가원수들의 됨됨이를 평가할 수 있는 빠른 테크닉을 개발해냈는데, 신발 또는 시계 시험이다. 카가메는 이 시험을 통과했다. 그는 다기능의 실용적이면서 비싸지 않은 시계를 차고 있었다. 이와 대조적으로 가봉의 오마르 봉고(높은 단상의 왕좌 같은 의자에 앉아 사람들을 접견하는)는 엘리베이터 힐의 수제 악어가죽 구두를 신고, 다이아몬드로 둘러싼 시계를 차고 있었다. 어떤 대통령은 자화상을 들고 여행을 다니며, 묵는 호텔 방마다 걸어두었다. 그들의 아내들은 외국 여행을 가면, 적어도 하루에 한 번 이상은 착용하는 보석을 바꿀 것이다. 리스트를 열거하자면 끝이 없다.

남아공의 상황은 특히 어려웠다. 초창기에는 충격적일 정도로 HIV

수치가 높은 자이르와 같은 국가와 지리적으로 근접함에도 불구하고 유럽과 흡사한 유해 양상을 보였다. HIV는 거의 동성애자 남성들 사이에만 존재했다. 1990년에 국가 전역의 유병률은 1퍼센트 미만이었다. 그러다 1998년 폭발적으로 증가했는데, 마치 1980년대에 샌프란시스코의 동성애자 남성들 사이에서 그랬던 것과 같은 놀라운 속도로 증가했다. 그러나 이 경우에는 한 작은 집단에서 확산된 것이 아니라, 쓰나미처럼 사회 전체에 걸쳐 균일하게 퍼졌다.

남아프리카 에이즈 문제의 원인은 식구들을 남아프리카 전역으로 뿔뿔히 흩어져 살게 하는 노동을 조장하는 아파르트헤이트에 있었다. 광산과 도시에서 일하는 남자들은 가족과 떨어져 그들과 비슷한 처지의 남자들과 함께 회사 호스텔에서 11개월 단위로 생활해야 했고, 때때로 성매매에 의존하게 되었다.

그 후 인종차별정책의 붕괴와 함께, 내전과 기근의 직격타를 맞은 지역 중 가장 부유한 나라인 남아공으로의 이민이 급증하게 되었다. 또한 흑인자치구역법*의 폐지로 많은 이들이 남아공으로 이주할 수 있었다.

물론 다른 요인도 있었다. 여러 명의 섹스 파트너를 두는 행태 또한 HIV가 빨리 전파되는 데 역할을 했다. HIV에 감염되면 곧바로 혈중 바이러스 농도가 높아지므로, 이때 여러 명과 성관계를 맺게 되면 파트너 모두에게 HIV를 감염시킬 가능성이 높아지는 것이다. 그러나 남아공 사람들이 다른 국가 사람들에 비해 여러 파트너와 성관계를 맺는다는 증거는 없다. 그렇다면 혹시 포경수술을 한 남성이 적어서일까? 포경수술을 한 남자들은 HIV에 걸릴 가능성이 훨씬 낮고, 남아공에서 포경

---

* 과거 남아공의 인종차별이 있던 시기의 법

수술을 한 남자는 극소수이기에 가능한 가설이었다. 그러나 그렇게 따지자면 유럽, 중국, 그리고 다른 아시아 국가들에서도 마찬가지였다. 특정 성 행위, 예를 들면 항문성교가 문제가 되는 것인가? 그런 증거도 아직 없다. 치료되지 않은 성매개질환의 공동요인 때문일까? 가능성은 있다. 그러나 유행이 가속화된 다른 사회를 보면 그런 것 같지도 않다. 특정 바이러스 주나 유전적 감수성은 어떠한가? 증거가 없다. 일부는 남아프리카의 젠더 문제 즉, 남성 우위와 성적강압이 주된 요인일 것이라고 생각한다. 또 다른 이들은 어린 나이에 갖는 성관계 때문일 것이라고 말한다. 그러나 실상 남아공에서 15세 미만의 여자아이들이 성관계를 갖는 것은 흔한 일이 아니다. 그렇다면 섹스 파트너가 더 많기 때문일까? 사실 전 세계 조사결과에 따르면 일생 동안의 섹스 파트너 수는 아프리카인보다는 미국인이 더 많다.

남아프리카의 이 재난은 복합 요인에 기인했다고 생각한다. 수학적 개념에서 벡터의 합은 크기와 방향을 모두 포함하고 있는 물리량인 각각의 벡터를 하나로 합한 것처럼, 보기에는 작은 요인들도 모이면 복합적 추진력을 지녀 퍼펙트 스톰이 될 수 있다. 우리는 이러한 상황을 고토착화 상태라 부른다.

자국 내 에이즈의 존재를 부정하는 것에서 벗어나, 장기적으로 환자들의 치료를 보조하도록 설득해야 하는 대상은 비단 개발도상국뿐이 아니었다. 공여국 중에서도 네덜란드, 스웨덴, 노르웨이만이 유엔에이즈계획에 대한 지원을 아끼지 않으며 국내 총생산량 0.7%를 국제개발에 사용하겠다는 국제협정을 준수하는 몇 안 되는 국가들이었다. 그러나 그들마저도 새천년의 초반 몇 년 동안은 개발지원기금을 항례트로바이러스제 지원에 사용하자는 의견에 반대하였다. 그들은 이 일을 밑 빠진 독에 물 붓기라 여겼다. 환자들이 모두 평생 약을 복용해야 하는 상황에서, 사실상 지원을 하더라도 지속 가능한 지원은 불가능하다는 점을 강조했고, 게다가 1년에 1인당 미화 만오천 달러라는 약제비는 말도 안되게 비싸다고 여겼다. 자크 시라크 대통령 집권하에 있던 프랑스는 보편적 의료 권리를 강조하는 선언문을 내 놓았지만, 개발 원조에 인색한 것으로 유명했기 때문에 크게 신뢰가 가지는 않았다.

우리는 미국을 공략해야 함을 알고 있었다. 미국은 가장 힘있고 부유한 국가로, 트렌드를 선도하며, 주변 국가의 문제 인식 방식에 지대한 영향을 끼쳤다. 빌 클린턴 대통령은 백악관 내에 샌디 서먼을 책임자로 에이즈 부서를 창설했다. 샌디 서먼은 의회와 사람들이 아프리카의 에이즈 문제에 촉각을 세우도록 힘썼다. 클린턴 정부 말미에는 국제기금이 증가추세를 보였다. 그러나 미 국제개발청 관료들은 인구 조절 정책과 같은 본 의제를 위해 따로 떼어둔 의회기금을 해외 에이즈 사업에 쓰는 것에 반대하였다. 당시 미 국제개발청의 수석 차관보였던 더프 길레스피는 1990년대 후반 대부분의 국제개발전문가들의 느끼던 바를 표현했는데, 백신과 같이 간단한 해결책이 없는 상태에서 개발도상국에서의 에이즈 관련 원조 활동은 유행에는 미비하거나 전혀 영향을 주지 못하면서 다른 중요한 지원 프로그램의 기금을 '빼먹을 뿐이다'라고 기술했다.

1998년 6월, 영국의 더프와 데이비드 나바로는 다른 주요 기부자들을 대표해 유엔에이즈계획이 개선해야 할 점에 대한 질책과 엄중한 충고 중간쯤 되는 꽤 신랄한 편지를 보내왔다(우리의 현재까지의 성과에 대한 비판 중에는 일리 있는 것들이 많았다). 편지는 이렇게 끝맺었다, "향후 몇 년 동안 HIV/AIDS활동에 대한 지원금을 얻기는 쉽지 않을 것이오."
나는 새파랗게 질렸다. 그러나 다행히도 1년 후, 에이즈 지원금이 처음으로 미화 10억달러를 넘었고, 그 후 십 년간 지속적으로 엄청난 증가가 있었다.

그해 말, 워싱턴의 지원 담당 고위관료에게 왜 에이즈에 대해 더 집중적인 활동이 이루어지지 않았는가 추궁하자 그는 "피터, 이런 일은 사전 계획에 없지 않았습니까"라고 답했다. 에이즈로 죽어나가는 수백만 명의 사람들은 자신이 에이즈로 죽을 것을 사전에 계획하고 죽어갔던가! 나는 그의 냉정한 관료주의적 태도에 몹시 화가 났다.

미래를 예측하는 것이 어려운 일임은 자명하다. 그러나 이들은 아프리카나 시민사회, 그리고 그들 국가의 정치인들 사이에서 점점 확산되고 있는 문제에 전혀 무관심한 듯 했다. 길레스피와 나바로의 편지를 받고 심경이 복잡해졌다. 그러나 카멜레온의 교훈을 기억하며 우리는 여러 구체적인 방법들로 성과를 높일 것을 약속한 후, 그들이 틀렸다는 것을 증명하기 위해 다시 기금을 동원하는 일에 몰두했다. 그 후 얼마 지나지 않아, 더프와 데이비드는 에이즈 운동의 협력자가 되었다.

언론과 기자들을 끊임없이 찾아가던 노력이 결실을 맺기 시작했다. 우리는 전 세계 유행에 대한 정보의 보고가 되었고, 우리가 내놓은 자료가 신문의 첫 면을 장식하게 되었다. 아프리카 에이즈 고아에 대한 이야기부터 에이즈가 산업에 미치는 영향까지 광범위한 에이즈 관련 기사들이 정기적으로 *뉴욕타임즈*, *뉴스데이*, *뉴스위크*, *월스트리트저널*, *이코노미스트*, *USA투데이*, *르 몽드*, *엘 파리스* 등에 실리기 시작했다. 심지어 2000년에는 *베너티페어*의 명예의 전당 섹션에 내 이름이 오르기도 했다. *워싱턴포스트*의 바튼 갤만이라는 기자가 에이즈에 세계가 어떻게 대응하고 있는지 조사하고 싶다고 했다. 턱없이 부족한 대응이 이루어지고 있는 현 상황을 낱낱이 알리기에 최상의 기회라는 생각이 들었다. 그래서 우리는 모든 보존자료와 심지어 사적인 내용을 제외한 내 개인적인 기록마저도 완전히 내어주었다. 세계보건기구는 역시 자료 열람에 대해 매우 보수적인 자세를 보였다. 결과는 적나라한 세 번의 연재 기사였다. '권력이 있는 자 대부분은 행동하지 않기로 결정했고' 지원단체의 대응은 '요구 처리'에 불과했다는 것, 예방과 치료에 대한 지원을 요구받을 때마다 현실적인 실행의 어려움을 운운하며 에이즈 대응에 대한 협조를 등한시하였다는 것을 모두 담아냈다. 갤만은 내가 지니고만 있었던 의혹의 진상을 파헤쳐주었다. 전 세계의 보통 사람들처럼 기업들도 서서히, 그러나 너무 느리게 문제의 심각성을 인지하기 시작했다. 샌프란시스코의 리바이스처럼 경각심을 가지고 빠르게 대응한 기업도 드물게 있긴 했지만, 에이즈에 심하게 타격을 받은 아프리카 국가에서 활동하는 기업들마저도 행동하는 데 매우 주저했음은 매한가지였다. 그러나 늘 예외는 있다. 유엔에이즈계획이 출범하기 전에도 나는 킨샤사의 하이네켄 맥주회사의 직원들과 HIV 예방활동을 했었다. 또한 잠비아에서는 스탠다드차타드 은행이 종업원을 보호하기 위한 프로그램을 추진한 적이 있었다. 이러한 선구적인 기업들도 있긴 했지만, 여전히 수백만 명의 종업원을 보호하는 프로그램을 굴릴 수 있는 거대기업에 다가설 필요가 있었다. 이러한 거대기업은 정부가 더 많은 일을 하도록 영향을 미칠 수 있기 때문이다.

스위스 다보스의 알파인 마을에서 열린 세계경제포럼은 기업이 참여할 수 있는 이상적인 장을 열어주었다(그리고 후에 항레트로바이러스제의 가격 인하를 협상하는 데 완벽한 기반을 마련해주었다). 다보스 포럼은 매우 제한적인 회원제 클럽으로, 어마어마한 돈을 내고 참가하거나(유엔에이즈계획에게 이 옵션은 해당되지 않았다), 핵심 정치인, 학계 또는 지도자로 초청 받는 방법이 있었다. 오늘날에는 거의 항상 유엔기관들의 수장들로 구성된 정예부대가 있지만, 1997년 당시에는 그렇지 않았다. 내게 있어 다보스에 참석할 수 있는 길은 넬슨 만델라를 통하는 것뿐이었다.

셀리 코왈은 당시 남아공의 보건부장관이자 유엔에이즈계획 이사회의 좌장인 은코사자나 주마를 통해 만델라 대통령이 다보스 포럼에 참석하여 에이즈에 대해 총회연설을 하도록 설득하는 데 성공했다. 이는 만델라 대통령의 에이즈를 주제로 한 첫 연설이었고, 다보스 의회장은 당대의 아이콘이었던 만델라의 연설을 듣기 위해 모인 사람들로 가득 차 있었다. 나 또한 그가 뿜어내는 카리스마를 느낄 수 있었다. 세션의 다른 연좌는 AZT의 제조사인 글락소웰컴의 CEO 리처드 사이크스, 그리고 나였다. 우리는 작은 녹색 방에 앉아 차례를 기다리며 다소 불편한 시간을 보냈다. 만델라 정부는 제네릭 약제의 수입을 합법화하는 새로운 법을 통과시키는 과정에 있었다. 글락소웰컴을 포함한 제약회사들은 새로운 법을 반대하는 엄청난 로비활동을 했고, 심지어 넬슨 만델라 대통령을 고소하는 단계까지 갈 정도였다(이 얼마나 어리석은 행동인지는 이 분야 전문가가 아니라도 알 만했다).

만델라 대통령은 처음에는 매우 심드렁했던 청중들을 열광시켰다. 에이즈 대응에 대한 전 세계적 노력을 촉구했고, 기업들의 지원을 호소했다. 이어 나는 국제 기업 에이즈 조정기구의 설립을 촉구했다. 이 기구는 8개월 후 에든버러에서 열린 영연방 정상 회담에서 그 시작을 알렸다. 기구의 후원자는 만델라였고, 첫 회장은 리처드 사이크스였다.

초반에는 소수의 기업만이 참여했다. 당시 글락소웰컴 소속으로 기구의 첫 상임이사였던 벤 플럼리는 후에 이렇게 말했다. "초창기 기업들의 반응을 끌어내는 것은 하늘의 별따기보다 어려웠습니다." 주요 기업들이 에이즈 감염 직원들의 잦은 결근과 사망으로 바로 자신들의 최일선이 위협을 받을 수 있다는 것을 깨닫는 데까지는 이로부터도 수년이 더 걸렸다.

1998년 3월 런던의 막스 클럽에서 훈제 대구에 최상급의 샤토 오 브리옹을 마시며, 국제 MTV 인터내셔널의 회장인 빌 로디와 의기투합했다. 그는 기업체 간부로는 흔치 않은 인물이었는데, 미 육군사관학교 출신이자 하버드 졸업생이며, 전임 핵미사일 부서 사령관이자 전 세계의 많은 록스타를 친구로 둔 사람이었다. 아프리카대륙만을 제외한 전 세계 각지에 깊이 뿌리를 내리고 MTV를 최초의 글로벌 커뮤니케이션 네트워크로 변모시켰다. 자서전의 제목인 『어떻게 비즈니스를 뒤흔들 것인가How to Make Business Rock』는 그에 대해 많은 것을 말해준다.

빌은 그 자리에서 유엔에이즈계획의 특별 대사직을 받아들였고(당시에는 이런 명예직에는 별다른 임명에 따르는 절차가 없었다), 우리는 MTV가 젊은 이들에게 HIV의 위험성과 예방법을 알리는 '스테잉 얼라이브Staying Alive' 운동(지금은 재단이 되었다)을 시작하는 데 동의하였다. 젊은이들에게 다가서려면 그들에게 가장 친숙한 매체를 이용해야 한다는 것, 또한 새로운 감염 예방의 메시지를 전달해 더 많은 생명을 살리는 데에는 기자와 언론인이 의사보다 전문가라는 것은 분명한 사실이었다.

완벽한 연대체를 위해 마지막 퍼즐 조각을 맞추는 것은 종교 단체들의 몫이었다. 수많은 교회와 종교인들이 콘돔 사용을 비판하고 HIV감염인을 죄인 취급하는 것을 보아왔기에 종교 단체를 파트너로 생각한 적은 없었다. 그러나 샐리 코왈은 문제를 일으킨 사람이 문제의 해결책이 되어야 한다고 나를 설득하며 수십억 인구에게 종교가 미치는 영향력을 근거로 들었다. 자이르에서 일했던 경험을 돌이켜보면, 큰 도시를 벗어나면 종교 단체들만이 의료 서비스와 교육을 제공하곤 했었다. 시골 벽지에까지도 도움의 손길이 미치려면 종교 단체와의 연대는 필수적인 것이라 생각되었다.

1995년, 태국 북단 치앙마이 근처의 와트 프라 밧 남 푸 사원에서 매우 취약한 환경에 있던 한 수도승을 만나고 나서 나는 새로운 관점을 갖게 되었다. 태국은 당시 약 8%의 임신부들이 HIV양성(아시아에서 가장 높은 수치)인 곳이었다. 그 수도승은 적어도 50개는 족히 되는 작은 가방에 둘러싸여 강단에 앉아 있었다. 가방에는 그 누구도 찾아가지 않는 에이즈 사망자의 화장 유골이 담겨 있었다. 에이즈 감염인들은 죽어서도 가족의 배척을 당했다. 이 사찰만이 근처에서 유일하게 에이즈 감염인들이 돌봄을 받을 수 있는(당시는 항레트로바이러스제가 출시되기 전이었다) 곳이며, 많은 이들은 가족의 버림을 받고 쫓겨난다고 말했다. 일부는 젊은 여성들이었는데 방콕의 사창가에서 일하다 HIV에 감염된 것이었다. 도시에서 일자리를 얻길 바라는 가족들의 종용 탓에 발생하는 일로, 성매매는 가난한 지역의 매우 중요한 수입원이었다.

이 만남은 내게 엄청난 인상을 남겼다. 우간다 성공회 교회의 수사신부인 기디온 부야무기샤를 만났을 때도 비슷한 느낌을 받았는데 그는 자신의 HIV 감염사실을 숨기지 않았다. HIV에 걸린 신부라니. 이보다 더한 비난을 받으며 힘들게 사는 사람이 또 있을까 싶어 측은지심이 들었다. 그러나 그는 유쾌함 그 자체였고, 그의 큰 눈은 생기와 행복감으로 가득 차 빛나고 있었다. 그는 회중이 에이즈 환자들을 제명시켜왔던 과거의 일들과, 자신이 HIV감염자라는 사실을 아내와 동료 그리고 회중에 알리기까지 했던 노력들을 이야기해주었다. 주교는 그를 제명시키기는커녕 우간다 성공회 교회의 에이즈 선교회를 맡아달라고 청했다. 놀랍게도 그는 아프리카 전역을 아우르는 에이즈 연설가가 되었고, 기독교 커뮤니티 등에서 HIV를 둘러싼 낙인을 없애는 데 큰 기여를 했다.

기디온 신부를 만나고 몇 주 후 코트디부아르에서 가톨릭 선교 학교의 젊은 여성들을 위한 보건 교육에 참석했다. 선교 학교는 야무수크로 근처에 있었는데, 이곳은 펠릭스 후푸에-보아니 대통령이 자신의 출생지에 엄청난 공적 비용을 들여 지은 세계에서 두 번째로 큰 성당이 있는 곳이었다. 교육 중 교본에 있는 콘돔 그림을 보고, 나는 발표를 하던 (유럽출신)수녀에게 "수녀님, 콘돔 사용을 권장하시는 건가요?"라고 물었다. 그녀는 얼굴을 붉히더니 답했다. "박사님, 여성의 입장에 서서 그렇게 하고 있습니다." '독실한 천주교 수녀로서가 아닌'이라는 뜻으로 받아들여졌다.

수녀원의 지도자들은 그녀의 이러한 행동에 대해 어떻게 생각할지 궁금했다. 남아프리카의 나미비아에 있는 가톨릭 병원을 방문했을 때 그 답을 얻을 수 있었다. 외래환자 클리닉의 바구니에는 누구나 가져갈 수 있도록 콘돔이 가득 있었다. 담당 수녀에게 똑같은 질문을 던졌다. "수녀님, 콘돔 사용을 권장하시는 건가요?" 그녀의 답은 간결했다. "피오트 박사님, 나미비아에서 로마까지는 꽤 먼 거리입니다." 그리고 자리를 떴다. 로마 가톨릭 교회 같이 엄격한 위계질서가 있는 종교도 실제로는 획일적인 것이 아니라, 일상 생활에 있어 개인의 다양한 스타일이 반영된다는 것을 알게 되었다.

스웨덴 출신의 과거 도미니카 수도승이자 유엔에이즈계획에 몸 담았던 칼레 알마달은 가톨릭 원조 기구이며 많은 국가들의 현장에서 왕성히 활동하는 카리타스(교황청 산하 가톨릭 자선단체)와 협의안을 세우는 데 도움을 주었다. 이때는 1996년으로 유엔 기구들이 종교 단체에 구애활동을 벌이기 시작하기 몇 해 전이었다. 카리타스와의 프로젝트 활동은 순조롭게 진행되었다. 그러나 일부 가톨릭 신부들은 계속해서 지나칠 정도로 콘돔 사용을 반대했고, 교황 요한 바오로 역시 아프리카 국가를 방문했을 때 단호하게 공개적으로 콘돔 사용을 반대했다.

바티칸의 콘돔 사용 반대는 무책임하고 충격적인 일이었다. 그러나 계속해서 현장에서 교회 위계의 구성원들과 일하며, 정기적으로 제네바의 교황 사절단을 만났다. 그들은 매우 합리적이고 실용적인 사람들로 교양이 있었다. 그러던 어느 날, 2003년에 교황 직속 가정위원회의 수장인 로페즈 트루질로 추기경은 콘돔이 HIV를 절대 예방하지 못한다는 선언문을 만들어 널리 발표했다. 콘돔에는 미세한 구멍들이 있어 그 사이로 바이러스가 침투할 수 있다는 것이다. 더 이상 참을 수가 없었다. 제네바의 교황 사절단에게 전화를 걸어 당혹스러운 심정을 전했다. 이것은 과학적인 관점에서 터무니없는 소리이며, 에이즈로 죽어나가는 사람들에 대한 책임을 트루질로 추기경 같은 이들에게 공개적으로 묻겠다고 했다. 사절단은 매우 당혹스러웠을 것이다. 그들은 내가 이 문제를 직접 바티칸과 논의하는 것에 동의했다. 바티칸에서 대주교이자 정중한 인물이던 교황청 보건 사목 평의회장인 자비에 로자노 바라겐을 두 차례 만났다. 일종의 바티칸의 보건부장관인 그는 인상 깊은 사람으로, 조국인 멕시코에서 라틴어를 가르쳤고, 프란시스 베이컨의 유명한 그림인 교황 이노센트 10세를 떠올리게 하는 사람이었다.

몇 주 후, 사절단은 바티칸 교황청이 방문을 허락했다고 알려주었다. 나는 두 가지 목적으로 로마를 향했다. 하나는 유엔에이즈계획과 교회 사이에 좀더 확실한 합의점을 찾는 것이었고, 다른 하나는 콘돔 사용에 대해 휴전을 요청하는 것이었다. 교황 요한 바오로 2세는 절대 콘돔 사용을 권장할 사람이 아니었고, 마음속의 카멜레온 역시 이 문제로 교회와의 관계를 망치는 것은 비생산적인 일이라고 말하고 있었다. 그러나 적어도 가톨릭 성직자들이 콘돔 사용을 반대하는 설교를 하는 것은 막아야 했다. 특히 이러한 설교는 잘못된 정보에 기반하고 있을 때가 많았기에 더욱 그러했다.

아기천사로 장식되어 있는 르네상스와 바로크 양식의 복도를 지나 사옥에서 다른 사옥을 오가며 추기경과 에이즈에 대해 이야기 나누는 환상적인 이틀을 바티칸에서 보냈다. 그들은 매우 조직적이었다. 누구를 만나든 내가 다른 동료들과 가졌던 미팅에 대해 이미 잘 알고 있었다. 트라스테베레의 작은 식당에서 맛있는 점심을 함께한 후, 로자노 대주교와 다음과 같은 협의안에 이르렀다. 유엔에이즈계획은 신학적이고 도덕적인 문제를 논할 역량이 되지 않으며, (그의 말을 그대로 빌리자면) 교회는 '물건의 질'을 논할 역량이 되지 않는다. 즉, 교회는 콘돔에 대한 언급을 피하고, 유엔에이즈계획은 교회에 대한 비난을 피해야 한다. 용어 선택에 있어 신중을 기했던 이 구두 협의안으로 많은 생명을 살릴 수 있었다고 생각한다. 생명 보존이야말로 그 무엇보다 상위에 있는 도덕적 강령 아니겠는가?

전 세계에는 교황이 여러 명이었다. 1997년 카이로에서 나는 이집트 콥트 교회의 교황 셰누다 3세를 샐리 코왈(그녀는 이 만남을 위해 큰 스카프로 머리카락을 가려야 했다)과 함께 만났다. 다섯 명의 주교가 교황과 동행했는데, 모두 검정색 천으로 몸을 감싸고 긴 수염을 길러 마치 복제인간처럼 보였다. 내가 볼 수 있는 거라고는 제의 밑으로 보이는 교황의 인상적인 코와 선명한 눈매였다. 나는 그의 교회에 에이즈에 대해 알리고 HIV감염인에게 관용을 베풀 것을 설교하라는 서신을 보내달라고 요청했고, 그는 즉시 수락했다. 그리고는 강한 억양의 유창한 영국식 영어로 또렷하게 말했다. "그렇지만 교수님, 에이즈는 불법적인 간음으로 인한 것입니다."

그가 말할 때마다 하얀 수염 또한 힘차게 움직였으며, 낭랑한 영국 상류층 발음으로 매 음절마다 강조하며 말했다. "가-안-음 말입니다. 그들은 태어날 때부터 그런 사람들이며, 그에 합당하게 취급받아야 합니다. 쾌락을 추구하여 그런 짓을 하는 사람도 있으며, 그들은 마땅히 회개해야 합니다."

나는 샐리를 흘깃 보았다. 우리는 다른 참석자는 고사하고 감히 서로의 얼굴도 쳐다볼 수 없었다. 청소년기 남학생들에게서나 볼 법한 바보 같은 모습이었다. 이후에는 동성애의 특성에 대해 매우 흥미진진하고 열린 토론이 이루어졌는데, 확실히 그 전날 수잔 무바락과 나눴던 대화만큼 나쁘지는 않았다. 이집트의 영부인이었던 수잔은 어떤 높은 나무도 '이러한 동성애나 하는 것들'을 교수형시키기에는 성에 차지 않는다고 말했었다.

다음으로 만난 사람은 이슬람 수니파의 가장 존경 받는 종교 학자이자 알 아즈하르 이슬람 사원의 이맘(성직자)인 셰이크 세드 탄타웨이였다. 그는 성직자보다는 교수가 더 어울릴 법했는데, 그의 사옥은 책으로 가득 차 있었다. 그와의 미팅에서도 생산적이고 온건한 대화가 오갔으며, 그 또한 이후 정기적으로 에이즈에 대해 발언하는 사람이 되었다.

모든 종교지도자들이 함께 관용과 HIV감염인 차별을 반대하는 메시지를 전할 때 그 힘은 매우 강력해질 수 있는데, 1999년 에티오피아의 수도 아디스 아바바에서의 일이 바로 그 예이다. 에티오피아 정교회의 아부니 파울로 대주교 나가쏘 기다다 대통령과 여러 미팅을 가진 후, HIV에 걸린 소수의 남성들이 자신의 신상을 밝히고 에이즈에 대해 공개적으로 이야기할 수 있는 장이 마련되었다. 100만 명에 가까운 감염인이 있었지만 그 동안 에이즈는 에티오피아에서 완벽하게 숨겨진 질환이었다. 에티오피아 HIV감염인의 첫 협회인 '희망의 새벽'이 창립되었고, 내가 이 협회의 발족에 도움을 줄 수 있었다는 점을 자랑스럽게 여긴다.

늘 그랬듯이, 최상의 문구는 케이프 타운의 대주교 데스먼드 투투의 입에서 나왔다. 남아공 신문의 에이즈 광고 캠페인의 문구는 다음과 같았다. "섹스는 신이 주신 아름다운 선물입니다." 그의 동료들도 그와 같은 생각이기만 하면 더할 나위 없을 것이다.

우리의 시도가 매번 성공했던 것은 아니다. 1998년 6월 부르키나 파소의 수도인 와가두구에서 열린 아프리카 통일기구의 정상회담에서 총회 연설을 하게 되었다. 아프리카인도 아니고 국가원수도 아닌 나에게 주어진 흔치 않은 특권이 의미하는 바는 유행에 대항하여 대담한 행동이 필요하다고 믿는 아프리카 사람들이 증가하고 있다는 것이었다. HIV예방과 치료를 위한 기금을 동원하기 위해 공여국, 아프리카 정부와 시민사회, 그리고 유엔이 힘을 합친 국제적인 파트너십이 있을 것이라고 예상했다.

그러나 우리는 정치적 약조도 받지 못했고, 우리에게 절박하게 필요하던 새로운 기금 또한 동원하지 못했다. 파트너십 계획은 너무 유엔 중심적이었고, 아프리카 정부에게 프로젝트에 대한 '주인의식'을 거의 주지 못했다. 당시 공여국들은 아프리카의 에이즈에 큰 기금을 쓸 준비가 되어 있지 않았다. 유엔에이즈계획 대신 그들 자신들이 의제를 통계하고자 미묘하게 혹은 아예 대놓고 이니셔티브를 약화시키는 일이 있었다. 아직도 그들은 에이즈가 그들 고유의 아프리카 개발 프로그램을 망칠 수 있다는 것을 '이해'하지 못한다.

긍정적인 성과도 있었다. 아디스 아바바에서 열린 1999년 5월 연례 미팅에서 아프리카의 모든 재무장관들과 처음으로 에이즈에 대해 논의하는 자리를 가졌다. 유행이 경제발전에 미치는 위협적인 영향에 대해 이야기하자 장내는 죽은 듯 조용해졌다. 나는 다시금 회피의 순간이 왔다고 생각했다. 잠시의 정적 후에 모두가 정색을 한 후 모른 척 다른 주제로 넘어가면 모든 것은 원점으로 돌아가곤 했다. 그러나 그때 베닌의 재정부장관이 일어서서 말했다. "맞습니다. 우리에겐 문제가 있고 지금은 현실을 직시할 때입니다." 장관들은 앞다투어 이야기를 꺼내며 가족 혹은 동료가 겪고 있는 에이즈의 고통에 대해 논했다. 그날 저녁 많은 이들이 호텔로 찾아와 나와 함께 논의를 이어갔다. 또한 어떻게 자신들이 실제적인 역할을 할 수 있는지에 대해서도 진지하게 물었다.

같은 해, 세계은행은 아프리카 부총재 사무실에 액트 아프리카라는 에이즈 캠페인 팀을 꾸렸고, 데브레워크 제우디를 수장으로 앉혔다. 이 또한 우리에게 유리한 변화였는데, 세계은행은 아프리카에 큰 영향력을 가지고 있기 때문이었다. 1999년 4월 런던에서 모든 주요 지원단체들을 모아 처음으로 에이즈에 대해 서로 논의하도록 했다. 같은 해 12월, 코피 아난이 소집한 미팅에서 아프리카 장관들, 운동가들, 그리고 비즈니스 리더들과 함께 주요 지원단체들이 한 번 더 논의하는 자리를 마련했다.

이 12월 미팅은 큰 도박이었는데, 나는 총장자리까지 내 놓을 뻔했다. 코피 아난의 대리인 루이 프레셰트에게는 미팅의 참석률은 높을 것이라고 몇 번이나 안심시켰고, 아프리카 출신 참석자들을 독려하는 데 총력을 다했다. 그들은 다행히도 별 이변 없이 미팅에 참석했다. 그러나 막상 영국과 스웨덴을 필두로 한 공여국들이 방어적인 자세로 미팅에 신참들만 보냈다는 것을 후에 알게 되었다. 절실했던 짐 쉐리와 나는 공여국들의 실질적인 보이콧을 타파하기 위해 지인들을 불렀다. 클린턴 시절 에이즈 총책이었던 샌디 서먼과 앤트워프 시절의 동료 에디 부트만스(벨기에 국제개발 비서관)는 일정을 조정하면서까지 제때에 도착하여 강력한 지지 의사를 표명했다. 아난은 최선의 노력을 기울였고, 아프리카 참여국들은 그 자리에서 에이즈 대응을 약속했다.

코피 아난의 가시적인 헌신에 더불어, 이 미팅은 공여국들이 힘을 합칠 필요가 있다는 메시지를 던져주었다. 이는 아프리카가 서서히 에이즈 문제에 주인의식을 갖게 되었다는 의미이기도 했다. 우리는 이러한 일이 현실로 이루어지도록 촉매제 역할을 한 것이다. 그러나 지금이 있기까지는 긴 시간이, 너무도 긴 시간이 걸렸다.

1999년까지 약 2,600만 명 정도의 성인, 소아가 HIV에 감염되었고, 이 중 2/3는 아프리카에 살고 있다. 신규 감염은 매일 9,000건이 넘으며, 이것은 1분에 여섯 건의 신규감염을 의미한다. 신규 감염인의 1/5

이상은 15~24세의 젊은이들이다. 에이즈로 고아가 된 아프리카 아이들은 약 590만 명 정도이다. 아프리카 16개국에서 성인 10명 중 1명은 에이즈 감염인이고, 이들 중 겨우 0.1%만이 생명을 살릴 수 있는 항레트로바이러스 치료를 받는다. 세계 에이즈 현황 연례보고서에 의하면 1999년 에이즈는 사하라 사막 이남 아프리카의 사망 원인 1순위였다. 수십 년간의 방관으로 바이러스는 다른 질환을 제치고 1위의 사망 원인이 된 것이다.

그러나 새천년 시작의 길목에서, 우리의 '훌륭한 연대'는 이렇게 다양하고 명백한 혼돈 속에서도 자리를 잡아갔다. 남아공 광물협회, 성공회 교회, 공산당, 무역연합 등이 치료행동캠페인, 국경 없는 의사회, 그리고 유엔에이즈계획과 공통적인 관심을 가질 만한 주제가 달리 무엇이 있을까? 우리 모두에게는 이제 공동의 목표가 있었다. 에이즈 유행을 퇴치하고 희생자를 돌보는 일. 이와 같은 강력한 공동의 바람은 변화의 원동력이 된다.

CHAPTER

19

티핑 포인트

21세기가 되자 감염병의 유행을 바라보는 세계의 태도가 급격하게 달라졌다. 불과 일 년 새에 감염병은 전 세계 지도자들과 기구들에게 발등에 떨어진 불이 되었다. 나는 요즘 말하는 '국제 보건 외교' 즉, 과학적인 전문지식, 국가적이고 전략적인 이해가 척도인 전통적 외교 수단, 그리고 국경을 초월한 운동을 조합하려는 노력의 일환으로 우리가 유엔에이즈계획에서 수행했던 일들이 이러한 움직임에 일부 기여했다고 생각한다.

우리는 이제까지 어떤 보건 문제도 논의된 적 없는 단계인 국제 및 국내 정치로까지 에이즈를 끌어 올리는 데에 성공했다. 여기에 유엔안보리가 중요한 역할을 했고, 이 이사회와의 협력에는, 그 당시 주유엔 미국 대사로 있었던 리처드 홀브룩의 역할이 주요했다. 그는 지칠 줄 모르는 신랄하고 전설적인 미국 외교관이었다. 내가 그를 처음 만난 것은 유엔 사절단에서였는데, 그때의 인상이 깊어서 1999년 11월 그가 아프리카의 대호수지역에 간다는 이야기를 들었을 때, 그의 비서에게 자세한 일정을 물어봤다.

나는 우리 직원들에게 르완다, 부룬디, 그리고 콩고의 에이즈 상황에 대해 짧고 인상적인 평가서를 부탁했고, 이것이 홀브룩의 참고 자료 중에 있을 것임을 확신했다. 그리고 그가 어느 마을을 가든, 우리는 유엔에이즈계획의 국가 직원들과 지역 운동가 집단과 HIV 감염인들에게 계속 끼어들고, 질문을 던지고, 어떻게 살고 있는지 보여주라고 알려주었다. 그것이 바로 운동가들이 행동하는 방식이다. 그들은 질문으로 애를 먹인다.

뉴욕으로 돌아간 홀브룩은 기자 회견을 통해 대략 이렇게 말했다. "맞습니다. 안보 상황은 좋지 않습니다. 하지만 정말로 지금 사람들을 죽이고 있는 것은 에이즈이고, 우리는 이에 대해 뭔가를 해야 합니다." 그가 나를 만나고자 해서 만났을 때 그는 "피터, 우리는 이 문제에 대해 안보리에서 논의할 것입니다. 왜냐하면 이 사람들은 실제로 밖에서 무슨 일이 일어나고 있는지 모르기 때문입니다"라고 말했다. 물론 나는 6개월 전의 홀브룩 역시 다른 여느 사람들처럼 이 문제에 대해서 별로 아는 게 없었다는 것을 알고 있었지만, 아무 말도 하지 않았다. 그리고는 그가 덧붙였다. "나는 에이즈를 주된 논의 대상으로 포함시키기 위한 미끼가 뭔지 알고 있습니다. 바로 평화유지군입니다."

안보리는 유엔 권력의 핵심이다. 안보리의 협의는 수많은 사람들의 인생을 바꿀 수 있다. 그러나 그 권한은 무한한 것이 아니다. 경제사회이사회는 경제사회적 사안들을 감독한다. 안보리의 결정은 (적어도 이론적으로는)구속력이 있고, 이들은 전쟁과 평화 유지를 다룬다. 그러나 홀브룩이 이제는 알았듯이, 유엔평화유지군(현재 120,000명)은 HIV에 감염될 수 있고 전파시킬 수도 있었다. 그의 생각은, 이러한 점을 국가 안보 문제로서의 에이즈 문제에 대한 논의의 시작점으로 활용하는 것이었다. 게다가 미국은 2000년 1월 안보리 의장직을 맡기로 되어 있어서, 홀브룩은 새천년 첫 안보리 회의 주제로 아프리카의 에이즈 문제를 상정하기를 원했다. 멋진 생각이었다.

크리스마스 전후 수 주 내에 이 일을 성사시키는 것은 쉽지 않았다. 나는 스웨덴 전 평화유지군이었던 울프 크리스토퍼슨과 나의 조언자인 짐 쉐리에게 홀브룩의 사무실에서 자료를 모으고 회의를 준비하는 일을 맡겼다. 12월 중순에 그 세션이 확정되어 유엔 외교관들이 가족들과 시간을 보내거나 고국으로 돌아간 동안 우리는 굉장히 열심히 일한 덕분에, 그들이 돌아와서 깜짝 놀랐다. 그렇게 우리의 크리스마스가 지나갔다. 이 모든 것들은 코피 아난 총장의 캐나다인 사무차장이었던 루이즈 프레셰트와의 긴밀한 협의하에 진행되었다. 그녀는 무책임한 비정부기구 형태의 단체들이 어떻게든 유엔 조직 내로 들어오려는 시도들로부터 코피 아난 총장을 보호하는 역할을 하는 것처럼 보이는 강인한 여성이었다. 루이즈는 아주 기민하고 훌륭한 유머감각을 지닌 전 국방부 차관이었다. 그런데 내가 에이즈는 중요한 문제일 뿐 아니라 논의 자체가 실제 해결의 시작점이 될 수 있다고 설득하자, 그녀는 열정적으로 일에 뛰어들었고, 내가 이 지뢰밭과 다자간 정치의 미로를 효율적으로 헤쳐나갈 수 있게 도와주었다. 그녀에게 진 빚이 많다.

미국 엘 고어 부통령은 1월 10일 논의의 좌장을 맡았고, 에이즈가 평화와 안보에 위협이 된다고 말했다. 코피 아난 총장은 그 자리에 모인 고위 관리들에게 에이즈가 아프리카에 미치는 파괴적인 영향이 전쟁과 맞먹는다고 말했다. 에이즈는 사회경제적 위기를 야기하고 정치적 안정성을 위협했다. 나는 그의 연설에 집중해보려고 무척 노력했지만, 엘 고어 부통령과 코피 아난 총장 뒤에 걸려진 그림들 때문에 집중을 할 수가 없었다. 그림은 심판의 날 장면에서 따온 어두운 표현주의 작품 같았다. 나는 각국 대표들이 이 전쟁에 대한 엄숙한 결정을 내리는 동안 이따금씩 이 그림을 쳐다 볼 수 있는 곳에 안보리 회의실이 자리했던 것은 아주 적절했다고 생각했다.

이윽고 내 차례가 돌아왔다. 나는 종종 연설 전에 신경 쇠약자가 된다. 나는 에이즈를 안보의 새로운 형태로, 성장과 안정에 대한 위협으로 재정의하고, 모든 평화유지군의 운영에 HIV 예방 관련 요소가 포함되어야 한다고 말했다. 홀브룩의 부단한 노력 덕분에, 이것은 7월 18일에 제1308결의안으로 상정되었다.

회의는 엄청난 반향을 가져왔다. 에이즈가 인구의 생산성을 감소시키고, 사회경제적인 위기를 초래하여 국가의 정치적 안정성을 무너뜨릴 수 있다는 점이 강조되어, 이 질환이 국가의 보건 사업을 어떻게 집어삼킬 수 있는지가 부각되었다. 게다가 이 회의가 개최되었다는 사실 자체가 우리로서는 일종의 돌파구가 되었다. 수년간 대통령들과 수상들은 "만약 안보리에서 에이즈가 논의된다면, 그것은 심각한 문제일 것입니다"라고 말했다. 속으로는 이런 말들이 엉뚱하다고 생각했지만, 나는 실제로 그런 말들을 들었다.

안보리 토론 중에 유엔 우크라이나 대사가, 유엔 총회에서 에이즈를 특별 세션으로 다룰 것을 제안했다. 구 소련체제 국가들 중 유일하게 우크라이나는 그 당시까지 에이즈의 유행에 대하여 상대적으로 일관성 있는 접근을 개발하고 있었고, 나는 그곳의 지도자들과 지역 커뮤니티 사람들을 만나기 위해 두 차례 우크라이나를 방문했었다. 이러한 방문은 뚜렷한 성공을 거두었다.

우크라이나의 제안에 대해 모두가 놀랐고, 솔직히 나도 그것이 무엇을 의미하는지 즉시 알아차리지 못했다. 나는 그런 행사를 준비하기 위해서는 돈과 시간이 굉장히 많이 드는 지역 추진 간담회와 사전 회의들이 필요하며, 족히 2년은 잡아야 한다는 것을 알게 되었다. 나는 이것이 우리의 에너지를 끌어낼 것이라고 생각했고, 되도록이면 짧은 시간 안에 해낼 수 있기를 원했다. 우선 첫 번째 가능한 기회는 2001년 6월이었다(또 한 번의 기회는 2001년 9월 중순이었지만 9·11 사태로 인하여 성사되지 못했다. 이 또한 에이즈 유행의 진행방향을 바꾸었다. 즉, 그로 인해 글로벌 펀드 마련이 착수되지 못했고, 또 다른 많은 것들이 진행되지 못했다).

총회에서의 특별 세션은 전 세계 정치 외교 의사결정권자들의 마음에 집중하였다. 이것은 절대 놓칠 수 없는 기회였다. 우리가 만약 이번에 실패한다면 전 세계 의제에 에이즈를 올려놓을 기회를 다시는 가질 수 없을 것이었다. 그래서 나는 몇 개월 후에 유엔에이즈계획 카슬린 크라베로 사무부총장을 뉴욕으로 보내 준비 작업에 착수하게 하였다. 나는 그녀가 마이클 머슨과 함께 세계보건기구에서 일하고 있을 때 뉴욕에서 그녀를 만났고, 이후 우간다에서 유니세프의 대표로서 에이즈에 있어 그 나라에서 선구자적인 역할을 하고 있을 때 만났다. 부룬디의 유엔 수장으로 있었을 때, 그녀는 내전 중 난민 캠프를 방문했다가 거의 죽을 뻔했다. 그녀의 두 동료는 참수를 당했지만 그녀는 탈출했고, 그 암살자들이 반군이었는지 정부군이었는지는 아직도 밝혀지지 않았다. 카슬린은 국제조직업무에 있어 가장 중요한 사람이고, 어디에 떨어뜨려 놓아도 멋지게 일을 해낼 사람이다. 그녀는 내가 유엔에이즈계획의 수준을 향상시키는 데에 도움을 주었다. 스트레스를 받는다고 느낄 때면(사실 거의 항상 그랬지만) 그녀는 농담을 찾아내서 나를 원 상태로 되돌려 놓곤 했다. 카슬린은 우리로 하여금 특별 세션을 성사시킬 수 있게 한 장본인이었다. 의정서의 내용은 하나하나가 논란거리였고, 어떤 것도 순조롭게 지나가는 것이 없었다.

안보리의 엄정한 논의는 에이즈를 세계정치 의제에 있어 완전히 새로운 위상에 올려놓았다. 또한 유엔에서 우리의 공동 스폰서 책임자들을 깜짝 놀라게 하였다. 유엔에이즈계획은 연구 주제가 되어 내 딸 사라가 1년 뒤 런던에서 국제관계를 공부할 때, 석사 과정 수업 중에 나의 연설에 대해 공부했다고 내게 말해주었다. 이 논의는 안보의 개념을 이해관계로 인한 갈등이 없는 것을 넘어서는 단계로까지 넓히는 첫 번째 사건으로 소개되었다.

또한, 안보리 회의 후에 재무부장관들은 에이즈로 인한 경제적 손실에 훨씬 더 관심을 갖게 되었다. 매체들은 더 관심을 기울이게 되었고, 이것이 또 더 큰 기업들을 참여시키는 계기가 되었다. 선진국 에이즈 운동가들은 개발도상국에서의 문제 해결 필요성에 초점을 맞추기 시작했다. 에이즈는 이제 정보국, 보안국, 그리고 종교 지도자들의 관심을 끌게 되었다. 조각들이 맞춰지기 시작한 것이었다.

2000년까지 남아공에는 430만 명의 HIV 감염인들이 살고 있었다. 이는 세계 그 어느 나라보다도 높은 숫자였다. 그러나 이 사람들 중 많은 수가 최근에 감염되었기 때문에, 대부분이 아직 질환으로서 발현되어 사망하거나 하지는 않았었다. 그럼에도 불구하고, 나는 그것이 불가피해질 것임이 분명하다고 생각했다.

최고 지도자들이 에이즈가 국가의 생존에 이례적인 위협임을 인지하지 못함으로써 많은 시간을 낭비했고 수백만 명의 생명이 희생되었다. 남아공은 전 세계에서 가장 빠른 성장률을 경험하고 있는 나라였지만, 1997년 2월 다보스에서 열린 우리의 만남 이후에도 넬슨 만델라 대통령은 1998년 1월, 세계 에이즈의 날이 될 때까지 자국민들의 에이즈에 대하여 아무 언급도 하지 않았다. 그날 그를 데리고 줄루족의 왕 굿윌 즈웰리티니가 있는 콰줄루 나탈의 군사기지를 방문했을 때, 그는 TV로 생방송 연설을 했다. 만델라는 "'우리가 에이즈의 얼굴이다'이라고 말하기 위해 오늘 함께 한 용감한 사람들을 존경합니다. 우리는 이 침묵을 깰 것입니다!" 바로 그날, 이 시대 가장 존경받는 사람이, 그의 나라를 위하여 침묵을 깼다.

타보 음베키가 1999년에 그의 후임으로 대통령에 선출되자, 나는 그의 지도력에 기대를 걸었다. 그가 굉장히 지적이고 명석하며 청렴결백한 사람이기를 바랬다. 그러나 2000년 3월, 우리의 남부 및 동부 아프리카 책임자인 엘 하즈 아 시(그는 세네갈 비정부기구인 이엔디에이 티에스 몬데에 있다가 나와 함께 일하게 되었다)가 나에게 음베키가 에이즈 유행에 대해서 굉장히 이상한 견해를 가졌다는 이야기를 했다. 사실 음베키는 캘리포니아 버클리 분자생물학자인 피터 두스버그의 영향을 받았다. 그의 극히 잘못된 이론은, 에이즈가 빈곤과 유흥이나 의학적인 목적으로 인한 약물 사용에 의해서 생기는 것이고, HIV는 존재하지 않거나 무해한 바이러스라는 것이었다. 우리는 음베키가 얼마나 이 생각을 믿고 있는지 알 수가 없었다. 그를 이성적인 사람으로 보았기 때문에, 만약 그를 만나 이에 대해서 논의할 수만 있다면 그에게 사실을 인지시킬 수 있을 것이라고 생각했다.

2000년 3월 31일 토요일 저녁, 아 시가 음베키를 만날 기회를 만들어 주었다. 나는 나이지리아에 있었지만 직항이 없어서 남아공으로 가기 위해 취리히를 경유해야 했다. 도착했을 때는 이미 저녁 8시였다. 아 시가 주 의회 의사당으로 데려가 주었고 음베키의 부인인 자넬의 환대를 받았다. 그녀를 아프리카 영부인 HIV/AIDS 퇴치 모임에서 만난 적이 있었다. 그녀는 우리를 남편의 서재로 안내했다. 벽난로에 장작이 타고 있었고, 음베키는 파이프를 피우고 있었다. 털 스웨터를 입은 그의 옆에는 위스키 한 잔이 놓여 있었고, 카이로 아프리카-유럽 정상회의에서 아프리카의 민간 투자 필요성에 대한 연설문을 그의 연설문 작성자와 작성하고 있었다. 남회귀선 아래 서늘한 가을 저녁, 지극히 영국적인 장면이었다. 그는 고개를 들어 쳐다보고는 "앉으십시오" 하고 말했지만, 악수를 하지는 않고 연설문을 계속 작성했다. 멀뚱히 앉아 있는데 어느 순간이 되자 그는 연설문 작성자에게 고맙다고 하며 내보냈다. 그리고는 유엔개발사업에서 매년 출간하는 인력개발보고서를 나에게 건네주며, 몇 가지 데이터를 찾아달라고 했다. 연설문을 마치자 다시 나를 바라보고 물었다, "그래서, 논의하고 싶은 것이 무엇입니까?"

심각한 에이즈 유행과 맞서 싸우기 위해 유엔에이즈계획이 남아공을 어떻게 더 도와줄 수 있을지에 대하여 설명하기 위해 왔다고 말했다. 1995년 케이프타운에서 HIV 감염인들을 위한 컨퍼런스 때 그가 했던 위대한 연설을 기억했다. 그러나 에이즈 유행에 대한 남아공의 대응에 대한 우려가 있어서 왔다. 나는 아프리카에서 경력의 대부분의 시간을 보낸 과학자로서, 또한 아파르트헤이트에 대한 아프리카 민족회의의 저항을 존경하는 사람으로서 그를 만나기 위해 왔다. 나는 최근 정보에 밝았는데, 역효과를 초래할 것으로 보이는 그의 정부의 정책적 입장에 대한 소문을 들은 적이 있었다.

타보 음베키는 굉장히 예의를 갖춘 사람이었다. 그는 목소리를 거의 높이지 않았지만 차가웠다. 그의 주장은 전문적이고 상세했지만 한 쪽으로 치우쳐 있었다. 부분적인 사실들은 항상 어느 정도 근거를 가지고 있는 것이더라도 이미 시대에 뒤쳐진 것일 수 있다. 그러나 이런 사실들이 연결되면 완전히 왜곡된 접근이 되어버릴 수 있다. 그는 자료의 정확성과 HIV 검사의 높은 위음성률에 대하여 질문했다. HIV 검사의 높은 위음성률은, 예전에는 사실이었지만 요즘 개발된 검사에서는 근본적으로 사라졌다. 나는 그에게 HIV가 에이즈를 일으킨다는 아주 강력한 근거가 있다고 말했다. 그는 반복해서 "하지만 그것은 로버트 코흐의 가설을 충족시키지 못한다는 말입니다"라고 지적했다. 독일 과학자인 코흐 박사는 19세기에 결핵균을 발견한 사람으로, 미생물이 특정한 질병을 일으키는 원인임을 평가하는 기준을 만들었다. 즉, 해당 미생물은 병에 걸린 모든 환자에게서 발견되어야 한다, 해당 미생물을 분리해서 건강하고 감수성 있는 숙주에 접종하면 그 병은 반드시 발생해야 한다, 그리고 건강한 사람들은 반드시 해당 미생물을 보유하고 있으면 안 된다는 것이었다. 실제 HIV는 코흐의 가설을 충족한다. 어쨌든 그 가설은 지금은 미생물학과 면역학의 발전과 훨씬 세련된 과학 기술로 인해 한물간 주장이 되었다. 심지어 결핵의 경우에는 건강한 보균자들이 있다. 앤트워프에 있는 실험실에서 일할 때 보호구의 이상으로 결핵에 감염된 적이 있어서, 나도 결핵 검사를 하면 양성으로 나온다.

음베키는 계속 말했다. 그는 소위 에이즈로 인한 사망은 사실 HIV가 아니라 결핵 때문이라고 주장했다. 기회감염에 대해서 설명했다. 그리고 치료의 효과, 수직감염을 막을 수 있는 약제인 AZT와 네비라핀의 독성에 대한 토론으로 넘어갔다. 그랬다. 실제로 AZT는 부작용을 가지고 있었다. 하지만 사실 아스피린 같은 약도 사망을 초래할 수 있다. 그러나 그에게는 생명을 살릴 수 있는 많은 이점과 대부분 조절 가능한 부작용을 저울질할 수 있는 균형 잡힌 식견이 없었다. 그는 실제로 HIV를 본 사람이 없다고 말했고, 나는 직접 전자현미경으로 그 바이러스를 본적이 있다고 말했다. 그러자 그는 그것들이 인공음영이라고 말했다. 전자현미경에 인공음영이 많이 보이는 것은 사실이다.

음베키가 지적하는 모든 것들이 논쟁으로 이어졌지만 모든 것이 엉뚱한 것은 아니었다. 실제로 어느 정도는 사실에 기반한 주장이었지만, 결국 그럴싸한 거짓이었다. 그의 표정과 몸짓은 헤아리기 어려웠다. 그가 위스키를 마시며 토론을 즐기는 사람임이 분명했기 때문에 나는 그가 내 주장을 믿고 있는지 아닌지를 알 수가 없었다. 나는 평소 독한 술을 거의 마시지 않음에도 불구하고 계속 말을 하는 바람에 지쳐서 위스키를 마셨다. 그때가 밤 11시를 넘긴 시각이었고, 나는 도착하기 전 24시간 동안 비행기를 탔었다. 결국 그는 나에게 추가 정보를 요청했고, 국제에이즈학회가 계획하고 있는 더반에서 열릴 국제 에이즈 학술대회에 참석하겠다고 말했다. 그리고 전문가 패널을 데리고 가서 국가 차원의 에이즈와 에이즈의 원인에 대한 논의를 시작해서 모든 면을 검토하겠다고 말했다. 당연히 나는 유엔에이즈계획이 참석해야 함에 동의했다. 내가 방을 나설 때 그는 말했다, "피터, 진짜 문제가 뭔지 압니까? 서구 제약회사들은 우리 아프리카인들에게 독약을 주고 있습니다."

나는 말문이 막혔다. 거의 자정이 가까운 시각이었다. 시계와 구두 시험을 통과한 나와 음베키 부인은 간단한 야채를 넣은 염소 스튜로 아주 늦은 저녁을 먹었다. 그녀에게는 거의 한마디도 하지 않은 것 같다.

나는 내가 실패했다고 느꼈다. 음베키는 시간을 강조했고, 그가 분명하게 느끼는 아프리카 문제에 아프리카식 대응이 필요함을 다시 한 번 강조했다. 그는 아프리카의 에이즈 문제가 서구에서 약물 중독자나 동성애자들에게서 나타나는 질환과는 완전히 분리된 다른 질환이라고 생각했고, 그의 주장은 한 미국인의 근거 없는 이론에 따른 것이었다. 음베키는 똑똑하고 정말 이성적인 사람이었지만 내 말에 귀 기울이려 하지 않았다. 이렇게 단호한 부정은 대체 어디서 기인한 것일까? 치료 비용과 관련된 경제적인 판단에서 나온 것일 것이라고 생각했지만, 저녁 만남 이후 그것이 원인이 아님을 확신하게 되었다. 이것은 정신적인 것이었다. 우리는 모두 맹점을 가지고 있지만, 에이즈가 가장 문제가 되고 있는 나라의 대통령이 이런 맹점을 가지고 있다는 것은 비극이었다. 너무 많은 사람들에게 해가 될 수 있는 것이다. 수첩에 이렇게 적었다. "나는 엄청난 충격에 빠졌다. 이건 아프리카에 굉장히 부정적인 결과를 초래할 것이다."

나는 즉시 은밀히 코피 아난 총장과 우리와 일하고 있는 유엔 산하 기구들 책임자들에게 남아공의 지도력에 큰 문제가 있을 수 있음을 알렸다. 그러나 음베키는 빠르게 행동했다. 그에게도 이것은 굉장히 중요한 사안이었다. 며칠 후인 4월 3일, 그는 전 세계에 있는 그의 동료들과 유엔 사무총장에게 다섯 장짜리 편지를 보냈다. 어조는 명확했고 방어적이었다. 하지만 그는, 아프리카의 에이즈 유행과 사회 환경이 서구와는 굉장히 다르기 때문에 에이즈에 대처할 수 있는 아프리카 나름의 방법이 필요함을 강조하는 좋은 지적을 했다. 그는 "서방 경험의 단순한 대입은 아프리카인들에 대한 우리의 책임으로 부터의 범죄적 배신으로 여겨지게 될 것이다"라고 말했다. 굉장히 강한 발언이었다. 그는 두스버그와 같은 에이즈 수정주의자들의 괴상한 주장에 대한 비판을 '화형'에 처해진 '이단자'에 비유했고, "얼마 전까지 우리나라에서는 권력을 쥐고 있는 사람들에 의해 어떤 사람들의 생각이 위험하다거나 음모라고 여겨지면, 죽임을 당하거나 고문당하고 감옥에 갇히며 사적으로나 공적으로 언급되는 것이 금지되었다"고 말했다. 그는 계속 이어 말했다. "우리는 현재 우리가 반대하고 있는 인종차별주의자의 폭정과 완전히 똑같은 일을 하도록 요구받고 있다. 왜냐하면 대부분에 의해 지지받고 있는 과학적인 견해가 있고, 이에 반대되는 의견은 금지되고 있기 때문이다. 다시 한 번 책들이 태워지고 그 작가들이 화형당하는 날이 머지않을 것이다."

몇 년 후, 어두웠던 음베키 통치 기간에 먼지가 앉을 즈음 주마 대통령이 에이즈에 대한 대응을 올바른 방향으로 바로 잡았다. 남아공 의학연구회 회장이며 현 더반 콰줄루 나탈대학 부총장인 저명한 면역학자인 말레가프루 맥고바 교수는 림포포 지방 제1도시인 은고아코 라마토디에서 보내진 에이즈에 대한 사적인 편지를 나에게 보여줬는데, 그것이 음베키 대통령의 시각을 반영했다. 22장에 걸친 편지의 몇 페이지는 나에 대한 것들이었다. "에이즈와 아프리카에 대한 범죄적이고 잔혹하며 모욕적인 믿음에 기여하는 사람들 중 하나는 바로 벨기에인 피오트 교수이다." 이 글을 쓴 사람은 나를 '아프리카에 있는 유럽인 주술사'로 비유하고 나의 태도가 벨기에의 콩고 식민지화로부터 기원한 제국주의적인 접근에서 나온 것이라고 넌지시 나타냈는데, 추잡한 인신공격이었다.

몇 달 후 남아공 '대통령의 에이즈 전문가 패널'과 HIV의 원인에 대한 토론을 위한 이틀간의 모임이 있었다. 세네갈의 아와 콜-섹이 유엔에이즈계획을 대신해서 참석했다. 처음에는 과학과 사이비 부정론자들에게 동일한 시간을 주기로 했지만, 결국 진흙탕 싸움으로 번졌다. 수년 동안 음베키의 항레트로바이러스 치료에 대한 반대는 나에게는 어마어마한 골칫거리였고, 아프리카 남부에서의 에이즈 긴급 대응에 큰 장애물이었다. 모든 남아공 외교단은 음베키의 보건부장관인 만토 트샤발랄라-음시망에 의해 전형화된 이 운동에 동참하게 되었다. 모든 국제회의에서 그들은 바이러스와 증후군을 따로 구분하도록 하여 'HIV/AIDS'가 아닌, 서로 상관관계 없는 단어로서 'HIV 그리고 AIDS'로 명확히 구분하였다. 음베키에게는 언어와 상징이 중요했고, 자신만의 의미를 도입하는 데에 성공했다. 에이즈 커뮤니티는 그렇게 용어를 쓰기 시작했지만, 그것이 실제로 무엇을 의미하는지는 몰랐다. 대부분 음베키의 의견에 동의하지 않았음에도 불구하고, 극소수의 아프리카 지도자들만이 음베키에 대항하고자 하는 관심과 패기가 있었고 서구 권력은 대륙의 안정을 위한 새로운 남아공이 필요했다. 그래서 나는 거시정치적인 상황으로 인해 우리의 통상적인 동맹 관계에 기댈 수 없음을 알고 있었다.

그러나 이러한 '고위 정치'의 결과는 더 많은 죽음을 양산했다. 2008년 11월 《에이즈》지는 하버드대학 팀의 연구결과를 발표하였다. 연구는 지난 8년의 음베키 집권 동안, 남아공이 임신부를 포함한 에이즈 환자들에게 항레트로바이러스 치료를 제공하지 않음으로 해서 365,000명이 사망했다고 추정했다. 이 추정치에는 음베키로 인해 에이즈에 대한 자국 대응을 늦춘 나라들에서의 사망자들도 포함해야 할 것이다. 이러한 실패는 그에게도 정치적인 시련이 되었다. 한때 아프리카의 빛나는 지도자로 여겨졌지만 결국 2008년 9월 대통령직을 사임했을 때, 그는 많은 공격을 받았고, 보건 문제의 잘못된 관리에 따른 소문은 그의 평판을 나쁘게 한 중요한 요소였다.

음모이론을 제기한 사람은 타보 음베키 한 사람이 아니었다. 2000년 6월 제네바에서 그의 동료인 나미비아의 샘 누조마 대통령은, 나중에 후안 소마비아의 지도력으로 유엔에이즈계획의 8번째 공동 후원자가 된 국제노동기구의 연례회의의 기조연설을 하던 중 방향을 틀었다. 전 세계 노동부장관들이 모인 자리에서 누조마 대통령은 갑자기 그의 연설을 미뤄두고, 에이즈는 인간이 만든 질환이라고 말했다. "다른 나라를 침략하기 위해 화학무기를 생산하는 나라들이 알려져 있다. 그들은 아마도 여기에 있을 것이고, 그들에게는 에이즈로 인해 엉망진창이 된 현 상태를 정리할 책임이 있다." 나는 연단 바로 옆에 앉아 있었는데 거의 의자에서 떨어질 뻔했다. 음베키처럼 세련되지는 않았지만, 나는 이 나이 많은 누조마 대통령이 많은 사람들이 속으로 생각하고 있는 것을 크게 입 밖으로 꺼낸 것이 아닐까 하는 의구심이 들었다. 이어진 연설에서 나는 그의 모든 설명을 바로 잡았고, 점심을 먹는 동안 음모론의 모순을 지적하는 것은 차치하고라도 현재 기술력은 새로운 바이러스를 만들어 낼 수 있을 만큼 발전하지 않았음을 납득시키기 위해 노력했다. 분명 그는 나를 믿지 않았다.

그해 처음으로 국제 에이즈 학술대회가 개발도상국에서 열렸다. 남아공에서 가장 큰 항구인 더반이 개최도시였다. 음베키는 나와 마찬가지로 개회식에서 연설하고 이후 아프리카연합기구 정상회담에 참석하기 위해 토고에 함께 가기로 했었다. 하지만 음베키가 개회식이 열리는 거대한 킹스미드 크리켓 경기장에 도착했을 때 서늘한 해풍이 불기 시작했는데, 그의 당대표가 음베키의 비행기에 내 자리는 없을 것 같다고 말했다. 그리고 그는 나보다 먼저 발표를 한 다음 떠났다. 그는 내 연설을 듣고 싶지 않은 것 같았다.

개회식의 첫 번째 연설자는 내가 이전에 요하네스버그에 방문했을 때 만났던 은코지 존슨이라는 아주 어린 소년으로, HIV 감염인이였다. 그는 굉장히 감동적인 연설로 많은 사람들을 울렸다(1년 뒤 12살의 나이로 사망했다). 다음은 음베키 차례였다. 그는 말 그대로 빈곤과 보건에 대한 오래된 세계보건기구 보고서를 읽었다. 그가 전달하고자 하는 것은 "빈곤이야말로 아프리카의 문제다"라는 것이었다. 이것은 실제 아프리카에 매우 중대한 문제이기는 했다. 하지만 그는 에이즈에 대해서는 별로 이야기하지 않았고, 이것은 실망스러울 뿐 아니라 냉담한 반응을 초래했다. 청중은, 내가 생각하기에는, 고요했고 집단적인 모욕과 자극에 역겨움을 느꼈다. 그의 연설이 끝나자 모두의 이목이 나에게 집중되었다.

나는 화가 나 있었지만, 다시 돌이킬 수 없는 선택을 할 만한 용기는 없었다. 나는 명확하게 HIV가 에이즈를 일으킨다고 말했다. 관중의 격분과 좌절이 담긴 박수갈채가 나왔다. 나는 우리가 더 해야 할 것, 더 치료를 제공해야 할 필요성에 대하여 이야기했지만, 정작 내가 전달하고자 했던 주요한 메시지는 전 세계적인 것이었다. 음베키의 생각이 학회와 이 움직임을 장악하면 안 된다고 강하게 느꼈다. 내가 말했던 것은 "이제 우리는 M**Millon**에서 B**Billon**로 움직여야 할 때입니다. 우리는 전 세계에서 에이즈와 싸우기 위해 수백만 달러가 아니라 수십억 달러가 필요합니다. 에이즈를 이렇게 적은 액수로는 막을 수 없습니다." 나는 현재 너무 조금씩 늘고 있는 이 재화로는(아프리카는 당시 3억 달러를 모았다) 우리가 이 유행을 막고 이미 감염된 수백만 명의 생명을 구할 수 없을 것이라는 확신이 들었다. 질적인 도약이 필요했다. 몇몇 기부자들은 나를 용서하지 않았고, 이미 그 학술대회에 참석한 한 임원은 나를 불러 나 같은 위치에 있는 사람이 그런 무책임한 말을 해서는 안 되고, 그런 돈은 존재하지도 않는다고 말했다. 나는 거기서 꿈꾸는 것을 멈춰야 했다.

그러나 그 컨퍼런스에서 가장 생생한 목소리는 아마도 치료행동캠페인이었을 것이다. 이 캠페인은 치료 접근성 향상을 위한 거대한 행진으로 컨퍼런스의 문을 열었고, 인도에서 만든 제네릭 플루코나졸을 남아공으로 수입하기 위한 '불복종 운동'에 착수하는 것으로 끝냈다. 제네릭 플루코나졸은 에이즈 환자들에게 가장 흔한 병 중 하나인 진균 감염증 치료제로 사용되는데 제네릭 플루코나졸은 화이자사의 플루코나졸에 비해서 훨씬 저렴했지만 이 나라에서는 여전히 사용이 허가되지 않았다. 1998년 말, 다소 늦게 정착된 치료행동캠페인은 남아공에 살고 있는 HIV 감염인들에게 감당할 수 있는 치료를 할 수 있도록 하는 캠페인으로, 내 생각에는 전 세계에서 가장 멋진 에이즈 운동가 단체이다. 이들은 ① 거리 시위와 시민 불복종, ② 교회, 공산당, 기업주, 학계, 광산 회의소, 아프리카 민족회의 사람들을 포함한 많은 사람들과의 광범위한 연대, 그리고 ③ 거대한 영향력을 위한 합법적인 전략, 이렇게 3가지 전략을 결합했다. 남아공은 다른 아프리카 국가들과 달리 규범이 지배하고, 독립적인 기능의 사법체계를 누리고 있었다. 그리고 치료행동캠페인의 끊임없는 소송은 결국 음베키 정부에게 네비라핀을 수직감염의 예방을 위해 제공하도록 했다.

치료행동캠페인은 수천 명이 참여하는 집단적인 운동이 되었다. 재키 아흐마트가 이 집단을 이끌고 있었는데 재키는 천재적인 정치 전략가이자 기획자였고, 아파르트헤이트에 대한 저항과 동성애자의 권리를 위한 저항을 통해 더 공고해졌다. 게다가 그는 영리하고 꾀바르며 명쾌했다. 모두가 사용할 수 있게 될 때까지 본인의 항레트로바이러스 치료를 거부함으로써 그 자신의 몸을 치료행동캠페인 전광판으로 이용했다. 나는 치료행동캠페인이 우리에게 행동을 촉구하는 지속적인 압력을 가하더라도, 유엔에이즈계획에게 있어 중대한 순간에는 재키의 조언을 구했다. 비효율적인 정부의 조치가 수년간 이어지는 동안 유엔에이즈계획은 치료행동캠페인을 직접 지원했고, 이것이 정부를 화나게 만들었다. 또 우리는 북미 투어를 실현함으로써 그들이 다른 곳에서도 기금을 마련할 수 있도록 도움을 주었다.

만토 트샤발랄라 남아공 보건부장관은, 컨퍼런스에서 모든 메시지를 통제했고, 분명히 HIV가 에이즈를 초래한다는 선언문에 서명을 했던 5,000명의 과학자들을 공격했다. 또, 음베키의 입장에 대한 질문을 하고, HIV의 일반적인 치료 효과와 수직감염을 막기 위한 방법들의 효과에 대하여 의문을 던지는 데에 열성을 다하기 시작했다. 나는 그녀와 몇 차례 굉장히 긴장된 모임을 가졌는데, 한 번은 더반의 소아과 교수이자 오랜 반아파르트헤이트 지지자였던 후센 M '제리' 쿠바디아 학회 공동 좌장의 시민권을 빼앗겠다고 위협한 적도 있었다(물론 보건부장관에게는 그의 시민권을 좌지우지할 힘이 없었다). 이렇게 에이즈가 정치적인 대립 상황으로 치닫는 나라는 없었다. 그리고 이러한 상황은 이후 5년 동안 더 지속되었다.

회의는 잘 마무리되었다. 소문에는 만델라 전 대통령이 회의를 마무리할 것이라고 했다. 10,000명이 넘는 참가자들이, 그가 휴 마제카의 음악에 맞춰 등장했을 때 "넬슨 만델라!"를 외쳤다. 만델라 전 대통령은 HIV 치료제 공급을 위해 힘을 보태주기를 전 세계에 당부했다. 그의 후계자를 비판하는 것까지는 하지 않았지만, 남아공 정치인의 체면은 지켰다.

더반 컨퍼런스는, 여전히 전 세계 에이즈 커뮤니티에 국한되어 있었지만, 개발도상국의 치료 접근성에 대하여 터놓고 토론하게 된 장이었다. 그때 당시에는, 국경없는 의사회 같은 단체 말고는, 프랑스와 브라질, 유엔에이즈계획만이 개발도상국들의 치료에 대하여 지원을 했다. 세계보건기구나 다른 주요 지원 기구는 이러한 노력에 동참하지 않았다.

그러나 HIV와 에이즈 유행에 대한 음베키 대통령의 불가해한 견해는 이 지역에 지속적으로 영향을 미치고 있었다. 그는 자신의 생각에 대해서 정말 공격적인 입장을 취하였고, 그와 비슷한 위치에 있는 다른 아프리카 지도자들을 확신시키기 위해 노력했다. 특히 그는 보건부장관을 통해 에이즈 치료를 위해 비트 뿌리, 마늘 그리고 사기성이 다분한 약물들로 치료해야 한다고 주장했다. 2008년, 음베키 대통령이 사임하기 몇 년 전에 국가의 에이즈 정책이 아주 신속하게 향상되기는 했지만, 이미 무지막지한 손실이 생겨버린 다음이라 이것은 너무 늦어버린 조치였다.

그해 9월, 우리는 또 다른 결정적인 순간을 맞았다. 뉴욕에서 열린 새 천년 첫 유엔총회에 이제까지 가장 큰 규모인 총 160명의 세계 정상들이 모였다. 이 총회에서는 세계를 더 나은 곳으로 만들기 위해 가속화된 행동이 필요한 문제들로 빈곤, 기아, 모성 사망, 소아 사망률 등이 포함된 굉장히 구체적인 사안들이 상정되었고, 모인 정상들은 이를 해결하기 위한 10가지 목표에 동의했다. 새천년개발목표 제6항목은 2015년까지 "HIV/AIDS, 말라리아, 그리고 다른 질병들의 퇴치: HIV/AIDS의 전파를 저지시키고, 역전시키기 시작하라"였다.

10가지의 새 천년 목표 중에 에이즈 문제를 상정하는 것은 우리의 자매 기구들과 많은 다른 외교적 다툼을 수반했었다. 소문에는 말라리아만 포함되고 에이즈는 빠질 것이라고 했다. 그래서 나는 유엔본부 38층 사무총장 바로 옆방에서 일하는 냉정하고도 유쾌한 캐나다 학자인 존 루지를 찾아갔다. 나를 소개한 다음, 왜 에이즈가 새 천년 목표에 들어가야 하는지에 대한 나의 주장을 펼치고, 에이즈가 포함되는 것에 동의할 때까지 그의 방에서 나가지 않겠다고 말했다! 그는 약간 놀랐고, 나는 이런 운동가적 전략이 이렇게 철저한 경호하에 있는 38층에서 과연 흔한 일일지 궁금했다. 그러나 다행히도 존은 공감하고 이야기를 들어주는 사람이었다. 유엔개발프로그램 책임자인 마크 맬럭 브라운은 완전히 우리 편이었고, 코피 아난 총장에게 에이즈가 그 리스트에 반드시 들어 있어야 한다는 것을 설득시키는 것은 어렵지 않았다.

그때부터 에이즈와 관련된 정치가 활기를 띠기 시작했다. 2001년은 에이즈 유행에 대한 전투의 티핑 포인트였다. 그해 초에 나는 유엔에이즈계획 직원들을 모아 수련회를 갔다. 나는 "이제부터 생각을 크게 합시다. 모든 것을 타개할 시간입니다. 우리가 이제 할 일은 2년 안에 에이즈가 전 세계 모든 지역에서 가장 중요한 정치적 사안이 되도록 만드는 일입니다. 우리는 기하급수적으로 기금을 늘려야 합니다. 우리는 2005년까지 아프리카의 HIV 유병률이 25% 감소하는 것을 보게 될 것입니다"라는 말로 시작했다. 우리의 목표는 굉장히 명확했다.

카슬린 크라베로가 유엔총회의 에이즈 세션을 만드는 불가능해 보이는 일들을 주말도 없이 해내고 있는 동안, 나는 전 세계를 돌아다니며 여러 나라 지도자들로부터 든든한 지원 약속을 받고 뉴욕에서 6월에 있을 행사의 참여를 요청했고, 모든 나라가, 나라의 규모와 상관없이, 자국민을 보호하고 국제적인 역할을 해야 한다고 주장했다.

카리브해 지역의 HIV 환자는 점차 늘고 있었다. 초기 이성애자들을 중심으로 한 유행이 아이티에서 있은 후에, HIV는 수백만 명의 여행객들로 인해 유동인구가 많은 지역으로 전파되어 갔다. 바베이도스 출신의 유창한 학자로, 범미보건기구를 이끌고 있는 조지 알렌 경의 도움을 받아 순조로운 협력을 진행시켜갔고, 나는 2001년 2월 15일, 바베이도스에 있는 포트 스페인에서 열린 카리브해 연합 정상회담에 초대되었다. 바베이도스 수상인 오웬 아더, 세인트키츠 네비스에서 온 덴질 더글라스, 조지 알렌, 카리브해 지역 HIV/AIDS 감염자 네트워크의 설립자인 욜란다 시몬, 그리고 나는 범카리브해 HIV/AIDS 연합을 추진했다. 이렇게 여러 작은 섬나라들로 이루지고, 에이즈와 같이 복잡한 문제들을 다룰 역량이 적으며, 유동 인구가 많은 지역에서 국가 간의 협력을 도모하는 것은 매우 어려운 일이다. 이 정상회의에서 모든 수상들은 에이즈를 그들의 나라에서 퇴치하겠다고 굳게 약속했고, 항레트로바이러스 치료의 접근성을 제공할 필요성을 강조하는 내용의 6월 유엔정상회의 합동 전략에 동의했다. 그래서 카리브해 지역은 에이즈를 가장 중요한 의제에 올려놓은 첫 번째 지역이 되었고, 우리는 확고한 연합을 맺었다.

개회식이 끝난 후에 아더 수상은 나와, 조지 알렌, 그리고 동료 12명을 개인적으로 점심식사에 함께 초대했다. 드문 특혜였다. 짙푸른 카리브해가 내려다보이는 경사진 열대 정원에서 우리는 아더와 함께 카리브해 지역에서 동성애를 불법으로 만드는 '항문성교금지'법에 대한 문제를 어떻게 제기할 수 있을지에 대하여 논의했다. 나는 주인을 당황스럽게 하고 싶지 않았지만, 그는 내가 그럴 수 있다고 했다. 자리에 모인 대부분의 수상들은 웨스트 인디대학교의 법학과에서 서로를 이미 알고 있는 것 같았고, 대화의 많은 부분이 내가 모르는 친지들에 대한 내용이었다. 이것은 정치적으로도 경제적으로도 굉장히 사적인 커뮤니티였다. 우리의 토론이 정상회의의 가장 뜨거운 사안들 중 하나인 카리브해 고등법원 설립에 다다르자, 나는 이제 내가 나설 차례가 되었다는 것을 느꼈다.

내가 말했던 것은 대략, "나는 여러분들이 가장 높은 사법체계 설립을 권하는 바입니다. 그래야 여러분의 국민들과 변호사들이 더 이상 탄원하기 위해 런던에 가지 않을 수 있습니다. 이것은 아마도 또한 빅토리아여왕 시대의 더 이상 쓸모없는 법들을 없앨 수 있는 기회이기도 할 것입니다. 항문성교금지법은 효과적인 HIV 예방에 큰 장애물입니다. 이 법은 사람들을 지하에 숨게 하고, 우리가 그들에게 접근하기 어렵게 만듭니다." 불편한 정적이 흘렀다. 오웬 아더가 침묵을 깨고, 그래도 동성애는 인정할 수 없다고 말했다. "피터의 말에 일리가 있어 그러니 아마 우리도 다시 한 번 생각해야 할 거야." 열띤 토론이 이어졌지만 결론적인 합의는 도출할 수 없었다. 나는 이후 여러 번 이 지역을 방문해서 문제를 제기했지만 지금까지도 이러한 법들은 동성애 혐오주의가 강한 카리브해 지역에 여전히 남아 있다.

2001년 4월, 우리는 또 다른 중대한 시점을 맞았다. 에이즈, 결핵 그리고 다른 감염병들에 대한 특별 정상회담이 아프리카 연합기구에 의해 결성되어 나이지리아의 아부자에서 열렸다. 올루세군 오바산조 대통령이 주최자였다. 나는 세계경제포럼이 열린 다보스에서 그를 만났고, 그에게 아프리카 연합기구의 의장으로서 각국 정상들에게 아프리카에 에이즈 문제가 있고 이미 힘든 상황에 직면해 있다고 큰 소리로 명확하게 말해달라고 부탁했다. 이것은 아프리카인들에게만 중요한 것이 아니었다. 실은 많은 공여국들이 아프리카가 스스로 에이즈 문제를 제기하고 있지 않아서 이것이 기금을 필요로 하는 중요한 사안이 아니라고 생각하고 있었기 때문이었다.

코피 아난 총장과 50여 명에 달하는 아프리카 지도자들, 그리고 나이지리아에서도 굉장히 유명한 빌 클린턴 미국 전 대통령(아부자에는 그의 이름을 딴 공항과 도시를 잇는 도로 이름이 있다)이 정상회담에 참석하였다. 이 회담은 굉장히 중요했다. 거의 모든 아프리카의 지도자들이 모여 이틀 동안 에이즈(그리고 약간의 결핵 문제)에 대하여 논의하였다. 또한 이것은 내가 본 가장 혼란스러운 정상회담이기도 했다. 오바산조 대통령은 심지어 회의장 입구의 보안 인력을 내보내기 위해 회의를 중지시키기도 했고, 공식적인 저녁 만찬이 밤 11시 이후에나 시작되었다. 하지만 그 기다림은 클린턴 전 대통령이 나이지리아 음악에 맞춰 춤을 추는 것을 보는 것으로 충분한 보상이 되었다. 나는 종종 내가 자이르에서 기획자로서 일을 시작하게 된 것을 행운이라고 생각해왔다. 왜냐하면 나이지리아만 아니라면 다른 모든 것들이 쉽게 느껴지기 때문이다.

한 명씩, 아프리카 대통령들이 에이즈에 대한 침묵을 깨기 시작했다. 물론 말과 행동 사이에 거리가 있기는 했지만, 이것은 놀라운 변화였다. 그러나 우리가 어떤 행동을 취하기 전에 그 문제를 명명할 수 있어야 하는 것은 정신분석학의 기본이 아니던가? 그래서 각국 정상들은 "에이즈는 이 대륙의 시급한 사안이다"라는 성명서를 채택했다. 그들은 에이즈에 대한 싸움이 "우리의 국가개발계획에서 최우선순위 문제이며 개인적인 책임으로 받아들이고 국가에이즈위원회의 활동에 지도력을 발휘하겠다"고 약속했다. 그것은 정말 중요한 일이었다. 왜냐하면 이것이 아프리카의 에이즈 문제에 대한 해결책을 찾으려는 시도를 뒤덮었던 부정의 짙은 구름이 사라지는 순간이었기 때문이었다.

이 모임은 또한 감당 가능한 가격의 약제, 에이즈와 다른 감염병의 치료와 예방을 위한 기술들을 이용할 수 있도록 적절한 법과 국제 교역 규제를 제정하고 활용하는 문제를 해결했다. 모든 나라들은 국내 총생산 중에서 15%를 보건 문제, 특히 에이즈에 투입하겠다는 엄숙한 약속을 했다(2010년까지 보츠와나, 부르키나 파소, 말라위, 니제르, 르완다 그리고 잠비아만이 이 약속을 이행했다). 나는 항상 야심찬 목표를 향해 밀고 나갔지만, 동시에 완전히 비현실적인 목표를 세우는 것을 피하기 위해서도 노력했다. 사실 이것은 사기를 진작시키기보다는 꺾는 일이다.

코피 아난 총장은 아부자에서 기조연설을 했는데, 그의 연설은 정말 훌륭했다. 우리는 그의 연설문 작성자와 함께 일했고, 그에게 최대한 많은 정보와 자료를 제공했다. 유엔에이즈계획은 에이즈의 유행을 막기 위해 대략 70~100억 달러가 필요하다고 추정했고, 곧바로 아난 총장은 아프리카의 에이즈 확산을 저지시키는 데에 필요로 하는 수십억 달러의 기금 모금을 촉구했다. 아난 총장은 이것을 '군자금'이라고 불렀다. 이것은 곧 에이즈, 결핵, 그리고 말라리아 퇴치를 위한 글로벌 펀드가 되었고, 완전히 새로운 민-관 협업이었다.

70~100억 달러라는 수치는 난데없이 나타난 것이 아니었다. 이것은 유엔에이즈계획과 다른 기관들에 있던 베르나르 슈왈틀란더와 그의 동료들이 《사이언스》지에 실은 연구 결과에 따른 것인데, 유행을 진정시

키고 대부분의 환자들에게 치료를 제공하는 데에 드는 비용 추정치를 처음으로 확립한 연구였다(중요한 것은 연구자들이, 3분의 1의 자원이 개발도상국 국내 자본에서 나올 수 있고, 나머지 3분의 2가 국제적인 지원에서 나온다고 명시했다는 것이다. 이것은 100억 달러라는 수치만 기억하고 모든 돈이 다 고소득 국가에서 나와야 한다고 생각하는 운동가와 저널리스트들이 간과하는 면이다). 이 예측치는 6월 유엔 특별 세션과 이외 많은 다른 회의에서 기금 관련된 토의를 할 때 골자가 된 발견이었다.

아부자에서의 아난 총장의 연설은 6월 특별 세션에 탄력을 가하기 위한 우리의 전략에서 중요한 부분이었다. 이것은 또한 처음으로 내가 유엔 사무총장의 공식 대표단의 일원이 되는 것이었다. 이 대표단은 코피 아난 총장이 어디에 있든 정치적인 위기 상황을 처리할 수 있도록 24시간 내내 운영되는, 굉장히 효율적이고 독자적인 단위였다. 그에 대한 나의 존경은 이미 높았지만, 점점 더 높아져 갔다.

정상회담의 마지막 세션에서 비현실적인 일이 벌어졌다. 의전상의 이유로 무아마르 카다피가 덥고 북적이는 회의장에서 사의를 표하도록 청중에게 제안을 하게 되었다. 짧은 형식적인 절차가 보통인 이것이 갑자기 '거대한 사탄(미국)'이 아프리카를 쓸어버리기 위해 이 바이러스를 만들어 냈다는 50분간의 장광한 비난의 연설로 돌변했다. 이 사람은 술에 취한 사람이 아니라, 아프리카 최고위 지도자들 중에 석유 부호국의 지도자였다. 40명이 넘는 대통령들이 이 모욕적이고 터무니없는 소리를 듣고 있어야 한다는 사실에 굉장히 실망했다. 잠시 후 클린턴 전 대통령과 많은 서구 대표단들이 항의의 의미로 퇴장했다. 그럴 만했다. 그러나 나는 카다피가 거대한 눈사람 같았다고 말하지 않을 수가 없다. 그는 선글라스를 끼고 긴 갈색 베두인 복장을 하고서, 속삭임에 가까울 정도로 부드럽게 말하다가 점점 커져 열정에 찬 목소리로 청중을 압도했다. 여전히, 외교적 세부사항들이 그렇게 명백히 이상한 사람도 전 대륙 지도자들의 주목을 요구할 수 있다는 것을 기술해야 한다는 것이 놀라웠다.

수 주가 지난 5월, 나이지리아 오바산조 대통령이 워싱턴에 방문했을 때 조지 W. 부시 미국 대통령은 백악관에서 세계에이즈기금으로 2억 달러를 약속하는 행사를 주관했다. 함께 참석했던 아난 총장은 곧 본인이 필라델피아 자유메달로 받게 될 상금인 10만 달러를 기부하겠다고 했다. 이것은 굉장히 이례적인 일이었다. 수백만 달러가 아직 존재하지도 않는 것을 위해 약속된 것이었다. 흐름은 변화했다. 이제 에이즈를 잡기 위한 단단한 결심이 있었다.

유엔 정상회담이 어렴풋이 보이기 시작하자 우리는 거의 매일을 두 대단한 여성들, 루이즈 프레체트 사무부총장과 그녀의 선임 직원인 마르타 모라스와 연락했고, 중대한 사안은 코피 아난 총장으로부터 규칙적인 조언을 받았다. 카슬린 크라베로, 짐 쉐리, 아스 시(내가 우리 사무실을 맡기기 위해 남아공에서 뉴욕으로 오도록 요청했었다) 그리고 또 다른 많은 사람들과 2001년 전반기 동안 잠을 쪼개가며 일했다. 나는 매주 뉴욕에 갔고, 세상에서 가장 멋진 도시 중 하나인 이 도시를 사랑하게 되었다.

에이즈를 퇴치하고자 하는 주된 노력 자체에는 대부분 전폭적인 지지를 했지만, 그것을 위해 무엇을 해야 하고 어떻게 해야 하는지에 대해서는 서로 큰 의견 차이가 있었다. 이차적인 문제들에 대한 작은 충돌들이 있은 후 네 가지 골치 아픈 주제가 남았다. 동성애, 마약 사용, 그리고 성매매에 대하여 선언문에 언급하는 것, 항레트로바이러스 치료에의 접근성과 그와 관련된 지적재산권의 문제, 경제적인 약속, 그리고 에이즈 운동가들의 참여와 같은 것들이었다. 우리는 이 지뢰들을 하나씩 제거해나가야 했다. 일반적인 생각과는 달리 유엔의 정치적인 결정은 기구나 사무총장에 의해서 내려지는 것이 아니라, 다양하고 때때로 상호배타적인 이해관계가 있는 192개 회원국에 의해 결정된다. 유엔에이즈계획은 오직 기술적인 조언과 실행 계획을 지원한다.

총회의 의장은 당시 해리 홀케리 핀란드 외교관이었는데, 그는 장막 뒤에서 협상을 이끌 대사들로 2명의 조력자를 지정했다. 그들은 페니 웬슬리 오스트리아 대사와 이브라힘 카 세네갈 대사였는데, 그의 선택은 우리에게 행운이었다. 나는 제네바에서 유엔으로 파견 나온 대사였던 페니를 알고 있었는데, 그녀는 에이즈의 원인에 대한 초창기 굳건한 지지자였다. 굉장히 열심히 일하고 다국어가 가능한 완벽주의자였던 그녀는 뉴욕에서 가장 존경받는 대사 중 한 명이었고, 6월 견고한 선언문의 합의를 도출하기 위해 지칠 줄 모르고 일했다.

또 다른, 훨씬 더 놀라운 영향이 개입했다. 바로 '시민 사회'였다. 이 용어는 모든 에이즈 운동가들과 이익 집단들에게 받아들여진 단어였다. 그들 역시 협상에 영향을 미치고 싶어 했다. 많은 외교관들은 예의 없는 행동과 계속해서 뭔가를 더 요구하는 불청객들에 의해 방해를 받았다. 그러나 나는 그들이 자신의 의사를 거리낌 없이 밝힐 권리가 있다고 생각했고, 동의하지 않더라도, 또 가끔 강하게 동의하지 않기도 하지만, 우리는 한 가지 언어를 공유하고 있다는 느낌이 들었다. 게다가 나는 엘레노어 루즈벨트(32대 미국 대통령인 프랭클린 D. 루즈벨트의 부인)가 작성한 "우리, 사람들은..."으로 시작하는 유엔 헌장을 읽었었다. 그들은 여기서 말하는 '사람들'에 해당되었다. 국가를 초월한 이러한 운동가들의 참여는 요즘의 국제포럼에서는 흔해졌다. 이것은 기존의 국가나 국제기구들 외에 새로운 민주주의를 표상하는 것이었고, 뚜렷한 지도자 없이 때때로 탈국가적이었고 빠른 커뮤니케이션을 통해 연결되었다. 유엔에이즈계획은 그들을 현장에 있게 해주었다. 다시 한 번 에이즈는 유래 없는 개척자가 되었다.

또 다시 코피 아난 총장은 우리에게 도움을 주었다. 그는 개인적으로 각 국가의 수장들에게 전화해서 참석을 요청했다. 그는 국가 지도자, 대사를 만날 때마다 항상 에이즈에 대하여 언급했고, 언제나 나를 만날 시간을 내주었다. 후에, 이라크 사태 중 내가 그의 사무실에 들어갔을 때, 중압감이 그에게서 떠나는 것을 느낄 수 있었다. 나는 말했다. "총장님, 나는 더 이상 당신의 시간을 빼앗지 않겠습니다. 당신이 처리해야 할 중요한 일들이 있다는 것을 압니다." 그러자 아난 총장은 대답했다. "그 어떤 전쟁보다 더 많은 사람들이 요즘 에이즈로 죽어가고 있습니다." 그는 넬슨 만델라와 귀한 공통점을 가지고 있었다. 즉, 그는 '당신에게 관심을 가지고 있고, 당신의 문제와 인간으로서의 당신에 대해서 온전히 집중하고 있다'는 인상을 주는 사람이다. 만약 30분을 그와 함께 있다면, 그 30분은 온전히 당신의 것이었다.

또한 유엔 조직 내에서 아난 총장은 가장 높은 위치의 운영자였다. 하지만 그는 쉽게 만족하지 않는 상사였고, 부드러운 목소리와 예의 바른 행동에 비해 참을성이 많이 부족해서, 곧바로 문제의 핵심에 까지 들어갔다.

특별 세션의 폐회 선언을 할 때까지 동성애에 대한 해결될 수 없는 문화 충돌이 있었다. 이슬람 국가 기구를 대신한 이집트, 거의 모든 아프리카와 아시아 국가들의 지지를 받아, 어떤 나라들은 남자와 성관계하는 남자, 성 노동자, 주사 약물 사용자 등의 주요 단어를 본문에 넣는 것에 동의할 수 없다고 말했다. 이것은 곧 그런 행위들을 승인하는 것을 의미하기 때문이라는 것이었고, 그것은 그들의 국가에서는 법에 위배되는 것이었기 때문이었다. 나는 수 시간을 그들과 논쟁하는 데에 보냈고, 이것이 어쩔 수 없는 현실이고 또 에이즈 유행의 중요한 실제에 대해서 서술하는 것이지 결코 그런 행위에 대한 용인을 뜻하는 것이 아니라고 그들을 설득시키려고 노력했다. 이것은 나의 외교술을 넘어서는 일이었고 불쌍한 페니와 카슬린은 수 시간 동안 그 견디기 어려운 동성애 혐오 발언을 나와 함께 듣고 있어야 했다.

결국 지도자들은 절충된 용어인 '취약 인구'라는 용어를 쓰는 데에 동의했다. 이 문구는 지금도 유엔 문서에는 명명할 수 없는 그 세 집단을 일컫는 암호가 되었다. 나는 종종 왜 다른 많은 것에 있어서는 이성적인 사람들이 성적 성향에 대해서는 이렇게 비이성적으로 열성적이게 되는지에 대해서 생각했다. 그들이 자신들의 성적 취향에 대해서 혼란스러워서 그러는 것일까? 쉽게 믿기 힘들겠지만, 나에게는 이것이 가장 중요한 부분인 것 같다. 분명히 동성애에 대한 문제는 근엄한 세션의 시작을 거의 무산시켰다. 마지막 순간까지도 과연 특별 세션이 계획되었던 6월에 시작될 수 있는지조차 확신할 수 없었다. 유엔에이즈계획은 수백 개의 다른 비정부기구들에게 국제동성애자인권위원회가 원탁 토론에 참관인으로 참여하는 것을 제안했다(심지어 정식 참가자도 아니었다). 그러나 많은 나라들이 이를 거부했고 이집트와 몇몇 국가들은 나가라고 위협적으로 이야기했다. 나는 이것이 감염병의 유행을 겪고 있는 사람들을 토론에서 제외시켜서는 안 된다는 원칙의 문제라고 생각했다.

유럽연합(당시에는 이집트의 입장을 지지했던 말타나 폴란드같이 최근에 가입한 나라들은 이 연합에 포함되지 않았다)은 위원회에 참여하겠다고 말했고, 결국 캐나다는 유엔총회에서 이 문제에 대해서 투표로 결정하자고 주장했다. 그래서 특별 세션의 개회식은, 이 인권위원회를 비정부기구의 하나로 관찰자의 신분의 참여를 허락할 것인가를 결정하는 전대미문의 투표 때까지 미루어졌다. 사실 이것은 동성애자의 인권에 대한 투표였다. 투표는 한 표 차이로 이겼을 만큼 굉장히 팽팽했다. 나는 그러한 투표의 결과가 바람직한 것인지 확신할 수 없다.

아쉽게도, 이 논의는 또 하나의 다른 중대한 문제인 항레트로바이러스 치료에의 접근성으로까지 타협에 이르지는 못했다. 10년 후인 지금, 이것은 특히 이해하기 어려운 일이다. 칠레와 브라질이 이끌고 있는 라틴아메리카 국가들 모임인 '리오' 그룹과 카리브해 지역, 프랑스, 그리고 룩셈부르크는 치료하지 않으면 죽을 수백만 HIV 감염인에게 치료를 제공할 것을 제안했다. 그러나 이런 나라들은 소수에 불과했고, 리오 그룹의 유창하고 조직화된 노력과 자정을 훨씬 넘긴 시간까지 이어진 몇몇 세션들에도 불구하고, 영국이 이끌고 미국이 지원하는 유럽국가들 그리고 남아공이 이끄는 아프리카 국가들은 치료 목표나 HIV 치료 약제 가격 인하에 대한 어떠한 의미 있는 참고자료도 차단했다. 공여국들은 비용을 두려워했다. 이것은 수치스러운 일이었고, 나는 그들의 저항에 스스로가 무기력하게 느껴졌다. 게다가 어떤 에이즈 운동가들은 실패에 대해서 나에게 책임을 추궁했고, 또 어떤 사람은 물리적으로 나를 공격하려고 했다.

신기하게도 공여국들은 2005년까지 70억 달러의 기금 마련은 하기로 했다. 역설적이게도 이 기금에는 그들이 선언에 대한 협상을 거부했던 '치료를 위한 비용'도 포함되어 있었다. 그래서 나는 안심했다. 달리 생각해보면, 훨씬 더 큰 문제가 있을 수도 있었다. 예를 들어, 돈 없이 치료의 접근성을 약속한다는 것은 불가능한 일이었다. 그래서 나는 입을 다물고 있었다.

2001년 6월, 정신없이 바쁜 3일간의 특별 세션 동안 빨간 에이즈 리본이 뉴욕의 유엔 빌딩에 매일 밤 걸렸다. 이것 또한 내가 이제까지 들어보지도 못한 여러 부서담당자들과의 힘든 조율을 필요로 했다. 내 인내심이 바닥날 즈음, 나는 이 안이 좋은 생각이라고 10초 만에 동의했던 루이즈 프레체트를 불렀고, 곧 이 상징은 전 세계에 유명해지게 되었다. 모뉴멘트 아트에 대한 나의 기여였다. 우리는 뉴욕시가 심각한 HIV 문제를 가진 도시라는 것을 시각적으로 보여 줄 수 있도록 버스에 붙인 포스터에서부터 교회 예배까지 모든 곳에 빨간 리본을 붙였다.

한편, 엄숙한 총회 회의장에 전 세계 46명의 대통령들, 고위 관료들과 한 남아공 HIV 감염 여성이 각각 5분씩 연설을 했다. 그러나 우리는 여전히 선언 내용을 결론짓는 데에 동의하지 못하고 있었다! 내가 발언할 때가 되자 나는 숨을 깊게 들이마시고, 2차 세계대전부터 모든 전 세계 지도자들이 발언했던, TV에서 여러 번 봤던 초록 대리석의 연단으로 올라갔다. 나는 거대한 회의장을 바라보고는 말했다. "이 총회의 특별 세션은 두 길로 연결되고 두 개의 가능한 미래로 이어집니다. 한 길은 우리의 현재 상태가 계속 이어지는 것입니다. 우리가 싸우고 있는 이 유행이 지속되고 점차 우리는 패배하게 될 것입니다. 하지만 이번 특별 세션에서 도출된 또 다른 길은 이 유행을 멈추는 약속이 될 것입니다. 그 어떤 감염자도 낙인찍히지 않고, 배제되지 않고, 저지당하지 않을 때까지, 우리의 모든 젊은이들이 스스로를 감염으로부터 보호하는 방법을 알게 할 때까지, 에이즈로 인한 고아들이 다른 아이들과 같은 시각을 갖게 할 때까지, 그리고 모든 HIV 감염인들이 항레트로바이러스 치료를 필수적으로 받을 수 있게 될 때까지."

이게 불가능한 꿈이었을까? 나는 이미 이것에 대한 후속편과 어떻게 폐회 선언을 무의미하지 않게 할지에 대해서 생각하고 있었다. 단어 선택을 어떻게 할지에 대한 협상은 아직도 제자리였지만 나는 끝없이 대통령, 수상, 대표단들을 만날 기회를 이용했고, 내가 정확한 시간에 알맞은 나라에서 알맞은 공간에 있도록 하려는 주변 사람들의 노력들에 압도당했다. 변함없이 나의 보좌관인 마리 오딜 이몬드는 모든 것들이 통제하에 있도록 했고, 위기 상황 여부와 상관없이 헌신과 날카로운 안목으로 오랜 시간 동안 나의 생활을 냉정히 조직화할 수 있도록 해주었다. 그녀 없이는 이 모든 일들을 절대 혼자 할 수 없었을 것이다. 가장 기억에 남는 회의는 소말리아 대표단과의 만남이었다. 비록 에이즈가 끊임없는 전쟁과 기아가 있는 가운데 최우선순위의 일은 아니지만, 에이즈 문제는 세 자치주로 나눠져 있던 소말리아가 처음으로 뭔가를 함께 하기로 결정한 일이었다.

결국 웬즐리 대사와 카 대사는 크라베로와 함께 유행을 막기 위한 전투의 자세하고 수량화된 목표에 대한 합의안에 대해 타결을 보았다. 특별 세션의 마지막 날 새벽 4시, 우리는 가까스로 모든 참석자들이 합의할 수 있는 선언문을 만들 수 있었다. 동성애와 치료 접근성에 대해서는 애매모호했지만, 모든 쟁점, 특히 세계보건기금의 조성에 대해서 강조했다. 국가에이즈위원회를 대통령이나 수상의 직속 기구로 만들고 에이즈를 실제 정책의 단계로 올리고, 기금 모금과 새로운 HIV 감염인 목표 기한을 정했고, 차별 금지, 콘돔 사용 촉진, 예방 프로그램의 방향을 정하는 등의 세계적인 지침을 만들었다. HIV/AIDS에 관한 임무 선언은 전 세계 강령의 기준이 되었다. 세계 지도자들은 그들이 했던 명료한 약속에 책임을 지게 되었다. 에이즈에 대해서도 전대미문의 사건에 대하여 엄청난 양의 보도가 쏟아졌고, 이것은 전 세계적으로 인식을 향상시키는 데에 기여했다. 지도자들은 이제 이 이례적인 규모의 에이즈 위기, 또 이것을 중지시키기 위해 필요한 것이 무엇인지 모른다고 할 수 없었다.

돌이켜 생각해봤을 때, 2001년은 에이즈를 둘러싼 정치적인 면에 있어서 극적인 전환점이었다. 순식간에 어마어마한 기금이 모였다. 그러나 나는 여전히 다양한 유엔 산하 기구들 간의 협력이 굉장히 느리게 진행되고 있다는 사실에 절망했다(유엔 산하 기구는 유엔 마약 및 범죄 사무국이 추가 된 이후 총 7개가 되었다). 세계은행의 짐 울펜손, 유니세프의 카롤 벨라미, 유엔환경계획의 나피스 사딕, 그리고 차기 사무부총장인 마크 맬럭 브라운 같은 각 기관들의 수장들이 많은 지원을 해주었다. 상승효과의 좋은 예를 보여주는 사례들이 있었다. 그러나 중간 관리직층은 과거의 관습에 머물러 있었고, 유엔에이즈계획의 성과에 대해서는 계속 점점 더 시기하고 있었다. 나는 그런 올바르지 않은 행동들이 우리가 임무를 수행하는 데에 영향을 주면 안 된다고 생각했다. 이것은 슬픈 자원의 낭비였다.

CHAPTER

20

생명의 가치

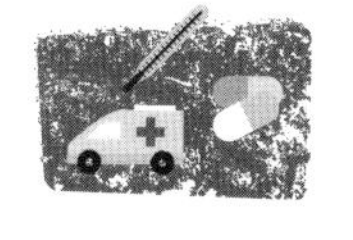

유행의 초기부터 환자들과 의사들은 빠르고 확실한 죽음을 초래하는 에이즈로부터 벗어날 효과적인 치료를 간절히 원했다. 그리고 전쟁과 고난의 시기에 항상 그래왔듯, 사람들의 절망을 이용하려는 사람들이 있었다. 엉터리 치료법들은 여러 나라에서 홍보되었는데, 특히 항레트로바이러스 치료법이 널리 사용되기 전에, 종종 부도덕하거나 현혹당한 정부 관료들로부터 많은 지원을 받았다. 마지못해 나는 그러한 많은 사례들에 관계하게 되었는데, 과학적 사기와 정치적으로 연결된 경제적인 이익에 강력히 반대하는 목소리를 내야 했다.

1986년, 자이르 정부는 프로젝트 씨다의 책임자인 로빈 라이더와 나에게 두 아프리카 연구원이 에이즈의 치료법을 찾았다는 것을 전 세계에 알리는 기자회견을 해달라고 부탁했다. 즉, 환자의 몸에서 바이러스가 완전히 없어졌고 심지어 HIV 항체가 음성이 되었다는 것이었다

(이것은 생물학적으로 말이 되지 않는다). 이 완치법은 두 연구원이 이집트인 외과의사와 자이르인 혈액학자였기 때문에, 연구자들의 각자 자국 대통령의 이름을 따서 MM1Mobutu Mubarak Number 1이라고 불렀다. 우리는 이 약을 추천하도록 압력을 받았지만, 우리에게는 약의 조성에 대해서 알 수 있는 방법도, 이 약에 접근할 수 있는 방법도 없었다. 그러는 동안 필사적인 환자들이 멀리서 찾아왔고 심지어는 미국에서도 이 기적에 가까운, 하지만 사실 완전히 사기인 치료제를 받기 위해 왔다. 모부투 대통령의 요구에 따라 아프리카개발은행은 치료제를 발견한 킨샤사대학 혈액학자인 루루마에게 수백만 달러를 주었다. 그래서 킨샤사에서 프로젝트 씨다를 진행하는 우리에게는 환자들에게 제공할 수 있는 치료제가 없었기 때문에 한동안 저자세를 취했다.

케냐에도 비슷한 이야기가 있었다. 1990년 1월 나이로비에 갔을 때, 보건부가 우리에게 케냐 의학연구기관의 데이비 코흐 박사가 '켐론'이라는 저농도 인터페론 알파가 HIV 환자를 완치했다는 기자회견을 하는데, 이곳에 참석해달라고 요청했다. 또 다시, 어떤 환자들에서는 치료 후에 HIV 항체가 음성이 되었다고 했다. 임상시험 설계도 제시되지 않았고, 위약에 비해서 약이 효과적인지 평가하기 위한 대조군도 없었다(아프리카의 발명이라고 했지만, 실제로는 텍사스의 조세프 커민스라는 박사의 연구실에서 만들어졌다).

다시금 이 치료제는, 어떤 비용을 들이더라도 나아질 가망성이 없고 완치가 불가능한 전 세계 환자들을 끌어 모았다. 코흐 박사는 고위층의 정치적 지지를 받고 있었고, 게다가 인터페론 알파 치료는 어느 정도 생물학적인 바탕이 있었기 때문에, 굉장히 비용이 많이 드는 이 임상시험에 세계보건기구를 포함한 여러 곳으로부터 기금이 모였다. 1998년 우간다 에이즈 연구자인 엘리 카타비라는 켐론이 위약에 비해 나을 것이 없다는 결과를 독립적으로 발표했다.

남아공은 음베키의 정치적인 지원하에 나름의 엉터리 요법을 가지고 있었다. 1997년 아직 부통령일 때 음베키는 총 내각과 남아공 행정수도인 프리토리아에서 온 심혈관 연구자들과의 만남을 주선하였다. 그 연구자들은 아프리카의 발명이라고 소개된 '비로딘 피오58'이 에이즈를 치료할 수 있다고 주장했다. 그들이 내세운 과학적인 근거는 신뢰할 수 없었을 뿐 아니라 생명윤리위원회의 승인도 받지 않고 진행된 것이었다. 비로딘은 독성 공업용제인 디메틸폼아마이드를 함유했다. 이후 남아프리카 의학조정위원회의 차기 위원장이었던 피터 포브와 헬렌 리스는 용감하게도 정치적 압력에 굴하지 않고 인간을 대상으로 한 임상시험을 승인해주지 않았다(리스는 심지어 살해 위협을 당했음에도 굴하지 않았다). 그들은 명망 있는 의학연구회의 수장인 말레가프루 맥고바 교수의 지원을 받고 있었다. 그럼에도 불구하고 남아공 정부의 지원을 받고 있었던 연구자들은 2000년에 탄자니아 군대에서 임상시험을 진행했다. 남아공 정부는 마티아스 라트라는 독일 의사의 주장도 지지했는데, 그는 그가 만든 영양 보충제가 에이즈를 치료할 수 있다고 했다. 그들은 인간의 생명을 위험에 내몰고 있었기 때문에, 2005년 요하네스버그에서 열린 기자회견에서 나는 이러한 주장들을 맹렬히 비난했다.

심지어 2007년에는 야햐 자메 감비아 대통령이 개인적으로 천연 허브로 에이즈, 천식, 고혈압을 치료할 수 있을 것이라고 말했다. 자메 대통령은 그 약이 항레트로바이러스 치료의 대안이 될 수 있다고 열심히 홍보했다(감비아가 아프리카 보건의 가장 큰 공헌을 하고 있는 명망 있는 의학연구회 실험실의 주된 지원국이라는 것은 역설적이다). 자메 대통령은 심지어 그 치료에 대해서 의문을 제기한 감비아 내 유엔 상주 조정관인 파드자이 과라드짐바를 추방하기도 하였다. 옆 나라인 다카르의 술리만 음붑이 이끄는 아프리카 과학자들은 이러한 진료 행위를 규탄하는 공개 서한을 통해 강하게 반발했다.

유엔에이즈계획은 1996년에 착수가 이루어졌는데 이것은 항레트로바이러스 치료제를 발견한 시기와 우연히도 일치했다. 그러나 5년 후 우리는 작은 진전에 머물렀다. 개발도상국에서 에이즈는 여전히 사형 선고나 다름없었다. 우리에게 성공할 가능성은 매우 낮았고, 1990년대에는 새로운 특허 제품, 특히 완전히 새로운 계열의 약제들이 개발도상국들에도 사용 가능해질 것이라고 생각하는 것은 불가능했다. 그런 나라 사람들은 기본적인 의료 혜택도 받지 못하고 있었다. 우리는 항레트로바이러스제 치료가 어떻게든 가장 필요한 곳에 공급되도록 노력하는 수밖에 없었고 그 첫 대상 지역이 아프리카였다. 정상적인 시장의 메커니즘이 작동하기를 기다릴 수는 없었다.

장애물은 어마어마했고 가지가지였다. 이런 저항은 어디서 비롯되는 것인가? 이때는 (아직)바이러스에 의해서가 아니라 연구소들과 전문가들에 의해서였다. 모든 관련 단체에서 일관된 대화는 아직 없었다. 우선, 왜 HIV 치료가 개발도상국들에서는 불가능한지에 대한 긴 목록이 에이즈 최전선에 있었던 사람들로부터 나왔다. 물론 그들이 옳은 면도 있었고 특히 아프리카에서는 그랬다. 그러나 장애물에 초점을 맞추면서 그들은 지적이고 관념적인 마비 상태로 들어갔다. 심지어 세계보건기구는 2002년까지 항레트로바이러스제를 필수의약품 목록에 포함시키는 것을 거부했다.

개발경제학자들은 공중보건학자들 만큼이나 요지부동이었다. 1998년 5월, 세계은행 경제학자인 빌 맥그리비는 "잔인한 사실은, 가격 인하의 형태를 통해 지원할 제약회사들과 해외 원조를 통해 지원할 부자 나라의 납세자들처럼 아프리카의 에이즈 치료에 비용을 지원하게 될 사람들은 설득당하지 않을 것이라는 것이다"라고 메모했고 이것이 발튼 젤만에 의해 인용되어 워싱턴 포스트에 실렸다. 정말, 왜 정치인들이 불우한 아프리카인, 약물 중독자, 성노동자들에게 세금을 약속하겠는가? 자크 시라크 프랑스 대통령은 아프리카 HIV 치료제 공급의 필요성에 대해 말하는 유일한 정치인이었다. 프랑스는 실제로 1997년 12월에 아비장에 지원했는데, 2002년 글로벌 펀드가 조성될 때까지 이 약속이 말로만 그쳤기 때문에, 다른 부유한 국가들이 떨어져 나가게 되었다.

따라서 국제개발국들은 HIV 치료의 광범위한 접근성을 요구하는 우리 주장에 대한 지지를 거부했다. 공공 기금을 부유한 국가에서 끌어다가 다른 나라에서 평생 해야 하는 치료를 위해 제공한다는 것은, (다른 개발 원조와 달리)윤리적으로 도출할 수 있을 가망성이 없기 때문에 위험하다는 이성적인 주장들도 있었다. 게다가 제약회사들은 새로운 계열의 약제들을 높은 가격으로 계속 유지하는 데에 주된 관심을 가지고 있을 뿐만 아니라 약제의 부적절한 사용으로 인한 바이러스의 저항성 획득의 문제도 걱정하고 있었다. 정당화되든 안 되든 지적재산권은 제조업 경영 모델의 기초가 되는 것이었다. 우리는 큰 제약회사들과 협상을 해야 했고, 몇 년 동안 이러한 새로운 약제들을 대체할 제네릭 약제들도 없었다.

많은 아프리카 보건부장관들은 HIV 치료에 대하여 양가 감정을 가지고 있었다. 한 쪽으로는 에이즈로 인한 환자의 부담과 병원의 비용 증가에 당면하고 있었기 때문에 그들은 값싼 약제를 잘 사용할 수도 있었을 것이다. 하지만 국가 재정은 국민들의 다른 보건 문제들을 해결하기에도 충분치 않았고, 또 그들이 HIV 치료를 위한 약속을 이행하지 못할까봐 걱정하고 있었다. 게다가 남아공 보건부장관인 트샤발랄라-음시망 박사는 오랫동안 그 지역 동료들에게 항레트로바이러스제에는 독성이 있고 실제로 에이즈를 전혀 치료하지 못한다고 큰 목소리로 주장했다. 그녀는 케이프타운의 남아공 의회에서, 무슨 근거인지 알 수 없지만, 네비라핀이 몇 명의 여성을 죽였다고 주장했다.

국경없는 의사회나 미국 헬스 갭은 유엔에이즈계획과 좋은 연대를 이루고 있었고, 그들은 HIV 치료로의 보편적인 접근을 위한 캠페인을 벌였다. 그러나 동시에 지적재산권과 관련된 그들의 극단적인 거부 입장은 제약회사와 많은 정부들을 멀어지게 만들었고 대화를 어렵게 만들었다.

나만의 분석을 해보았다. 나는 아프리카에서 일하는 동안, 짧은 시간 동안이더라도 간단해 보이는 진료를 하는 것이 얼마나 힘든지를 경험했었다. 나는 아프리카 사람들의 성공적인 HIV 치료를 위해서 무엇을 해야 할 것인가를 생각했다. 결국 떠오른 것은, 먼저 HIV 검사를 더 많이 하게 해야 한다는 것이었다. 치료를 시작하기 전에 우선 사람들은 그들이 감염되었는지를 알아야 하고, 결과가 양성이 나오더라도 그들의 직업이나 사회 관계망을 잃을 것을 두려워하지 않아야 했다. 몇 년 전에 나이로비에서 마린 테멀멘과 나는 수많은 임신부들이 HIV 양성으로 진단되자 그들의 남편으로부터 구타를 당하고 심지어는 집에서 쫓겨나는 경우를 목도했었다. 두 번째로, 실제 현장에서 질병의 단계를 평가하고 추적 관리를 받을 수 있는, 감당 가능하고, 접근 가능한 진료 및 검사가 필요했다. 세 번째로, 우리는 감당 가능하고 이용 가능한 치료에의 접근성이 필요했다. 네 번째로, 그들이 약을 제대로 복용하고 있는지 확인해 줄 필요가 있었다. 그 당시에는 정해진 정확한 시간에 열 알이 넘는 항레트로바이러스제를 먹는 것이 효과적인 치료에 필수적이었다. 뉴욕 사람들은 알람시계를 가지고 다녔다. 어떤 경우라도 나는 우리가 일률적인 투여방법을 가지고 HIV 치료에 공중보건학적 접근을 할 필요가 있다고 확신했다. 치료에 잘 순응하고 있는지 뿐 아니라 저항성 발생의 위험을 줄이기 위해서도 이러한 치료법은 필요했다.

많은 사람들은 시간적인 이유만으로도 항레트로바이러스 치료가 아프리카에서는 효과를 거둘 수 없다고 주장했다. 그 문제에 대해서 미국 국제개발청 관리자였던 앤드류 나시오스가 했던 말이 있다. "많은 아프리카 사람들이 평생 동안 시계를 한 번도 본 적이 없습니다. 만약 당신이 '오후 1시'라고 이야기한다면 그들은 당신이 무슨 말을 하는지 알지 못할 겁니다." 세계보건기구에 있는 공중보건전문가들과 국제개발기구 직원들은 그들이 생각해낼 수 있는 모든 장애물에 대한 목록을 작성했고, 그들은 항상 아프리카에서의 HIV 치료가 성공할 가망이 없는 계획이라는 결론에 이르렀다. 그 목록은 당시에 합리적이었고 슬프게도 여전히 합리적이다. 하지만 오늘날 7백만 명의 사람들이 아프리카에서 항레트로바이러스 치료를 받고 있고 이 치료가 그들을 살아 있게 하고 있다.

나는 아프리카 보건 체계를 고치는 것은 현재로서는 유엔에이즈계획의 능력 밖의 일이라고 생각했다. 그리고 치료제를 쓸 수 없음에도 검사를 더 많이 장려하는 것은 효과가 없을 것이라고 생각했다. 검사만

하는 것은 아무 이득이 없었다. 그래서 나의 결론은, 우리가 다른 것보다 먼저 약제 가격을 낮추는 것이 필요하다는 것이었다.

나는 이것에 굉장히 집착하게 되었다. 실제 매일 나 자신에게 질문했다. 우리가 어떻게 항레트로바이러스제의 가격을 낮출 수 있을까? 나는 이런 분야에 경험이 없었다. 하지만 이미 유니세프를 통해 백신들이 몇 개 국가에 서구보다 낮은 가격으로 제공되고 있는 사례가 있다는 것을 알았다. 게다가, 나는 만약 내가 프랑스 약국에서 약을 사면 스위스제 약이더라도 스위스에서보다 저렴한 가격에 살 수 있다는 것을 알았다. 왜냐하면 프랑스는 가격 협상을 해서 가격을 낮추기 때문이었다. 그리고 비행기를 탔을 때 당신 옆에 탄 사람은 당신의 3분의 1의 가격으로 비행기표를 샀을 수도 있었다. 따라서 차등가격제는 드문 일이 아니었다. 단지 우리는 이러한 접근을 이전에는 생각해본 적이 없었다.

한 가지 성공적인 예가 있었다. 머크사는 수익성이 좋은 약인 이버멕틴을 보유하고 있었다. 원래 동물의 기생충을 치료하기 위해서 만들어진 약이었다. 나중에 사람의 사상충증에 효과가 있는 것으로 알려지자, 머크사는 서아프리카에 이 약을 무료로 제공했다. 서아프리카는 경작에 적합한 비옥하고 거대한 땅이 있었는데, 이곳에는 전염 매개체인 먹파리들이 우글거렸다. 이것이 모델이 될 수 있을까? 나는 세계보건기구의 이브라힘 삼바 박사 같이 이 분야에 관련되었던 몇 사람들을 만나봤지만 대답은 '아니오'였다. 최근에 개발되어 굉장히 비싼 평생 치료 약제들은 투자에 대한 환수가 필요할 것인데, 왜 공짜로 나누어 주려할까? 머크사의 이버멕틴은 선진국에서는 인간에게 사용된 적이 없지만, 항레트로바이러스제의 경우에는 달랐다. 게다가 에이즈의 경우에는, 사상충에 대해서 짧은 기간 사용하는 이버멕틴과는 달리, 궁극적으로 중저소득 국가들에서 살고 있는 3천만 HIV 감염인들이 평생 필요로 하는 약을 제공할 것을 고려해야 했다. 에이즈에 대한 도전에 있어 그런 접근은 너무 규모가 컸다. 우리는 감당 가능한 약제들이 필요했고 해당 국가의 빈곤의 정도, 선진국들의 기금 마련 능력, 그리고 문제의 규모를 고려해야 했다. 그것은 과감한 가격 인하를 뜻했다. 전 세계 대부분의 나라에서 10,000달러에 대해 50%를 인하한다 하더라도 치료는 여전히 손에 닿지 않을 정도의 거리에 있는 것이었다.

1991년, 나카지마 박사가 세계보건기구의 수장으로 있을 때 18개 제약회사 임원들이 HIV와 기회감염 치료제에 대한 접근성을 논의하기 위해 제네바에 모인 적이 있었다. 그들은 아무 결론도 이끌어내지 못했다. 그들은 기본적으로 가격에 대해 논의하기를 거부했고, R&D를 위한 기금이 필요하고, 아프리카에는 복잡한 치료를 위한 설비가 갖춰져 있지 않다는 이야기만 했다. 1992년에 열린 모임에서 제약회사들은 문서에 '감당할 수 있는'이라는 단어를 사용하는 것조차 거부했다. 양쪽에는 적대감이 있었고, 세계보건기구도 기금을 모으지 못했으며, 이런 논의는 결국 1993년에 끝이 났다.

이 시기는 클린턴 행정부가 전 세계적으로 특허권 보호를 강화하던 시기였고, 엘 고어 부통령이 제네릭에 대한 문제로 넬슨 만델라 대통령에 대한 제약 회사의 소송을 변호하고 있었다. 세계무역기구는 1995년에 설립되어 개발도상국이 제네릭을 생산하거나 구입하는 것을 무역관계 지적재산권으로 금지하는 협정을 체결했다.

나는 HIV 치료를 가장 필요로 하는 곳에 제공할 수 있는 몇 가지 방법을 따르기로 결정했다. 먼저, 항레트로바이러스 치료를 저소득 국가의 사람들에게 제공하는 것이 가능하다는 것과 이 사실에 대한 회의적인 시각들을 잠재우는 것이었다. 두 번째는 보다 낮은 가격을 협상하는 것이었다. 세 번째는 산업, 기금 제공자, 그리고 보건부장관들에게 대중의 압력을 행사하는 것이었다. 이것은 분명 우리의 현재 상황에서 굉장히 강력하게 작용할 것임을 알았기 때문이었다.

우선 유엔에이즈계획 운영위원들의 참여가 필요했다. 왜냐하면 위원회의 동의가 없이는 내가 법적으로 항바이러스치료제의 접근성에 대한 의문을 제기하기 위해 돈을 쓸 수 없었기 때문이었다. 1996년 12월 나는 위원회 모임에 참석하기 위해 제네바에서 나이로비로 갔다. 일을 시작하기 전에 우리는 에이즈 프로젝트를 살펴보기 위해 이틀 동안 슬럼가를 방문했다. 나는 위원들이 이 문제의 시급성과 새하얀 문서에는 담을 수 없는 인간적인 면을 인지하게 되기를 원했다. 또한 일반 케냐 사람들이 어떻게 에이즈에 맞서기 위해 조직화하는지를 직접 보기를 원했고, 몇 명의 외교관들은 눈물을 흘리기도 했다. 하지만 그러한 개인적인 감정이입에도 불구하고, 대부분 공여국에서 온 이사회 위원들은 유엔에이즈계획이 치료에의 접근성을 향상시키기 위해 제시한 조치를 지지하는 것을 꺼렸다. 이에 비해 비정부기구 대표들은 찬성 쪽에 열심히 로비를 했다.

그래서 나는 "연구를 한번 해봅시다. 그냥 시범 연구로 가능한지만 평가해봅시다"라고 말했다. 만약 우리가 그 약제들이 적절히 투여되고 개발도상국들에서 이용될 수 있음을 증명할 수만 있다면, 도덕적으로 옳은 이 조치들은 거의 난공불락이 될 것이었다. 위원회는 동의했다. 나는 이것을 '의약품 접근성 강화 계획'이라고 불렀고, 우간다, 베트남, 칠레, 코트디부아르와 함께 일했다. 아일랜드 제약업계 출신이자 더없이 좋은 아프리카에서의 경험을 가진 브라이언 엘리엇과 함께 아와 콜-섹은 네 나라 모두에 사람을 보내 힘겨운 프로젝트를 시작했다. 예를 들어 우간다에서 우리는 15만 달러를 들여서 항레트로바이러스제의 수입을 위해서 메디컬액세스주식회사라는 회사를 세워야 했다. 왜냐하면 제약회사들은 우간다의 중앙 제약 조직을 믿지 못했기 때문이었다(이 회사는 아직도 성업 중이다). 이 모든 것들이 매우 천천히 진행되었다. 왜냐하면 참조할 만한 사례가 없었고 동시에 제약회사들로 하여금 낮은 가격을 납득하도록 해야 했기 때문이었다.

약제의 높은 가격 이윤에 대해 의문을 가지기 시작한 대중들의 압력이 거세어지면서 당시 2개의 항레트로바이러스제를 생산하고 있었던 글락소웰컴사의 강인한 최고경영자였던 리처드 사이크스가, 불시에 그의 운영자들과 함께 처음으로 1997년 초에 소폭의 가격 인하에 동의했다. 결국 1997년 12월, 거부할 줄 모르는 캠팔라의 재치 있는 군의관이었던 피터 무지에니가 그가 환자를 보던 텐트였던 연합임상시험센터에서 첫 환자를 치료하기 시작했다.

우리는 의약품 접근성 강화 계획에 따라 항레트로바이러스제의 가격을 40% 인하했는데, 한 사람에 연간 7,200달러 정도였다. 여전히 개발도상국에는 한참 높은 가격이었다. 시작이었지 해결책이 아니었다. 그러나 유엔에이즈계획은 아프리카의 첫 항레트로바이러스 치료 프로그램을 시작했고, 콩고 수도인 브라자빌에서 프랑스 적십자사와 특히 국경없는 의사회 등의 다양한 비정부단체의 도움을 받았다.

1997년 12월 코트디부아르의 아비장에서 열린 에이즈학회에서 자크 시라크 프랑스 대통령은 아프리카에 항레트로바이러스제의 공급을 위한 국제기금을 마련할 것을 제안했다. 국경없는 의사회의 창립자이며 인도주의 단체의 열정적인 대변인인 베르나르 쿠슈네르 박사와 함께 저녁에 구운 닭요리를 먹으면서, 우리가 어떻게 시라크 대통령이 발표한 이 '국제치료연대기금'이 기능할 수 있을지에 대해 논의했다. 그러나 불행히도 프랑스는 충분한 기금을 제공할 여유가 없었고, 작은 나라인 룩셈부르크를 제외하고는, 다른 공여국들은 시대를 앞서 나간 이 대규모 사업을 거부했다.

나는 제약회사에 있는 고위직들을 참여시킴으로써 토론을 강화했다. 먼저 운동가 집단에 보조금을 지원함으로써 이들과 보다 나은 관계를 형성하고자 노력하는 포지티브 액션이라고 불리는 프로그램을 운영하고 있는 벤 플럼리가 글락소웰컴에서 참여했다. 쉬운 토론이 아니었다. 제약회사 임원들은 유엔에 대해서 굉장히 의심스러워했고, 우리가 그들의 특허권을 해칠까 걱정했다. 그들의 관심을 끄는 것 역시 쉽지 않았다. 세기가 바뀌면서 90%가 넘는 항레트로바이러스 약제들이 오직 다섯 개 서방 국가들에서 판매되었고, 아프리카는 미개척의 땅이었다. 그러나 나는 일이 성사되도록 만들어야 했다. 어떤 회사도 HIV 감염을 치료하는 데 필수적인 세 가지 약제 모두를 생산하지는 않았다. 그래서 나는 글락소웰컴사, 머크사, 브리스톨-메이어스 스큅사의 사람들을 같은 방에 넣고자 했다. 머크사는 한 가지 항레트로바이러스 제를 가지고 있었고, 높은 가격으로 인하여 미국에서 운동가들에게 심한 공격을 당하고 있었다(1997/98년 당시에는 제네릭 약제가 없었다). 그러나 독점금지법으로 인해 회사들은 같은 방에 앉아 함께 서로 가격에 대해 논의하는 것을 원하지 않았다. 나는 법률적인 사고 능력은 없었지만, 독점금지법이 높은 가격으로 고정되는 것을 막기 위한 것이지 우리가 달성하고자 하는 보다 낮은 가격을 위해서 존재하는 것은 아니라고 항상 생각해왔다.

그 사이에 나는 브라질을 여러 차례 방문했다. 그곳에서는 1998년까지 리우데자네이루에 있는 주 정부 소유의 회사인 파망귀노즈사에서 제네릭 항레트로바이러스제를 만들기 시작했었다. 내가 그들을 처음 방문했을 때 그들은 제약 제조업의 국제 기준을 충족시키기 위해 분투하고 있었다. 하지만 그들은 그런 문제들을 곧 해결했다. 우리의 협상이 진행되어감에 따라, 브라질의 에이즈 치료에 있어 지역적으로 만드는 제네릭의 경험이 오리지널 의약품의 차등가격제를 주장하는 근거가 되어가고 있었다.

세계보건기구는 분명히 우리의 노력에 관여하고 싶지 않아 했다. 필수 의약품에 대한 세계보건기구 프로그램의 전문가들은 높은 기술의 의약품을 말라리아 치료제 같은 기본적인 약제를 공급하는 데에도 어려움을 겪고 있는 개발도상국에 공급하는 것은 바보 같은 짓이라고 생각했다. 그리고 제약회사들은 여전히 굳건히 차등가격제 제안에 반대했다. 그들은 이와 같은 것들이 모두 환자들에게 치료제의 순응도가 충분하지 않기 때문에 저항성을 유발시킬 것이라고 주장했다. 또한 만약 그들이 아프리카에 인하된 가격으로 약제를 공급한다면, 그것이 재수출되어서 미국이나 유럽에 낮은 가격으로 돌아오고 그것이 그들의 사업을 망치게 될 것을 우려했다.

1998년 말까지 우리가 개발도상국에서 진행한 항레트로바이러스 치료에 관한 네 가지 시범사업들 중 첫 번째 결과가 나오기 시작했다. 우리는 이 결과가 독립된 기관인 미국 질병관리본부와 프랑스 국립에이즈연구소에 의해 상당히 엄격히 평가되도록 하였다. 결론은 개발도상국에서의 순응도는 많은 경우에 유럽이나 북미보다 좋을 수 있다는 것이었다. 아프리카에 있는 사람들 역시 약이 그들을 살아 있게 한다는 것을 분명히 알 수 있기 때문에 시계를 보고 프로토콜을 잘 지키도록 하는 강력한 동기가 될 수 있다는 것이었다. 지방 보건 체계를 닦고 의료 인력을 교육하는 아주 작은 투자를 통해서, 심지어 아주 정교한 치료도 실행되게 할 수 있고 생명을 살릴 수 있었다. 진짜 문제는 돈과 실행 계획이었다. 그 어느 나라도 기부하고 싶어 하지 않았다. 특히 코트디부아르에서는 잦은 치료제 재고 부족이 매우 위험한 치료 중단의 원인이었다(나는 아비장에서 온 화난 에이즈 운동가들이 이것을 고쳐달라고 하는 전화를 하루 종일 받았다). 그럼으로써 첫 해에 고작 4,000명의 환자들만이 이 계획으로 혜택을 받을 수 밖에 없었다.

이 시범 프로젝트는 제약회사들과 공여국들의 주된 주장, 즉 순응도를 유지하는 것이 불가능하기 때문에 치료 비용을 낮추는 것은 아무 의미가 없다는 생각을 휘저어 놨다. 그때부터 그들의 유일한 주장은 경제적인 측면이었고, 따라서 많은 사람들에 의해 탐욕적이라고 받아들여지게 될 부분을 노출시켰다.

1999년 적은 양의 첫 번째 제네릭 항레트로바이러스가 인도 회사인 CIPLA사와 스페인 회사 콤비노제약에서 우간다와 코트디부아르로 수입되었다. 이때 인도 제네릭 회사의 공작원인 유서프 하미에드가 세계에 등장했다. 그는 백발의 최고경영자로 뭄바이에 그의 부친에 의해 설립된 CIPLA사의 주주였다. 인도 특허법 덕분에 그와 그의 동료들은 확고한 제약 생산능력을 갖출 수 있었고 (다른 나라에서는 불법이지만)아직 특허권이 남아 있는 약제들을 모방했다. CIPLA사는 현재 전 세계에서 항레트로바이러스 공급을 가장 많이 하는 회사이다(나는 이 회사 제품을 아프리카의 가장 외진 곳에서도 보았다). 이 인도 회사의 등장은 HIV 치료의 널리 퍼진 경기 방식을 바꾼 것이었다. 하지만 나는 또한 단순히,

제네릭 생산자는 '좋고', 오리지널 약제 생산자는 '나쁘다'고 보는 관점은 잘못되었다는 것을 깨달았다. 회사들은 그저 서로 다른 사업 모델을 도입한 것이었고, 제네릭은 말 그대로 오리지널 약제 없이는 존재할 수 없었다.

행동주의 운동과 매체의 주목, 유엔으로부터의 압박, HIV 치료가 아프리카에서 실현 가능하다는 입증, 그리고 질 좋은 제네릭으로 인한 경쟁의 등장 등이 한데 합쳐져서, 제약회사들이 진지한 협상을 잘 받아들일 수 있는 기후가 조성되었다. 나는 이 많은 임원들이 개발도상국에 대해서 얼마나 무지한지에 대해 아연했다. 왜 그러는지는 이해했지만(그런 나라들은 그들에게는 작은 시장이었다) 우리가 이 일을 끝내는 것이 굉장히 중요하다고 생각했다. 그래서 우리는 짧은 여행, 환자들과의 만남, 잘 진행되고 있는 아프리카의 프로젝트 투어 등을 제안했다. 나는 특히 브리스톨-마이어스 스큅의 사장인 켄 웨그와 머크사의 레이 길마르틴은 이런 경험들에 영향을 받을 것이라고 생각했다. 몇몇의 다른 제약회사 사람들은 이윤과 주주 외에는 어떠한 주장에도 귀 기울이지 않겠지만, 그들 둘은 이 상황의 윤리적인 면에 대해 힘겨워하고 있다는 것을 느낄 수 있었다.

세계보건기구의 새로운 수장인 그로 할렘 브룬틀란 박사는 나의 이러한 대화를 도와주었고, 이것은 세계보건기구 위상에 있어 환영할 만한 주된 변화였다. 그리고 코피 아난 전 총장은 상황을 앞서서 주도했다. 그는 개인적으로 에이즈를 맡아서 해결해야 할 본인의 '위임 사항'으로 여기고, 내가 유엔 발언과 관련된 일을 할 때면 그의 권한을 넘어서는 일을 했다. 그는 몇 번 제약회사 최고경영자와의 모임을 주선했는데, 첫 번째는 2001년 4월 암스테르담에서였고, 두 번째는 그의 집에서 했던 사적인 저녁식사 후 뉴욕에서였다. 이런 모임을 준비하는 것은 나와 내 동료들의 직업이었고 긴장된 일이었다. 왜냐하면 회사들은 특허 및 독점금지법 전문 변호사들과 대중에 관한 일에 경험이 있는 사람들을 가지고 있었지만, 우리는 그런 도움 인력이 없었기 때문이다. 암스테르담 모임에서는 한 변호사가 심지어 독점금지법을 들먹이며 아난 전 총장의 말을 중단시켰다. 나는 가장 핵심이 되는 방법이 바로 최고경영자들을 각자의 탁상 앞에 앉혀놓는 것이라는 것을 알았다. 그러면 그들은 더 열어놓고 대화를 하는 것처럼 보였고, 이례적인 결정을 할 수 있었다.

유엔에이즈계획은 수년이 걸린 이 과정 속에서 많은 공격을 받았다. 1999년에는 제네릭 회사들이 더 뚜렷한 방법으로 시장으로 들어왔고, 어떤 운동가들은 유엔에이즈계획이 큰 제약회사들만 참여시킨다며 비판했다. 나는 우리가 그 과정에서 제네릭을 도입하는 것에 대해 처음에는 걱정했다고 거리낌 없이 인정했다. 그들의 제조 방법은 국제기준을 항상 만족시키는 것은 아니었고, 그들의 제품을 사용하는 법적인 근거는 아무리 낙관해도 흔들거렸다. 국경없는 의사회, 헬스 갭, 제이미 러브의 국제지식생태계(이들은 특허권이 약을 더 비싸게 만들기 때문에 사악하고 사라져야 할 것이라고 주장했다) 같은 단체들의 주장은 이상적인 사회에서는 유효할 수 있었지만, 그들은 사태의 시급성을 다루지 않았다. 또, 이전 세대 약이 더 이상 효과가 없을 때가 오는 것은 거의 피할 수 없어 보이는데, 만약 그렇게 되면 우리는 새로운 약을 필요로 하게 될 것이라는 사실도 고려하지 않았다.

우리는 지금 당장 에이즈에 싸워서 이겨야 하는 공동의 목적을 위해 생각의 차이를 차치해 두어야 했고, 그들이 몇 가지 기초적인 원칙에 동의하는 한 종교 집단부터 사업 지도자들, 가장 열정적인 운동가들까지 탁상에 모이는 것을 환영했고, 또 진정으로 필요했다. 그래서 만약 액트업이 사악한 대형 제약회사들과 함께 앉는 것을 원하지 않는다면 그러라고 했다. 그러나 대형 제약회사는 여전히 초대되었고 우리는 지속적으로 액트업도 다뤄야 했다(아마도 기회주의적으로 들리겠지만, 나는 덩샤오핑이 중국을 자본주의에 개방할 때 했던 말을 기억한다. "고양이가 흰색이든 검은 색이든, 어쨌든 쥐는 잡을 것이다." 나는 결과를 원했다). 그리고 사실 나는 지적재산권은 본질적으로 혁신의 장려책으로써 필요하다고 생각한다. 물론 약이나 백신과 같은 공공 재화의 사용에는 불우한 사람들을 위한 조항이 따로 있어야 한다고 주장할지 모르겠지만 말이다. 논란의 여지가 있는 문제에 대해 나는 에이즈 운동가들의 행동주의와는 다소 떨어져 있었다. 이것은 카멜레온이 등장하는 또 다른 예였다. 나는 내 눈을 목표, 즉 최대한 빠른 시간 내에 최대의 접근성을 확보하고자 하는 것에 고정시켜야 했다.

내가 제약 산업에 제안한 것은 새로운 사회적 계약이었다. 고소득 시장에서는 합리적인 이득을 남기고 새로운 제품으로 독점(다시 말해 기능적 특허)을 하는 대신에, 제약 산업은 반드시 필요한 새로운 약제를 위한 연구와 개발에 돈을 투자하고, 특허권이 만료될 때까지 기다리기보다는 새로운 필수 약제들을 개발도상국에 저렴한 가격으로 판매하는 것이었다. 나는 가난한 사람들이 전 세계적인 혜택을 위한 혁신에 비용을 지불하지는 않아야 한다고 강하게 느꼈다.

나는 다보스에서 열리는 연례 세계경제포럼이 열릴 때마다 참가했다. 세계 보건 분야에 있어서, 글로벌 컨설팅 전문기업인 액센츄어의 명석한 간부인 마크 포스터 아래에서 부의장을 맡았다. 마크는 나를 수

많은 보건 의료계의 간부들에게 소개시켜 주었다. 그로 브룬틀란과 나는 2001년 1월에 열린 포럼에서 저가 치료비용에 있어서 우리의 문제를 직접 상정할 수 있는 기회를 얻었다. 노르웨이의 전 수상이었던 그로는 다보스 계에서는 대단히 존경받는 인물이었다. 한 모임은 눈 쌓인 산에 있는 호텔에서 열렸는데 머크사의 최고경영자인 레이 길마르틴과 우리의 진행 중인 협상에서 중요한 인물이었던 제프 스터치오와 함께 한 모임이었다. 유엔에이즈계획을 세우는 데에 중요한 역할을 했고 브룬틀란의 간부였던 데이비드 나바로와 전 글락소사 임원이면서 현재 나와 일하고 있는 벤 플럼리도 이 모임에 참석했다. 우리는 머크사가 서아프리카에서 사상충증 퇴치의 전력이 있기 때문에 희망적이라고 생각했다. 그로와 나는 여느 때와 같은 주장을 밝혔고, 길마르틴은 기본적으로 그의 주주들이 회사의 비싼 신약을 원가에 내놓는 것을 절대 동의하지 않을 것이라고 말했다. 머크사 팀이 사라질 때 그로와 나는 서로를 바라보며 이렇게 말했다. "또 다른 우리의 시간 낭비였군." 하지만 우리는 우리의 캠페인을 계속하기로 마음먹었다. 너무 많은 생명이 달린 문제였다.

몇 주가 지난 후 레이 길마르틴은 제네바로 브룬틀란을 만나기 위해 날아왔다. 동시에 브리스톨-마이어스 스큅사의 켄 웨그는 우리 둘을 불렀다. 그들은 같은 지침을 가지고 있었다. 그들은 저소득 국가로의 약제 수송 방법과 가격에 대해 논의할 준비가 되어 있었다. 다보스에서의 우리의 만남은 결국 성과를 올렸다.

회사들은 싼 약제들이 재수출되어 고소득 국가의 시장에 오는 것을 막아준다는 확신을 원했고, 어느 정도 보장된 조달 자금을 원했다. 우리의 입장은 브라질이나 지금의 태국에 있는 제조회사들이 내놓는 제네릭의 가격이 공정한 가격이라는 생각을 기초에 두어야 한다는 것이었다. 왜냐하면 그들은 실제 약제 생산 가격의 지표를 제공하기 때문이었다. 반면에 제네바의 세계제약협회연맹은 전매 제약 산업을 대표했는데 이들은 지적재산권에 대한 강경한 태도의 공개성명을 발표함으로써 이러한 과정을 약화시키려고 노력했고, 차등 가격에 반대했다. 산업은 더 이상 연합하지 않았고, 그것은 하나의 기회였다.

우리는 굉장히 열심히 일했다. 조나단 만의 오랜 오른팔인 다니엘 타란톨라가 벤 플럼리와 내 간부인 줄리아 클리브스와 함께 이끄는 세계보건기구와 이례적일 정도로 함께 노력했다. 2000년 중반, 제약회사와 우리의 협상은 결국 결실을 맺기 시작했다. 5개 회사(베링거 인겔하임, 브리스톨-마이어스 스큅, 오프망-라 로슈, 글락소웰컴, 그리고 머크)는 HIV 유행을 심하게 겪고 있는 지역에 대한 HIV 약제의 가격을 상당히 깎았다. 1997년에 우리 혼자 했던 의약품 접근성 강화 계획 때와는 달리, 2000년 5월에는 세계보건기구, 유니세프, 유엔인구활동기금, 세계은행과 함께 접근성 가속화 계획을 세웠다. 여전히 한 사람당 연간 1,200달러가 드는 에이즈 치료 비용은 대부분의 개발도상국에서는 너무 비쌌지만, 유럽에서 요구하는 금액에서 90%를 낮춘 것이었고, 이것은 패러다임의 변화였다.

이 협상은 전 세계 주요 언론에 보도되었고, 이에 대한 기대가 너무 높아서 놀랐다. 큰 격차는 기금 모금 메커니즘의 부재를 남겼다. 가격이 하락해도 누군가는 가격을 지불해야 했다. 내 짐작에는 과감한 가격 인하로 우리는 기부자들이 치료를 위한 지불을 확신시킬 수 있었다. 나는 다시 한 번, 좋은 의도는 벌 받지 않는다는 것을 배웠다. 2000년 5월 제네바에서 열린 세계보건총회에서 남아공 보건부장관 만토 트샤발랄라-음시망이 이끄는 아프리카 보건부장관들은 이 계획을 거절했고, 우리가 마치 그 방의 45명의 장관들과 가격 인하를 협상해야 하는 것처럼, 우리가 그들과 상의하지 않았다고 항의했다. 우리는 분명 중요한 소통의 도전을 손에 쥐고 있었다. 국경없는 의사회의 버나드 페쿨이 이 프로젝트를 '쥐를 낳는 코끼리'로 비유했을 때 나는 든든한 배짱을 가지고 있어야 했다.

즉각적인 결과는 실망스러웠다. 글로벌 펀드 없이는 실제 사용되는 양이 너무 적었다. 세네갈과 우간다, 르완다는 이 메커니즘을 사용한 첫 국가들이었다. 치료에의 접근성 향상은 세네갈에서는 매우 신속했지만, 이 나라는 다른 두 나라보다 치료가 필요한 사람들이 많지 않았다. 우리는 제약회사들이 약의 예민한 가격 구조를 제어하길 원했기 때문에 최종 가격 협상이 국가별로 이루어지는 것을 허용하는 실수를 저질렀다. 나는 역전의 용사들인 줄리안 플릿, 나와 킨샤사에서 같이 일했던 요스 페리엔스, 바다다 샘과 같은 직원들을 관심 국가들의 지원을 위해 보냈고, 아주 비공식적으로 우리가 얻을 수 있는 모든 비밀 가격 정보들을 공유했으며 X나라에서 협상하는 사람들이 Y나라에서 얼마에 계약했는지, 즉 협상에 있어 주요한 자산인 가격 정보를 알 수 있게 했다.

그때 유럽위원회는, 나와 함께 케냐와 앤트워프에서 함께 일했던 벨기에 역학자인 리브 프란센에 의해 주창된 나름의 계획을 가지고 들어왔다. 우리는 그들과 함께 2000년 9월, 유서프 하미에드와 다른 제네릭 회사 사장들을 대형 제약회사 최고경영자들과 한 자리에 모으는 굉장히 흔치 않은 모임을 만들기 위해 일했다. 제네릭은 더 이상 터부시되지 않았다. 나는 유럽위원회의 회장인 로마니 프로디가 이 전례 없는 반나절간의 모임에 나타났다는 것에 놀랐다. 그는 몇몇 위원회 위원들과 동행했다. 그 위원들 중에는 프랑스 데카르트 사상의 훌륭한 대표이자 내가 만난 사람 중 가장 날카로운 두뇌를 가졌고 나중에 세계보건기구의 수장이 된 파스칼 라미도 포함되어 있었다. 모든 회사들은 차등가격제에 동의했고, 그저 그들이 생산을 계획할 수 있도록 수요를 보다 잘 예측 가능하게 해줄 것과, 이 약들이 고소득 시장에 재수출되지 않도록 보장해줄 것, 그리고 고소득 국가에서의 가격 보호를 요구했다. 만약 유럽 국가들이 개발도상국들과 같은 가격 인하를 요구했다면 이 모든 협상은 분명히 무산되었을 것이었다.

이런 모임들에도 불구하고 나는 전 세계를 돌아다니면서 우리의 계획에 대한 지지와 기금 지원을 요청하는 일을 계속 했다. 여전히 아프리카에서는 아주 적은 사람들만이 치료에 접근할 수 있었다. 우리는 세계보건기구, 국경없는 의사회와 함께 항레트로바이러스 약제의 가격을 전 세계적으로 감시할 수 있는 체계를 구축했다. 이것은 굉장히 가치 있는 일이었지만 한편으로 굉장히 실망스러운 일이기도 했다. 대부분 거래의 양쪽이 모두 가격을 개방하는 경우는 그리 많지 않았다. 우리는 계속해서 개입해야 했다. 예를 들어 2000년 12월, CIPLA사의 제네릭에 비해 글락소사의 약제 가격이 아주 약간 높았음에도 불구하고 (1.42달러 대 2달러), 글락소사는 제네릭이 가나에 접근하는 것을 막으려는 시도를 했다. 몇몇 중저소득 국가, 특히 중앙아메리카, 중동, 동유럽에서는 HIV 약제가 미국에서보다 더 비쌌다. 그래서 우간다에서는 2001년에 세퀴나버라는 약이 미국에서보다 17% 더 비쌌다. 그리고 남아공 정부가 제네릭을 수입하는 것에 대한 제약회사의 소송이 계류 중이었다. 그것이 해결되지 않는 한, 우리는 그들이 개발도상국에서 감당할 수 있는 약제에 전념할 수 있을지 확신할 수 없었다.

코피 아난 전 총장은 회사에게 남아공 정부와의 합의에 동의하도록 압력을 행사했다. 왜냐하면 그는 이것이 국제적인 장애물이라고 생각했기 때문이었다. 또한 몇몇 제약회사 최고경영자들은 법원 소송건이 그들이 얻고자 하는 이익보다 그들의 평판을 더 망가뜨릴 것이라는 것을 이해하고 있었다. 신규 합병된 글락소스미스클라인의 새로운 최고경영자였던 장 삐에르 가르니에는 다른 회사들과의 대열을 흐트러뜨렸고, 2001년 2월에 이 제약회사는 이 불평을 철회했다. 이것은 남아공 정부와 에이즈 운동 모두의 주요 승리였다. 치료행동캠페인은 의기양양했다. 그리고 보건에 있어서의 권력 관계가 조금 움직였다.

나에게 이것은 하나를 처리하면, 걱정거리 하나를 줄이는 것이었다. 또한 에이즈에 대한 옹호에 더 많은 시간을 투자할 수 있게 하는 것이었다. 제약 산업의 기후는 다양하게 변화했다. 그해 후반에 독일 베링거 잉겔하임의 회장이었던 롤프 크렙스 교수는 나에게 그가 예술, 문화에 대한 법인 기부를 취소하고 모든 기부를 에이즈로 옮겼다고 말했다. 그리고 2001년 인도의 CIPLA사는 제네릭 일차 항레트로바이러스제를 극적으로 인하된 가격인 한 사람당 1년에 350달러에 팔겠다고 선언했다. 유서프 하미에드는 제품 가격이 시장과 협상력에 따라 나라마다 굉장히 다양하기는 했지만, 점차 중요한 역할을 맡게 되어 콤비비어의 가격이 나라에 따라 95달러에서 195달러 사이에 형성이 되었다. 그 큰 움직임 후, 시장은 고유의 작동을 하기 시작해서 가격이 낮아졌다. 2001년 2월까지 우간다에서의 1년 치료 가격은 400달러였고, 7월에는 300달러였다. 이것은 하루에 1달러도 안 되는 가격이었다. 점점 더 실제 간극은 기금의 간극이 되었다.

국제법적인 장애물과 특허에 있어 비확실성은 약화되기 시작했다. 2001년에는 카타르 도하에서 열린 학회에서, 세계보건기구의 회원국들이 에이즈와 같은 보건위기에 있어서는 제약회사의 특허권에 대한 '강제적인 허가'를 발행할 권리가 빈곤국에 있어야 한다는 것에 동의했다. 이것은 빈곤 국가로 하여금, 특허권자에게 보상할 수 있다면, 저가 제네릭을 생산할 수 있는 법적인 권리를 갖도록 하였다. 2003년 제조능력이 없는 저소득 국가들은 외국으로부터 제네릭을 수입할 수 있도록 추가적인 면제를 받았다. 우리는 이러한 돌파구를 마련하기 위해 미국 인권 변호사인 줄리안 플리트를 통해서 굉장히 밀접하게 관여하게 되었다. 그의 전설적인 인내력은 복잡 미묘한 토론을 견뎌내도록 했다. 나라면 견뎌내지 못했을 것이다. 그의 주된 업무는 최근 기술정보를 전문 지식이 없는 개발도상국에서 온 파견단에게 제공해주는 것이었다.

그러나 미국, 유럽 그리고 일본은 나중에 양쪽의 자유무역협정을 이용해서 이렇게 좋은 다자간 합의를 우회하려고 했다. 이 협정은 종종 국제적으로 동의가 된 것을 넘어서는 데에까지 특허권을 확장했다. 보건 관리를 포함하지 않는 협상을 할 때나 개발도상국들이 당연히 약품 수입보다는 주요 수출 산업들에 집중하는 협상에서 그랬다. 이러한 협상에 있어 우리의 영향력은 매우 제한적이었고 감당할 수 있는 치료로의 접근이 이러한 양쪽의 조약들로 인해서 이제까지 진보해온 것이 나중에 위험에 빠지게 될까 걱정이 되었다.

그때부터 많은 전선에 진보가 있었다. 2002년에 항레트로바이러스 치료제는 결국 세계보건기구의 필수 의약품으로 받아들여졌다. 어떤 국가들에게는 공공 단위에서 그것들을 사용할 수 있는 전제조건이 된 것이다. 클린턴 재단은 영리하게 항레트로바이러스의 전 생산 과정에 걸쳐 가격을 내려서 제네릭 생산자들과 함께 추가적인 가격 인하를 알렸고, 소아용 제제도 같은 방법으로 가격을 낮췄다. 세 약제를 한 알에 정해진 용량으로 조합한 제제는 인도 제네릭 제조회사에 의해 시장에 나왔고, 하루에 10~15알 복용하던 것을 단 2알로 줄임으로써 HIV 환자들의 삶의 질과 치료 순응도를 급격하게 향상시켰다.

그러나 대부분의 기부자들은 여전히 개발도상국들의 HIV 감염인들을 위한 평생 치료에 기금을 내는 것을 굉장히 꺼려했다. 10월에 나는 입장을 재고하고 있었던 모든 주요 원조 기부 단체들을 만나 HIV 치료에 대한 토론을 하기 위해 네덜란드에 초대했다. 그들은 여전히 같은 주장을 하고 있었고 캐나다 국제개발기구는 심지어 에이즈의 치료에 대해서는 조금도 언급되지 않은 전략 문서를 배포했다. 몇몇 토론은 거의 완전히 사실과 동떨어져 있었고, 어떤 사람들은 정말로 매일 수백 명의 사람들이 에이즈로 죽어가는 나라들에서 우리가 HIV 예방과 치료 중에 하나를 선택할 수 있다고 믿었다. 그래서 나는 국제 개발 장관들을 만나 HIV 치료를 위한 지지를 얻기 위해 유럽, 캐나다, 일본을 순례했다. 눈에 띄게 예외적이었던 영국을 제외하고는, 대부분의 국가들이 개발도상국의 만성 치료를 위해 기금을 제공하는 금기를 극복하는 것에 개방적이었다.

진정한 진전은 에이즈, 결핵 그리고 말라리아 퇴치를 위한 글로벌 펀드가 시작된 2002년이었다. 2003년 부시 대통령이 의회에 에이즈 퇴치를 위한 비상계획으로 2백만 명에게 항레트로바이러스 치료 공급 목표를 승인하면서 급격히 가속화되었다. 바로 이런 것이 판을 바꾸는 일이었다.

현재 항레트로바이러스제 비용은 1인당 연간 14,000달러에서 100

달러 미만으로 떨어졌다. 2000년에는 개발도상국들에 사는 20만 명 미만의 사람들이 항레트로바이러스제를 투약받고 있었고, 그들의 대부분이 브라질 사람들이었다. 그러던 것이 2011년에는 7백만이 되었다. 2000년에는 겨우 0.1%의 아프리카 에이즈 환자들이 에이즈 치료제를 받았지만 현재는 약 40%가 받고 있다.

에이즈로 인한 사망률은 대부분의 나라에서 극적으로 감소했다. 어떻게 따져 보아도 이것은 엄청난 발전이고 국제 개발에 있어 견줄 데가 없는 일이었다. 완벽한 상황은 아니다. HIV 감염인 중 반수가 여전히 치료에 접근하지 못하고 있다. 그래서 2010년에는 180만 명의 살 수 있었던 환자들이 죽었다. 그러나 전 세계의 항레트로바이러스 치료의 보편적 접근을 위한 약속이 현대에 들어 국제 보건에서 가장 전면적인 국제적인 약속이 되어 왔다. 이것은 제약회사들이 일하는 방식을 바꿔놓았고, 지금은 새로운 항레트로바이러스 치료제가 시장에 나오면 개발도상국에는 차등가격 체계가 지연되거나 압력 속에 마지못해 진행되는 것이 아니라, 즉각적으로 가격이 인하된다. 한 경제학자는, 특허권하에 있는 새로운 에이즈 치료 약제가 이제 더 이상 부유한 개인이나 한 나라의 사적인 재화로 여겨지지 않고 모두가 이용할 수 있는 '가치 있는' 재화가 되었다고 말했다.

분명한 것은, 에이즈가 개발도상국들에서의 보건 지형을 바꿔놓았다는 것이다. 나의 기여는 그 많은 것들 중 하나에 불과하지만, 이 진전의 각 단계가 아주 자주 유엔에이즈계획의 기반하에서 이루어졌다. 지금까지도 뇌리에서 떠나지 않는 질문은, 우리가 더 일찍 더 빨리 그것을 할 수 있지는 않았을까하는 것이다.

CHAPTER

21

에이즈 군자금

우리는 정치적인 지도력과 거의 감당 가능해진 약제와, 현장 프로그램을 가지고 있었다. 그러나 여전히 실제적인 자금이 없었다. 2001년 4월 26일, 나이지리아의 아부자에서 거의 모든 아프리카의 대통령들이 모인 자료에서 코피 아난 총장은 날카롭게 지적했다. "에이즈에 대한 전쟁에서 우리는 군자금 없이는 이길 수 없을 것입니다." 유엔에이즈계획이 처음 시작되었을 때 2억 달러가 개발도상국의 에이즈를 위해서 사용되었고, 세기가 지났는데도 여전히 기금은 10억 달러 미만이었다. 그 정도의 돈으로는 복잡한 전 세계적인 유행을 막을 수 있는 방법이 절대 없을 것이었다.

우리 생각에 우리가 그렇게까지 대담하지는 않았었다. 국제 보건을 위해 갑자기 장기간 수십억 달러의 경제적 약속을 하는 선례는 없었고, 공여국 정부는 돈이 없는 것을 비난했다. 나는 1998년 6월 10일에 모든 기부자들로부터 받은 편지를 계속 되새겼다. 그것은 "HIV/AIDS 운동가들을 위한 기금은 이후 수년 동안 쉽게 모아지지 않을 것이다"라고 한 경고로 결론이 났다. 그러나 그들은 적어도 4가지 주요한 요인들을 파악하지 못했었다. 즉, 에이즈 운동의 불어나는 영향력, 아프리카에서의 에이즈로 인한 죽음의 파괴적인 영향과 그로 인한 아프리카 지도자들의 점점 늘어나는 지원 요청, 줄어드는 HIV 치료비용, 그리고 수년간 하락세에 있던 공식적인 개발 원조의 성장이었다.

기부자들의 '수요 억제' 전략은 천천히 와해되고 있었는데, 그들은 아직 그것을 인지하지 못하고 있었다. 1993년, 당시 세계보건기구의 에이즈 프로그램 책임자로 있었던 마이클 머슨은 매년 25억 달러를 새로운 감염 중 절반을 예방하는 데 쓰도록 지원해달라고 요구했고 사람들은 충격을 받았다. 그러나 그것은 1993년 당시에는 에이즈 치료법이 없었기 때문에 치료에 드는 비용을 포함하지 않은 것이었다. 1990년대에 유엔에서 에이즈 정상회의를 준비할 때, 우리는 예상치를 개선했고, 치료제 가격이 줄어든다는 가정하에 100억 달러에 가까운 금액을 제시했다. 세계 경제가 1990년대 당시 성장세였기 때문에 그것은 불가능한 요구가 아니었다. 큰 파이는 곧 우리가 다른 중요한 문제들로부터 에이즈를 위해 돈을 빼앗지 않아도 된다는 것을 의미했다. 기금 모금에 있어서는 무엇을 '요구'하는지 분명히 하는 것이 필수적이다. 이제 매우 분명했다, 주눅 들 필요가 없었다.

결정적으로 대규모 에이즈 기금에 유리하도록 균형을 기울게 했던 다른 한 가지 중요한 요인이 있었다. 정책 결정자들은 우리가 지금 해결책을 가지고 있다고 느끼고 있었다. 우리가 객관적으로 그렇지 않았더라도. 죽어가는 사람을 살린다는 항레트로바이러스 치료의 '라자루스' 효과가 극적이고 가슴 저미는 인간적인 이야기가 되었고, 또한 이것은 상대적으로 쉽게 측정되고 정량화되었다. 학계가 생각하는 것과는 반대로 정치적 결정이 항상 수치나 근거로만 내려지는 것은 아니다. 나는 남아공 대형 석탄 회사인 앵글로 아메리칸의 요하네스버그 본부에서 열린 이사회에서 그러한 경우를 만났다. 나는 그들에게 HIV 치료제가 정부로부터 지원되고 있지 않으니 노동자들에게 직접 제공해달라고 로비를 하고 있었다. 나중에 글로벌 펀드에서 중요한 역할을 하게 된 브라이언 브링크가 그들의 의료 지원 책임자였는데 그는 목소리가 부드러운 의사였고, 우리의 의견에 대한 강력한 지지자였다. 그래서 모임은 쉽게 끝났고, 그 건에 대해서는 내가 거의 한 것이 없을 정도였다. 최고경영자와 이사회 이사장은 치료가 필요한 모든 직원들에게 항레트로바이러스 치료를 제공하겠다는 결정을 발표했다. 여전히 남은 어려운 질문은, HIV에 감염되었을 그들의 수많은 가족들에게 무엇을 해줄 것인가와 만약 광부들의 계약이 만료되어 그런 치료를 받을 수 없는 그들의 나라로 돌아가면 어떻게 되느냐였다. 최고경영자인 토니 트라하에게, 이런 중요한 결정에 도달하는 데 참고했던 경제성 분석 결과를 보여 달라고 요청하자 그는 나에게 그것을 해보려고 노력했지만 너무 복잡했다고 말했다. 단순히 그들은 이것이 옳은 일이라고 느꼈다. 왜냐하면 에이즈는 그들의 일터에 실제 영향을 주고 있었다(그리고 그 배경에는 에이즈가 한 온스의 금을 생산하는 비용을 70란드까지 올렸다는 사실에 있었다). 그들은 프로그램의 성과와 비용을 주의 깊게 모니터할 것이었다.

이곳은 10만 명의 피고용인들이 있는 세련된 회사였고, 그들은 세세한 경제성 분석 없이 건전한 결정을 내렸다. 이에 비해 기부 기관들은 나에게 HIV치료가 어떻게 비용-효과적인지 국가 단위로 정당성을 제시하라는 압력을 가했고, 심지어는 지구 전체 단위로 제시하라고까지 요구했다.

좌절감은 점점 늘었다. 나는 치료만으로는 이 유행을 멈출 수 없다는 것을 알고 있었다. 그러나 내 생각에는 치료를 위한 주요 기금 없이는 진짜 해결책인 예방 캠페인은 에이즈로 인한 대규모의 사망자가 발생하는 집단에서는 시작조차 할 수 없었다.

미국 의회는 2000년에 에이즈 및 결핵 특별 기금을 조성하고자 하였다. 나의 정책 조언자인 짐 쉐리는 의회 직원들과 함께 열심히 제안된 법안을 뒷받침하는 기술적 지원을 제공했다. 이 법안은 세계은행의 돈이 개발도상국들로 흘러들어갈 수 있는 길을 만들기 위해 특별 기금을 조성하도록 제안하는 것이었다. 그 당시에는 이보다 더 좋은 메커니즘은 없었고, 나는 이것이 우리가 새로운 국제기구를 만드는 것보다는 이미 존재하는 기관들을 이용해야 한다는 신조의 문제라고 생각했다. 법안은 통과되었지만 대부분 미 재무부의 반대로 인하여 조용히 사장되었다.

영국 국제개발부의 데이비드 나바로는, 기본적으로 약과 콘돔에 대해 지원할 유엔에이즈계획과 연관하여 '울타리' 기금을 조성할 것을 제안한 첫 번째 사람이었다. 그러나 나는 실제로 얼마나 효율적으로 하든 그 엄청난 양의 돈을 우리가 옮길 수 없다는 것을 알고 있었다. 왜냐하면 우리는 세계보건기구와 유엔개발계획의 행정 조직에 의존하고 있었기 때문이었다. 이들은 서서히 불필요한 요식으로 우리를 구속했다. 나는 또한 부시 행정부와 미국 의회가 유엔을 그리 좋아하지 않는다는 것을 알고 있었고, 그들이 막대한 새 유엔기금을 수용하지 않을까봐 걱정했다. 정치적으로 매우 보수적인 유엔 개발 프로그램의 책임자인 마크 맬럭 브라운을 제외하고는, 다른 공동 스폰서 기관들은 유엔 기금에 관심이 아주 많았다.

운 좋게도 코피 아난과 그의 대리인 루이즈 프레셰트는 나와 시각을 같이 했다. 루이즈는 유엔의 효율성에 대해 나보다 더 어두운 전망을 가지고 있었고, 아난 총장은 미국 의회가 유엔과 함께 하기 위한 것이라면 이떤 일에도 수십억 달러의 기금에 투표하지 않을 것이라고 생각했다. 그래서 우리는 항레트로바이러스제 가격을 낮추기 위해 협상하는 동시에 에이즈 특별 기금 조성 메커니즘을 위한 적극적인 캠페인을 시작했다.

2001년 초반까지 개발도상국들의 에이즈, 말라리아, 결핵, 그리고 다른 다양한 감염을 위한 몇 가지 특별 다자간 기금이 다양한 기부자들에 의해 제안되었다(이것은 굉장히 혼란스러웠고, 이런 질환들에 의해 영향을 받는 개발도상국들은 논의의 테이블에 있지도 않았으며, 심지어 그들과 상의조차 하지 않았다). 우리는 2000년 일본에서, 최고 부자 나라들인 G8으로부터 개발도상국가들의 감염병 기금을 조성하는 데 함께 하겠다는 다짐을 받을 수 있었다. 그러나 2001년 3월 즈음에 우리 모두는 여러 개의 기금을 조성하는 것은 넌센스라는 데에 동의했다. 4월 런던에서, 세계보건기구가 주최했던 공여국들과 유엔기구들의 모임에서 "이 사안에 대해 세계보건기구의 동의를 구하지 않았다"고 해서 참가자들의 실망을 초래했음에도 불구하고, 우리는 단일 기금을 조성하기 위해서 모두 함께 일해야 했다. 세계보건기구가 우리 편에 들어와 이 모든 과정에서 유엔에이즈계획과 긴밀히 협조하기 시작했을 때는, 아난 총장과 브룬틀란이 아프리카 에이즈 정상회담에서 만난 지 1주일 밖에 지나지 않은 때였다. 유럽위원회에서 온 리브 프란센은 회합에 중요한 역할을 하기 시작했다. 같은 달에 코피 아난 총장은 에이즈를 위한 글로벌 펀드 조성의 필요성을 조지 W. 부시 대통령에게 말했는데, 그는 우리를 지지하기는 했지만, 전략과 분명한 제품들을 제시하도록 요구했다.

그때부터 일들이 극적으로 가속화되었고 순진한 꿈이라고 여겨졌던 일들이 실제 가능하게 되었다. 2001년 6월 총회의 특별 세션에서 우리는 강력하게 로비했고 모든 나라들이 특별 기금을 요구하는 단락에 사인을 했다. 이것이 보편적 합법성을 제공하였고 우리는 이제 큰 돈을 신속히 옮기기 위한 특별한 메커니즘을 만들기 위해 앞으로 나아갈 권한을 가지게 되었다.

나는 뉴욕에서 6월에 열린 에이즈 정상회의의 성공을 즐기거나 쉴 시간이 없었다. 먼저 나는 유엔에이즈계획 위원회를 통해 예산을 따야 했고, 이것은 항상 일주일짜리 거대한 스트레스였다. 그리고 나서 기금 마련을 위한 준비에 바로 착수했다. 우리는 시간을 낭비하고 있을 여유가 없었다. 상상할 수도 없는 9·11 테러를 회상조차 할 수 없을 정도로, 나는 항상 정치적인 바람이 우리를 지나쳐갈까봐 걱정했다. 나는 우리의 의제를 코피 아난 총장과 함께 논의했었다. 우리는 그 새로운 기금이 유엔으로부터 독립적이어야 한다는 것에 충분히 동의했다. 에이즈에 초점을 두었고, 작은 사무국을 두었으며, 공여국들 뿐 아니라 개발도상국 위원회, 민간 부문과 비정부기구를 포함했다. 이것은 추가 자원을 공급하고, 단순히 다른 보건이나 개발 문제로부터 돈을 빼지 않는 것이었다. 그리고 이것 자체는 프로그램들을 도입하는 것이 아니라 기존에 있던 기관들과 협업하는 것이었다.

2001년 7월 브뤼셀을 시작으로, 실무단의 일련의 긴 모임들이 최선의 해결책을 찾기 위해 노력했다. 나는 짐 쉐리와 줄리아 클리브스를 이러한 도전에 앞세웠다. 줄리아는 그녀의 남편이자 세계보건기구를 대표하는 앤드류 카셀과 함께 일했다. 이것은 이 놀라운 부부에게 흔치 않은 스트레스 테스트였다. 협상은 굉장히 긴장된 분위기였는데, 각 나라의 관심사와 정치적인 견해가 다양했기 때문이었다. 그러나 주요 공여국들과 유럽위원회는 한 가지에 동의했다. 그들은 유엔에 대항한 전쟁 가도에 있었다. 나는 프랑스가 유엔에이즈계획을 제약회사 대표로 바꾸는 것을 제안하거나 영국이 '유엔에이즈계획과 세계보건기구가 실무단에서 빠지지 않은 것에 유감'을 표시하며, 세를 늘리는 것에 대해 우리를 힐책할 때면, 나는 종종 내 자존심을 억눌러야 했다.

빌 스타이거는 유엔에이즈계획과 세계보건기구를 실무단에서 완전히 빼려고 시도했다. 그는 부시의 추종자로서 미국을 대표했고, 국제보건사무소의 소장으로 있으면서 미국 국제 보건 관계의 세세한 점까지 관리했다. 그는 세계보건기구 모임에 고문으로 참석한 모든 미국 과학자들과 공중보건 전문가들을 조사했다. 빌은 어떤 모임이든 참석 전에 서류들의 세부 사항을 모두 파악해놓는 예리한 사람이었다. 그는 사교적으로는 호감 가는 사람일 수도 있었겠지만, 유엔과 세계보건기구를 끊임없이 공격하는 면에 있어서는 흉포한 사람이었다. 그럼에도 불구하고 나는 그가 특별 기금 재정에 있어 철저한 책임이 필요함을 주장한 것에 있어서는 동의했다.

이런 모임들에 대한 나의 상세한 기록들을 검토하면서, 진지한 외교관들로 하여금 우리가 고려했던 몇몇 시나리오를 떠올리게 했다는 것이 흥미로웠다. 록펠러 재단이 기금을 분배하도록 하자는 제안도 있었다. 나는 누가 이 재단에 이 제안을 고려할지 여부를 물어보는 번거로운 일에 나설 수 있을까 궁금했다. 공식적인 모임 장소 밖에서 에이즈 운동가들이 우리에게 가하는 압력은 심했다. 주된 논란은 그 기금이 독립적이어야 하는지, 아니면 세계은행에 의해 주재되어야 하는지, 어느 나라에 근거지를 두어야 할지, 어떤 보건학적 문제가 에이즈에 더해 재정을 댈 수 있을지, 어떤 나라가 이익을 취해야 할지, 이것이 약, 콘돔 같은 상품을 사는 데에만 돈을 지불해야 할지 아니면 실제 프로그램을 위해 지불해야 할지, 누가 어디에 돈이 가야 할지를 정해야 할지 등등이었다.

그러나 우리는 간신히 이러한 종류의 체제 아래로서는 기록적인 시간에, 완전히 새로운 기구를 고안해냈다. 나는 몇몇 박사학위 논문에서 이것이 다루어질 것이라고 확신한다. 2002년 1월, 코피 아난이 추천했던 크리스퍼스 크용가 우간다 보건부장관이 의장으로서 후원하에 에이즈, 결핵, 말라리아 퇴치 글로벌 펀드를 제네바에서 시작했다. 이 영예로운 자리에 출마했던 남아공 보건부장관에게 그녀가 낙마했음을 알리라는 임무가 나에게 떨어졌다. 말할 것도 없이 이미 위태로웠던 우리의 관계에 도움이 되지 않았지만, 그게 세상이다. 보스가 임무를 주고, 나 같은 사람은 나쁜 소식을 전하는 것이다.

다자간 기관 중 유일하게 국제기금위원회는 민간 부문에서 온 대표자들뿐 아니라 세 비정부기구 대표들에게도 온전한 투표권을 주었다. HIV 감염인 공동체를 운동가들에서 의사결정자로 전환하는 것이었다. 세계은행, 세계보건기구와 함께 유엔에이즈계획은 이해의 충돌을 피하기 위해 위원회에서 투표권이 없는 당연직 위원이었다. 따라서 그 다음 7년 동안 나는 이 굉장한 기관의 위원회에서 근무했다. 국가들은 정부, 기업, 비정부단체, 운동가 기구, 그리고 학계로부터 온 사람들로 구성된 위원회의 승인을 받은 후에야 기금을 받았다. 이 아래에서 위로

가는 접근은 돌파구였다. 많은 나라들은 정부와 시민사회와의 대화라는 민주적인 전통을 가지고 있지 않았다. 나는 몇 나라들에서 에이즈에 대한 반응이 글로벌 펀드의 '국가 협력 메커니즘'과 HIV 감염인들을 참여시키는 유엔에이즈계획의 캠페인을 통해서 더 큰 민주주의와 투명성에 기여할 것이라고 생각했다.

뉴욕 콜럼비아대학에서 2002년 4월에 열린 위원회 모임에서, 샌프란시스코 캘리포니아대학 국제보건학과 교수 리처드 피쳄이 첫 글로벌 펀드의 창립이사로 선출되었다. 그는 초기에 비용-효과적인 측면을 바탕으로 개발도상국 나라들에게 HIV치료를 제공하는 것을 반대했었다. 예전에 제네바 유엔대사로 있었던 재능 있는 조지 무어는 미국 대표단으로서 외교 경험이 없었던 것이 장애가 되었다. 영국, 유럽위원회, 그리고 비정부기구는 피쳄을 위해 공격적으로 선거운동을 펼쳤다. 그의 세계은행에서의 경험은 기금의 구조를 세우는 데에 매우 유용한 것으로 밝혀졌다.

세계는 변화하고 있었다. 유엔에이즈계획은 짧은 시간 동안에 굉장한 신뢰를 얻게 되었고, 끔찍한 9·11 사태와 테러에 대한 새로운 강박관념에도 불구하고, 에이즈는 세계 의제의 맨 앞에 자리 잡게 되었다. 기금의 첫 결정들 중 하나는 제네릭에 투자하는 것이었다. 에이즈 자금조달 능력을 신장시키기 위해서 전용 메커니즘을 확립하고자 하는 우리의 전략은 효과가 있었다. 그러나 우리는 성공의 희생양이 될 위험에 처했다. 역설적이게도 글로벌 펀드의 확립은 유엔에이즈계획이 더 이상 동네 놀이가 아니라는 것과, 우리가 돈을 관리하지도 않는다는 것도 의미했다. 많은 우리 직원들은 위협을 느꼈고 몇몇 매체와 제네바 외교관들은 유엔에이즈계획의 종말을 (한 번 더)예측했다. 개발도상국들은 글로벌 펀드의 지원을 얻으려고 했고, 기부 주체들은 나에게 우리의 부가적인 가치에 대해 캐물었다.

유엔에이즈계획 직원은 600명이 넘었고, 60개국 이상에 사무실이 있었다. 우리의 임무는 국가들이 글로벌 펀드로부터 자금을 확보할 수 있도록 강력한 제안을 준비하는 것을 도와주고 실제 프로그램 정착을 돕는 것이라고 말했다. 모든 나라들에서 우리는 가장 중요한 HIV 전문가 집단이었다. 기금은 돈이 있었지만 그 임무는 골칫거리일 수 있었다. 우리는 에이즈 정책의 국제적인 후견인이었고, 프로그램의 실제 현장에서의 영향력을 평가했으며, 여전히 굉장히 필요한 고위급 옹호의 정치적인 작업을 해야 했다. 그래서 나는 우리의 일을 그런 관점에서 새로운 방향으로 변화시켰고, 기부자들은 잠시 망설인 후 계속해서 우리를 지원했다.

그러나 유엔에이즈계획과 글로벌 펀드 간에 좋은 관계를 유지시키는 것은 항상 쉬운 것은 아니었다. 처음에 글로벌 펀드는 굉장히 오만했고, 이전에 했던 일들이라면 모두 거부했다. 나는 세계보건기구에 대한 유엔에이즈계획이 초반에 이랬을 수 있었다고 상상했다. 아마 유엔에이즈계획도 이 영역 싸움에서는 너무 방어적이었을 것이다. 가끔은 작고 멍청한 사건이 심각한 긴장을 초래했다. 2004년에 큰 국제에이즈학회가 방콕에서 열렸는데, 나는 내 서류철을 잃어버렸다. 이것은 커다란 실수였다(내가 어렸을 때 모친은 나에게 다음에는 내가 내 머리를 잃어버릴 것이라고 말하곤 했다). 남자 화장실 세면대 옆에 세워두었던 그 서류철에는 내가 코피 아난 총장에게 보내려던 최근 국제기금위원회 모임에 대한 비밀 편지가 담겨 있었다. 내 편지는 굉장히 냉정한 경향을 띈, 직설적인 외교 보고서이기도 했다. 하지만 모든 내용을 행간에서 읽어야하는, 과도하게 정제된 보고서에 무슨 의미가 있을까? 그래서 나는 내 쪽지에 기금의 성과와 책임에 대한 어려운 논의에 대해서 언급한 것이었다. 30분 만에 내 쪽지는 언제나 논란거리를 사랑하는 미디어센터에 등장했다. 글로벌 펀드는 내가 그들을 약화시키려고 한다고 느꼈고 피첌과 내가 제네바에서 내가 가장 좋아하는 일식당에서 점심을 먹을 때까지 한동안 우리의 관계에 약간의 무리가 있있다. 괜한 소동이었지만 새로운 변호와 커뮤니케이션을 담당하는 내 임원인 불쌍한 아흐마트 다뇨르가, 그때는 그 피해를 관리하고 언론을 다루는 일을 해야 했다. 그가 첫 국제에이즈학회에서 일하며 한참 혼란스러운 때였다.

그때부터 나는 화장실로 무언가를 들고 가는 것에 조심해왔다. 하지만 내 보고 방식은 바뀌지 않았다. 아흐마트는 남아공의 위대한 작가들 중에 하나였고, 내가 가장 좋아하는 책 중 하나인 그의 책『쓴 과일』은 2004년에 만 부커 상 후보에 올랐다. 그는 흔들림 없고 언변이 좋았으며 사려가 깊었다. 국가와 국제정치를 이해했고 반인종주의 투쟁의 한편에서 일하고 있었고 현재는 요하네스버그에 있는 넬슨 만델라기금의 새로운 최고경영자이다.

국제에이즈학회는 참석률과 정치적 영향력 둘 다에서 지속적으로 팽창했다. 2002년 7월 스페인 바르셀로나에서 열린 제18차 학회에는 17,000명이 참석했고, 처음으로 주지사와 고위 정치인들이 참석했다. 전반적인 분위기는 긍정적이었다. 바르셀로나는 독특한 건축물과 따뜻한 사람들, 그리고 타파스 바가 있어서 지중해 도시들 중 내가 가장 좋아하는 곳이다. 그러나 나의 참석은 나에게 보내온 살해 위협이 담긴 이메일을 경찰이 가로채면서부터 꼬였고, 경호원을 동반하고서야 돌아다닐 수 있었다.

가속도를 좀 더 붙이기 위해 나는 참석한 권위자들 앞에서 공격적인 개막연설을 했다. 나는 "에이즈에 대한 약속을 지킨 지도자들은 보상을 받고, 그렇지 못한 사람은 직을 잃도록 하는 날을 앞당깁시다. 이것은 협상의 여지가 없습니다"라고 말했다. 그 주 복도에서는 사람들이 "협상의 여지가 없습니다"라고 나에게 외쳤는데, 어떤 사람들은 굉장히 개인적으로 이것을 받아들였는데 당연하다고 생각했다. 운동가들은 미국 보건사회복지부장관인 토미 톰슨이 연설하는 것을 막아섰는데, 그들에 대한 나의 영향력을 과대평가하며 힐난했다. 하지만 운동가들은 종종 나도 위협했다. 내가 뉴욕 타임즈에 운동가들이 톰슨을 막아서는 것을 인정할 수 없다고 말했던 것이 인용되자 그들은 점차 나에게 감정이 상했다. 나는 우리가 그들의 의견에 동의하지 않더라도, 우리가 사람들을 검열해서는 안 된다고 생각했다.

에이즈와 싸우기 위한 광범위한 연합을 깨지 않는 것은 중요하다. 우리는 여전히 자금 동원이 필요했고, 이것은 지갑을 관리하는 사람들을 향해 소리 질러서는 할 수 없었다. 바르셀로나는 빌 클린턴 전 대통령이 에이즈의 주요 인사로 부상하게 된 순간이었다. 그는 재단과 지인들이 함께 이목을 끄는 행사를 통해서 항레트로바이러스제의 추가적인 가격 인하를 하겠다고 발표했다. 또 다른 빌인 내 친구 빌 로디는 젊은 사람들과 MTV 토론을 준비해서 클린턴에게 그 특유의 대중적인 매력을 발산할 수 있는 기회를 주었고, 수억 명의 전 세계 청소년들에게 에이즈 관련 메시지를 전했다.

더 친밀한 행사로, 클린턴의 전 에이즈 정책 최고 책임자인 샌디 서먼은 만델라와 그의 아내 그라사 마셸(그녀는 두 명의 대통령과 결혼한 유일한 여성이었다)이 참석하는 조찬을 준비했다. 조르즈 삼파이우 포르투

갈 대통령은 사려 깊은 지식인으로, 2001년 에이즈 특별 세션에 참가한 유일한 유럽인 지도자였다. 르완다의 전략가인 폴 카가메 대통령, 83세 인도 전 수상인 인데르 쿠마르 구즈랄도 참석했다. 우리는 에이즈에 대항해 싸우는 데 있어 어떻게 하면 더 많은 최고지도자들을 참여시킬 수 있을지와 글로벌 펀드 재정을 어떻게 부양할지에 대해서 논의했다. 연합의 범위는 보건 문제로는 이제까지 닿아본 적이 없는 데까지 넓어졌다.

그러던 중 예상치 못한 일이 닥쳤다. 2002년 8월 23일 나는 그로 할렘 부룬틀란 사무총장과 함께 우리의 협력에 대해서 논의하기 위해 정기 오찬 모임을 가졌다. 그 금요일 늦은 오후, 어려운 소식을 전하기에 적합한 시각인 그때, 부룬틀란 총장은 세계보건기구의 사무총장 재선에 도전하지 않겠다고 발표함으로써, 그녀의 직원과 공중보건 공동체를 망연자실하게 만들었다. 그녀는 우리와 몇 시간 전까지 있었던 모임에서 조금의 기미도 보이지 않았었다. 5년이라는 시간 동안 그녀는 세계보건기구에서 이미 오랜 자산을 만들었다. '거시경제와 보건 위원회'는 보건에 대한 그녀의 투자는 보건이 경제성장에 도움이 된다는 것을 보여주었다. 그때까지만 해도 통상적인 믿음은 그 반대가 진실이라고 말하고 있었다. 그리고 가장 중요한 것은 그녀가 '담배규제기본협약'에 조인한 정부로 하여금 이 시대 가장 큰 살인자에 대항하는 운동을 전개하겠다는 약속을 하는 조약을 맺게 했다는 것이다. 그럼에도 불구하고, 브룬틀란 총장은 세계보건기구의 편협한 문화를 선회하게 하거나 개발도상국에서의 사업의 질을 향상시킬 능력이 없었다. 그것을 하기 위해서는 또 다른 5년의 시간이 걸릴 것이었다.

브룬틀란 총장의 사임은 우려스러웠다. 우리는 모든 것에 서로가 동의하지는 않았지만, 상호 지원의 건설적인 협력 관계를 형성했다. 그녀는 능력 있는 전문가들에 의해 둘러싸여 있었지만, 나는 세계보건기구의 관료주의가 여전히 유엔에이즈계획을 간섭자로 인지하고 있었다는 것을 알고 있었고, 그녀의 후임이 유엔에이즈계획을 예전처럼 지속적인 골칫거리로 돌아가도록 지시할까봐 두려웠다. 유엔에이즈계획 밖의 사람들은, 세계보건기구가 에이즈에 대한 역할을 확실히 하고 나머지 유엔 체계와 조화를 이루는 가장 좋은 방법은, 내가 세계보건기구 사무총장 자리에 도전하는 것이라고 제안하기 시작했다. 그러나 나는 에이즈에 있어 여전히 너무 많은 일들이 남아 있다고 느꼈기 때문에 처음에는 그 제안에 관심이 없었다.

나는 정말 세계보건기구의 권력이나 위신에는 신경 쓰지 않았지만, 에이즈에 있어 진정한 협력자일 뿐 아니라 누군가 능력이 있고 가난한 인구에 있어 보건 문제를 보살피는 사람이 그 직위를 맡아야 한다고 생각했다. 너무나 자주 국제기구 임원들은 우수성만이 아니라 정치적 흥정이 이끄는 국제 권력 관계의 결과로 선택되었다. 물론 나는 국제정치가 중요한 역할을 해야 한다는 것을 이해한다. 투표는 지정학적 지원, 개발 원조, 또 더 심하게는 단순한 부패와 거래되었다. 역설적이게도 사무총장이 한 약속과 같이 가장 민주적이지 않아 보이는 선택이 종종 선거보다도 더 좋은(그리고 분명히 여성일 가능성이 높은) 지도자를 이끌기도 한다. 이것은 세계보건기구 같은 소위 특수 기관에서는 규칙이다.

부룬틀란 총장의 뒤를 이을 주요 후보자 중 한 명은 모잠비크 수상이자 훌륭한 정부 경력의 의사 파스콜 모쿰비였는데, 그는 우연히도 내 친구였다. 처음부터 모쿰비는 선두 주자였고, 세계적인 학술지인《란셋》은 그를 위한 물밑 작업을 벌였다. 많은 사람들이 세계보건기구를 이끌 사람은 이제 '아프리카 차례'라고 말했다. 나는 자문을 요청하기 위해 젊은 벨기에 수상인 히 버르호프스타트를 찾아 갔다. 만약 내가 출마하게 된다면 고국의 지지를 가장 먼저 필요로 하게 될 것이기 때문이었다(자국으로부터 지정받은 사람만이 후보에 오를 수 있다). 버르호프스타트는 굉장한 사람이었다. 벨기에가 나를 지지해 줄 것이고, 그것에는 어떠한 요구나 배신, 영향력을 구하고자 하는 노력도 없을 것이라고 말했다. 모국에 자부심을 느꼈고, 공식적으로 후보가 되었다.

그때 멕시코 보건부장관인 줄리오 프랭크가 출마하기로 하였다. 그는 부룬틀란 총장의 보좌관들 중 한 명이었고, 또한 나의 좋은 친구이기도 했다. 솔직히 가장 좋은 선택일 수 있었다. 그런데 마지막에 세계보건기구에서 20년 동안 일해왔던 한국인 이종욱 박사가 나타났다.

리스본에서 열린 12월 초 위원회 모임 후에 나는 유엔에이즈계획을 떠났고, 선거 캠페인 팀을 꾸려서 2003년 1월 말까지 투표를 할 32개 세계보건기구 이사회 회원들 거의 모두를 찾아 쉴 새 없이 여행하며 로비를 펼쳤다. 이것은 아마도 내 생애 가장 지친 8주였는데, 이집트 카이로에서 보낸 크리스마스 날에는 지쳐서 거의 기절할 뻔했다. 선거 캠페인은 전략적인 도전일 뿐 아니라 인내의 시험이었고 또한 충돌하는 압력을 이겨내면서 내 온전함을 잃지 않는지 평가하는 시험이었다. 낙태 문제, 특허권, 식량 산업의 이해관계, 그리고 세계보건기구 국가 사무소들의 권력 같은 문제들은 규칙적으로 제기되었지만, 세계보건기구가 세상을 바꾸는 것을 어떻게 강화할 수 있는지에 대한 나의 견해를 묻는 나라는 거의 없었다.

새로운 사무총장을 뽑는 데 7번의 비밀 투표가 있었다. 투표를 하는 동안 나는 사무실에서 기한이 지난 의료보험과 다른 뭔가 유용한 것을 하기 위한 서류 양식들을 채우면서 앉아 있었다. 투표 후에 임원 위원회의 닫힌 방에 있었던 한 대사가 나에게 전화를 걸어 스페인어로 마지막 투표의 결과를 비밀리에 알려줬다. 그 방에 있었던 대사들에 따르면 미국의 개입에 따라 나와 이종욱 박사 간의 투표가 두 번의 동점이 나온 후, 한 나라가 입장을 바꿈에 따라 내가 낙선했다고 했다. 외교부가 위원회 회원들에게 적극적으로 로비했던 한국의 이종욱 박사에게 자리가 돌아갔다. 1994년부터의 코피 아난 총장이 했던 "피 흘리지 말라"라는 조언을 기억했고, 나는 한국 TV 카메라 앞에서 이종욱 박사에게 축하의 말을 했던 첫 번째 사람이었다. 나 자신에게 미안해하기에는 너무 지쳤었다. 지지자들을 집으로 초대해서 큰 파티를 열었다. 나중에 제네바에 있을 때 이종욱 박사와 나는 거의 2달에 한 번씩 함께 저녁을 먹는 습관이 생겼다. 그리고 함께 투스카니 산 티냐넬로를 마시면서, 나에게 어떻게 한국이 그 투표를 협상했었는지를 이야기해줬다. 저녁 식사는 항상 내가 샀다.

분명히 나는 실망했지만, 돌이켜 생각해보건대 사무총장 선거에 실패한 것이 내 인생에 있어서 나쁘지 않은 일이었다고 말할 수 있을 것 같다. 역설적이게도 그것은 내 정치적인 지위를 강화시켰다. 한 표 차이로 졌기 때문에, 모든 유엔 조직과 외교가에 있는 모든 사람들은 내가 완전히 깨끗한 후보자였다는 것을 알았기 때문이다. 그들은 내가 개발도상국들에게도 지지를 받고 있었다는 것을 알았다. 아프리카 출신 후보자인 모쿰비가 있었음에도 불구하고 위원회에서 에티오피아를 제외한 모든 아프리카 국가들이 나에게 투표를 했다. 선거에서의 패배는 또한 내 자아를 제자리로 돌려놓았다.

그 선거 후에 나는, 유니세프의 수장으로서 큰 동맹자가 된 일중독

뉴요커인 캐롤 벨라미와 함께 유니세프 직원들과 아시아 젊은이들의 회합에 참여하기 위해 네팔로 갔다. 카트만두에 있는 동안 나는 왓치라고 불리는 집단 구성원들인 25명의 성노동자들과 앉아서 이야기를 나눌 기회가 있었다. 그들은 나에게 그들의 삶이 얼마나 힘든지, 그리고 그들의 소비자들, 경찰들, 그리고 그들의 남편들로부터 매일같이 당하는 폭력에 대해서 이야기했다. 이것은 선거 캠페인을 해독시키는 굉장히 감동적이지만 슬픈 해독제였다. 그때 나는 내가 정말로 원하는 것을 했다. 과테말라의 아름다운 식민지 시대 도시인 안티구아에서 스페인어에 흠뻑 빠져 2주일을 보냈다. 이것은 나에 대한 위로였다.

이러한 과정에 조지 W. 부시가 2003년 1월 28일 일반 교서를 통해 에이즈 구호를 위한 150억 달러의 모금을 요청해서 거의 모두를 깜짝 놀라게 했다. 나와 같은 파에 있는 사람조차도 자유의 문제에 대해서 항상 보수적인 입장을 취했던 대통령이 이같이 과감하고 정말로 판을 바꾸는 일에 발을 내딛을 것이라고는 예상하지 못했다. 무언가가 이루어지고 있다는 것을 실감했다. 나는 예상 밖으로 굉장히 기민한 운영자인 마이클 이즈코비츠를 워싱턴 유엔에이즈계획 대표로 내정했다. 이즈코비츠는 말꼬리 머리를 한 동성애자로 테드 케네디와 여러 민주당 의원들의 직원이었다. 나는 의회 직원들에게 큰 존경을 보내게 되었다. 그들은 예를 들면 의회 청문회에서의 맹렬한 질문들을 찾는 사람들이었다. 그들은 종종 놀라운 범위의 문제들에 대한 깊은 지식을 가지고 있었다. 백과사전적 지식에 더불어 이즈코비츠는 몇몇 민주당 상원의원들과 굉장히 견고한 관계를 가지고 있었다. 한 가지 예를 들자면, 그는 노스 캐롤라이나에서 온 보수적인 제스 헬름스가 아프리카에서 에이즈에 대해 싸우는 기금을 법제화하는 데에 공동 지지자가 될 것이고, 유타에서 온 오린 햇치 상원의원이 상원에서 유엔에이즈계획의 기여를 지지할 것이라고 확신했었다.

프로젝트 씨다 때부터 나의 공동 후원자였고 베데스다에서 국립 알레르기 및 감염병연구소의 소장으로 있었던 안토니 포시와 매우 가깝게 일했다. 우리는 유행과 필요한 기금에 대한 자료를 제공했다(통계 전문가에 대한 투자는 항상 보상을 받는다). 2002년 말까지 포시 소장은 더 많은 정보를 강하고 급하게 요구하기 시작했다. 그래서 나는 뭔가 큰 일이 일어나고 있다는 것을 점차 확신할 수 있었고, 나중에 우리의 자료가 새로운 미국의 노력의 정도를 결정하는 중요한 요인이었다는 것을 알았다. 워싱턴 정계가 본격적으로 움직이기 시작했다. 상원 다수당 원내총무가 된 흉부외과 의사 빌 프리스트와 상원의원 존 케리가 강력한 에이즈 대책위원회를 워싱턴에 있는 전략 및 국제연구센터에 시작했다. 나도 회원이었다. 에이즈는 미국 정치에 있어 드물게 초당적인 주제가 되었고, 지금도 여전히 그렇다.

부시 대통령의 일반 교서 하루 전날, 이즈코비츠는 나에게 전화해서 말하기를 "내일 큰 발표가 있을 것이고, 우리가 그 기회를 잡을 준비가 되어 있다는 것을 확신할 수 있어야 합니다." 그러고 나서 발표가 있었다. '에이즈 퇴치를 위한 대통령 비상 계획PEPFAR'은 전 세계의 에이즈와 싸우기 위해 5년 동안 150억 달러를 약속했다. 이 중에서 100억 달러는 기존 미국의 약속을 훨씬 뛰어 넘는 완전히 새로운 기금이었다. 이것은 이제까지 한 나라가 한 질환을 다루기 위해 세운 것으로는 가장 큰 보건학적 기회였다. 돈의 규모뿐만 아니라 그중 반 이상이 '치료'에 책정되었다. 2010년 PEPFAR의 목표는 빈곤 국가의 에이즈 환자 200만 명에게 항레트로바이러스제를 공급하는 것이었고, 700만 명의 새로운 감염을 막고 1,000만 명에게 치료를 지원하는 것이었다('2-7-10' 목표).

이것은 개발도상국에서 에이즈 치료를 위한 어떠한 전망도 묵살해 왔었던 기존의 미국 정책을 완전히 뒤엎는 것이었다. 안도와 기쁨에 휩싸였다. 나는 우리가 결국 만반의 준비를 갖췄다고 생각했다. 훌륭한 연합이 성과를 낸 것이었고, 이것이 바로 코피 아난 총장의 에이즈 군자금이었다. 바로 그날 나는 세계보건기구 선거에서 패했고, 에이즈에 대한 전쟁은 부시 대통령에 의해 전례 없는 단계로 나아갔다. 명망 있는 직위보다 이것이 더 중요했다.

많은 에이즈 사회에서 PEPFAR는 의심과 비판 속에서 환영받았다. 이것은 편협한 시각의 다른 전형이었다. 많은 운동가들과 유럽인들에게는 조지 W. 부시 대통령이 해야 했던 일들 모두가 나쁘게 보였다. 개인적으로 나는 몇 가지 영역에 있어 부시 대통령의 정책을 찬성하지 않는다. 하지만 이 문제에 있어서는 그가 정확히 맞았다고 느꼈다. 나는 분명 미국이 다자간 노력인 글로벌 펀드에 참여하는 것을 선호했지만, 미국 정치인들에게는 의회 내에서 그것이 선택사항에 있지 않았다는 것을 충분히 알게 되었다. 그리고 마지막으로, 세계적으로는 에이즈를 위한 미국의 늘어난 기금이 글로벌 펀드에도 도움이 될 것이었다. 미국은 단연코 단일 국가로는 가장 큰 자본가였다. PEPFAR를 착수할 때, 부시 대통령의 책임 연설문 작성자인 캘리포니아 새들백 교회의 마이클 거슨과 릭 워렌 같은 복음주의 기독교인들의 역할은 주요했다. 그리고 그 당시 백악관 비서실 부실장이었고 나중에 비서실장이 된 조슈아 볼튼을 통해서 새로운 프로그램이 대통령에게 반 직접적으로 닿아 있었다. 이것은 워싱턴이라는 인정사정없는 정글에서는 값진 지렛대였다. 몇몇 친구들은 실망했지만, 나는 PEPFAR 계획을 환영했고, 이즈코비치에게 우리가 그 새로운 계획과 한 팀이 되어 확실히 협력을 할 수 있도록 그가 할 수 있는 모든 것을 하도록 지시했다. 일라이 릴리사의 전 최고경영자인 랜디 토비아스가 PEPFAR의 책임자로 선정되었다. 워싱턴에서 있었던 점심 식사 때 우리는 즉시 공통점을 찾았다. 아마도 미 중서부인과 플랑드르 사람 사이에서는 자연스러운 일이었을 것이다. 토비아스는 커뮤니케이션과 제약회사 산업에서 재산을 모았고, 세상에 뭔가 돌려주고 싶어 하는 공화당원이었다. 에이즈에 대해서 많이 알지는 못했지만, 사업은 할 줄 알았다. 그는 전 세계를 다녔고, 백악관으로 직접 접근할 수 있었다. 그러나 또한 의심스러운 것들이 도처에 있었다. 어떤 사람들은 그가 부시 대통령의 프로그램이 어떻게 산업에 팔리고 어떻게 큰 제약회사로 기금이 흘러들어가도록 하는 작전인지 등등을 보여주는 또 다른 상징이라고 말했다. 그러나 에이즈는 그 돈이 필요했다. 우리는 유엔에이즈계획과 PEPFAR 간에 매우 강한 동맹을 맺었고, 오바마 행정부 아래 역동적인 PEPFAR 수장인 에릭 구스비에게까지 이어졌다.

우리는 곧 기관 간의 경쟁에 있어 토비아스와 내가 비슷한 도전을 겪고 있다는 것을 알았지만, 큰 차이는 그는 자금을 쥐고 있고 실제 행정과 정치적인 지휘권을 가지고 있다는 것이었다. 그는 우선순위 국가들에서 계획과 시행에 있어 아래로부터 시작하는, 탈 중앙집권화된 접근을 통해 사상 최대 프로그램을 펼치고 있었다. 처음 PEPFRAR의 활동은 기금의 주된 자금원이 된 미국 비정부기구와 대학들을 통해서 시행되었다. 가끔은 한 대학의 중심 과제의 비용으로 시행되기도 했을 것이다. 그러나 늘 그렇듯이, 미국 의회가 계획의 많은 면에 있어서 세

부적인 관리를 하는 것은 비효율성에 더불어 이데올로기를 우선순위로 이끌었다.

적당히 흥미있는 학회에 참석하기 위해 파리에서 저녁 식사를 하는 동안 마크 다이블과는 어떻게 이 유행을 종식시킬 것인지에 대하여 상대의 지혜를 빌리는, 현재도 진행 중인 모임의 첫 번째 세션을 가졌다. 마크는 토비아스의 차장이었고, 랜디가 2006년에 사임했을 때 43세의 나이에 미국 세계에이즈 조정관이 되었다. 동성애자임을 공개하고 차관보의 자리에 오른 첫 번째 사람이었다. 그는 과학과 정치적인 지성, 예술적인 면과 정신적인 면의 특이한 조합을 지니고 있었고, 스트리트 파이터의 배짱을 가진 사람이었다. 우리는 끈끈한 전우가 되었다. 때문에 2009년 1월 오바마의 취임식 다음 날, (처음에는 정권 이행기 팀에 남아 달라고 요청되기는 했지만)마크가 해고되었을 때 무척 속상했다. 그는 편협의 희생자였고, 반드시 그의 책임이라고 할 수 없는 미국 의회의 이전 정책에 대해 추궁 당했다.

가끔은 어려움도 있었다. 첫째, PEPFAR는 제네릭에 대해 기금을 대지 않았다. 그래서 납세자들의 돈을 낭비했을 뿐 아니라 여러 나라의 치료에 혼란을 초래했다. 예를 들어, 탄자니아에서 미국 기금 프로그램은 동시에 다른 곳에서 지원 받은 프로그램과는 다른 항레트로바이러스제 처방을 가지고 있었다. 왜냐하면 다른 나라들은 보다 저렴한 제네릭을 선호했기 때문이었다. 이것은 미국 정부가 전 세계 어느 나라에서 생산되었든 상관없이 미국 FDA에서 허가를 받았다면 설령 미국 시장에 나오지 않았더라도 제네릭을 구입하기로 받아들이기로 한 2004년 이후 서서히 변화했다. 이번에는 1933년에 제정된 미국산 우선구매법과 국내 제약 정책을 우회함으로써 에이즈는 한 번 더 게임의 규칙을 다시 썼다.

다른 문제는, 정부와 의회가 과학적인 근거를 무시하며 굉장히 융통성이 없는 것으로 드러났다는 것이었다. 랜디와 나는 그것에 '동의하지 않기로 동의했다'. 즉, 클린턴 정부까지 올라가는 주사기 교체 프로그램의 연방기금 금지, 성매매를 하지 않겠다는 서약이 효과가 없을 뿐 아니라 역효과를 낳는다는 근거가 있음에도 불구하고 전체 HIV 예방기금의 3분의 1을 오직 금욕 홍보에 쓰겠다는 것 같은 것들이 그것이었다(미국에서 진행된 한 연구는 금욕에 대해서만 교육받은 청소년들이 그렇지 않았던 청소년들에 비해서 성관계를 약간 나중에 하지만, 그들이 성관계를 할 때에는 콘돔을 거의 사용하지 않고, 실제로 더 많은 성관계 상대자를 갖는다는 결과를 보여주었다). 부시 대통령은 PEPFAR가 낙태와 가족계획은 이야기하지 않는다는 암묵적인 '세계적 함구령'으로부터 제외시켜 주었지만, 그 분야에 있어 여전히 혼란스러운 부분이 있었고 PEPFAR 기금의 주된 기부자인 신앙심에 기원한 많은 기구들은 금욕과 배우자에 대한 신의만을 홍보했다. 반면에 이것은 HIV의 성매개 전파를 막는 데에 스펙트럼('복합 예방법'이라고 불리는)을 제공하는 중요한 열쇠였다. 아주 소수의 개발도상국들은 미국 기금과 관련된 조건들을 거절했다. 브라질은 내가 알기로는 그러한 유일한 나라였다. 역설적이게도 동시에 미국 정부는 세계에서 콘돔을 가장 많이 공급하는 나라이기도 했다!

인터뷰, 연설, 그리고 입법자들의 모임을 통해 내가 이러한 역효과를 낳는 정책들에 대해서 비판하는 동안, 우리는 과학적이고 이상적인 의견의 불일치들 사이에서 간신히 일했다. PEPFAR가 입증된 프로그램에 기금을 대고, 독일, 영국, 노르웨이 같은 다른 공여국들은 더 논란이 있는 부분의 프로그램을 고를 수 있도록 맞춤식 기금 마련을 중개했다.

이렇게 기부자들의 입맛에만 의존하는 방식은, 인기가 없는 것은 남겨질 수 있기 때문에 굉장히 위험할 수 있었다. 하지만 유엔에이즈계획 국가 중간관리자들은 일을 매우 잘 처리했고 전체적인 국가 계획에 굉장히 작은 기금의 차이로 합리적인 근거를 만들었다.

무엇보다도 PEPFAR는 이 기금을 항레트로바이러스제를 널리 사용 가능하도록 하는 일에 많은 부분을 투사하여 수백 만의 생명을 살렸다. 그리고 이것이 다른 나라에 기금을 증대시키는 길로 이끌었다. 여러 가지 방법으로 미국은 여전히 전 세계의 의제를 세우고 있기 때문이었다. 2003년 7월 토니 블레어 총리가 15억 파운드(당시 30억 달러)를 약속한 것은 부시를 따르는 첫 사례였다.

2003년 9월, 글로벌 펀드의 리처드 피쳄과 나는 새로운 세계보건기구 사무총장인 이종욱 박사의 주력 계획으로서, '5까지 3[3 by 5]' 즉, 2005년까지 개발도상국의 3천만 명에게 항바이러스 치료를 제공하는 계획의 착수에 동참했다. 이종욱 박사의 선임인 그로 부룬틀란 전 총장이 2002년 바르셀로나에서 열린 에이즈 컨퍼런스에서 이 계획을 처음 제안한 바 있었지만, 세계보건기구는 이종욱 박사의 창조적인 미국인 조언자 짐 킴과 브라질 에이즈 책임자 파울로 테익세이라가 이 위험성 없지 않았던 캠페인에 활기를 띠게 하기 전까지는 그녀의 제안을 따르지 않았다. 미국인의 도움은 더 이상 필요 없다는 인상을 줌으로써 PEPFAR의 진출을 약화하려는 이유였다. 돈이 다른 곳에 있더라도 '5까지 3'은 이 도전을 좋아하지 않았던 기부자들과 개발도상국들의 보건부 모두에 압력을 가했다. 짧은 기간 동안에 세계보건기구는 다시 한 번 HIV 치료에 있어 굉장히 적극적으로 나섰다. 이것은 환영할 만한 일이었다. 그러나 때때로 독자적으로 진행하거나, 더 잘 할 수 있는 위치에 있는 기구들의 업무를 반복하는 경우들이 있었다. 이것은 결코 배워서는 안 될 제도인 것 같았다.

4년 후, 300만 명의 HIV 감염인들이 치료를 받았다. '5까지 3' 계획은 제 시간에는 달성되지 못했지만 그 목표는 중요한 역할을 했고, 1978년 목표로 세워졌던 세계보건기구의 '모두의 건강 2000'과 같은 많은 다른 계획들에 비해 비교적 잘 수행되었다.

나와 공여국과의 관계는 복잡하다. 어떤 나라와의 경우에는 개혁의 의지를 다졌고, 어떤 나라의 경우에는 진정한 동맹 관계였다. 그러나 나는 내가 HIV의 유행에 가장 취약하고 영향을 많이 받은 인구와 나라들, 대부분 아프리카에 있는 개발도상국들에 주력해야 한다고 생각했다. 그래서 선택을 해야 할 때면 공여국들의 이해를 위해서가 아니라, 언제나 개발도상국들을 위한 길을 선택했다. 이것은 HIV 치료 접근성에 대한 쓸데없이 오랜 논쟁에 있어 내가 가장 엄격하게 지키는 부분이었다.

유엔에이즈계획은 유엔으로부터의 재정을 보장받지 못했고, 단 1원까지도 매년 얻어서 써야 했다. 이것은 실적에 따른 것이기 때문에 충분히 타당했지만 또한 모든 힘을 에이즈와 싸우는 데에 써야 만하는 시간의 3분의 1을 기금 마련에 써야 한다는 것을 의미했다. 또한 어느 정도는 우리가 발을 잘 못 내딛기도 했다. 어떤 기부자들은 세계보건기구의 오랜 세계에이즈프로그램에 대해 지불해오던 것에 비해, 유엔에이즈계획의 창립이 그들의 기부를 줄일 수 있는 기회라고 생각했다. 미국과 영국과 같은 나라들에게는 이것이 사랑의 매였다. 영국 국제개발부는 정치적으로 큰 지지자였는데, 힐러리 벤이 장관일 때 특히 그랬다.

그러나 동시에 보고서를 낼 때마다 새로운 수행 목표의 개발을 요구했다. 그리고 협력을 계량화하기 위해 필사적으로 노력하면서 '세계 구조'와 '돈의 가치'의 근거에 집착했다. 그들의 개입은 우리로 하여금 의무에만 초점을 두도록 강요하여 어떤 때에는 고문에 가까웠지만, 한편으로는 건설적이었다. 유엔에이즈계획 초기에 미국으로부터의 기금이 미국 국제개발청으로부터 나왔는데 이것이 우리를 마치 미국 비정부기구와의 경쟁자로서, 여느 다른 계약자들처럼 여기게 만들었다. 이러한 상황은 미국 기금이 PEPFAR에서 나오기 시작하면서 크게 향상되었다.

미국에서의 도전은 의회가 연방정부 예산에 대해 다른 어느 나라보다도 세세한 점까지 훨씬 강도 높게 관리한다는 것이었다. 그래서 나는 의회 의원들과 직원들을 만나서 그들에게 우리가 충분히 투자할 만하다는 점을 확신시키기 위해 노력하는 데에 많은 시간을 보냈다. 창립 1년도 되지 않았을 시점에, 미국 의회의 감사를 담당하는 회계감사원은 우리가 제 할 일을 못한다는 유엔에이즈계획에 대한 보고서를 발표했다. 내가 의회 청문회에 참석해야 했을 때는 무척 힘든 시기였다. 하지만 청문회가 끝났을 때 보고서의 결론은 분별없는 것이었고 에이즈의 유행은 1년 내에 종식시킬 수 없다는 사실에 모두가 동의했다.

단연코 다른 나라들처럼 말은 길게 하면서 결국에 돈은 안 내놓는 것보다는 영국과 미국의 사랑의 매를 선호했다. G8 회원국인 프랑스는 룩셈부르크보다도 훨씬 아래에 있는 17위의 기부자에 불과했지만, 항상 프랑스인들을 고용하라고 압력을 가했다(프랑스인인 미셸 카자츠킨이 두 번째 사무총장이 되자 프랑스는 실제 글로벌 펀드의 주요 기부자가 되었다). 이탈리아는 가장 약속을 지키지 않는 나라였고 종종 아무 기부도 하지 않았다. 내가 세계보건기구의 사무총장 후보였을 때, 한 이탈리아 관료는 나에게 염치없게도 5명의 젊은 이탈리아인들의 이력서를 내밀며 그들을 고용하는 것을 지지 조건으로 내세웠다.

각 나라는 그들의 정치사회적인 문화에 따라 특정한 접근을 필요로 한다. 그래서 내가 가장 좋아하는 (지속적으로 유엔에이즈계획에 가장 큰 기부자인)독일과 북유럽 국가들과의 연례회의에서 나는 고해성사처럼 나의 모든 문제들을 테이블 위에 올려놓아야 했고, 내가 나의 수행력을 향상시키고 목표를 세우는 데 무엇을 해야 하는지를 거의 참회하듯 설명했다. 굉장히 단도직입적인 토론 후에 그들은 기부금을 발표했고, 즉시 돈을 지불했다. 문제에 대해 너무 자의적인 해석을 하거나 너무 외교적으로 노력하는 것은 그들의 문화에 역효과를 가져 왔다. 이에 비해 나는 워싱턴 같은 다른 곳에서는 문제점을 제기하지 않아야 한다는 것을 배웠다. 왜냐하면 그런 것은 약점이라고 해석되어왔기 때문이었다. 그러는 동안에, 나는 내 안의 카멜레온에게 요청했다. 보호색을 띠고, 좌우를 살피면서도, 진짜 목표를 계속 향하라는 것이었다.

CHAPTER

22

끝나지 않은 의제

2004년까지 우리는 정치, 돈, 그리고 국가들의 자국 내 프로그램에 대해서 알게 되었고, 우리가 무엇을 해야 하는지 알았다. 그러나 HIV의 전파가 느려지기 시작하기는 했지만 수천 명의 사람들은 여전히 HIV로 인해 죽어가고 있었고, 또 수천 명의 사람들이 매일같이 새롭게 HIV에 감염되었다. 우리는 착수 단계에서 보다 더 큰 활동으로 나아가야 했다. 유엔에이즈계획의 앞으로 5년간 가장 큰 도전은, 실제 현장에 있는 사람들에게 돈이 작용하게 하는 것과 기금과 활동의 연속성을 보장하는 것, 그리고 주사 약물 사용자들의 HIV 예방에서부터 에이즈 관련 인권 폭력에 이르는 몇 가지 어려운 문제들이었다.

말 그대로 수천 명의 작은 주자들과 상당한 수의 큰 주자들이 에이즈와 싸우고 있는 동안 개발도상국들은 거래 비용, 노력의 중복, 상충되는 정책, 필수 활동들의 간극과 마주쳤다. 이 나라들의 적은 수의 관리들은 어떤 때는 1년에 수백 가지의 임무를 기부자들과 다국적 시스템으로부터 받았다. 그들은 하급 대표단이더라도 모두 장관을 만나기를 원했다. 이것이 에이즈 분야에 있어 특별한 것은 아니었지만, 에이즈기금이 갑작스럽게 밀어닥치는 것은 정부의 부담을 악화시켰고 특히 역량이 약한 아프리카 국가들에게 그랬다. 이 모든 것이 기부자들이 2002년 몬터레이, 2004년 파리에서 열린 학회에서 각자의 절차와 국가 내부의 일을 조화시키자는 명확한 합의에 도달했음에도 불구하고 발생했다. 아프리카로부터 점차 늘어나는 불평들을 받기 시작하면서 나는 이제 개입해야 할 때가 왔다는 것을 알았다. HIV의 치료와 예방에 있어 필사적으로 필요한 자원은 낭비되고 있었고 나아가 생명을 잃게 하고 있었다.

나는 실제 일어나고 있는 상황을 정리하고 이에 대한 몇 가지 제안을 해달라고 시그룬 모제달에게 요청했다. 시그룬은 노련하고 대단히 존경받는 국제개발전문가로서, 고국인 노르웨이의 국제개발 국무장관이었었다. 그녀는 개인적으로 루터 교회의 에이즈 관련 활동에 굉장히 적극적이었는데, 나는 사람과 기관들에 대한 그녀의 간단명료한 접근법을 좋아했다. 아프리카와 공여국의 수도에서 다양한 주체들과의 방대한 상의 후에 시그룬은 2003년 9월 보고서를 나에게 보냈다. 날카로운 분석이었지만 그 보고서에는 너무 많은 권고사항들이 있었다. 나는 몇 주 후에 에이즈에 대한 국제적인 지원을 향상시키기 위한 필수 행동지침을 추출하기 위해 그것을 몇 번이나 읽다 내려놓곤 했다. 그러다가 갑자기 모든 파트너와 함께 개발하는 하나의 국가 에이즈 전략, 하나의 국가 조정 지휘권, 활동들을 평가하고 모니터하기 위한 하나의 시스템(모든 기부자들은 그들 각각의 시스템과 지표를 도입했기 때문이다)을 거기에서 보았다. 그때 마침 나는 중국 선동 벽보 전시회에 갔었는데, 그 종이 맨 위에 이렇게 적었다 "세 개의 하나Three Ones!" 이것은 개발도상국에서의 에이즈 대응을 정돈하고 보다 효율적으로 하기 위한 간단한 개념이 되었다. 2004년 4월 23일 워싱턴에서 재무부와 경제 관료들의 영향력 있는 모임인 세계은행과 국제통화기금 춘계회의가 열렸다. 세 개의 하나는 미국의 랜디 토비아스와 영국의 힐러리 벤, 그리고 내가 공동 좌장을 맡았던 그 회의의 한 모임에서 모든 공여국과 몇몇 개발도상국들에 의해 지지를 받았다. 에이즈는 국제개발 업무에 영향을 주기 시작했다. 이것은 역설적이게도 PEPFAR와 글로벌 펀드와 같이 뚜렷한 기금 메커니즘이라는 새로운 형태를 만들어냈고, 또 함께 일하는 새로운 방식을 형성하게 했다. 원칙은 간단했지만 몇몇 아프리카 나라들의 약한 정부 역량과 많은 공여국들의 법적 조건부들로 인해서 더디게 진행됐다.

2005년까지 HIV 치료 및 예방 프로그램은 잘 진행되어 갔고 중저소득 국가들에서 100만 명이 넘는 사람들이 HIV 치료를 받았다. 이것은 중대한 진척이었지만 우리에게는 갈 길이 한참 더 남아 있었다. 좌절이 앞자리를 점했다. 영국 정부는 더 강한 기부자들의 조율을 통해 밀어붙이고 다양한 유엔의 공동스폰서 기구 중에서 노동분과를 이용하기를 원했다. 나쁘지 않은 생각이었지만 내가 어렵게 배웠듯이, 한 모임에서 정할 수 있거나 바깥으로부터의 도입으로 해결할 수 있는 문제가 아니었다. 우리는 또한 영국 국제개발 정무차관인 가렛 토마스와 그의 에이즈 책임자이자 운동가인 로빈 고르나와 함께 '세 개의 하나' 플랫폼을 국제에이즈기금의 재정 골조로 삼기로 동의했다. 통상적이고 기술적인 일들이어야 했던 것들이, 내가 유엔 지원, 기부자, 그리고 운동가들에게서 봤던 최악의 행동들로 드러났다. 무엇이 문제였을까? 유엔에이즈계획은 에이즈에 대항하기 위해 필요한 것들의 추정치를 정교하게 했고, 나는 처음으로 두 가지를 요구했었다. 세계 모든 고아들을 보살피거나 의료 기반시설과 직원 개발에 돈을 쓰는 것과 같이 에이즈에 직접적으로 연관되지 않은 요소들을 제거하라는 것이 첫 번째였다. 그리고 또 하나는 개발도상국들이 모든 필수 서비스와 관리를 할 수 있을 것이라고 가정하는 대신에, 국가들이 도입 역량을 점진적으로 강화하는 것에 중점을 둔 다른 시나리오들, 즉 기본적으로 좋은 계획 훈련을 준비시키라는 것이었다. 내가, 자원이 무한하지 않기 때문에 에이즈에 관련된 돈을 사용하는 방식을 향상시켜야 한다고 첨언하자, 순식간에 아수라장으로 변했다. 나는 유엔의 동료들로부터는 그들의 특별한 관심사인 기금 조성을 고의적으로 방해했다고, 글로벌 펀드로부터는 그들의 자원 동원 행사를 약화시켰다고, 운동가들로부터는 자원 필요성을 최소화시키고 우리가 돈을 더 잘 쓰려고 노력하고 있다는 것을 은연중에 암시하려 한다고, 공여자들로부터는 기금의 요구를 부풀리고 유엔기구들을 통제하에 두지 않는다는 이유로 공격당했다. 이번만은 나는 뇌의 모든 사람들을 속상하게 만들었다. 로빈 고르나와 함께 불쌍한 아흐마트 다뇨르, 짐 쉐리, 그리고 벤 플럼리는 밤낮으로 피해를 복구하고 합의에 도달하기 위해서 일해야 했다.

2005년 3월 9일 런던에서 열린 '돈 값을 하라**Making the Money Work**'는 모임을 준비하는 기간 동안, 우리가 2007년까지 에이즈 기금으로 140억 달러까지 요청했고, 2005년부터 80억 달러를 사용 가능하게 했음에도 불구하고 (2007년에 들인 실제 총액은 100억 달러였다) 나는 미국 에이즈 운동가들로부터 대량의 혐오 메일을 규칙적으로 받았다. 그중에서 가장 멋진 제목이 '기부자들의 꼭두각시 피요트'였다. 그런 때에는 어떤 사람들에게는, 더 많은 돈을 제창하는 것 외에는 관용이 없었다. 비 에이즈 이익 단체들은 에이즈 단체가 너무 많은 돈을 가져간다고 주장하면서, 에이즈 예산에 그들의 문제가 포함되도록 열심히 로비를 하여 때론 성공했다. 수개월 동안에 유엔에이즈계획 공동 스폰서들과의 신뢰가 사라졌다. 나에게는 운동가들에게 직접 발설하지 않는 공동 스폰서와의 대화는 불가능했다. 운동가들은 모든 것을 인터넷에 유포해버려서 우리가 합의를 도출하는 것을 매우 어렵게 만들었다. 과학적 사실, 전문기관들의 충성도, 그리고 행동주의 사이의 경계가 불분명해졌다. 나중에는 우리가 우리 업무의 기술적 기반을 포기할 필요가 없었고, 우리가 자원을 활용하는 것뿐 아니라 최적의 상태로 만드는 것에 대한 논의를 시작했다는 것에 기뻤다. 나는 여전히 무엇이 격렬한 반응을 일으키는지 이해하지 못했다. 하지만 그러한 반응들은 분명히 에이즈에 대한 열정과 근거 정보 기반의 투명한 대화를 위한 국제 관계의 어려움을 보여준다. 모든 논쟁이 북반구 사람들과 기관들 간에 있다는 것 또한 놀라운 일이었다. 직접적인 우려 당사국들은 관련되어 있지 않았다. 그들은 일을 할 뿐이었다. 나는 종종 이런 실험을 상상했다. 일군의 젊은 아프리카 경제학자 팀이 런던이나 워싱턴으로 가서 정부에게 공공부채를 줄이고 의료체계를 개혁하는 데 해야할 것들이 무엇인지 주장하는 것이다. 이러면 모든 매체와 의회의 격렬한 반응을 불러일으키겠지만, 이것이 저소득 국가에서 매일 일어나는 일이 아니던가?

많은 개발도상국에서 보건 분야 인력들과 관련된 중요한 위기가 과거, 그리고 현재에도 있다. 이것은 HIV 치료를 제공하는 데 있어 심각한 장애물이다. 영국 국제개발부의 사무차장인 주마 차크라바티와 함께 2004년에 말라위를 방문했을 때 극명하게 보았다. 주마는 많은 분야에 있어 두드러진 사람으로, 사무차장으로는 매우 젊은 편이었으나, 국제개발 정책 개혁과 유엔 개혁을 맡았다. 우리는 모스크바에서 처음 만났는데 나는 그에게 에이즈 운동에 개인적으로 참여하도록 요구했고 두뇌를 위한 향연의 의미로 정기적으로 함께 여행하기로 했다. 그 모든 여행에서 뭔가를 배웠다. 말라위의 의사들과 간호사들이 급격히 줄고 이민 가는 것을 직접 목격한 후로 우리는 그해에 6년 동안 2억 7천 3백만 달러를 투자하여 '긴급 인력 구호 프로그램'에 착수하도록 정부와 모든 기부자들을 동원했다. 이것이 결과적으로 현재 이 나라의 의사와 간호사 수를 증가시켰다. 이 의제는 시급한 관심이 필요했지만, 아주 소수의 나라들만이 이것에 체계적으로 접근했다. 에티오피아에서도 비슷한 것을 했는데, 보건부장관이자 아프리카에서 가장 역동적인 장관 중 한 명인 테드로스 아다놈 박사가 (종종 에이즈 기금을 이용해서)대량의 의료 및 준의료 교육 프로그램에 착수했다.

우리는 이 분야에 있어 뭔가 더 해야 한다고 생각하여 보건 노동자들을 강화하는 다양한 계획들을 지원하고자 노력했다. 왜냐하면 충분한 의사와 간호사를 교육시키는 데에는 수십 년이 걸리기 때문에(그리고 그들을 나라에 머물게 하는 것도) 업무의 이동은 명백히 예상된 길이었다. 의료 업무는, 비교적 덜 고급 과정의 교육임에도 불구하고 한정된 특성화된 일을 하도록 훈련받은 사람들에 의해 수행되었다. 우간다에서 했던 연구는 HIV 치료 경과의 관찰에 있어서 특별히 교육된 조수들이 완전한 전문가들만큼 일을 잘 수행할 수 있다는 것을 보여주었다. 그럼에도 불구하고 슬프게도 나는 에이즈 관련 일에 종사하고 있는 사람들과 의료 강화 사업을 하고 있는 사람들이 종종 눈도 마주치지 않는다는 것을 발견했다. 2008년 3월, 우간다 수도인 캄팔라에서 열린 '보건인력'에 관한 회의에서 나는 두 사업 사이의 진정한 협업을 요구했는데, 청중들 중 약 4분의 1에게서 야유를 받았다. 깜짝 놀랐지만 서로 더 잘 소통하는 것이 필요하다는 것을 이해했다.

유엔 조직이 함께 잘 작동하도록 하는 것은 나의 업무 중 가장 힘든 일이었다. 충분한 진척을 만들었다고 여겨지지 않았다. 유엔에이즈계획은 모든 기관이 함께 일하고, 글로벌 펀드의 이동 경로를 만드는 결속장치가 되고, 기관 간에 분업하고, 각자의 국제적인 활동을 함께 검토하는 일 등을 하고자 하는 좋은 의도에서 만들어졌다. 어느 정도까지는 작동했고, 여느 다른 유엔 체제의 기관 간 협력보다는 훨씬 잘 이루어졌다. 그러나 다양한 기관들의 속성은 서로 너무 달랐고 은행, 기술적이고 관료적인 기관들, 운영 기구들과 단일한 접근을 하는 것은 주요한 도전이었다. 각 기관들은 생존하기 위해서 기금을 모아야 했고, 이것이 그들 간의 경쟁을 만들어서 종종 공격적인 대화를 하도록 만들었다. 이론적으로 기부자들이 돈을 그 기관들의 입 앞에 갖다 준다면야 쉽게 해결될 수 있지만, 실제로 그들은 종종 한 입으로 두 말을 했다. 유엔에이즈계획 위원회에서 우리는 에이즈에 대하여 통일된 유엔 대응이 얼마나 중요한지를 강조했다. 하지만 세계보건기구의 차기 위원회에서 그들은 다른 기구들이 더 잘 할 수 있는 영역이 있음에도, 세계보건기구에게 최대한 넓은 범위에 있어 에이즈 활동을 추구하도록 압박했다. 거기에다가 유엔기구의 국가사무소들에 분업을 위한 활동의 합동계획에 동의하라고 압력을 넣으면서도 공여자들은 합의된 틀 밖의 일들에 기금을 댔다. 이런 행동들은 명백히 어떻게 국가 행정이, 유엔처럼 그들 가운데 거의 의사소통 없이 각기 별개로 조직화되어 있는지를 반영했다. 또 다른 도전은, 전체적인 유엔의 노력에 얼마나 잘 공헌했는지가 아니라, 자신의 기구를 어떻게 홍보하느냐에 성공 여부가 달려 있다는 것이었다. 유엔에이즈계획의 협업은 모든 요소가 권력을 조금씩 포기해서 궁극적으로는 함께 더 큰 영향력을 갖자는 것을 의미했다.

하지만 이 투쟁은 권력의 일환만이 아니었다. 유엔과 세계은행에서 일하는 HIV 감염인 동료들은 차별받거나 낙인찍히게 될까봐 그들이 앓고 있는 질환을 공개할 수 없었다. 실제로 그들은 종종 차별받거나 낙인 찍혔다. 전 세계인들의 보건문제에 있어 후견인 역할을 하는 세계보건기구는 HIV와 관련된 차별을 규탄하는 몇 가지 결의안들을 통과시켜 나머지 세계에는 그렇게 하라고 해놓고는 스스로에게의 적용은 거부했다. 몇 개국의 사무소 직원들은 항레트로바이러스제에 비밀리에 접근하는 것도 어려웠다. 코피 아난 총장은 유엔에서 HIV 감염인 동료들의 권익 및 지지 단체인 유엔 플러스 그룹과 여러 차례 만나 시간을 보냈고, 그의 후임인 반기문 총장도 그렇게 했다. 반기문 총장은 유엔에이즈계획의 강한 지지자인 것으로 드러났지만, 처음에는 에이즈 운동을 구성하는 다양한 특징들보다는 외교에 관심이 국한되어 있었다. 새로운 사무총장이 에이즈가 사람들의 삶에서 의미하는 것이 무엇인지를 이해하기를 바랐다. 그래서 그의 임기 아주 초기에 HIV 감염인으로 이루어진 유엔 플러스 그룹 회원들과 함께 첫 번째 만남을 만들었다. 내 새로운 보스에게 우리 조직 내에 HIV 양성자가 얼마나 민감한 문제인지를 짧게 설명했고, 유엔 플러스 그룹 회원들로 하여금 사무총장에게 간결하고 전략적으로 그들의 요구를 전달하도록 예행 연습을 시켰었다. 우리가 그 위엄 있는 나무로 안벽이 마감된 사무총장의 회의실에 모였을 때, 모든 것들이 잘 통제되고 있었다고 생각했다. 그런데 이때 반기문 총장이 천천히 둘러보더니 말했다. "그러나 당신들은 아파보이지 않습니다... 당신들은 너무 건강해 보입니다..." 바늘 떨어지는 소리라도 들렸을 것이다. 사람들은 무언가 이야기하라는 신호를 보내며 나를 쳐다봤다. 나는 재앙이라고 생각했고, 어떻게 에이즈 운동가들과 이 나쁜 결과를 헤쳐나갈지에 대해 이미 생각하고 있었다. 반기문 총장이 말을 이었다. "당신들이 얼마나 차별받고 있는 지는 충격적입니다. 나에게 내가 무엇을 할 수 있는지를 말씀해주십시오." 그 모임이 끝날 때까지 우리는 유엔 내에서 HIV 감염인으로서 매일 같이 겪는 크고 작은 문제들을 이야기했다. 반기문 총장은 이 모임이 그의 인생을 통틀어 가장 중요한 만남 중 하나였다고 말했다. 일하는 곳에서의 차별은 견딜 수 없으며, 모든 유엔 직원들에게 메시지를 보내겠다고 말했다. 바로 그날 실행에 옮겼다. 사실 나는 그것이 가장 비정치적으로 옳은 방법이더라도, 브리핑 메모에서 나오는 것이 아니라 가슴에서 우러나오는 말을 하는 사람을 좋아했다. 또 다른 경우로, 유엔에이즈계획의 아시아 책임자인 프라사다 라오가 그의 통상적인 효율성하에 아시아의 에이즈에 대한 고위 위원회에 대한 보고서에 착수하는 자리에서, 반기문 총장은 뉴욕 유엔에 나와 있는 모든 아시아 대사들 앞에서 동성애와 성매매의 비범죄화를 요구했다. 그의 뒤에 앉아 있었던 나는 그가 위원회의 권고를 지지할 것인가를 궁금해 하며 숨을 죽이고 있었다. 하지만 그는 망설임 없이 놀란 청중들을 향해 연설을 했다.

세계보건기구에서 일하는 직원들은 자주 바뀌는데 이것은 또 다른 도전이었다. 왜냐하면 에이즈 프로그램의 각 새로운 책임자들은 일의 우선순위와 우리와 어떻게 일할지에 있어 다른 시각을 가지고 있기 때문이었다. 그리고 유엔에이즈계획이 있었던 첫 14년 동안 세계보건기구는 에이즈 프로그램에 9명 이상의 책임자들이 있었다.

전반적으로 유엔과 다자간 시스템에 매우 어려운 시기였다. 미국과의 관계는 이라크 전쟁 때문에 최악이었고, 그 전에는 석유식량계획 스캔들*이 전체적으로 코피 아난과 유엔 조직을 심하게 약화시켰다. 아난 총장은 심한 스트레스 속에 있었지만, 에이즈 대응에 비상한 관심을 계속 가지고 있었다. 당시 책임자이자 사무부총장이었던 마크 맬럭 브라운의 능숙한 도움을 받아 끈질기게 정치적 영향력을 행사했다. 2005년 12월 아난 총장은 모든 유엔 국가 팀에게 이례적인 쪽지를 보냈다. "에이즈 유엔 합동 팀을 설립하기 위해... 단일 지원 합동 프로그램을 가지고..." 다시 말해, 아난 총장은 유엔의 회원국으로 하여금 유엔이 확립할 것으로 예상되는 일들을 실행에 옮기도록, 유엔 개혁 보고서의 제목에 적힌 대로 '하나로 전달'하고자 하는 그의 노력을 위한 주요 예시가 되도록 지시하고 있었다. 유엔 용어로 이것은 대범한 움직임이었다. 왜냐하면 공식적으로 사무총장은 특정 기관에 대한 권한이 없었기 때문이었다. 몇몇 해설자들은 유엔에이즈계획을 '성공 신화'라고까지 묘사하기 시작했다. 외부 세계에게 유엔에이즈계획에 있는 우리는 유엔 개혁과 연합 활동의 '예시'였다. 듣기에는 좋은 말이었지만, 나는 여전히 이 분야에서 가야 할 길이 한참 남았다고 느꼈다.

* 역주: 1990년 걸프전 발발의 책임을 물어 미국 주도 하 유엔 경제 제재조치가 내려져 이라크가 빈곤과 시달리자 1996년 이라크와 유엔 간에 체결된 석유 식량 교환 계획

겉보기와 달리 일은 쉽게 흘러가지 않았다. HIV의 성매개 전파 예방이 감정, 도덕적 판단, 그리고 가열된 학계 논쟁을 남겼다. 그런데 이것은 약물 사용에 대한 이성적 사고 불가능에 비교할 바가 아니었다. 헤로인과 HIV 유행은 아마 나의 가장 큰 정책적 도전이었을 것이다. 유행에 대한 충분한 반응을 독려하는 데에 실패했던 지역은 구 소련이었다. 90년대 후반 러시아에 헤로인 사용으로 인해 유발된 HIV의 급격한 증가는 점차 명백해졌다. 시나리오상에서는 예상하지 못했던 것으로 중대한 과소평가였다. 그러나 러시아 에이즈 센터의 수장인 바딤 포크로브스키와 같은 용감한 역학자들이 또 하나의 경고 문서를 발간하는 동안에, 러시아 정부는 이미 밝혀진 진실에 강하게 반대했다. 1988년 모스크바에 잠시 방문했을 때 그를 만났었다. 어느 때와 같이 나는 사자굴에 들어가기로 결심했다. 1998년 후반에 나는, 1988년 이후 매년 12월 1일에 열리는 세계 에이즈의 날을 맞이하여 전 세계의 에이즈 실태에 대한 보고서를 발표하기 위해 모스크바로 갔었다. 이것은 국가적으로도 국제적으로도 큰 관심사였는데, 힘에 부친 마지막 날에는 자정에 가까운 시간까지 프랑스 TV 방송국인 안테나 2와 생방송 인터뷰를 했다. 이제까지 내가 했던 인터뷰 중 가장 무서운 인터뷰였다. 프랑스 TV 시청자들이 배경으로 크레믈린 궁전을 볼 수 있도록 붉은 광장 옆에 있는 러시아 호텔의 11층 열린 창문의 미끄럽고 얼음처럼 찬 선반 위에 앉아 있었다. 나는 심한 고소 공포증이 있어서 카메라에 집중하기가 정말 힘들었다. 하지만 나는 내가 호텔 입구 아래에서 크게 웃고 있는 성노동자 단체와 자동 권총을 가진 경호원들 머리 위에 떨어져 인생을 마감하게 된다면 어떨까 하는 생각이 들 때마다 미소를 지었다. 유엔에이즈계획의 사무총장으로 지내는 것은 많은 기술이 필요했다. 어떤 경우에도 나의 노력은 보상을 받았고, 처음으로 전 세계 매체는 구 소련이었던 나라들에서 만연한 HIV의 확산에 대하여 알게 되었다.

나는 이 나라의 역사, 박물관, 지하철, 그리고 사람들 때문에 사실 모스크바를 좋아했다. 그들은 특이한 염세적 세계관과 어우러진 좋은 유머 감각과 다른 나라들이 이해할 수 없는 감각을 소유한 굉장히 교양 있고 따뜻한 사람들이었다. 그럼에도 불구하고 나는 내가 참석해야 했던 수많은 연회에서의 보드카 건배를 절대 따라갈 수 없었다(그중에서 전 소비에트공화국 12명의 독립자치국 보건부장관들 모두와의 저녁 식사는 가장 큰 도전이었다. 왜냐하면 나의 건배는 모든 나라들이 다 건배 제의를 한 후에야 돌아왔기 때문이었다). 그러나 나의 고전적인 러시아 작가들에 대한 사랑과 몇몇 굳건한 동지애에도 불구하고 러시아 정부와의 관계는 항상 굉장히 팽팽했다.

우리는 러시아연방의 보건국장 겐나디 온니쉬첸코와 주로 연락을 주고받았다. 그는 내 나이 또래의 구 소련 스타일의 사람으로 군대식 헤어스타일을 하고 있었다. 그와의 대화는 마치 벽과 대화하는 것과 같았다. 러시아는 동성애를 극도로 혐오하는 사회였고 약물 사용자에게도 그랬다. 정부 당국은 심지어 왜 우리가 그들이 살았는지 죽었는지에 대한 걱정을 이해하지 못하는 것처럼 보였다. 나는 공개적으로 비정부기구와 동성애자들을 괴롭히는 온니쉬첸코와 함께 2005년부터 2008년까지 동부유럽 에이즈학회의 사전 미팅에 참석했다. 예상했듯이, 그는 러시아어에 유창했고 유력한 러시아와 시민사회 운동가들 둘 다와의 방대한 네트워크를 형성하고 있었다. 저녁 식사에 초대받은 덕에 러시아의 에이즈 상황에 대한 당의 방침 외의 다른 설명을 들을 수 있었다. 에이즈 운동가들은 반체제적인 시각에 대한 관용이 전혀 없는 시스템에서 활동하는 용감한 젊은 남녀들로, 자금은 항상 부족했다.

구 소련은 꽤 괜찮은 공중보건 체계와 감염병에 대한 거대하고 때때로 강제적인 감시체계를 결합한 위생 기반시설을 갖추고 있었다. 그러나 장벽이 무너진 후, 공중보건 기금이 갑자기 중단되었고, 잔인한 자유시장 경제가 부상하고 전통적인 사회 규범이 무너졌다. 모든 종류의 감염병 유행, 에이즈뿐 아니라 디프테리아, 간염, 장티푸스, 그리고 성매개 감염병이 1990년대에 폭발적으로 발생했다. 몇몇 이례적인 경우를 제외하고 HIV는 거의 항상 외국에서 들어왔다. 1988년 구 소련 당시에는 약 250명의 어린이들이 의사와 간호사에 의해 HIV에 감염되었는데, 대부분이 칼리미키아에 있는 엘리스타의 한 병원에서 소독되지 않은 주사기와 카테터의 재사용에 따른 것이었다. 일부 소아들은 모유수유 중 그들의 엄마로부터 HIV가 전파되었는데, 이것은 아마도 모체의 부르튼 젖꼭지를 통했던 것으로 보인다. 그 외에도 비슷한 종류의 보다 작은 집단 발생들이 있었다. 1998년 4월에 나는 HIV 양성 아이들을 돌보는 상트페테르부르크 외곽에 있는 병원을 방문했는데 대다수는 부적절한 치료로 인해 감염되었었다. 그들은 기본적으로 방치되어 있으며 영양 결핍 상태로 그 병원에 이르렀는데, 간호사들과 아이들은 나에게 도와달라고 간청했다. 하지만 내가 무엇을 할 수 있을까? 나 자신이 위축되는 우울한 경험이었다. 나는 정부 당국이 이런 것에 대해 숨기고 있고, 부분적으로는 이것이 러시아 의료 체계의 폐단의 흔적이었기 때문이라고 생각했다.

병원을 통해 소아에서 HIV가 퍼진 것은 비극이었지만, 세기가 바뀌면서 성인에 있어 에이즈 유행의 규모는 통제를 벗어났다. 러시아 정부 당국이 유엔에이즈계획의 추정치를 거부했음에도 불구하고 2005년까지 약 100만 명의 사람들, 즉 전체 성인 인구의 1%에 해당하는 사람들이 HIV에 감염되어 있었다. 정부는 공식적으로 등록된 수에 기초하여 약 30만 명 정도를 받아들이고 있었다. 이것은 비교적 새로운 유행이었고, 젊은 사람들을 중심으로 한 유행이었다. HIV 양성자들 중 80%가 29세 미만이었고 40%는 여성이었다. 초기에는 거의 대부분이 주사 약물 사용자들이었다. 그래서 중독과 사회 붕괴가 러시아, 발트해 연안 주들과 우크라이나 같은 구 소련 국가들에서의 유행의 중심에 있었다. 하지만 오염된 주사기나 바늘을 같이 쓰면서 감염된 대부분의 젊은 사람들은 전형적인 약물 사용자들이 아니었다. 그리고 이것은 비단 (아프간 전쟁 참전용사들을 통해)아프가니스탄에서 온 헤로인만은 아니었다. 더 많은 이들이 주말에만 가끔 사용하는 사람들로 컴포트와 같은 지역적으로 생산된 평범한 아편을 친구들과 함께 사용했다. 이러한 양상은 HIV 전파의 제어를 더 어렵게 만들었다. 바늘이나 주사기의 교체나 아편의 대체 같은 위험경감 접근방법은 약물을 가끔 사용하는 사람들에게는 적용될 가능성이 낮았다.

러시아에는 '마약 전문가'들이라고 알려진 의사 집단이 있었는데 이들은 중독 치료 전문으로, 알코올이나 니코틴 중독이 아닌 아편 중독만을 다뤘다. 이들은 약물 처리에 대한 이성적 접근방식에 있어서 큰 장애였다. 이성적 접근이란 사람들의 약물 사용을 막는 교육, 중독 치료, 약물 거래 규제, 깨끗한 바늘과 주사기의 접근성 확보, 메타돈이나 다른 경구 물질로의 약물 대체 치료 등의 복합적인 접근을 의미한다. 이 마약 전문가들의 접근은 기본적으로 차가운 방에 마약 중독자를 넣고, 그들을 때리다가 저항하면 구속복을 입혀 감금하는 것이었다. 과장이 아니다. 이곳에는 의학적인 치료가 전혀 없었고 러시아 정부는 그때까지도 이러한 접근을 열심히 지원했다. 약물 중독에 대해 처벌적인 접근은 약물 사용자들을 더 지하로 내몰게 할 뿐이었다. 이 마약 전문가들은 특히 메타돈을 이용한 단계적인 중독 치료를 단호하게 반대했다. 이 방법은 이미 50년대 초부터 미국에서 중독을 치료하기 위한 기본이 되어 있었다. 경구용 중독성 물질인 메타돈을 투약하면, 이것이 '황홀경'을 느끼게 해주는 기분 전환 약제는 아니었지만 약에 대한 갈망은 없애주었다. 메타돈은 중독자들과의 대화를 용이하게 함으로써 재사회화와 치료의 어려운 과정을 시작할 수 있게 한다. 또한 그들 자신과 다른 사람들을 죽일 수 있는 감염병의 주사를 통한 전파를 막을 수 있다. 특히 러시아 감옥은 빽빽한 인구 밀도, 강간과 바늘의 공유에 따른 질병의 완벽한 보육기였다. 이것은 에이즈만의 문제가 아니라 다른 요인에 의해 약화된 면역 체계에 편승한 결핵 문제도 야기했다. 이 문제를 악화시키는 것은 대부분의 결핵이 약제 내성 결핵이라는 점이었다.

러시아는 내가 가장 많이 방문한 나라들 중 하나였지만, 큰 영향을 주지는 못했다. 나는 러시아 지도자들이 인구 변동에 민감하다는 것을 알고 있었다. 이민 인구의 유입에도 불구하고 소련의 붕괴 이후 감소하고 있었다. 이것은 저출산율과 특히 남자들의 높은 사망률에서 기인했다. 군대의 질, 산업 생산성, 그리고 여러 모로 봤을 때 국가의 미래에 영향을 미쳤다. 1.1%라는 높지 않은 HIV 유병률로도 에이즈는 HIV 유병률이 훨씬 높은 아프리카 국가들에서보다도 훨씬 더 많이 러시아의 인구 감소를 악화시킬 것이었다. 왜냐하면 그런 아프리카 국가들에서는 HIV 유병률이 훨씬 높았지만 연간 인구 증가율은 2~3%였다. 러시아 관료들과의 토론에 있어 돌파구가 될 수 있을 것이라고 생각했지만 그런 일은 일어나지 않았다. 대부분의 다른 나라들과는 달리 나는 당시 국가 원수였던 블라디미르 푸틴 대통령을 결코 만날 수 없었다. 그를 만난다고 무엇이 달라졌을거라 확신할 수도 없다. 거버넌스에 호응하는 구조가 있는 민주주의 국가들에서는 지도자를 만나야 할 실제적인 필요가 없지만, 권위주의적인 전통을 가진 나라에서는 국가 원수가 굉장히 소소한 것들에까지 큰 영향을 준다는 것을 배웠다. 그러나 2006년 상트페테르부르크에서 열린 (러시아에서는 처음으로 열리게 된)G8 정상회담 중에 제1차관인 드미트리 아나톨리예비치 메드베테프를 만났다. 그는 푸틴의 후계자가 될 사람이었다. 메드베테프는 내 이야기를 주의 깊게 듣고 러시아에 에이즈 문제가 있다는 것을 인식하고, 국가평의회 상임 간부회가 에이즈에 대한 국가협조국을 설립하기로 결정했다고 발표했다. 돌파구가 되었지만, 동시에 메타돈이 비과학적이기 때문에 반대한다는 입장을 다시 한 번 확인하였다. 매우 실망스러웠지만 나는 포기하지 않고 더 나은, 그리고 더 인간적인 HIV 예방을 위한 지지를 계속했다. 언론인 바딤 포크로브스키와 러시아 대변인인 미셸 카자츠킨, 글로벌 펀드의 새로운 프랑스인 책임자와 에이즈 인포쉐어 같은 단체, 국경없는 의사회, 오픈 헬스 인스티튜트, 그리고 심지어 러시아 정교회와도 함께 긴밀히 일했다. 러시아 정교회 총대주교 알렉세이 2세를 알현했을 때 나는 신부를 위한 에이즈 교육 프로그램을 지원해줄 것에 동의했다. 공산주의의 붕괴 후에 교회는 도덕과 이데올로기의 진공상태를 메워가고 있었기 때문이었다. 또한 성노동자들과 약물사용자들에 대한 HIV 예방 사업을 살펴보기 위해 언론에 보도된 거리를 방문했다. 그들의 주거 환경과 개인적인 불행, 그리고 경찰에 의한 끊임없는 폭력은 끔찍했다. 슬프게도 이런 방문이 지역적인 계획을 바꾸는 데 일조하기도 했지만, 공식적인 정책을 바꾸지는 못했다. 그때까지 러시아는 에이즈 환자들에게 항레트로바이러스 치료를 제공하고 있었지만, 기본적으로 '선한 시민들'에게만 제공했고, 서방 국가들보다 비싼 가격에 공급되었다. 여러 중개 상인들이 끼어 있어서였을 것이다. 2006년 4월 모스크바에서 있었던 G8 보건부장관 회의 마지막에 세계보건기구 사무총장인 이종욱 박사와 나는 호텔 로비에서 우스꽝스럽게 연출된 회의에 대해서 얘기하면서 함께 웃었다. 그것이 내가 좋은 영혼을 가진 그와 친목의 시간을 가진 마지막 시간이었다. 그는 극도로 피곤해보였었는데 2006년 5월 22일, 경막하 출혈로 인해 예기치 못하게 세상을 떠났다. 세계보건총회를 얼마 남기지 않은 때였다. 자리를 놓고 우리는 선거에서 경쟁자였지만, 서로 좋은 관계를 만들었고, 그래서 슬펐다(나중에 많은 사람들이 나에게 말했던 것처럼, 나 또한 그런 자리에서는 극도로 스트레스를 받았을 것이다). 역사의 역설은 내가 집으로 돌아가기 위해 모스크바에서 제네바로 가는 비행기 안에서 말 많은 마가렛 챈의 옆에 앉게 된 것이었다. 그녀가 홍콩의 보건부장관을 하고 있을 때인 10년 전에 만난 적이 있었고, 세계보건기구에서 대유행 인플루엔자의 책임을 맡고 있었다. 세계보건기구는 마가렛과 같이 모험적이고 기업가적인 여성이 간절히 필요했다. 이종욱 박사의 장례식 중에도 나는 몇 개 국가들로부터 그 자리에 다시 도전하라는 얘기를 들어서 굉장히 놀랐다. 나는 신속히 이번에는 출마하지 않겠다고 결정했다. 세계보건기구의 선거 절차에 확신이 없었고, 줄리오 프랭크와 마가렛 챈 같은 뛰어난 후보자가 적어도 둘이나 있다고 느꼈다(챈이 이김으로써 그녀는 유엔 특별 기구의 수장이 된 최초의 중국인이 되었다).

러시아의 서쪽 접경국인 우크라이나는 유럽에서 HIV의 영향을 가장 심하게 받은 나라였다. 50만 명, 특히 전체 성인의 1.5%가 HIV 양성자였고, 이는 프랑스, 독일, 영국의 양성자를 모두 합친 것보다도 많은 수치였다. 세기가 바뀌면서 우크라이나는 동유럽에서 매우 혁신적인 에이즈 정책을 펼쳤고, 2003년부터 약물 대체 요법을 공식적으로 허용했다. 나는 이 정치적으로 불안정한 나라가 더 개방된 에이즈 활동을 지속하고 있는지 확실하게 하기 위해 역사적인 수도 키에프에 수차례 방문했다. 그런데 방문할 때마다 새로운 보건부장관이 나타나 처음부터 다시 시작하곤 했다. 나는 국가 정책과 지역 활동 간의 좁은 간극에 초점을 맞췄다. 분명히 국가 정책에 반대됨에도 불구하고, HIV 예방 근로자들에 대한 위협과 심지어는 경찰에 의한 기소는 오데사같은 도시에서 다시 시작되었다. 오데사에서는 주사 약물 사용자의 반수 이상이 HIV 양성자였다. 내가 방문할 때마다 조지아 출신 유엔에이즈계획 대표인 안나 샤카리쉬빌리가 꼼꼼히 챙겨주었다. 또한 전 우크라이나 HIV 감염인 네트워크의 블라디미르 조브티악과 나탈리아 리오척 같은 사람들과도 함께 했는데, 그들의 회의에서 연설을 했던 적도 있었다. 아울러 에이즈 프로그램에 대한 주요 외국인 지지단체인 영국의 브라이튼 국제 HIV/AIDS 연합에서 온 사람들도 함께 했다. 언제나 그랬던 것처럼 나는 스스로 공식적인 모임에만 국한시키지는 않았다. 키에프의 외곽에 있는 춥고 거대한 아파트 단지에, 바늘과 주사기 교환 프로그램이 과거 약물 중독자들에 의해 관리되고 있는 현장을 보기 위해 방문하기도 했다. 깨끗한 바늘에 대한 수요자는 사람들이 보통 생각하는 마약쟁이들이 아니었고, 개를 끌고 산책하는 직장 여성, 자전거를 타고 식료품점에 가는 남성, 일상적으로 거리에서 마주치는 여느 행인들이었다. 이러한 만남은 내가 관료들과 대화를 하는 데 귀중한 정보원이었다. 키에프로의 나의 마지막 방문은 2008년 메테 마리 노르웨이 왕세자비와 함께였다. 그녀는 마틸다 벨기에 왕세자비처럼 굉장히 활발한 유엔에이즈계획 대사였다. 그 둘은 총명했고, 우아함과 인간적인 진실된 공감을 함께 가지고 있어서, 내가 가장 좋아하는 공주들이었다. 그들과 함께 여행하는 데 수많은 보안 절차와 제한이 있었음에도, 불구하고 그들은 에이즈에 대한 메시지를 대중과 유럽의 의사결정자들에게 간접적으로 전달하는 데 있어 큰 동맹자였다. 나는 항상 사람들에 대한 공주 효과에 놀란다.

인도에서 대부분의 HIV 감염은 성매개 전파인 데 반해서, 북동부 주는 주사 약물 사용이 동력이었다. 내걸랜드, 마니푸르, 미조람 같이 버마와 인접한 주에서는 성인의 1.5%가 HIV 양성으로, 인접 국가에서 헤로인을 쉽게 구할 수 있었다. 합법적 물질인 스파즈모프록시본(성분명: dicycloverine hydrochloride)을 사용하는 젊은 사람들 사이에서 끔찍한 형태의 중독이 있었다. 이 물질은 물과 섞어서 헤로인처럼 주사해서 사용하는데, 내장 산통 시에도 종종 처방되는 약제였다. 이것은 파우더가 물에 녹지 않고 주사하는 부위에 축적되어 혈관을 딱딱하게 만들어서 나중에 혈류를 막는다. 그들의 혈관은 팔과 다리로 뻗어나가는 돌로 만든 파이프 같이 느껴졌다. 농양이 생겼고, 몸의 일부를 잘라내기도 했으며, 감염으로 죽었다. 바늘을 소유하는 것조차 인도에서는 범죄행위였다. 때문에 그들은 바늘을 공유했고, 많은 사람들이 HIV 양성인이 되었다.

이것은 제약회사에 수상쩍은 수익을 올려주는 합법적인 물질이었다. 정부는 이것을 시장에서 쉽게 중단시킬 수 있었다. 게다가 사람들은 버마에서 대량으로 생산되는 암페타민뿐 아니라 부프레놀핀과 덱

스트로프로폭시펜과 같이 처방전 없이 쉽게 살 수 있는 물질들을 주사하고 있었다. 인도 연방의 고위 관료들과 직원들, 그리고 주 입법자들과 함께 지역을 방문한 후에 정부는 메타돈 대체 프로그램을 법제화하고 스파즈모프록시본의 판매를 제한하기로 약속했다. 하지만 실제 도입에는 수년이 걸렸다.

모든 면에 있어서, 인도는 러시아보다는 이런 본질에 대한 이성적인 주장에 대해 더 관심을 보이는 사회였다. 시간이 좀 걸리기는 했어도 민주주의는 항상 길을 찾았고, 에이즈 의회포럼에서 초당적인 의견 일치를 보았다. 이 포럼에서 요가 수련자이자 국민회의파 가톨릭 정계실력자이면서, 항상 미소 짓고 온화한 오스카 페르난데스는 다른 당으로부터의 몇몇 동맹자들과 함께 일에 착수했다. 나는 뉴델리와 이 거대한 나라의 여러 개의 주에 수차례 방문했다. 처음에는 끝없이 붐비는 인파와 많은 사람들이 시끄럽게 나서는 것에 압도당했다. 하지만 얼마 지나지 않아 인도의 풍부한 문화를 사랑했다. 진짜 문제는 언제나 친절한 친구들의 끝없는 저녁 초대에 어떻게 응해야 하는가와 어떻게 내 몸무게를 조절하는가였다. 2003년 7월에 이제까지 인도에서 있었던 에이즈와 관련된 행사로는 가장 큰 행사에서 연설을 했다. 그 행사에서, 당시 수상이었던 A.B. 바지파이, 그의 상대당의 대표였던 소냐 간디, 그리고 이후 수상이 된 만모한 싱과 함께 연단에 있었다. 잔혹한 정글 같은 인도 정치에서 그런 의견의 합치에 도달한 것은 작은 성과가 아니었다. 미국 의회에서와 마찬가지로 에이즈는 정치적인 갈등을 넘어섰다. 에이즈에 대한 초기 강한 부정 이후에 인도 행정부의 믿음직한 조직이 세계은행 융자금으로 지원을 받아서 국립에이즈관리기구를 설립함으로써 함께 행동했다. 두각을 나타낸 지도자들이 있었다. 프라사 라오, S.

야쿠브 크라이시, 수자타 라오, 쿠살야 페리아사미 등이 그들이었다. 프라사 라오는 단단한 기반과 전략을 마련했다. S. 야쿠브 크라이시는 에이즈에 있어 훌륭한 커뮤니케이터였고 나중에 인도 선거관리위원장이 되었다(나는 종종 그의 락 밴드에서 노래를 한다). 활기 넘치는 수자타 라오는 특히 '포지티브 여성 네트워크PWN+'와 같은 여성 단체들과 같이 강경한 목소리를 내는 지역 단체와 함께 일하면서 모든 주에서 확실히 자리잡았다. 포지티브 여성 네트워크는 타밀나두 주에서 온 작은 여성인 쿠살야에 의해 설립되었는데, 그녀가 20살에 가족의 재산을 지키기 위해 결혼해야 했던 남편으로부터 HIV에 감염되었다. 그녀의 이야기는 많은 HIV 감염 인도 여성들의 전형적인 이야기였지만 그녀는 생존과 인도 HIV 감염 여성들의 인권과 요구를 알리기 위해 싸웠다. 그녀를 처음 만났을 때 그녀의 영어는 알아듣기 힘들었지만, 나중에 글로벌 펀드의 위원이 되었고, 국제 행사에서 정기적으로 발표를 했다. 인도의 또 다른 주요 계획은 아바한(산스크리트어로 '작전 개시')이었다. 위험 집단을 대상으로 한 상당히 규모가 큰 HIV 예방 프로젝트였고, 델리에 있는 매킨지의 전 대표인 아쇼크 알렉센더가 이끌었으며, 빌 앤 멜린다 게이츠 재단에서 기금을 지원 받았다. 이러한 복합적인 노력이 실제 성과를 내어, 새로운 HIV 감염이 크게 줄었으며 HIV 치료에의 접근성이 향상되었다. 이 나라의 더 나은 에이즈 프로그램은 더 나은 역학 데이터의 산출을 의미했는데, 2007년 초반에 유엔에이즈계획이 내놓았던 인도의 HIV 유행 규모가 과대평가 되었다는 것이 분명해졌다. 우리는 이 큰 나라에서 이전에는 100개소가 약간 넘는 곳에서 실험 데이터를 얻은 데 반해, 이제는 1,000개소에서 얻은 데이터를 가지고 있었다. 더불어 인도의 시골 인구에서 얻은 어마어마한 규모의 데이터도 확보했는데, 애초에 생각했던 것보다 훨씬 적게 HIV에 감염되어 있었던 것으로 드러났다. 나는 우리가 이와 관련해서 곧 어려운 상황을 겪게 될 것임을 알았기 때문에, 이 수정되어 감소된 HIV 추정치를 지체없이 대중에 공개했다. 유엔에이즈계획은 실제로 공격을 받았고 내가 고의적으로 에이즈 기금을 더 모으기 위해서 HIV 추정치를 부풀렸다는 음모론까지 제기되어 워싱턴 포스트지의 첫 페이지에 등장했다. 그때는 그들이 우리 보고서의 미완성 초안에 간신히 접근할 수 있었을 때였다. 이 과정은 또 다른 힘든 시간이었지만, 세계를 향한 우리의 메시지는 우리가 정치적인 의사소통 전에 과학적인 근거를 제시하는 것이었다. 어떤 경우라도 우리가 역학 추정치에 영향을 미치는 것은 애당초 가능성이 없는 일이었다. 유엔에이즈계획의 역학 자료는 백 명이 넘는 전문가들이 관여하는 과정을 거쳐서 만들어지는 것이기 때문이었다. 우리의 일에 비밀이라는 것은 없었다.

중독은 약물 사용자들 자신뿐만 아니라 때때로 가족과 환경도 장악한다. 가장 감동적인 모임 중 하나는 인도네시아의 혼란스러운 수도 자카르타에서 2003년, HIV가 약물 사용자들을 중심으로 퍼져나가기 시작한 때에 있었다. 에이즈에 대한 심각한 낙인 때문에 HIV 감염인 단체는 만날 장소조차 빌릴 수 없었다. 그래서 유엔에이즈계획 사무소는 모든 종류의 공동체 집단을 위해 안전한 공간을 만들었다. 그런 집단 중 하나가 젊은 HIV 양성 주사 약물 사용자들의 부모들(사실은 어머니들)의 모임이었다. 그들의 이야기에는 인간적인 고통이 들어 있었다. 아이들을 감옥에서 꺼내기 위해서 경찰들에게 뇌물을 주고, 경제적인 파탄에 빠지는 등의 이야기들은 가슴을 아프게 하며 다시금 무력감에 빠지게 했다. 하지만 약물 중독에 대한 인간적인 접근을 위한 투쟁의 다짐을 더 굳건하게 하였다. 그 여행 중에 나는 또 다른 훌륭한 아시아의 젊은 어머니 프리카 치아 이즈칸더를 만났다. 자카르타에서 약물 사용으로 HIV에 감염되었을 때 그녀는 17살이었다. 프리카는 부끄러움을 많이 탔고, HIV 감염인으로서 그녀 자신의 정체성과 싸우고 있었다. 그녀는 점점 세계에서 가장 잘 알려진 존경받는 에이즈 운동가들 중 하나가 되었고, 위대한 에이즈 대변인이 되었다.

HIV에 감염되었거나 감염되지 않은 약물 사용자들의 실제 세계가 있다. 그리고 단 한 명의 약물 사용자, 단 한 명의 사회적 노동자, 단 한 명의 교도소 간수, 또는 중독자들을 치료하는 단 한 명의 의사도 만나 본 적이 없는 약물 정책 결정자들의 초현실적인 세상이 있다. 내가 그것을 증오하는 만큼, 내 위치에서 마약위원회(1946년부터 전 세계의 약물 상황에 대해 매년 검토하는 세계적인 조직체)에 약물 사용에 대한 인간적인 실제를 보여 줘야 한다고 느꼈다. 그것은 유엔 마약 및 범죄 사무국의 관리이사회로 유엔에이즈계획의 7번째 공동 후원자였다. 2003년 4월, 공중보건에 대한 사법과 치안을 다루는 법제강화기구의 대다수 회원들이 참여하는 위원회가 열리는 비엔나를 방문했을 때였다. 내가 약물 사용자들에 있어서의 HIV 감염의 해악과 과학적으로 증명된 방법으로 약물 사용자들의 HIV 유행을 어떻게 통제할지에 대해 상세히 설명하자, 몇몇 유럽 국가들과 호주를 제외한 많은 곳으로부터 공격이 쏟아졌다. 일본 차관은 내 말에 굉장히 언짢아하며 거의 소리를 질렀다. “당신 같으면 아들에게 바늘을 주겠습니까?” 이것이 논쟁의 수준이었다. 우리가 해로운 약물로부터 사람들을 보호하고, 중독을 치료하기 위해 할 수 있는 모든 노력을 다 해야 한다고 말했다면, 그들은 약물에 대한 순진한 치안 대처법이라고 여겼을 것이라고 몇몇 '위험경감' 운동가들은 나를 힐난했다. 나는 이것을 또다른 편협한 시각이라고 생각했다. 유엔 마약 및 범죄 사무국의 수장이자 이탈리아 경제학자인 안토니오 마리아 코스타는 이러한 접근에 단호히 맞서는 두 주요 공여국인 미국과 스웨덴 때문에 위험경감 기술에 대해 양면적 입장을 취했다. 많은 나라들이 여전히 위험경감 기술을 받아들이지 않음으로써 수천 명이 고통스럽고 완전히 피할 수 있었던 죽음을 맞았다. 정치적 의지 없는 과학적인 근거는 사람들의 삶에 작은 영향을 주지만, 과학적 근거 없는 정치적 의지는 사람들에게 해를 끼칠 수 있다.

중국에서는 무엇이나 그렇듯이, 에이즈는 특별한 사례였고 독특한 접근을 필요로 했다. 수 년 동안 지도자들은 주로 허난성에서 발생한, 돈 받고 혈청을 헌혈한 사람들을 중심으로 거대한 오염 군집이 발생했음에도 불구하고 이 유행의 실체를 찾는 데 실패했다. 이 군집은 10만 명은 족히 넘는 숫자였다. 공중보건관리들은 3만 5천 명은 넘지 않을 것이라는 것에 동의했지만, 그것 자체도 굉장히 많은 수였다. HIV는 또한 남부 지방에서는 약물 사용자들, 중국 경제를 이끌었던 대부분의 산업 지역에서는 성매개 전파를 중심으로 퍼져나갔다. 광저우에 있는 술집에서 어떤 남자가 말해준 바에 따르면, 이 산업지역은 '3Ms' 즉, 돈을 가진 떠돌이 남성들Mobile Men with Money로 특징지을 수 있는 장소였다. 1990년대 중국 에이즈 환자들은 HIV 양성으로 밝혀지면 처벌을 받거나 감옥에 갇혔고, 어마어마한 차별을 받았다.

2002년 6월, 우리는 〈HIV/AIDS: 중국의 엄청난 위험〉이라는 제목의 보고서를 발표했다. 이 보고서는 중국이 '믿을 수 없을 정도로 높은 비율'의 유행을 겪고 있다는 것에 대한 주의를 주었다. 세계에서 가장 큰 나라의 유엔에이즈계획 대표인 에밀 폭스는 세계에서 가장 작은 나라들 중에 하나인 룩셈부르크식 짓궂은 장난을 하는 사람으로, 나폴레옹의 말을 인용해서 이 보고서의 부제를 달았다. "중국이 깨어나면, 세계를 흔들 것이다." 이것이 중국의 신경을 건드려, 우리는 베이징에 있는 사무실을 거의 닫아야 했다. 사실 코피 아난 총장은 전화로 나에게(그것도 일요일 아침에) 방침을 바꾸라고 경고했었다. 그는 "피터, 당신은 용감한 사람이지만, 어느 누구도 중국을 상대로 이길 수는 없네. 그러니 가교를 놓는 것부터 시작하게. 왜냐하면 우리는 중국을 승선시켜야 하는데, 자네의 그 방법은 어떤 것도 변화시킬 수 있는 것이 아니기 때문이네." 아난 총장은 옳았고, 어쨌든 우리 역학전문가들은 중국에서 머지않은 시일 내에 HIV 감염인 수가 수백만 명은 될 것이라는 예상에 우울해 했는데, 이 예상치는 진지한 근거에 기반을 둔 것은 아니었다. 나는 중국에 매년 한 번은 방문했고, 다양한 관리들과 신뢰 관계를 구축하기 위해서 노력했다. 강력하고 책임감 있는 접근을 촉구했으며, 기본적으로 폭스테리어처럼 행동했다. 보건부 하위 관료들과 만남을 가졌고, 그런 다음 천천히 나아가 많은 연회를 가지면서 일종의 우정을 쌓았다. 일정 시간이 지난 후에 나는 주요 지방의 사회안전부, 외교부, 노동부, 그리고 공산당원 관리들에게 익숙한 얼굴이 되도록 노력했다. 친숙한 얼굴이 되면 신뢰를 쌓을 수 있고, 누가 결정권을 가지는지 알 수 있으며, 그들의 주요 관심사가 무엇인지 더 잘 이해하게 된다. 베이징에 있는 나의 프랑스인 친구인 세르주 뒤몽은 중국에서 어떻게 일을 운영하면 될지에 대한 귀중한 조언자였다. 세르주는 유창한 만다린어를 구사하는 신사로, 지금처럼 서구가 중국에서 사업을 하는 것에 관심을 보이기 전인 1980년대 중국에서 홍보산업을 창시한 인물로 여겨졌다. 아시아 옴니콤 그룹의 회장으로서 그는 중국에서 첫 번째 사적 기금 마련 행사를 조직화하는 데 중요한 모든 사람들을 아는 모양이었다. 2006년에 나는 그를 아시아 친선 대사로 임명했다.

2003년 세계 에이즈의 날에 변화가 일어나기 시작했다. 그날 국무원 총리인 원자바오가 한 베이징 병원을 방문해서 에이즈 환자들과 악수를 나누었다. 2003년 중증급성호흡기증후군SARS의 유행은 대규모의 경제 비용을 초래했고 이것이 중국을 깨우는 시초가 되었다. 철의 여인 우이 부총리는 한시적으로 공중보건부 책임을 맡았다. 중국 정부는 또한 형편이 안 되는 에이즈 환자들에게 항레트로바이러스 치료제를 제공하겠다고 발표했고, HIV 검사, 모자 감염 예방 치료, 영아 HIV 검사를 무료로 제공하고, 에이즈로 인한 고아들에 대한 경제적인 지원을 하겠다고 약속했다. 여전히 이것은 그저 실제 현장에서 대규모로 변화되고 있는 상황에 대한 몇 가지 지적과 발표가 주된 것이었다. 그러나 나는 점차 더 민감한 문제들에 대해 발언할 수 있는 기회를 얻었다. 2004년 5월 인민대회당에서 우이 여사와 만났는데, 당시 그녀는 나의 관찰사항을 보고해달라고 요청했다. 그후 나는 광동지방(홍콩 근처)에 있는 직업재활 캠프에 방문할 수 있었다. 이것은 정신이 번쩍 드는 경험이었다. 성매매나 '반사회적' 행동의 혐의로 수백 명의 여성들이 큰 공장의 넓은 공간에서 완전히 침묵한 채 작은 팔찌나 싸구려 장식품들을 만드는 일을 위도 쳐다보지 않고 하고 있었다. 그 자리에서 그들을 대상으로 하는 연설을 요청 받은 나는 그녀들이 에이즈에 대해서 무엇을 알고 있는지 확인하기 위해 몇 가지 질문을 던졌는데, 두 명이 제대로 된 대답을 했다. 내 뇌리에는 지휘관에게 그들이 예전의 정상적인 삶으로 돌아갈 수 있도록 놔주라고 요청하는 데에 몰두해 있었다. 나는 아직도 작은 장식품들을 볼 때면 중국에서 누가 이것을 만들었을까 궁금해하며 쳐다본다.

모든 주요 마을에 HIV 감염인 집단이 있었고, 나는 그들을 방문할 때마다 함께 자리했다. 그들은 여전히 사회에서 굉장히 고립되어 있었고, 경찰이나 다른 괴롭힘에 놓일 위험이 있었다. 어디서나 그렇듯이, 그들은 서로를 도왔고, 때때로 그들의 실존적인 감정을 표현하기 위해 예술을 이용하기도 하였다. 그들 중의 하나인 자오 리는 베이징 사랑돌봄의 집 회원이었는데, 그 자신이 HIV 양성인 것으로 밝혀졌을 때의 느낌을 표현한 시가 적힌 감동적인 서예를 나에게 주었다. "나는 외로웠고 혼란스러웠다/나는 결국 생은 선택일 수 없다는 것에 대한 충분한 대답을 이해했다/... 이것은 내 존엄성과 투지를 재점화했다/날개를 잃었을 때/우리는 우리의 비전과 함께 날 수 있다/... 그러니 내 곁으로 오라, 투사 동료들과 친구들이여/함께라면 우리는 에베레스트산도 정복할 수 있을 것이다 ..." 시의 보편성뿐 아니라 고통 받고 또 위기를 극복하고자 하는 열망을 상기시켜주는 또 다른 예였다.

2001년이 전 세계 에이즈 대응에 의의가 있었다면 2005년은 중국에서의 에이즈 대응에 있어 중요한 해였다. 2005년 6월 미국 국제조정관 랜디 토비아스와 침착한 핀란드인 중국 유엔에이즈계획 대표인 조엘 렌스트롬, 그리고 나는 중국에서 가장 높은 HIV 유병률을 보이고 있는 지방인 윈난성으로 갔다. 이곳은 전체 4천 4백만 명의 인구 중에서 8만 명이 HIV에 감염되어 있는 것으로 추정되었다. 윈난성은 아름다운 산악지대로 굉장히 다양한 인종들이 살고, 수도인 쿤밍시는 도시 지역에만 3백만 명이 넘는 사람들이 살고 있었다. 이들 중 많은 사람들이 낭만적인 쿠이후 공원의 호수에 매일 저녁 모여 야외에서 소그룹으로 지역

특산물인 퓨어차를 마시며 노래 부르고 춤추었다. 이 지방은 우리가 버마 옆에 자리한 도시에서 볼 수 있었듯이, 1년 전부터 굉장히 혁신적인 HIV 정책을 펼쳤다. 우리는 메타돈 치료와 바늘 교환 클리닉을 방문했는데, 원래 전통적으로 마약 중단 시 금단현상이 나타나면 매우 엄격하게 억제하는 방식을 사용하던 것으로부터 변화하고 있었다. 물론 여전히 후자의 방식도 남아 있었다. 다음날 재미있는 일이 벌어졌다. 우리가 에이즈와 약물 사용에 대한 교육 프로그램을 지원했던 윈난성 경찰학교에 도착했을 때, 나는 밴드가 군악을 연주하는 동안 의장대사열을 해야 했다. 경계 부대들도 에이즈를 심각하게 여기기 시작했다는 것이었기 때문에 이것은 대단한 일이었다.

결정적으로 국무원 총리인 원자바오가 6월 13일 월요일 접견을 동의하였는데, 내 인생에 있어 가장 흥미로운 만남 중 하나였다. 이것은 중난하이中南海에 있는 즈광거(자색빛 강당)에서 열렸다. 이곳은 관광객들에게 잘 알려진 자금성 바로 옆에 있는, 보통 사람들은 들어갈 수 없는 진짜 금단의 도시였다. 전통 중국 건축과 스탈린 시대 양식이 혼합되고, 정교하게 관리된 인공 연못 옆 정원 안 복합 건물 단지에, 중국 공산당의 최고위직들이 살면서 일하고 있었다. 나는 상당히 어려운 대화를 대비했었다. HIV 감염인들의 인권유린이 심화되고 있고, 에이즈 운동가들이 구타당하고 구속되어 있을 뿐 아니라, 성노동자들과 약물 사용자들에 있어서의 HIV 문제를 거론하고자 했다. 그래서 평소처럼 나는 하나같이 암울한 몇 가지 화두가 적힌 작은 노트를 소매에 넣었다.

외교적 절차에 따른 여느 관례적인 표현에 시간을 낭비하지 않고, 원 총리는 핵심으로 바로 들어갔다. 결국 그는 지질학자였다.* 요점만 말하면, "나는 문제가 뭔지 안다. 에이즈와 싸우기 위해서 무엇이 효과가 있는지 나에게 말하라, 구체적으로. 우리가 누구인지는 잊어라. 나는 무엇이 실제 작동하는지를 알고 싶고, 그러면 우리의 실정에서 무엇을 적용할 수 있을지를 알아볼 것이다. 나는 이 약물 사용자들이 범죄자만이 아니라 아픈 사람들이라는 것, 그리고 우리가 그들을 환자로서 치료해야 하는 사람들이라는 것을 알고 있다."

그 즉시 일이 쉬워졌다. 에이즈에 있어 그의 지도력을 공개적으로 칭찬하고, 내가 굉장히 좋아하고 존경하는 새로운 보건부장관인 가오창을 칭찬한 후에, 나는 이 문제에 대해서 더 공개적일 필요성과 바이러스가 불법적이거나 사회적으로 용납되지 못할 행동으로 전파된다 하더라도, 사회를 전체로서 보호하고 화합**을 확실히 하기 위해서 질병에 걸린 사람들을 감옥에 넣을 것이 아니라 함께 일해야 한다는 사실에 대해서 논의했다. 약물 사용자들에게는 대체 요법, 깨끗한 바늘, 인간적이고 의학적으로 증명된 대체 치료가 필요했다. 중국이 국가 차원으로 성노동자들에게 무엇을 법제화할지 결정하는 것은 내가 관여할 문제는 아니었다. 1980년대부터 중국을 방문하는 동안, 내가 묵었던 많은 호텔들에서 분명히 몇 명의 성노동자들이 있었다는 사실에 충격을 받았고, 그러한 법제화가 성매매 산업을 안전하게 하고 여성과 전 인구를 보호하는 데에 필수적이라고 말했다. 나는 또한 경찰력과 사회안전부를 위한 지역 교육 프로그램을 만들어달라고 애원했다. 왜냐하면 원 총리가 개인적으로는 에이즈 환자들과 악수를 했음에도, 경찰들은 여전히 그들에게 폭력을 가했기 때문이었다.

---

* 역주: 원자바오 총리는 북경 지질대학 광산학 학사 학력이 있다.

** 역주: 덩샤오핑이 1979년에 이것은 중국 근대화의 궁극적인 목표라고 일컫음.

이것은 그와 같은 위치에 있는 사람들과 내가 가졌던 가장 개방적이고 직설적인 대화들 중 하나였다. 원 총리는 인상적인 사람이었다. 그는 모든 말을 받아 적고 있었던 많은 고위 관료들 앞에서 한 시간의 토론 후에 나에게 고마워하면서 추후 경과를 관찰하겠다고 약속했다. 그로부터 이틀 후인 수요일, 중국 공산당 중앙당교에서 발표할 시간이 주어졌다. 이것은 아주 소수의 외부인들에게만 주어진 기회로 그때까지 유엔에서 온 어떤 사람도 해보지 못한 일이었다. 그들은 정통의 수호자였고 미래의 모든 최고 지도자들을 교육시킨다. 나는 에이즈를 사회의 거대한 도전의 일환이자, 마오 주석이 그의 유명한 수필과 연설문에서 적었던 것 같이, '이차적인' 모순을 해결할 필요성에 대해서 이야기했다. 내 몫의 숙제를 해갔다. 내 연설 후에 있었던 연회에서 중앙당교 교장은 내 연설을 인용하여 "파티는 영어로 두 가지 의미를 갖는다고 했습니다.* 우리는 둘 다 좋습니다. 건배!"라고 마무리 지으며 축배를 들었다.

다음 날, 중국 국무원은 에이즈에 대해 그 이상 더 구체적일 수 없을 정도의 혁신적인 새 법령을 내놓았다. 어떤 부분은 유엔에이즈계획 문서를 문자 그대로 번역한 부분도 있어서 굉장히 빠르게 융합되었을 것이다. 거기에서 구체적인 목표와 예산과 더불어 HIV 감염인들에 대한 차별과 이에 대한 저항의 필요성, 바늘 교환 프로그램의 필요성, 그리고 메타돈 치료를 위한 임시 사무실 설치를 강조했다. 그리고 이 모든 약속을 지켰다.

허난성의 의료기관에서 전염된 에이즈 환자들의 군집은 여전히 까

* 역주: Party는 회합과 정당이라는 의미가 있다.

다로운 문제였다. 나는 원 총리에게 이것을 말했다. 나는 혈액 안전성에 대해서 이야기를 했고 이렇게 감염된 사람들과 이로 인해 고아가 된 아이들을 위한 보상 기금 마련을 제안했다. 그는 "우리가 이 문제에 대해서 공개적인 일을 잘 수행해본 적이 없습니다"라고 시인했고, 나는 그 자신이 통계에 대한 정확한 확신을 가지고 있지 않다는 뚜렷한 인상을 받았다. 중국은 많은 사람들이 생각하는 것보다 훨씬 널 중앙집권화되어 있었다. 지방 통치자의 권력은 막강했고, 허난성에서 그들은 특별히 더 비밀스러운 것 같았다. 어떤 사람이 처벌을 받아도 이슈화되지 않았는데, 그 정보를 억제하는 권력을 가진 사람이 있었을 것이다.

훨씬 전인 2001년에 나는 허난성에 가지 않고 그 북쪽 경계에 있는 산시성 신저우시를 방문했다. 규모는 작았지만 문제는 비슷했다. 1990년대 중반에 이곳 사람들은 돈을 받고 매혈을 했고, 어떤 경우에는 헌혈을 하고 혈장을 제거한 다음 다시 피를 수혈받았다. 대단히 비위생적인 환경에서 여러 사람들의 피가 섞였고, 수혈한 사람들 일부는 HIV 감염인이었을 것이다. 공여자 중 굉장히 많은 사람들이 HIV에 감염되어 이로 인해 사망했다. 나는 그들 중 8명을 따뜻한 심장센터(이렇게 지극히 차갑고 고립된 시멘트로 지어진 건물에 이런 이름이 선택되었다는 것을 믿기 어려웠지만)에서 만났다. 그들은 2001년에도 여전히 치료를 받지 못하고 있었고 항레트로바이러스제 없이 사형 선고를 받았다. 이 지역의 전체 풍경은 메말라 있었다. 작은 석탄 광산과 공해로 인한 산업의 불모지였다. 스모그 때문에 하늘조차 볼 수 없었고, 거의 숨을 쉴 수도 없었다. 나는 타이위안시(이곳에도 300만 명이 넘는 주민들이 살고 있었다)의 지방 수도로 돌아와 시장과 함께 저녁을 먹으면서 말했다. "글쎄, 나는 이곳에 에이즈를 이야기하기 위해 왔는데, 당신들은 호흡기 질환과 폐암 같은 다른 주요 보건 문제를 가지고 있을 것이라 생각했습니다." 그는 "아닙니다. 왜 그렇게 생각합니까?"하고는 다른 담배에 불을 붙였다. 이것은 완전한 부정이었다. 단순히 예상되지 않았던 것들은 아니었다. 2007년 7월이 되어서야 나는 허난성의 마을을 방문할 수 있도록 허락되었다. 그 지역은 탈법적인 헌혈의 희생자들 대부분이 살고 있고 또 많은 사람들이 사망한 곳이었다. 나는 죽음을 초래하기 전, 처음에는 이 혈액 거래가 공동체의 부를 창출했다는 역할을 했다는 것에 굉장히 놀랐다. 가장 섬뜩한 형태의 탐욕이었다.

용기를 북돋는 발전에도 불구하고 에이즈 대응에 있어, 중국이 홍콩과의 관계에 대해서 말하듯, 중국은 '한 나라 두 체제'였다. 2006년에 나는 또 다른 남부 지방에 있는 구이저우성을 방문했다. 그곳에는 5천만 인구를 위한 60개가 넘는 '재활과 해독' 그리고 '메타돈 유지치료' 센터가 있었다. 즈진현에서 나는 베이징에서 나온 보건부 관리들과 함께 직업재활교육기관을 방문했다. 그들 중 어느 누구도 그런 시설을 방문해본 적이 없었다. 그곳은 회색 파자마를 입은 창백한 젊은 남자들이 갇혀 있는 감옥이었다. 한 방에 9명이 있었고, 구석에는 개방형 화장실이 있었다. 그들은 오후 2시까지 방에 갇혀 있었고 6개월 동안 벽에 붙여진 한 장짜리 내규를 학습해야 했다. 이야기하는 동안 나는 그들 중 몇 명이 몸을 떠는 것을 보았다. 아마도 금단으로 인한 고통이었을 것이었다. 내가 말하는 동안 한 명은 실신을 했다. 거기에 의학적인 치료는 없었다. 혹시 그들이 폭력적이 되면 끈으로 묶여있게 되는데, 그곳에 있었다면, 당신은 그 공포를 느낄 수 있었을 것이다. 그들은 간수들을 몹시 두려워하고 있었다. 우리는 메타돈 치료, 바늘과 주사기 교환을 위한 서구식 임시 사무소로 이동했다. 거의 대부분의 약물 사용자들은 해독 캠프에서 시간을 보냈고 다시 돌려보내지는 것을 두려워했다. 어떤 사람이 메타돈 클리닉으로 갈지, 감옥으로 갈지 여부는 운이거나 경찰 뇌물수수 능력의 문제라고 말했다.

그러나 전반적으로, 중국은 HIV 유행에 대해 훨씬 더 많은 합리적인 대응으로 굉장히 빠르게 전진하기 시작했다. 이듬해, 중국 대사를 뉴욕에서 만났는데, 그가 중앙당교에서 내가 강연했던 연설문 사본에 노란색 중요 표시된 것을 꺼내서, 내가 했던 다양한 발언들의 정확한 의미에 대한 질문들을 했을 때 나는 깜짝 놀랐다. 분명히 모든 중국 공산당원들은 이 문서를 공부해야 했다. 의심할 여지없이 내 연설문 중 가장 많이 읽힌 연설문이다.

2005년 중반, 중국이 노선을 변경하고 합리성의 반열에 오른 지 얼마 되지 않았을 때까지 나는 내가 HIV 예방에 대한 공식적인 전략 선언을 하기를 원했던 유엔에이즈계획 위원회 회원들로부터의 압력에서 더 이상 벗어날 수 없을 것이라는 것을 깨달았다. 왜냐하면 이것은 모든 유엔 조직을 위한 공식적인 정책일 뿐 아니라 전 세계 나라들에 권위 있는 가이드를 제공해주는 것이기 때문이었다. 나는 이 업무를 수년간 피해오고 있었다. 왜냐하면 명료함이 필요한 때에 다양한 위치에 있는 회원국들로 이루어진 위원회에 등장하는 일들은 문서를 거의 의미 없게 만들고 희석시킬 것이기 때문이었다. 의미 있게 만들려면, 예방책은 동성애자와 여성의 권리, 바늘 교환과 약물 대체 프로그램, 그리고 성매매 문제를 포함하여 안전한 성관계를 위한 조치에 있어 더 강한 어투로 적혀야 했다. 퍼니마 매인, 짐 쉐리, 벤 플럼리, 그리고 나는 무대 뒤에서 이것이 위험경감 운동가들에 의해 조건부 항복 또는 약점이라고 해석되더라도, 우리의 위치를 위해 압도적인 지원을 만들고, 특히 바늘 교환 프로그램의 반대자들을 중화시키기 위해 노력했다. 위원회 모임을 준비하는 동안 나는 의도적으로 조용히 있었다. 그 문서에 대해 3일간 밤늦게까지 이어지는 열띤 논쟁이 있었지만, 결국 러시아와 미국을 제외한 모든 회원국들이 위험경감 정책에 동의했고, 일본과 스웨덴 같은 나라들은 반대하지 않았다. PEPFAR 리더십의 유연성 덕분에 미국은 우리가 각주에 바늘과 주사 교환을 지원하도록 강제할 수 없다는 것을 명시하는 한, 이 합의를 막아서지 않았다. 처음으로 세계는 HIV 예방 전략에 동의했고 기본 원칙으로 '복합 예방'이 세계 정책에 공식적으로 닻을 내렸다. 복합 예방책은 이 유행을 막기 위한 여러 가지 조치들로 이루어졌다. 나는 이것이 HIV 예방을 위한 마법 총알의 신기루를 끝내기를 소망했다. 그러나 이것은 희망사항인 것으로 드러났다. 이에 더해, 에이즈에 대한 많은 것들 중에서, 에이즈 연구에 큰 투자가 계속됨에 따라 지식과 기술이 진보했고, 더 최근에는 HIV 전파를 줄이기 위한 우리의 도구는 남성의 포경수술, 항레트로바이러스제 사용, 질 살균제, 그리고 노출 전 예방(HIV에 노출되기 전에 항레트로바이러스제를 복용하는 것) 등으로 2005년에는 훨씬 더 방대해졌다. 앞으로의 도전은, 각기 다른 인구에 최적의 조합을 상용화시키는 것이다.

인권 문제는 에이즈를 다룰 때 따로 생각할 수 없는 문제이다. 그저 우리가 가치 있다고 생각하는 것 중 하나가 아니고 차별과 낙인이 예방과 치료에 대한 접근의 주된 장애라는 것을 배웠다. 그래서 에이즈와 관련된 인권 활동은 우리 일에서 필수적인 부분이었다. 거기에는 극단적인 폭력 사례들과 심지어는 HIV에 감염된 여성이나 동성애자들을 대상으로 한 살인도 있었다. 구루 들라미니가 TV에 등장해서 HIV 감염인들에 대해 공개적으로 이야기한 이후, 1998년 12월 남아공 더반 외곽에 있는 그녀의 공동체에서 잔혹하게 살해당한 사건은 전 세계를 흔들어 놓았다. 그러나 이것은 결코 특별한 사건이 아니었다. 그런 종류의 사건에서 전형적으로 그렇듯이, 아무도 그녀의 살해범을 찾을 수 없었다. HIV 예방에 있어 또 다른 주요 장애물은 동성 간에 상호 합의된 성관계를 범죄시하는 법제였다. 그런 나라는 총 76개국이었고 1979년부터 동성애 명목으로 4,000명 이상에게 사형을 구형했던 이란을 포함한 7개 국가는 이들을 사형으로 처벌하였다. 그래서 나는 수많은 수상들과 대통령들과 가진 만남의 자리에서 조금의 과장 없이 이 문제를 제기했다. 쉬운 일은 아니었다.

유엔에이즈계획은 상당히 자주 HIV 예방 인력들과 활동가들이 괴롭힘을 당하거나 체포되거나 감금되는 상황에 개입해야 했다. 보통 그들은 몇몇 아프리카 국가들, 중앙아메리카, 혹은 네팔의 동성애자 공동체 혹은 약물 사용자들과 성노동자들과 일할 때 그랬다. 중국에서는 에이즈 운동가들이 시시때때로 공안 요원들에 의해 잡혀갔고, 우리는 그들의 자유를 위해 협상해야 하는 장소를 찾아내야 했다. 우리는 관계자들과 함께 개입했고 몇몇 경우에서는 심지어 법적 도움을 주기도 했다.

정말로 비현실적이지만 불행하게도 실제 현실은, 한 팔레스타인 의사와 5명의 불가리아 간호사들이 벵가지에 있는 병원에서 400명의 아이들을 HIV에 의도적으로 감염시켰다는 명목으로 고소당하여 반복적으로 고문을 당했다. 다른 많은 사람들이 그랬듯이, 나는 리비아 관료들에게 의료진들을 놔달라고 설득하려고 노력했다. 그 어디에도 그들이 그러한 범죄를 저질렀다는 증거가 없었다. 그러나 카다피 정권의 광기는 그저 에이즈의 변덕에 부채질 당했다. 그후 2005년 12월에 나는 아부자에 있는 대통령 거처인 빌라에서 오바산조 대통령과의 조찬을 함께 하면서 돌파구를 찾았다고 생각했다. 나는 아프리카식 해결책이 서구로부터의 압력보다 카다피에게 좀 더 받아들이기 쉬울 것이라는 생각이 들었다. 오바산조 대통령은 즉시 리비아 대사를 나이지리아로 불러, 카다피와 이 문제에 대해 토론을 요청하며 보건 의료인들의 석방을 대신하여 어린이들을 위한 어떠한 형태의 보상을 제안했다. 2007년 7월, 프랑스와 유럽연합의 노력으로 이 여섯 명의 석방이 이루어질 때까지, 아무 일도 일어나지 않았다.

내가 유엔에이즈계획 사무총장 재임 기간 동안 다루어야 했던 또 다른 주요 문제는, 20개국 이상에서 시행되고 있는 HIV 감염인들에 대한 여행 금지 조치였다. 이들에게는 미국 같은 나라에 짧게 방문하는 것도 허락되지 않았다. 이것은 우리가 뉴욕에 있는 유엔에서 하는 일들을 복잡하게 만들었다. 왜냐하면 항상 우리가 주최하는 행사에 HIV 감염인들을 초대했기 때문이었다. 어떤 사람들은 본인의 상태를 숨겼고, 또 다른 사람들은 특별 상태임을 드러내야 했다. 이것은 너무나도 불평등했고 공중보건학적인 관점에서 볼 때에도 이미 100만 명 이상이 HIV에 감염된 나라에서 합리화될 수 없는 일이었다. 레이건 대통령 시대로 퇴보하는 이 조치 때문에 미국에서는 국제 에이즈학회를 열 수 없었다. 운 좋게도, 미국이 2009년에 이 여행 금지 조치를 해제한 이후에는, 다른 나라들도 이를 따랐다. 심지어 중국도 2010년에 여행 금지 조치를 없앴지만, 러시아는 이 이해하기 힘든 정책을 고수했다.

내 삶의 많은 시간이 다양한 기관들의 에이즈 퇴치 관련 노력들을 잘 협력시키는 데에, 또 에이즈, 결핵, 그리고 말라리아 퇴치를 위한 글로벌 펀드의 여러 위원회와 모임들을 통해 쓰여 졌다. 에이즈 치료와 예방을 위한 글로벌 펀드가 없었다면 분명히 많은 나라들에 접근이 불가능했을 것이다. 왜냐하면 미국의 에이즈 퇴치 노력은 한정된 숫자의 나라들에게 집중되어야 했기 때문이었다. 그래서 성공적인 수행과 지속적인 기금 모금을 확실히 하는 것은 최우선순위에 있었고, 유엔에이즈 계획 국가 직원들은 글로벌 펀드의 제안에 대해서 작업하고, 보조금을 얻게 되면 원활한 도입을 확실히 하는 데에 절반의 시간을 보냈다. 그 기금은 HIV 치료를 가장 빠른 시간 안에 시작하는 데에 이용되었고, 2011년까지 150개국에 220억 달러를 약속할 수 있었던 것은 어쨌든 놀랄 만한 성취였다. 이러한 기금은 풀뿌리 활동가들, 글로벌 펀드, 공공 인사들로는 아일랜드 출신의 싱어송라이터 보노, 넬슨 만델라, 빌 게이츠, 그리고 코피 아난 같은 사람들에 의한 쉼 없는 캠페인 덕분에 운용될 수 있었다. 완전히 새로운 형태의 국제기구로서 그 기금은 전체 작업 방식을 개발해야 했고, 경영적으로 종종 힘든 시기를 겪었다. 오랜 공석기간, 개발도상국들과 고소득 국가 간의 적대적이었던 험난한 두 차례의 위원회 후에 미셸 카자츠킨이 2007년 2월 두 번째 사무총장으로 선출되었다. 그는 무기명 투표에서 나의 대리인인 미셸 시디베를 아주 근소한 차이로 이겼다, 진정한 파리 지성이자 러시아 뿌리를 가진 열정적인 에이즈 전문의인 미셸 카자츠킨은 그가 프랑스 국립에이즈 연구소로 갔을 시기부터 오래된 친구여서, 나의 메시지를 조화시키기 쉬웠다. 기금 재원을 채우기 위한 일련의 '보충' 학술대회를 하는 동안 함께 자금을 모으기 위해 노력했다. 나는 그 기금의 투명성에 대해 감탄하며 바라보았다. 기금과 지출, 회계감사 보고서들이 웹사이트에 모두 공개되었다. 몇몇 수여자의 부패와 열악한 관리를 과감하게 노출시켜 가끔 기금이 끊기는 일이 있더라도, 이것은 국제적 모델이 되었다. 그러나 기능하지 않는 위원회와, 공여국들이 기금 사무국의 세세한 점까지 관리하면서 전략적인 방향도 제시하지 않아서 개발도상국들이 융자 조건에 적대감을 가지게 되는 것에 좌절했다. 왜냐하면 아주 소수의 위원회 회원들만이 더 많은 돈을 위한 운동가들의 증가하는 요구에 대한 지지를 거절할 배짱이 있었기 때문이었다. 심지어 그런 요구들은 이전 보조금을 겨우 집행하기 시작한 나라들로부터 나왔다. 나는 최근까지도 소위 중산층 국가들이 자국 예산으로 에이즈, 결핵, 말라리아 활동에 지원할 수 있음에도 불구하고 글로벌 펀드가 이들 국가들을 지원했다는 사실에 더 화가 났다. 관리 문제와 국제 재정난이 합쳐져 발생한 거버넌스의 실패는 카자츠킨을 넘어뜨렸다. 글로벌 펀드를 보호하기 위한 장치와 충분한 재정 지원은 에이즈뿐만 아니라 말라리아, 결핵과 싸우는 데에도 매우 중요하다.

나는 스코틀랜드의 글렌이글스에서 2005년 6월에 열린 G8 정상회담이 'HIV치료와 예방에 보편적 접근을 가능한 한 최대한 가깝게' 전념하는 것에 전율을 느꼈지만, 나의 냉소적인 반쪽은 나에게 다음 정상회담에서는 뭔가 더 약속하기 어려울 것이라고 했다. 어쨌든 이것은 에이즈가 G8 정상회담에서 두드러진 안건이 된 마지막이었고 G20은 보건이나 사회적인 문제에 관심이 없는 듯이 보였다.

미국 PEPFAR가 충분히 기금을 마련하는지는 모두의 관심사였다. 그래서 매년 나는 유엔에이즈계획과 글로벌 펀드에의 기금 지원뿐만 아니라 PEPFAR의 기금 책정을 계속 늘리도록 의회 의원들을 설득했다. 우리는 각자 전 세계 에이즈 대응에 있어 독특하고 상호 보완적인 공헌을 하고 있기 때문이었다. 국제 에이즈 조정관인 마크 다이블과 나는 종종 의회 청문회, 싱크 탱크 행사들에 함께 등장했다. 심지어 복음 교회의 지원은 PEPFAR를 재개하는 데에 결정적인 역할을 하기 때문에 2007년 캘리포니아 오렌지 카운티에 있는 릭 워렌 목사의 새들백 교회에서 설교도 했다. 복음주의 집회였기 때문에 특히 동성애와 같은 예민한 문제에 대해서 말할 때에는 굉장히 떨렸다. 거대한 강당의 연단 위로 올라갈 때 깊은 숨을 들이마시며, 우리 마을의 데미언 목사님을 떠올리고 나의 고향인 케어베르겐에서 연설하고 있다고 생각하며 말했다. 30분이 지난 후 릭 워렌은 나를 껴안고 말했다. "홈런!" (아마도 나는 결국 좋은 설교자가 되었을 것이다). 미국 의회가 2008년에 480억 달러를 PEPFAR의 재개를 위해 쓰기로 결정한 것은 엄청난 소식으로 워싱턴에서 선거가 있는 해에 양당이 합의를 하는 일은 극히 드문 일이었다. 나는 백악관에서 있었던 조지 W. 부시의 조인식에 참석했고, 그 프로그램은 오바마 대통령 재임기간으로까지 이어지고 있다.

그런데 몇 가지 심각한 차질이 생겼다. 그다지 놀라운 일은 아니겠지만, 그들은 처음에는 가장 빠른 성과를 내는 것으로 보여졌다. 우간다는 2005년 이후 새로운 HIV 감염의 증가를 보였고, 태국에서는 HIV가 동성애자들과 정주 약물 사용자들 사이에서 점점 늘어났다. 이것은 아마도 위험경감 프로그램의 도입을 거부하고, 소위 약물과의 전쟁으로 불리는 일의 결과물이었을 것이었다. 탁신 친나왓 총리 주도하에 약물 사용자들과 치렀던 전쟁에 가까운 상황이었다. 2007년에 유엔에이즈계획이 태국 보건부로부터 받은 훌륭한 역학 자료에 근거해 태국에 낮은 점수를 주었을 때, 태국 북부 치앙마이의 유엔에이즈계획 프로그램 조정위원회의 태국 대표는 우리의 점수에 강하게 반발했다. 그는 전반적으로는 책임과 독립적인 평가를 열렬히 변호하는 사람이었지만, 명백히 그의 나라에 대해서는 그러지 못했다. 사실에는 이의가 없었으므로 태국의 순위를 바꿀 의사가 없었다. 이것은 '정부 간' 기구로서 유엔기구들이 국가들에 대한 솔직한 보고서를 내놓을 때, 특히 회원국들의 실적을 비교할 때, 항상 회원국들에 휘둘리는 한 실례일 뿐이다.

에이즈는 여전히 세계적인 문제로, 매일같이 전 세계에 감염이 발생하고 있다. 절대적으로나 상대적으로나, 고소득 국가들에서의 HIV 문제는 아프리카 같은 대륙에서보다는 작다. 그러나 항레트로바이러스제의 도입 후에는 HIV 예방을 위한 예산이 줄었고, 대부분의 유럽 국가들에서는 새로운 감염이 특히 남성 동성애자들을 중심으로 서서히 늘고 있다. 영국에서는 상당히 높은 HIV 검사율과 국민의료제를 통한 무료 치료에도 불구하고 10년 동안 새로운 감염자 수가 2배로 늘었다. 이것은 거의 전적으로 남성 동성애자와 HIV 풍토 지역에서부터 온 이민자들에게서 나타나고 있다. 미국은 여러 지역에서 여전히 심한 HIV 유행을 맞닥뜨리고 있다. 나는 워싱턴에 자주 방문했는데, 방문하는 곳이 캐피톨 힐, 조지 타운, 그리고 듀퐁 서클이 만드는 삼각형 공간 안으로 제한되어 있었고, 이 지역 밖에 있는 친구 집에서 종종 저녁을 먹었다. 2005년 워싱턴에 있는 우리 동료인 마이클 이즈코비츠는 나에게 컬럼비아 특별구는 HIV 유병률이 5%이며 대부분의 서아프리카 국가들보다 더 심한 HIV 문제를 가지고 있다는 사실을 상기시켜 주었다. 기금은 나에게 의회 의원들, 관리들, 학계 사람들, 그리고 백인 운동가들 말고 다른 사람들을 만날 때라고 말했다. 그는 나를 하워드대학교에서 멀지 않은, 워싱턴 아프리카 미국인 여성 공동체로 데려갔다. 마치 다른 나라로 여행하는 것 같았다. 이들은 가난하고, 대부분이 흑인 여성인 HIV 감염인 단체였다. 이 단체는 개인적인 HIV에 대한 경험을 긍정적인 활동으로 돌렸던 패트리샤 놀스라는 용감한 여성에 의해 창립되었다. 이것은 우간다의 노에린 칼리에바가 했던 것과 약간 비슷했다. 그들은 한 명씩 돌아가며 아버지의 학대, 인간 관계의 파탄, 기아, 그리고 가난에 대해서 말했다. 60은 넘어 보였던 40대의 한 왜소한 여성이 그녀의 발가락에 무엇이 남았는지 보여주었는데(그것은 쥐에게 발가락을 먹힌 흔적이었다) 쥐에게 먹히지 않기 위해 지금은 아파트에서 텐트를 치고 그 안에서 자고 있다고 말했다. 또 다른 여성은, 공항 검색대를 통과할 때 액체가 든 작은 용기들을 담을 때 쓰는 것 같이 생긴 작은 비닐봉지를 보여주었다. 그 안에는 3개의 작은 총알들이 들어있었는데, 그녀가 살고 있는 거리에서 있었던 밤사이 폭력 사태의 수확물이라고 했다. 나는 말을 이을 수가 없었다. 그리고 과연 인간이 견딜 수 있는 한계는 얼마일까를 생각했다. 홀로코스트 생존자들과 르완다 대량 학살의 미망인 중 HIV 양성인들과의 만남을 통해 나는 우리 인간들의 생존과 삶의 의미를 찾는 능력은, 물론 한계가 있기는 하지만, 상상을 뛰어 넘는다는 것을 알게 되었다. 대륙들로부터의 이러한 이야기들은 우리가 예방과 치료의 노력을 계속 유지하는 것이 필요하다는 것을 시사했고, 승리를 너무 일찍 자축하지 말아야 한다는 것도 시사했다.

에이즈에 대한 대응이 전 세계에서 더 활발해지자 HIV는 아프리카 남부에서 굉장히 높은 유병률과 지속적으로 새로운 감염이 생기는 과풍토화가 되었다. 나는 에이즈에 있어서 과연 무엇이 아프리카 남부를 나머지 아프리카, 그리고 세계의 다른 국가들과 다르게 하는 것인지 이해하는 데에 계속 실패했다. 하지만 어쨌든 나는 이 지역이 HIV 유행을 통제하에 두기 위해서 정말 예외적인 대응이 필요하다는 것은 확신할 수 있었다. 남아공을 수없이 방문하는 동안, 나는 HIV 유행이 심각한 주변의 작은 나라들도 방문했다. 작고 육지에 둘러싸인 산악지대의 왕국인 레소토에서는 2005년 전체 성인 중 31%가 HIV 양성이었고 어떤 지역에서는 60%가 넘었다. 기대 수명은, HIV가 없었던 시기에 65세였던 것에 비해 HIV 유행이 생긴 이후 35세로 급감했다. 그러나 국제 사회는 이 지역이 중국 공장들이 대부분을 이루는 저임금 노동력 착취의 현장이 되었음에도 불구하고 이 나라를 완전히 무시했다. 이 나라는 전례가 없는 세 가지 인도주의적 위기, 즉 빈곤, 영양실조, 그리고 에이즈와 마주했다. 그래서 나는 국제적인 지지를 모으는 동시에, 어떻게 선구자적인 전국 가정 HIV 검사 캠페인이 역할을 했을지를 확인하기 위해 인디애나 출신 세계식량계획 사무총장인 짐 모리스, 유니세프의 캐롤 벨라미와 함께 힘을 합쳤다. 실제 호응도는 매우 높았고, 에이즈의 영향력을 어디에서나 느낄 수 있었다. 대부분이 여성이었던 공동체 구성원들은 가족 단위에서 에이즈에 대처하기 위해 조직화했다. 그들은 콘돔만큼은 아니지만, 에이즈 문제 자체에 대해서는 마음이 열려 있었다. 이와 반대로, 그 나라 사람들의 생존에 대해서 걱정하고 에이즈를 국가 재난으로 선포했던 레치에 3세 왕과 어렵사리 동의를 얻어낸 에이즈 사태에 대해, 정부는 다분히 관료주의적 접근을 하고 있었다. 유사하게 육지로 둘러싸였지만 더 부유한 나라인 스와질랜드는 2004년 세계에서 가장 높은 HIV 유병률을 보였고(1977년에 세계보건기구로부터의 내 임무는 '성매개 질환을 퇴치해라'였던 것을 기억하라), 42%의 임신부들이 HIV에 감염되어 큰 충격을 주었다. 스와질랜드의 HIV 유행은 '여성화'되어 있었다. 55%가 넘는 HIV 양성인들이 여성이었다. 에이즈로 인해 기대수명은 32세로 줄었다. 경각심을 자극하는 보고서에는 유엔 개발

프로그램에 대해 이렇게 결론지었다. "스와질랜드의 존립은 심각하게 위협받을 것이다." 이것은 중세시대 페스트를 연상시켰다. 현대에 한 바이러스가 이러한 영향력을 행사할 수 있다는 것은 상상하기 어렵지만, 2005년에 이미 스와질랜드는 줄고 있는 총 인구 120만 명 중에 7만 명이 고아들이었고, 아이들이 가장인 집이 흔했다. 맘바트페니 마을에서 나는 공동체가 아이들을 성적 학대를 포함한 모든 종류의 착취로부터 보호하기 위해 어떻게 노력하는지 보았다. 또한 원래 가정으로부터 떠나 있는 동안 그들을 고아로 남겨두지 않기 위해 어떻게 지원하는지 보았다. 아주 한정된 자원으로 공동체가 외부의 도움을 기다리지 않고 함께 힘을 모은 것은 인상적이었다. 물론 그들을 살아 있게 하는 약들은 국제적인 원조로부터 오는 것이었다. 몇 번에 걸쳐 나는 아프리카에 마지막으로 남아 있는 절대 군주인 음스와티 3세와 만났다. 그는 18세 미만 여성들에게 고대 순결 규칙에 따라 성관계를 금지했다. 그러나 그때 그는 13번 째 부인으로 17세 소녀와 결혼했다. 그의 정책과 자신의 행동과는 큰 괴리가 있었다. 계속된 새로운 HIV 감염과 스와질랜드 남성들이 거의 포경수술을 하지 않음을 고려했을 때 이 나라는 분명 대규모 포경수술 캠페인의 대상국이었다.

똑같이 벅찬 HIV 유행을 마주하고 있었음에도 불구하고 보츠나와는 이와 반대로 페스투스 모가에 대통령의 모범적인 리더십과 그의 전체 내각, 다이아몬드 광산으로부터의 많은 양의 잘 관리된 자원과 특히 PEPFAR, 게이츠 재단, 머크사, 그리고 몇몇 미국 대학들로부터의 국제적인 지원 덕분에 회복 추세로 들어서고 있는 것으로 보였다.

그러나 이 나라는 새로운 감염을 막는 데에 있어서는 성공적이지 못했고, 여전히 개인의 성적 취향과 젠더 문제는 굉장히 민감한 사안이었다.

1980년대에 HIV를 발견한 이후, 우리는 모두 암묵적으로 에이즈가 언젠가는 사라지고 백신과 치료 기술이 HIV를 퇴치할 것이라고 기대했다. 하지만 그런 행운은 없었다. HIV는 인간의 세포와 사회, 둘 다에 단단히 자리 잡고 있었다. 나는 우리의 노력이 어떻게 지속될 수 있을지 걱정했다. 누가 수십 년의 치료를 위해 돈을 댈 것인가? HIV가 현재 치료제에 저항성을 갖게 되면 우리에게 새로운 약제가 있는가? 2차 항레트로바이러스제는 어떻게 감당할 수 있을 정도의 가격이 될 것인가? (브라질의 HIV 약제에 대한 예산은, 2차 약제의 필요성 증가로 이미 2배가 되었다) 정치와 공동체의 리더십은 어떻게 유지될 수 있을 것인가? 예방의 노력은? 평생 치료 유지와 좀 더 안전한 성관계는? 등등이었다. 페스투스 모가에 대통령이 우리가 남성의 포경수술에 대해서 논의할 때 정확히 물어보았듯이, 왜 우리는 새로운 세대를 보호할 수 있음에도 불구하고, 청소년과 성인 남성 대신 새로 태어난 아이들에게 포경수술을 강조하지 않는가? 나는 그의 장기적인 시각을 좋아했다. 하지만 나는 우리가 당장 시급한 일들과 장기적인 것을 둘 다 다룰 필요가 있음을 강조했다. 불행히도 국제 정책은 단기적인 것에만 머물러 있다. 내가 느끼기에는 실수고 기회를 놓치는 일이었다.

그래서 2003년에 나는 에이즈가 장기 궤도에 들어설 수 있다는 것, 특히 장기적으로 가능한 최선의 결과를 보장하기 위해 우리가 지금 해야 할 것을 생각하기 위해 몇 가지 프로젝트를 시작했다. 우리는 분명한 우선순위인 사하라 이남 아프리카의 에이즈부터 시작했다. 수백 명의 걱정하는 아프리카 사람들과 함께하는 쉘사 런던 지부와 함께 팀을 꾸렸다. 줄리아 클리브스의 지휘하에 2005년에 〈2025년까지 아프리카의 에이즈에 대한 3가지 시나리오〉라는 보고서를 냈다. 이것 중 가장 부정적인 것은 남부와 동부 아프리카에서 에이즈가 끼치는 영향에 대한 것이었다. 그것은 또한 더 많은 재원을 HIV 치료와 예방에 쏟아 붓는 것으로는 충분하지 않고, 이를 지지하는 정책과 좋은 관리가 영향력을 달성하는 데에 똑같이 중요한 요소가 될 것임을 입증했다. 획기적인 것이 아니고, 모든 관심이 기금을 더 모으는 것에만 집중되어 있을 때 중요한 이야기였다. 2년 후 나는 '에이즈 2031'이라는 계획을 시작했다(왜냐하면 2031년은 1981년에 에이즈에 대한 첫 번째 보고서가 나온 지 반세기임을 기념할 것이기 때문이었다). 이것은 수백 명의 에이즈 전문가들과 또 다른 사람들의 노력이었고, 아시아 지역 에이즈의 미래를 위해 일한 적이 있는 하이디 랄슨과 스테프 베르토지가 이끌었다. 이것은 내가 예상했던 것보다 훨씬 더 어려운 일임이 드러났는데, 아마도 그것은 우리가 HIV 치료와 예방을 전달하면서 매일 같이 겪는 위기와 싸우고 있었기 때문이었을 것이다. 에이즈에 대해 고도로 정치화된 환경은 사람들로 하여금 그 영역 이외의 것을 감히 생각할 수 없도록 만들었다. 그리고 에이즈 공동체에 있는 어떤 이들은 장기적인 예측으로 인해 현재 필요한 활동들이 중단될까봐 두려워했다. 구글플렉스(캘리포니아 마운틴뷰에 위치한 구글 본사)에서 열렸던 에이즈 2031 행사의 특별한 기간 동안, 당연히 가장 혁신적인 아이디어들이 젊은이들에게서 나왔는데, 제나 부시와 바바라 부시, 조니 도르셋과 당시 20대들에 의해 미국과 개도국의 젊은이들을 묶어서 보건프로젝트 안에서 함께 일할 수 있도록 한 국제보건봉사단의 창설이 주도되었다.

에이즈 2031 권고안은 HIV 프로그램을 최적화하기 위한 다양한 방법을 제안했다. 전 세계에 걸친 다양한 HIV 유행의 특성에 맞도록 다시 디자인된 보다 맞춤형의 에이즈 대응을 요구했고, 2010년 그 보고서가 나올 때까지 권고안들은 몇몇 기금 제공자들과 에이즈 프로그램에 의해 이미 시작되었고, 모든 사람들은 이제 유지 가능성, 최선의 자원 사용, 그리고 장기적인 영향력에 대해서 걱정했다. 테드로스 아드하놈 게브레예서스와 아그네스 비나가호 장관과 같은 사람들의 깨인 지도력 덕분에 에티오피아, 르완다 같은 나라들은 그들의 전반적인 보건 체계를 강화하기 위해 헌정된 에이즈 기금을 영리하게 사용했다. 그러나 대부분의 나라들은 공여국들이 정해준 규칙을 엄격히 지켰다. 그럼으로써 지속 가능한 대응을 더 이어나갈 기회를 잃었다. 경제 위기 시기에는 이러한 모든 문제들이 중요했고 앞으로 수년 동안 그럴 것이다.

반기문 총장이 참석한, 멕시코시티에서 열린 국제에이즈학회 바로 직전인 2008년 7월, 내 임기의 거의 마지막에, 나는 2년마다 한 번씩 나오는 유엔에이즈계획 보고서에 착수했다. 그리고 처음으로 나는 새로운 HIV 감염뿐 아니라 에이즈로 인한 사망률도 함께 상당히 감소했다고 발표했다(구 소련을 제외하고). 결국 나는 좋은 소식을 전하는 사람이었다.

2008년 11월 30일 일요일 정오, 킨샤사의 은질리 공항. 젊은 콩고 대통령인 조세프 카빌라와 개인 저택에서, 여전히 무력 충돌이 있는 동부 콩고에서 늘고 있는 HIV 감염과 널리 퍼진 성폭력을 어떻게 다룰지에 대해 논의하며 일상적인 조찬을 하고 난 다음이었다. 우리는 굉장히 시끄럽고 혼란스러운 VIP 라운지에서, 유엔에이즈계획 수장으로서 내 임기 마지막 세계 에이즈의 날 연설을 위해 요하네스버그로 가는 남아프리카 항공 비행기를 기다리고 있었다. 그해 9월에 음베키가 사임한 다음 남아공에 처음 가는 것이었다. 그때 내 블랙베리의 진동이 울렸다. "피오트 박사입니까? 사무총장님이 당신과 이야기하고 싶어 합니다.

잠시 기다리십시오." 반기문 총장은 내 후임을 선정하는 과정에서 나의 조언에 고마워했고(나의 임기는 끝나갔고, 유엔에서 이런 위치에서 있을 수 있는 최장 기간인 10년을 넘는 것이었다), 그는 미셸 시디베를 면접하면서 그에게서 얼마나 깊은 인상을 받았는지를 말했다. 전화 연결이 매우 좋지 않았고 공항 라운지의 소음과 음악이 마통게의 술집만큼 시끄러웠다. 하지만 그럼에도 불구하고 반기문 총장이 그의 부드러운 목소리로 진지하게 말하는 것을 들었다. "나는 시디베 씨를 2009년 1월 1일부터 유엔에이즈계획의 사무총장으로 임명하기로 결정했습니다. 그에게 연락을 해서 당신과 시디베 씨 간의 원만한 이행이 이루어지도록 해주시겠습니까?" 나는 큰 안도를 느꼈다. 유엔에이즈계획은 능숙한 사람의 손에 놓여질 것이다. 나는 즉시 제네바에 있는 미셸에게 전화를 걸어 콩고 군중들이 그들의 전화기에 대고 시끄럽게 말하는 것을 뚫고 거의 소리를 질렀다. "나의 형제여, 정말 축하합니다! 반기문 총장이 방금 당신을 사무총장으로 임명했습니다. 바마코*에서 이번 주말에 축하를 합시다." (우리는 오래 전에 미셸의 고향인 말리에 함께 가기로 계획 했었다). 연결이 갑자기 끊겼다. 내 전문적인 임무가 처음 시작된 콩고에서 커다란 고리가 완성되었다.

* 역주: 말리의 수도

에필로그

2008년 12월 26일, 나는 이제 텅 비게 된 사무실 문을 닫고, 신비로운 유엔에이즈계획 빌딩의 9미터 높이의 유리로 된 로비에 있는 거대한 매리 피셔 조각상들 사이를 거닐어 보았다. 천장에는 암석들이 매달려 있거나 둥둥 떠있었다. 이제 나는 아침마다 경비요원들과 나누던 인사, 지난 수년간 내가 정신 차리고 일할 수 있게 도와준 열성적인 사람들—매리 오딜, 실비에, 카렌, 캐롤라인, 안자, 줄리아, 줄리앙, 벤, 로저, 팀—과 사무실에서 나누던 짧은 대화, 그리고 복도에 있는 생각을 자극하는 현대식 아프리카 예술품을 바쁘게 지나칠 때의 느낌들을 그리워하게 될 것이다. 내 후임인 미셸 시디베는 며칠 안에 인계를 받고, 유엔에이즈계획과 세계 에이즈 관리의 새로운 장을 열 것이다. 마치 서로의 사무실 배치가 다르듯, 이 기구를 관리하는 방식, 커뮤니케이션하는 방식은 그의 고향인 말리, 프랑스, 그리고 짐 그란트(유니세프의 총장, 1980~1995) 재임 시절의 유니세프에서 쌓아온 풍부한 문화적 유산을 바탕으로 나와 다를 것이다. 자랑스러운 점은 이번 유엔에서의 인수인계가 매끄러웠다는 것이다. 유엔의 영향력 있는 설교나 다자간 정치의 뱀소굴에서 해방되어 안도감이 들거나 적극적으로 배척해야겠다는 생각이 들지는 않았다. 또한 나는 그동안 총장으로 있으면서 누려왔던 간접적인 권력과 일사천리의 지원에 대한 그 어떤 금단 증상도 겪지 않았다(딱 한 번 이러한 것들이 아쉬웠던 때는, 사람을 미치게 하는 전산망 마비가 또 한 번 발생했을 때다). 물론 이게 가능했던 것은 임기가 끝나기 1년 전부터 정신적으로나 현실적으로나 나 자신을 대비시켰기 때문이다. 솔직히 말하면 세계 어느 곳에서 에이즈에 대한 문제가 생겨도 더 이상 나에게 화살이 오지 않는다는 점이 기뻤다. 저 문을 나오는 순간 그동안의 마음고생은 끝났고, 이제 새로운 것들에 집중할 수 있었다. 올해를 마감하기 바로 전, 인생의 2막을 시작하기 위해 제네바에서 뉴욕할렘으로 떠날 것이다.

제네바에서 12월에 열린 저녁 송별회 자리에서, 나는 코피 아난에게 신년 1월에 무엇을 하면 좋을지 조언을 청했다. 그의 답변은 신속하고 간결했다. "잠을 자는 겁니다! 잘 수 있는 한 푹 잠을 자야죠! 그동안 어깨를 짓누르고 있던 책임감을 벗고 나면 그때서야 밀렸던 피로가 몰려오거든요." 늘 그렇듯 그의 말이 맞았다. 몸의 세포 하나하나에 알고 보면 그리 큰 문제도 아닌 위기상황들로 인한 끝이 없는 스트레스는 말할 것도 없고, 10년 동안 미뤄왔던 숙면과 지속적인 시차로 인한 피로감이 쌓여 있었던 것이다. 재임 시절 종종 아침에 깨면 어느 정부가 불평을 제기할지, 어떤 운동가에게 나를 겨냥한 성난 이메일이 와 있지는 않을지, 어느 공여국이 유엔에이즈계획의 몇 번째 평가를 시행하겠다고 공표하지는 않을지, 어떤 유엔기관이 유엔에이즈계획은 마치 독립적 기관처럼 활동한다고 불평하지 않을지, 어떤 당혹스럽거나 불쾌한 뉴스기사가 나의 하루를 열어주지 않을지 불안했었다. 정치인들의 자리처럼, 이러한 일도 쉽지 않은 자리다. 다른 사람이 이 일을 맡았다면 나보다 더 잘했을 수도 있다. 그러나 나는 재임 시절 거의 쉴 수가 없었다. 한 번은 휴가 때, 미국 의회소속의 감사기구에서 또는 기자양반이 지금이 또 다른 감사를 시행할 적기다라고 판단했고 휴가는 반납해야 했다. 일이 내 삶의 너무 많은 부분을 차지하고 있었다. 아직도 깊이 후회가 되는 부분이지만, 이로 인해 우리 가족은 큰 희생을 치러야 했다. 가족의 인내와 내조가 없었다면 불가능했다.

이러한 직업의 특성은 꽤 외로운 일이라는 건데, 믿고 속마음을 터놓거나 에이즈 관련하여 현재 문제가 되고 있는 사안이 무엇인지, 내가 프로그램을 운영하는 상황이 얼마나 복잡한지, 얼마나 가관인 사람들과 내가 일을 끌고 나가야 하는지에 대해 이해할 수 있는 사람은 극히 드물기 때문이다. 심지어 친구나 가족에게도 내가 하루를 어떻게 보내는지 정확히 설명하기는 쉽지가 않다. 나는 늘 그렇듯, 80 대 20 법칙의 희생양으로, 내가 하는 일이라고는 미팅에 참석하고, 하루에 3번 강연을 하고, 잠은 비행기 안에서 청하는 것이 전부라고 보일 것이다. 이 일을 하며 가장 즐기던 일은 에이즈에 행동을 취하도록 사람들을 설득하는 것과 에이즈 문제를 전 세계적으로 그리고 각 국가에서 어떻게 진행할지 전략을 짜는 것이었다. 이 일을 위해 가장 먼저 필요한 것은 에이즈 상황에 대한 것보다 각각의 중요한 만남의 자리에 대한 철저한 준비였다. 예를 들면 문화와 정치적 환경에 대한 탄탄한 지식과 내가 만나게 될 인사들의 백그라운드에 대해 사전준비가 필요한 것이다. 나의 멘토인 스탠리 팔카우가 내가 시애틀에서 그의 실험실에서 근무하던 때 어떻게 세균이 질환을 일으키는지 이해할 수 있는지 이야기해주었던 교훈을 마음속에 기억하며, 내가 만나게 될 사람들의 입장에서 서

보려고 노력했다. 아직 보건 정책 결정과정에서 미흡한 부분 중 하나인 상대의 필요를 이해하는 점을 나는 정책 세우는 과정의 기본 원칙으로 삼았다.

유엔 조직(유엔의 여러 다양한 멤버들의 대가족 같은 것) 안에서 일하는 데는 종종 어려움이 있었다. 인도주의적 지원과 가장 최근의 여성 인권 문제와 함께 유엔에이즈계획은 유엔의 "하나로 나아가자deliver as one"는 가장 진보적인 시도였다. 지난 수년간 보여준 유엔 내부 조정 능력이 전부는 아닐지라도, 많은 유엔인들이 효율적으로 운영될 수 있을지 점점 더 회의적이 되어왔다. 유엔이 하나로 나아가는 데 있어 두 가지 큰 장애물은 개별 기관들의 이익(예를 들면, 커리어, 정치적 영향력, 예산)과 그 회원국들의 불일치와 변동성이었다. 회원국들의 불일치와 변동성으로 인해 이들은 서로 다른(가끔은 상호배타적인) 이익관계를 가질 뿐 아니라 내부 일관성도 없었다. 여러 다른 유엔기관들은 그들이 대표하는 국가부처에 따라 서로 다른 안건을 홍보했다. 나의 결론은 유엔 내부 조정은 총체적 실패이며, 국제사회는 기관 과잉이 경제적으로 많은 부담을 주기 때문에 대담한 인수합병을 지원하거나 효율적이고 관리가 잘 되는 기관만을 지원하고 다른 기관들은 문을 닫게하는 다원주의를 대세로 인정한다는 것이다. 내가 에이즈, 결핵, 말라리아 퇴치를 위한 글로벌 펀드를 성공적으로 이끌기 위해 고군분투하고 있지만, 유엔의 문제를 해결하기 위해 유엔 구조 밖에 새로운 기관을 만드는 것은 해결책이 아니다.

여러 불완전한 점에도 불구하고, 유엔 책임자로 일하는 것은 크나큰 영광이며 국제적 의제에 영향력 있는 결정을 내릴 수 있는 몇 안 되는 자리이기도 하다. 특히 벨기에 같은 작은 나라 출신인 나에게는 더욱 그러했다. 또한 흔히 볼 수 없는 유엔 조직 내 여러 층위의 영특하고 사려심 깊은 사람들을 만날 수 있었고, 가끔은 최고경영이사 수련회에서 가장 무게를 잡을 만한 유엔사무총장으로부터 재미를 느낄 수도 있었다. 유엔에이즈계획 또한 독특한 무대를 제공했는데, 여러 다양한 에이즈 전문가들이 전 세계적으로 그리고 각국에서 모여 함께 안건을 진행해나갈 수 있었다. 따라서 우리의 성과는 유엔 내에 국한된다기보다는 전 세계적이라고 볼 수 있는데 결국 그런 점이 중요한 것이다. 나는 항상 에이즈 유행에 변화를 일으키라고 월급을 받는다고 생각했고, 그러는 과정에서 더 나은 유엔이 되는 데에 일조할 수 있다면 더할 나위없는 것이지, 그 우선순위가 뒤바뀌면 안 된다고 생각했다. 그렇지 않았다면, '프로그램은 성공적이었지만 환자는 죽어 나가는' 경우가 되었을지도 모른다.

초장기 나의 과학자이자 모험가로서의 삶과 유엔기관의 수장으로서의 삶은 극명하게 달랐지만, 나는 내가 걸어온 두 길을 온전히 즐겼다. 이 점진적인 변화는 수년의 시간이 걸렸는데, 연구원으로서의 접근방식을 벗어나는 식보다는 그러한 연구원으로의 자질에 외교적, 관리자적, 그리고 정치적인 스킬을 보완해 나가기 위해 열심히 노력하는 방식으로 이뤄졌다. 과학도로서의 배경은 신뢰감을 쌓는 데 도움이 되었고, 새로운 과학적 정보가 정책에 어떠한 잠재적 의미를 가지고 있는지 분석하는 데 가장 유용했다. 나에게는 두 가지의 모토가 있었다. 하나는 에이즈를 가난한 아프리카만의 문제가 아니라 글로벌 이슈로 계속 관심을 받을 수 있도록 하는 것이고 다른 하나는 배경에 있는 과학, 정치, 그리고 프로그램이 화합을 이루도록 하는 것이다. 정치적 도움이 없는 과학은 영향력이 없고, 과학을 고려하지 않은 정치는 위험할 수 있으며, 프로그램 없이는 사람들을 도울 수 없다. 그러나 내가 유엔에이즈 계획의 수장으로 임명된 후, 그 역할을 수행하기 위해 배워야만 했던 것은 에이즈를 제외한 모든 것이었다. 이 일을 하면서 아마도 나의 실제적인 임상의가 되기 위한 수련만큼 유용했던 것은 의대에서 운동가로 활동했던 경험일 것이다. 이 회고록을 쓰면서, 얼마나 많은 사람들이 내 삶의 여러 순간에 도움을 주었는지 스쳐 지나갔다. 그들의 조언과 지원 없이는 나는 제대로 일을 수행할 수 없었을 것이다.

얼마나 독특한 역사적 배경하에 에이즈 대응이 생겼는지, 에이즈에서 쌓은 노하우가 다른 보건 또는 사회적 문제에 적용이 가능할까? 밀레니엄이 되어, 경제는 살아났고, 공식개발지원은 부흥했다. 젊은 사람들의 일명 '우리'세대는 소셜 미디어를 통해 글로벌하게 연결되어 있었고, 9·11사태, 이라크, 아프카니스탄, 코트디부아르, 소말리아, 체첸 공화국 그리고 그 외의 국가들에서의 전쟁에도 불구하고 상대적인 낙관주의가 지배적이었다.

게다가 에이즈는 전 세계 어디에나 여파가 미쳤고, 일반적으로 죽기에 너무 젊은 사람들이 감염되었으며, 국가 전체를 비탄에 빠뜨리고, 종종 사회적으로 용인되지 않는 행위와 관련이 있다는 점에서 이례적이었다. 이 질환은 독감이나 콜레라처럼 버스를 타고 가거나 오염된 물을 마셔서 걸리는 게 아니었다. 에이즈 대응책의 주된 특징은 HIV 감염인들 그리고 다른 운동가의 변화된 역할과 전형적인 의료 집단을 초월하는 대응방식이었다. 에이즈의 독특한 특성과 넓은 스펙트럼의 운동가들의 글로벌한 참여의 조합으로 에이즈는 국제에이즈협회의 창립학회장인 라스 오 칼링스가 한때 말했던 것처럼 최초의 '포스트모던' 유행병이 되었다. 역사적으로 에이즈만큼 독특한 질환은 없었기에, 에볼라 출혈열과 같이 짧지만 치명적인 유행병도 좀 더 살지는 몰라도 동일하게 치명적인 에이즈 판데믹(세계적으로 유행하는 전염병)에 견줄 수는 없다. 비록 에볼라가 더 화젯거리가 될 수는 있어도 말이다.

이런 이례적인 면이 있는 한편, 에이즈는 우리가 성을 대하는 자세, 의사—환자 사이의 관계, 그리고 글로벌 정치적 이슈로서의 보건문제, 보건 정책과 프로그램에 대한 커뮤니티의 역할, 그리고 국제개발지원과 같이 넓은 범위에 걸쳐 영향을 미치기도 했다. 에이즈는 연구와 임상의 주된 다학문 간의 협력분야로서의 '국제보건' 출현의 촉매제였으며, 에이즈를 넘어 오래전부터 수백만 명의 사람에게 죽음을 가져온 유행인 말라리아와 결핵에 맞서기 위한 주된 자원을 만들어냈다. 바로 에이즈 운동의 부수적인 혜택인 것이다.

'비전염성 질환'—심혈관 질환, 당뇨, 암, 정신건강—은 21세기의 판데믹으로 대부분 흡연, 건강에 좋지 않은 음식, 운동 부족, 그리고 환경적 요인들로 인한 것이다. 아마 에이즈 경험에서 혜택을 볼 수 있는 분야가 바로 이 분야일 것이다. 역사상 최초로 하나의 종으로써 우리의 생존에 건강을 위협하는 요인이 감염원이 아니라 우리가 생활을 영위하고 사회를 꾸려나가는 방식이 된 것이다. 비전염성 질환을 통제하는 일은 에이즈에 대항하여 우리가 이뤄낸 현 업적보다 더 엄청난 정치적 연합과 자원을 필요로 한다.

우리는 좋은 결실을 맺어왔다. 그러나 아직도 에이즈의 끝이 눈앞에 보이지는 않는다. 오늘 이 순간까지도, 내가 좀 더 초기에 그리고 좀 더 신속하게 할 수 있는 일이 있지 않았나하는 질문에 사로잡혀 있다. 미래를 생각하면, 에이즈 유행병과 HIV 감염인에 대한 대응책이 얼마나 지속가능할지에 대해 심히 걱정이 된다. HIV는 여러 세대에 걸쳐 우리와 함께 할 것이고, 높은 수준의 정치적 참여와 이에 상응하는 지원금을 유지하는 일이 필요하지만 종종 가장 경제적으로 힘든 상황으로 얻을 수 없는 이들에게 HIV 예방에 필요한 새로운 과학적 산물을 제공하는 한편 정치적 전략을 재고하는 일이 필요할 것이다.

나의 짧은 생애 동안, 인간과 동물을 숙주로 하는 수많은 새로운 병원체가 발견되어 왔다. 새로운 유행병은 의심할 여지없이 동물뿐 아니라 먹이사슬을 통해서 계속적으로 출현할 것이다. 우리는 미래에도 이러한 새롭고 미지의 병원체들이 발생시킬 질환을 예상할 수 있을까? 인플루엔자를 보면 어느 정도는 가능할 것 같다. 그러나 가끔 예상치 못한 일들이 발생하기도 하는데, 예를 들면 예상을 깨고 동남아가 아니라 멕시코에서 발생한 H1N1 같은 것이다. 실험실 기반시설, 감시체계, 그리고 전 세계의 관련 직종 과학자들을 수련시키는 데 투자하는 것은 조기 경계와 행동을 취하는 데 최소한의 필수요건일 뿐 충분요건은 아니다. 새로 발견된 바이러스의 잠재적 전염의 가능성을 둘러싸고 아직 아무것도 확실한 것이 없는 시기에 어려운 사회적 결정을 내려야 하기 때문이다. 우리는 불확실한 때에 더 나은 정치적 결정을 위해 투자를 해야한다. 그렇지 않으면 루이스 파스테르가 일전에 말했듯, 유례없는 과학과 기술의 시대인 오늘날, "신사여러분, 마지막 발언을 하실 분은 미생물씨입니다Messieurs, c'est les microbes qui auront le dernier mot"가 될지도 모른다.

결국, 에이즈의 역사는 치료제의 부족, 패배, 선입견, 그리고 기관적 장애물, 그리고 아군기지 너머로 산을 옮기는 일로 인한 피할 수 없는 죽음을 거부하는 역사와 같다. 이것은 또한 도처에 있는 크고 작은 영웅들과, 소수의 악당들 뿐 아니라 그들의 책임을 다하지 않는 많은 이들의 총체적 결과로 인한 것이며, 현재도 그러하다.

에이즈에 대한 국제적 대응책과 국제원조는 근본적으로 외교정책과 국제무역의 연장이라는 냉혹한 법칙에서 드문 예외로 빈곤한 국가들의 일생 동안의 치료를 위한 장기간 지원만 봐도 알 수 있다. 에이즈 대응을 이끄는 원동력은 전 세계 사람들의 운동과 엄청난 도덕적 격분이다. 파리의 파스퇴르연구소의 전 총장인 필리페 쿠릴스키가 썼던 것처럼, 이야말로 점점 더 서로 긴밀하게 연결되어 가는 세상에서 합리적 필요에 의한 국제적 이타주의의 가장 강력한 사례가 아닐 수 없다.

감사의 글

이 글을 쓰는 동안 계속해서 루스 마샬은 오랜 시간 동안의 인터뷰를 포함하여 나와 긴밀하고 인내심 있게 일해왔다. 또한 그녀의 연구를 통해 내 노트의 정확하지 않은 부분들을 수정하고 기억나지 않는 부분을 메울 수 있었다. 출판의 험란한 여정에서 나를 믿어주고 가이드 해준 샬롯 쉬디, 안젤라 폰 데르 리페, 그리고 로라 로맹에게 감사를 표한다.

하이디의 한결같은 사랑과 도움, 그리고 격려 없이는 이 책을 쓸 수 없었을 것이다. 수년 동안 내게 보여준 사랑, 관심 그리고 이해심을 보여준 그릿, 그리고 험란한 시기에도 너무도 훌륭하게 자라준 브람과 사라에게 내 감사의 마음을 전한다. 내 삶에 있어서는 손에 땀을 쥐게 할 만큼 흥미로운 개발 관련 일들이, 나의 가족에게는 가끔씩 거대한 난기류로 다가왔었을 것이다.

나이가 들면서 부모님께서 혁신적인 교육을 주신 점, 세계를 탐험할 수 있는 공간을 제공해준 점, 그리고 그들이 이해하거나 승낙하기 힘든 길을 걸을 때도 나를 응원해준 점을 새삼 깨닫고 감사하게 된다.

나의 형제자매인 윔, 폴 그리고 리브는 내가 기쁠 때나 슬플 때나 항상 내 곁에 있어 주었다.

역사를 만들고, 이 회고록의 배우들인 훌륭하고 고무적인 사람들의 영향을 받아왔다. 가장 먼저 깊은 감사를 표하고 싶은 사람은 앤트워프의 열대의학연구소, 자이르의 국제출혈열위원회, 킨샤사의 프로젝트 씨다팀, 나이로비대학, 워싱턴대학, 매니토바대학, 국제에이즈협회, 아프리카의 에이즈협회, 세계보건기구의 국제에이즈프로그램, 유엔에이즈계획, 유엔공동후원에이즈계획(유엔에이즈계획의전신), 빌 앤 멜린다 게이츠 재단, 보두앵국왕재단, 그리고 런던열대의학대학원에 있는 동료와 친구들이다.

내 삶의 다양한 무대에서 멘토가 되어준 킹 홈즈, 스탠리 팔카우, 폴 얀센, 미셸 카라엘, 제리 프리들, 마리 라가, 마크 디벌, 그리고 미셸 시비데에게도 감사를 전한다. 마리 오딜 에몽이 없었다면 나는 아마 지금쯤 살아 있지도 못했을 것이다.

혹시 잘못해서 감사를 받을 사람의 명단을 빠뜨릴 위험도 있지만, 우선 내 친구들과 동료들의 도움에 감사를 표하고 싶다 (+표시는 이미 고인이 된 사람을 뜻한다). 자히 아흐마트, 미셸 알라리, 아속 알렉산더, 조지 알레인, 라리 알트만, 로이 앤더슨, 코피 아난, 루이스 아버, 더크 아봉스, 이벳 배텐, 바이 바가사오, 마두 발라 나스, 론 발라드, 스티븐 베커, 프리다 비헤츠, 폴 방키뭉, 세스 버클리, 스테파노 베르토지, 아그네스 비낙와호, 보노, 티나 본토, 음갈리 보센지 (+), 캐롤라인 부니크, 조엘 브레만, 마리오 브론프만, 리처드 브룩진스키, 그로할렘 부룬틀란, 프랑수아 브룬-베지넷, 장-밥티스트 브루네, 밥 브룬햄, 피어스 캠벨, 리사 카티, 앤드류 카셀, 조 세렐, 스마 챠크라 바티, 제임스 차우, 줄리아 클리브스 (+), 힐러리 클린턴, 케인 클러멕, 마이런코헨, 밥 콜번더스 , 아와 콜-섹, 래리 코리, 데이비드 코커리, 샐리 코왈, 알렉스 쿠틴호, 카슬린 크라베로, 짐 쿠란, 아흐마트 다뇨르, 케빈 드 콕, 폴 들래이 크리스 엘리아스, 브라이언 엘리엇, 히로 엔도, 구닐라 언버그, 호세 에스파 르자, 마리카 파렌, 안토니 퍼시, 에릭 파버루, 오스카 페르난데스, 메리 필더, 줄리안 플리트, 마크 포스터, 스킵 프랜시스, 리베 프란센, 루이 프레셰트, 제프 가넷, 로리 가넷, 빌 게이츠, 헬렌 게일, 야곱 게일, 테브로스 아드하놈 게브레예수스, 제노 기세브레힛, 에릭 구스비, 로빈 고르나, 아난드 그로버, 메스케렘 그루니츠키-베켈레, 기타 라오 굽타, 유수프 하미에드, 로버트 헥트, 라자 굽타, 로버트 헤머, 실비 헐다, 데이비드 헤이만, 마크 헤이우드, 렌나스 헬매커, 리처드 홀 브룩 (+), 수잔 홀크, 카렌 호튼, 리차트 호튼, 치에코 이케다, 마이클 이즈코비츠, 아이기치 이와모토, 캐롤 제이콥스, 폴 얀센(+), 프랑소와 젠스킨스, 칼 M. 존, 노에린 칼리에바, 라스 올로프 칼링스, 조셉 빌라 카피타, 닐스아르느 케스베르, 엘리 카타비라, 미셸 가자크스킨, 짐 킴, 마이클 커비, 데이비드 클라츠만, 필립 쿠릴스키, 리차드크라우, 마틸드 크림, 울프 크리스토퍼슨, 크리스티안 크롤, 장-루이 람보레이, 피터 램프티, 데비 란데이, 욥 랭, 헤이르트 랄르망, 미셸 레쳇, 스티븐 루이스, 데이비드 마비, 캄발라 마가자니, 마리나 마하티르, 아델 마흐무드, 마크 맬럭 브라운, 푸르니마마네, 엘리자베스 매니포드, 조나단 만(+), 팀 마티, 아르노 마티-라보젤(+), 마르타 모라스, 마틸다 벨기에 왕세자비, 술레이만 음붑, 프랜시스 맥콜, 메테 마리 노르웨이 왕세자비, 조 맥코믹, 앙드레 메휴스, 마이클 머슨, 렌 밍귀, 실라 미첼, 한스 모알커르크, 시그룬 모게달, 롭 무디, 스티븐 모리슨, 폴 모야트(+), 피에르 음펠, 피터 머귀니, 루이 뮤지이, 워런 나머라, 데이비드 나바로, 제코니아O. 딘야-아콜라, 이브라힘 은도예, 피터앤덤브, 엘리자베스 엔구기, 안자 니체, 허버트 앤센즈, 질라 질람비, 소라야 오베이드, 올루세군 오바산조, 샘 오크와레, 미드 오버, 스테판 패틴(+), 마르틴 피터스, 장 페그지, 그레타 피, 요스 페리엔스, 조이 푸마피, 벤 플럼리, 프랑크 플러머, 캐롤 프리전, Y. S. 쿼라시, 톰 퀸, 맘펠라 람펠레, 프라사다 라오, 수자타 라오, 올리비에 레이노, 헬렌 리즈, 메리 로빈슨, 카를로스 롬멜, 앨런 로널드, 크리스틴 루지우, 장-프랑수아 루폴, 로빈 라이더, 나피스 사딕, 로저 살라-낭야, 조르즈삼파이우, 에릭 소여, 장-루이스 쉴츠, 베른하트 슈와트란더, 짐 쉐리, 프리카 이스 칸더 시아, 웨레싯 시티트레이, 마티나 스메드버그, 파파 살 리프 소우, 폴 스토펠스, 패티 스토네시퍼, 조나스 스토어 제프 스터치오, 토드 서머, 엘 하즈 아 시, 샌디 서먼, 유키 타케모토, 다니엘 타란톨라, 마사요시 타루이, 루크 타이야드 드 봄스, 헨리 탈만 (+), 마를린 티멀만, 루시 톰킨스, 랜디 토비아스, 루이스 우비 나스 , 귀도 반 델 그로엔, 에디 밴다이크, 시몬 반 뉴벤호프, 옌스반 로이, 스테파노 베야, 잔 비엘론트, 미체이 비라베디, 폴 볼버딩, 장 폴-월모스, 주디스 와서하이트, 조나단 웨버, 앨리스 웰본, 잭 위테스카버, 앨런 화이트사이드, 로스 위디-월스키(+), 마리케 윈그록스, 데이비드 윌슨, 펄 울드 올슨, 짐 울폰손, 타치 야마다, 엘리아스 젤후니, 데브레워크 제우디, 윈스턴 줄루(+).

이 책은 내가 2009년 뉴욕에 머물며 장학생으로 있던 포드 재단의 지원금을 받아 쓰여졌다.

역자 후기

잠시 피터 피오트 박사의 프롤로그를 빌려 본다.

9개월은 번역을 마치기에는 조금 이른 시기일지도 모르겠다. 하지만 우리 주변을 뒤흔든 두 가지 사건이 일어났던 시점과 번역을 마친 시점은 충분히 길었지만 동시에 기억이 희미해질 만큼은 아니었다. 하나는 에볼라였고, 다른 하나는 메르스 코로나바이러스였다.

처음에는 국제보건과 국제개발, 그리고 감염병에 관심이 있는 사람들이 모여서 시작한 번역이었다. 각자 다른 경로로 이 책을 접했으며, 정부, 제약회사, 비정부기구 등 서로 다른 위치에서 일하고 있었다. 그러나 모두 공중 보건 향상이라는 하나의 목표를 바라보는 사람들로서 피오트 박사의 기억들이 한국의 우리와 같은 젊은 이들에게 의미 있는 메시지를 던질 수 있다는 확신으로 시작한 일이었다. 번역을 하며 우리는 지금 현재 하고 있는 일이 결국 큰 그림에서는 어떤 조각인지를 생각할 수 있는 기회를 가졌고, 보건 외교라는 측면에서 리더십과 폭넓은 시야, 적시적인 조치들이 얼마나 중요한지를 깨우칠 수 있었다.

피오트 박사의 자서전은 차라리 일대기에 가깝다. 지구 상에서 인류에게 가장 치명적인 질병 중 하나로 꼽히는 에볼라를 발견한 시점부터 현대 최악의 유행병으로 꼽히는 에이즈와 맞서 싸우는 일련의 사건들과 기록들은 오늘날 우리가 어떻게 감염성 질환을 다루고 있는지를 또렷이 보여주고 있다. 피오트 박사가 새내기일 때 들었던 "감염학에 미래는 없다"는 지도교수의 말은 지금 감염성 질환을 연구하는 학자들도 어렵지 않게 듣는 말이다. 수많은 치료제와 백신이 개발되었고, 몇몇 감염성 질환은 박멸, 그리고 박멸을 넘어 멸종을 눈 앞에 두고 있다. 그럼에도 불구하고 감염성 질환은 여전히 인류의 위협이 되고 있다.

사람들이 감염성 질환이 더 이상 인류에 위협이 아니라고 생각하는 데는 몇가지 이유가 있다. 그리고 그 이유 뒤에는 뿌리 깊은 불평등이 자리하고 있다. 인지의 불평등, 기회의 불평등, 의료와 보건의 불평등 들이다. 우리는 더 이상 감염성 질환에 심각한 위협을 받지 않지만, 수백만 명의 사람들이 감염성 질환으로 사망하고 있다. 피오트 박사가 이야기했듯 많은 상황이 개선된 지금에도 에이즈로 사망하는 사람들은 세계적으로 백만 명이 넘는다. 다른 감염성 질환까지 합치면 그 수치는 상상하기 어려울 정도다. 그렇게 많은 사망자가 나타나는 데는 책에서 이야기하듯 치료에 접근하지 못해서, 혹은 적절한 의료 시설이나 인력이 없어서, 혹은 돈이 부족하다는 이유들이 있다. 이런 부조화와 불평등은 세계 곳곳에 만연하고 있다.

이 책은 단순히 그런 불평등을 보여주는 데 그치지 않는다. 사람들이 누가, 언제, 어디서, 어떻게, 왜 죽어가는지를 다룰 뿐 아니라, 이를 어떻게 극복할 수 있는지를 보여준다. 그리고 그 '어떻게'를 직접 만들어온 사람으로서 분명한 경험과 교훈, 방향성을 제시해준다. 무엇보다 실제 그런 목표들이 이루어질 수 있음을 경험으로 보여주고 있다. 감염성 질병들은 인류의 연대와 노력으로 극복할 수 있는 장애물이며, 분명 그렇게 할 수 있다.

이 책을 읽은 사람들 모두가 함께할 수 있는 미래를 꿈꿀 수 있기를 바란다. 예방과 치료가 가능한 질병으로 미래를 잃는 사람이 더 이상 나타나지 않는 미래를. 원저의 제목(No time to lose)처럼, 우리에게는 더 이상 지체할 시간이 없다.

옮긴이 일동